기계공학개론

| 황재호 지음 |

도서출판 동화기술

머리말

이 교재는 입문용으로, 기계공학의 핵심 원리와 응용 프로그램을 체계적으로 소개하기 위해 세심하게 설계되었습니다. 이 책은 기계공학 전공 학생뿐만 아니라 소방, 안전, 건축 설비 등 다양한 학과에서 공부하는 학생들에게도 기계공학 분야의 기초 지식을 습득할 수 있도록 구성되었습니다.

이 입문용 교재는 총 11장으로 구성되어 있으며, 기계공학의 다양한 영역을 체계적으로 다루고 있습니다. 각 장에서는 기계공학의 개요, 단위와 측정, 기계 제조 공정, 동력 전달 및 기계요소, 유체 역학, 자동제어 시스템, 기계공작, 기계 재료, 재료 역학, 에너지 변환 및 기계 제도 등의 주제를 다루며, 학습자들이 이러한 주제를 체계적으로 이해하고 활용할 수 있도록 돕고 있습니다.

특히, 각 장은 명확한 설명, 실물 사진과 그림, 그리고 현실적인 응용 사례를 통해 학습자들이 기계공학 원리를 체계적으로 이해하고 실제 적용하는 과정을 지원하고 있습니다.

이 교재의 집필 과정에서 발생할 수 있는 오류나 부족한 점은 앞으로의 연구와 수정을 통해 보완할 것을 약속드리며, 본 교재의 출판에 도움을 주신 도서출판 동화기술 편집부 여러분에게 감사의 인사를 전합니다.

목차

기계공학의 개요

Chapter 1

1.1 공업의 발달

1.1.1 금속의 발견

몇 십만 년이란 긴 세월 동안 사용된 부싯돌의 양이 크게 줄어 고대사회는 커다란 사회적 재난에 직면하였다. 고대인은 질 좋은 부싯돌을 구하기 위해 땅을 파고 들어가야 했고 다양한 광물을 시험해 보았다. 그러던 중에 녹색의 돌을 발견했고 돌망치로 두드려 보았다. 이 돌은 가공하듯이 두들길 때마다 단단해지고 모양이 바뀌었다. 너무 세게 치면 산산조각이 나기도 했다. 인류가 처음으로 금속을 가공하기 시작한 것이다. 냉간 가공이었다. 더 많은 광석을 찾기 위해 지하 갱내에 불을 피웠다. 그러던 중 화톳불에 광석이 떨어졌고 화톳불이 다 타고난 자리에 녹은 구리 덩어리가 남아 있었다. 흑록색의 돌이 아름다운 광택을 지닌 구리로 바뀌었다. 몇 개의 조각을 돌망치로 두드려서 칼, 도끼, 곡괭이 등을 만들었다. 열간 가공이었다. 금속의 발견이었다.

금속의 발견은 도구와 무기 제조의 새로운 시대를 여는 인류 역사의 획기적인 사건이었다. 돌과 나무는 수 세기 동안 도구와 무기를 만드는 데 사용되었지만, 금속의 발견으로 인간은 더 강하고 내구성 있는 물건을 만들 수 있게 되었다.

▮그림 1-1▮ 불의 사용[1)]

▮그림 1-2▮ 고대 대장간[2)]

1) 부싯돌(flint) : 부싯돌은 초기 인류의 생존과 발진에 중요한 역할을 했다. 고대 시대부터 사용된 화석 연암류의 일종으로, 실쭉하고 날카로운 모양을 가진 물질이다. 불을 일으켜 조명, 요리, 보온, 방어 등 다양한 목적으로 활용했다. 이후 도구와 기술의 발전으로 부싯돌은 불을 일으키는 데 사용되는 주요 도구에서 대체되었다.

2) 대장장이 신 볼칸(Vulcan) : "불의 신"인 볼칸은 로마 신화에서 불과 화산의 신으로 알려져 있다. 로마 신화의 중요한 신 중 하나로, 대장장이의 신으로도 불린다. 볼칸은 불, 화산, 금속 가공, 대장장이의 기술, 그리고 화재와 관련된 것들을 관리하고 지배하는 신으로 여겨졌다.

처음으로 발견된 금속이 구리와 금일 것이다. 구리와 금은 자연에서 순수한 금속으로 존재하므로 쉽게 식별하고 추출할 수 있다. 금은 무르고 색이 아름다우며, 녹이 슬지 않고, 쉽게 가공할 수 있어 장식품으로 사용할 수 있었다. 그러나 금은 도구나 무기로 만들기에는 너무나 귀할 뿐만 아니라, 강도에서 부적합하였다. 구리 역시 강도가 약하여 생활용구로는 사용할 수 있었으나, 도구나 무기로 만드는 데는 적합하지 않았다. 이는 불을 이용한 제련 기술의 탐구로 이어졌다.

모닥불이나 자연 산불이 일어난 곳에서 환원되기 쉬운 산화구리가 금속 구리로 환원되어 발견되면서 구리를 광석으로부터 환원하는 기술을 알게 되었고 주석을 합금한 청동을 만들게 되었는데, 이것이 최초의 합금 기술로서, 청동기 시대의 시작이었고 인류 문명 발전의 계기가 되었다. 이러한 청동기 시대를 통하여 인류는 처음으로 금속을 의도적으로 사용하기 시작하였으며, 금속을 생산하기 위한 독립적인 전문가가 필요하여 장인 계층이 형성되었고, 금속제 농기구를 전문적으로 만드는 대장간이 생기게 되었다. 특히 대장장이는 금속 작업에 고도로 숙련되어 다양한 도구와 무기를 만들었다.

이러한 발전에도 불구하고 금속의 사용은 여전히 선택된 소수만으로 제한되었다. 청동은 귀하고 값비싼 금속이었기 때문에 귀족과 숙련된 장인만이 사용할 수 있었다. 그 후 약 1세기 동안 금속을 용해하는 방법으로서 도가니와 풍구가 사용되면서 야금술이 크게 발전하였으며, 여기에 주조법도 발달하였다. 대장간을 사용하는 동안 고온인 곳에서는 금속이 용해됨을 알게 되었고, 구리에 비해 매장량이 풍부하고, 강도가 높으면서 가격이 싼 철의 제련이 이루어지게 되었다. 이렇게 철기시대가 시작되면서 철기의 사용자가 귀족이나 장인을 넘어 평범한 농부로까지 그 범위가 넓혀졌으며, 철기시대가 지금까지 계속되고 있다.

1.1.2 공업의 발생

1. 도구의 이용

도구의 사용은 인간이 동물과 구별되는 이유 중 하나이며, 1836년 덴마크 고고학자 위르겐센 톰센(Christian Jurgensen Thomsen)은 도구와 유물을 만든 재료를 기반으로 석기시대, 청동기시대, 철기시대의 세 가지 뚜렷한 기간으로 분류했다.

석기시대는 구석기와 신석기 시대로 나뉜다. 약 1만 년 전까지 지속된 구석기시대의 유물로는 깨진 돌조각, 거칠고 구멍이 많은 톱날 형태의 절삭 도구 등이 있다. 신석기 시대는 빙하기의 퇴조 및 농경·목축의 시작과 때를 같이하며, 그림 1-3과 같은 마제석기(磨製石器)가 사용되었다.

▌그림 1-3▐ 마제 석기

청동기 시대는 대개 BC 3000년부터 시작되어 약 2000년간 지속되었으며, 2종류의 다른 광석을 함께 제련하다가 우연히 새로운 '구리'가 발견되었는데, 이것이 구리와 주석의 합금인 청동이다. 단조 된 청동기의 날은 구리보다 2배 정도 더 단단하였다. 초기의 금속도구는 석기의 모양을 모방했으나, 곧 금속의 장점을 이용하여 돌로는 만들 수 없거나 매우 작은 도구를 제작하였다.

초기 철기 시대에는 철에 주조 기술을 사용하지 않았기 때문에 단조가 주요 작업 방법이었다. 처음에 철은 주로 무기 생산에 사용되었지만, 시간이 지남에 따라 그 용도는 농기구로 확장되었다. 철기 시대의 진정한 출현은 완전히 발전하는 데 1,000년 이상이 걸렸다. 이 기간에 탄소 및 열처리 추가와 같은 기술의 발전으로 견고하고 날카로운 도구를 만들 수 있었다.

2. 도구의 발전

(가) 타격 도구

타격 도구는 때려서 가공, 수리 등의 작업을 하는 도구로서, 그림 1-4와 같은 망치와 도끼 등이 있다. 망치가 오늘날과 같은 용도로 쓰이기 시작한 것은 못·리벳 등이 발명되면서부터이다. 처음에는 자루를 석기시대와 같은 형태로 만들었으며, 중동지방에서 망치 머리에 자루를 박을 구멍을 내기 시작하였다. 못 뽑기용 장도리는 로마 시대까지 거슬러 올라간다. 도끼는 처음에는 사슴뿔을 이용하여 제작하였고, 금속이 재료로 쓰이면서 도끼에 자루 구멍을 냈다. 중세시대 철제도끼는 평평하게 단조 시킨 머리 부분에 날 부분인 강철 조각을 붙여 만들었으나, 20세기 초에는 머리와 날 전체를 하나의 강철로 만들어 사용하였다.

(a) 돌망치

(b) 돌도끼

▮그림 1-4▮ 타격 도구

(나) 절삭 도구

구멍을 뚫는 도구로는 드릴 · 송곳 등이 있다. 송곳은 바늘처럼 밀어 넣어 구멍을 뚫고, 드릴은 절삭 날로 재료를 깎아 구멍을 뚫는다. 활이 발명되자 활시위로 송곳 자루를 돌려 구멍을 뚫는 활비비(bow drill)가 만들어졌다. 그림 1-5는 활비비와 고대 톱의 사용 모습을 나타낸 것이다.

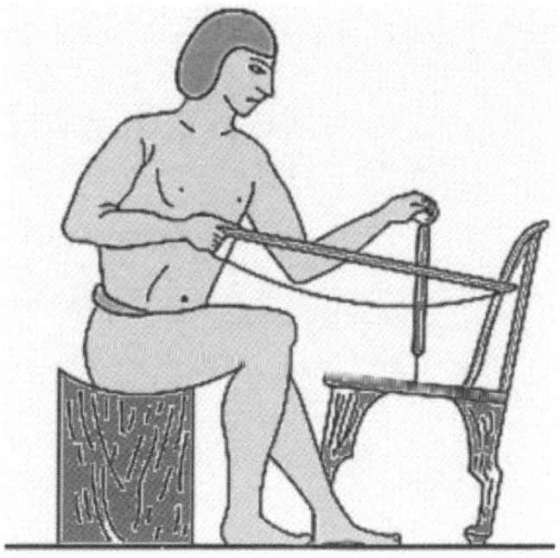
(a) 활비비

(b) 고대 톱

▮그림 1-5▮ 절삭 도구

초기의 드릴은 화살촉 모양이었고, 19세기 말에 와서야 나선 홈 드릴이 사용되었다. 기어가 달린 핸드드릴은 1805년에 발명되었고, 1822년에는 한쪽 방향으로만 회전하는 성질을 이용한 나선 홈이 파인 드릴을 더 효율적으로 사용하였다.
금속 시대의 위대한 발명 가운데 하나는 이빨이 있는 날을 가진 톱이다. 톱으로 판자를 켜는 그림은 BC 1500년경의 이집트 벽화에서 볼 수 있다. 청동기시대에는 활 톱날과 비슷한 톱이 사용되면서 오늘날의 형태로 발전되기 시작하였다. 쇠톱은 BC 7세기 중반에 만들어졌으며, 로마 시대에는 톱날을 교대로 어긋나게 설계하여 톱밥이 잘 빠져나오도록 하였다. 이 당시의 틀에 끼워 쓰는 톱은 보강살(stiffening rib)로 톱날이 휘지 않게 만들어졌다.

(다) 공작 기계

18세기 증기기관의 발명과 더불어 인류는 도구를 기계적으로 작동시키는 방법을 발견하였다. 특히 공작 기계는 이전에 손으로 만들었던 상품을 생산하는 기계의 부품들을 만드는 데 필요하게 되었다.

① 초기의 작업 기계

처음에는 그전까지 사용되었던 목공기계를 개조해서 사용하였다. 나무를 깎아서 원형봉을 만드는 일은 오랜 옛날부터 있었으므로, 이를 위한 간단한 장치도 일찍부터 만들어졌다. 10세기가 지나자, 잘 휘는 판자를 천장에 매달아 한쪽 끝을 고정하고 다른 끝에 줄을 매어 이 줄의 아래쪽을 원형봉에 감은 다음, 밑에 있는 발판에 매어서 발로 이 발판을 밟음으로써 원형 봉을 회전시키고, 여기에 피가공물을 고정해 원형봉과 함께 회전하게 한다. 커터를 손으로 조작하며 가공하는 기계가 만들어져서, 원형봉을 깎는 공작기계로서 널리 사용되었다. 그림 1-6은 초기 작업 기계인 목공기계와 수목 선반을 나타낸 것이다. 천장에 고정한 이 휨판을 영어로 "lath"라 하며, 이것이 선반(lathe)의 어원이 되었다.

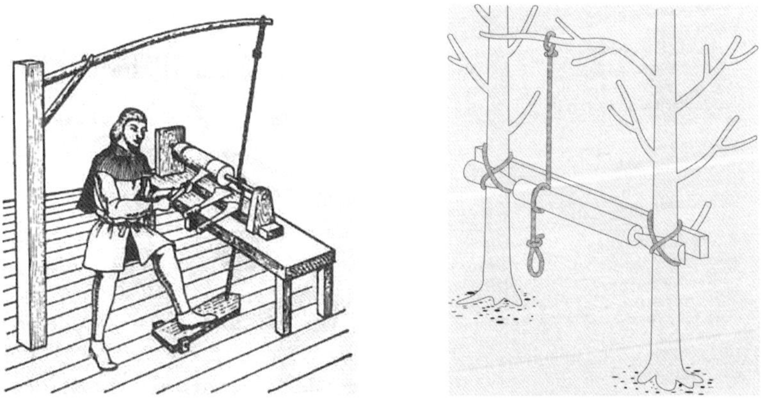

(a) 목공 기계　　(b) 수목 선반

▮그림 1-6▮ 초기의 작업 기계

② 선 반

18세기 영국의 산업 혁명 당시 기계 기술자인 영국의 모즐리(Maudslay, H.)는 그림 1-7(a)와 같은 절삭 공구와 이송대가 있어 나사를 절삭하는 나사절삭 선반을 제작하였다. 이 선반은 종래와 같은 목제가 아니고 모두 금속으로 만들어졌으며, 절삭 공구는 공구대에 고정되고 공구대는 1개의 이송 나사에 의하여 좌우로 움직이게 되어 있었다. 이 절삭 공구를 장치하는 공구대와 그 공구대를 자동적으로 이송하는 이송대의 고안은 획기적인 것으로써 이 선반은 오늘날 선반의 원형(原型)이 되었다. 또한 숙련공이 아니어도 쉽게 사용할 수 있어 기계제조산업의 일대 비약을 가져왔다. 그리고 미국의 셀러즈(Sellers, W.)는 선반의 회전수를 바꿀 수 있는 그림 1-7(b)와 같은 형태의 선반을 개발하였다. 19세기에는 공업 제품을 대량으로 생산할 수 있는 공작 기계가 필요하게 되었다.

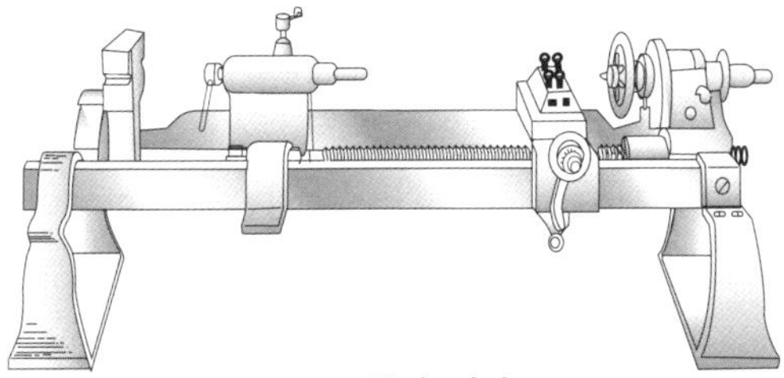

(a) 모즐리 선반

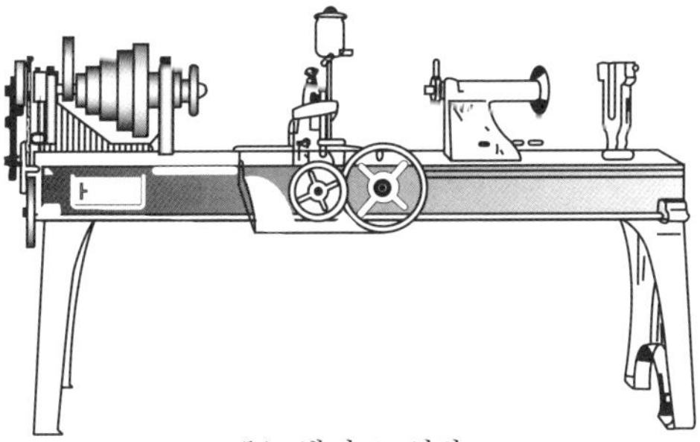

(b) 셀러즈 선반

▮그림 1-7▮ 근대 선반

③ 밀링 머신과 드릴링 머신

1818년경부터 사용하기 시작한 밀링 머신은 1862년에 미국의 브라운(Brown, J. R.)이 그림 1-8(a)와 같은 만능 밀링 머신으로 개량하여 밀링 작업 분야를 넓혀 갔다. 1862년에는 휘트워스(Whitworth, J.)가 그림 1-8(b)와 같은 드릴링 머신을 개발하였다.

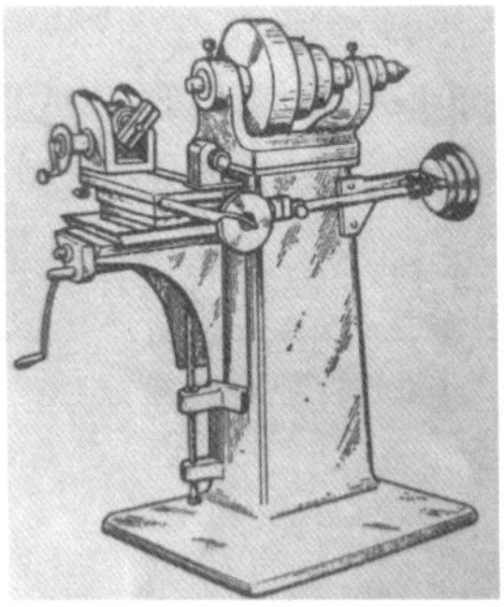

(a) 브라운의 만능 밀링 머신

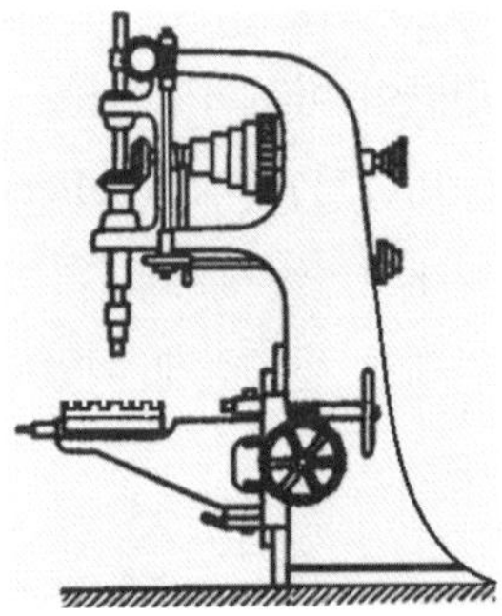

(b) 휘트워스의 드릴링 머신

▮그림 1-8▮ 근대의 밀링 및 드릴링 머신

④ 보링 머신과 증기 햄머

제임스 와트(watt, J.)가 발명한 증기기관의 실린더로 인해 그림 1-9(a)와 같은 윌킨슨(Welkinson, J.)의 보링머신이 만들어졌고, 모즐리 공장의 조수였던 네이스미스(Nasmyth, J.)는 1839년에 대규모 단조품의 더 빠르고 효율적인 생산 가능케 하는 그림 1-9(b)와 같은 증기 해머를 발명하였다. 증기 동력을 사용하여 강력한 타격을 가하고 금속을 정밀하게 성형 및 단조할 수 있었다.

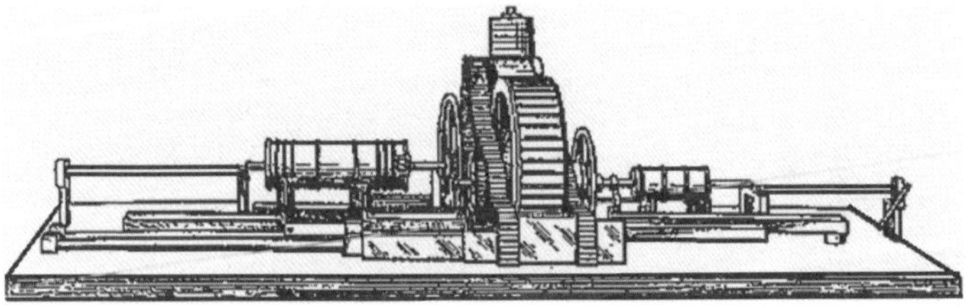

(a) 윌킨슨의 보링 머신

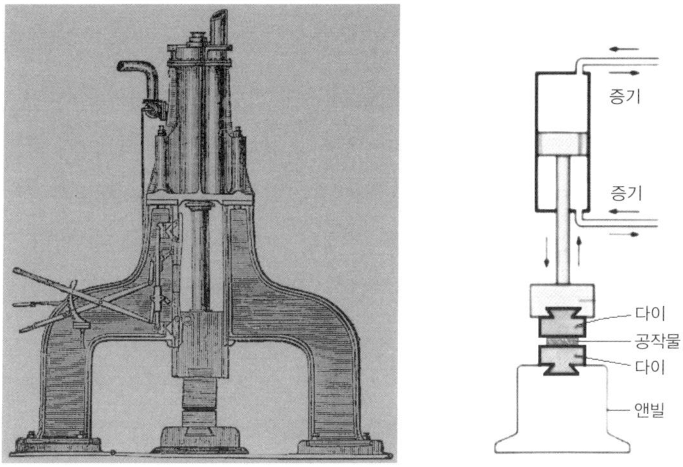

(b) 네이스미스의 증기 햄머

▮ 그림 1-9 ▮ 근대의 보링 머신 및 증기 햄머

⑤ 연삭기

초기 수동식 연삭기는 핸들이나 크랭크에 부착된 바퀴나 돌로 구성되어 핸들을 돌리면 연마 휠이 회전하여 작업자가 회전하는 휠에 접촉하여 작업물을 연마하도록 설계되었다. 주로 목재를 연마하고 표면을 매끄럽게 만드는 데 사용되었다. 19세기 말에는 노턴(Charles H. Norton)이 연삭기를 개발하여 공작기계 발전에 크게 이바지하였다. 그림 1-10은 초기의 연삭기 모습이다.

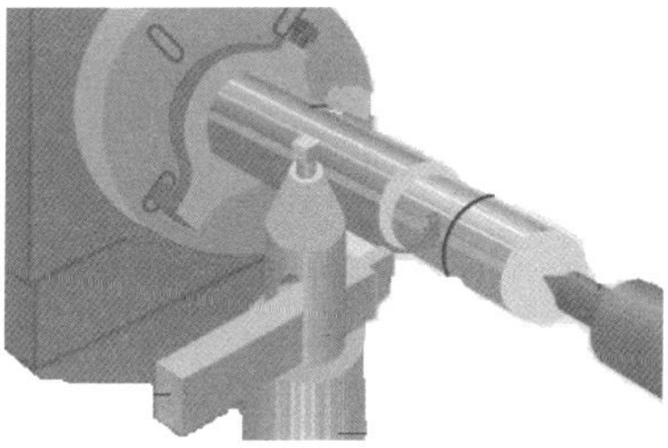

▮ 그림 1-10 ▮ 초기의 연삭기

1.1.3 현대 산업 기술의 발전

그림 1-11에서 볼 수 있듯이 21세기 급속한 산업화와 함께 기계는 산업 현장뿐만 아니라 삶의 깊숙한 영역까지 파고들었습니다. 뛰어난 기술과 과학의 힘은 달과 화성과 같은 우주에 우주선을 발사하는 수준에 이르렀다. 산업혁명은 석탄을 새로운 에너지원으로 하는 동력혁명과 일하는 기계의 발명이라는 기계혁명으로 특징지을 수 있다. 동력혁명과 결합한 기계혁명은 인력으로는 불가능한 큰 힘이 필요한 작업과 단순한 작업의 반복이 필요한 분야를 중심으로 활용·발전해 왔다.

▮ 그림 1-11 ▮ 현대 산업 기술

1980년대는 기계가 급격히 발전하는 전자와 융합되는 새로운 시대를 맞이했다. 이는 기계공학과 전자공학을 결합한 메카트로닉스(Mechatronics : 기계공학(Mechanical Engineering) + 전자공학(Electronics))의 등장으로 이어졌다. 로봇 혁명과 전자 부품의 기계 통합은 공장뿐만 아니라 건설 현장, 사무실, 가정 등의 공간으로 산업을 확장시켰다.

메카트로닉스의 전형적인 예로 공작기계(기계를 만드는 기계)라는 기계공업의 기본적 제품인 수치 제어(NC, numerical control) 공작기계를 들 수 있다. NC 공작기계는 프로

▮ 그림 1-12 ▮ NC 선반

그램된 명령에 따라 자동으로 작동하여 정밀하고 자동화된 제조 공정을 가능하게 한다. 생산을 혁신하고 첨단 제조 기술을 개척하는 데 커다란 영향을 미쳤다. 그림 1-12는 대표적인 NC 공작기계인 NC 선반을 나타낸 것이다.

그림 1-13에서 나타낸 바와 같이 산업용 로봇은 다양한 제품 생산, 무인 작업 및 위험 방지에 크게 이바지했다. 이러한 로봇은 공장뿐만 아니라 우주, 해양, 위험한 작업 환경 등 극한 상황에서도 활용된다. 각국은 해양 탐사, 핵발전소, 소방 로봇 등 다양한 목적을 위해 로봇 개발에 적극적으로 참여하고 있다.

(a) 소방 로봇 (b) 자동차 용접 로봇

▮ 그림 1-13 ▮ 산업용 로봇

기계 공학과 다양한 과학 분야의 융합은 여러 분야의 전문가를 모아 복잡한 문제를 해결하는 학제 간 협력을 촉진할 것이다. 이를 통해 혁신을 촉진하고 가능한 것의 경계를 넓히고 획기적인 기술 개발을 주도할 것이다. 기계공학의 미래는 지속 가능하고 포괄적인 방식으로 산업을 변화시키고 삶의 질을 향상시키며 글로벌 문제를 해결할 수 있는 엄청난 잠재력을 가지고 있다. 다음과 같은 몇 가지 영역이 상당한 관심을 받았다.

초정밀 가공 기계 분야는 기계공학의 미래에 큰 가능성을 가지고 있습니다. 기술이 계속 발전함에 따라 미세한 수준에서 극도의 정밀도를 달성할 수 있는 기계에 대한 수요가 증가하고 있다. 기계가공의 정밀도는 나노미터(100만분의 1mm, nm)의 수준까지 도달하고 있다. 응용 분야는 나노기술에서 생물의학 공학에 이르기까지 다양하며, 나노스케일에서 물질을 조작할 수 있는 능력은 과학 연구 및 실제 응용 분야에 대한 새로운 가능성을 열어준다. 나노물질은 일반적으로 1～100 nm 범위 치수로 인해 고유한 특성이 있어 벌크 소재에 비해 향상된 기계적, 전기적, 열적 및 광학적 특성을 나타낸다. 탄소 나노 튜브, 그래핀 및 나노입자는 전자, 에너지 저장, 촉매 및 의학 분야에서 응용되는 나노 물질의 예이다. 그림 1-14는 다양한 분야에서 사용되고 있는 탄소 나노 튜브의 보기이다.

환경문제가 증가하는 시대에 기계공학은 지속 가능한 솔루션을 개발하는 데 중요한 역할을 할 것이다. 오염, 자원 고갈 및 기후 변화와 같은 환경문제를 해결하는 기술에 중점

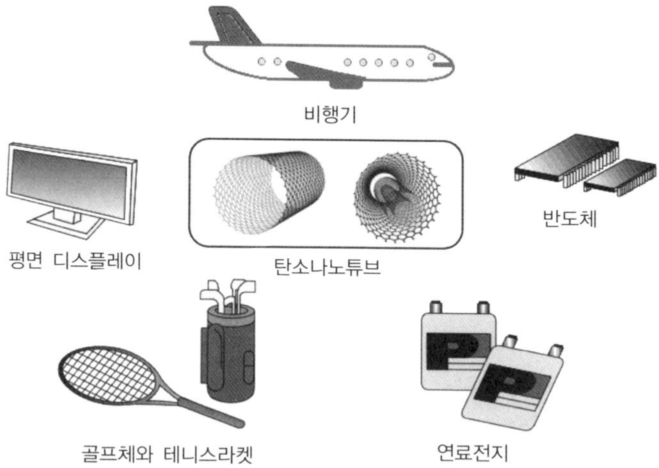

▮ 그림 1-14 ▮ 탄소나노튜브의 다양한 용도

을 둘 것이다. 에너지 효율적인 시스템, 재생 에너지 기술, 폐기물 관리 솔루션 및 친환경 제조 공정이 이러한 노력의 최전선에 서게 될 것이다. 기계 엔지니어는 더 친환경적이고 지속 가능한 미래를 위한 혁신적인 전략을 설계하고 구현하기 위해 다른 과학 분야의 전문가와 협력해야 한다.

항공우주 산업은 기계공학의 미래 발전을 위한 또 다른 중요한 영역을 나타낸다. 우주 탐사 및 상업용 항공우주 활동이 계속 확장됨에 따라 최첨단 기술 및 엔지니어링 솔루션에 대한 요구가 증가할 것이다. 기계 엔지니어는 우주선, 발사체, 추진시스템 및 위성 기술의 설계, 개발 및 최적화에 기여할 것이다. 경량 재료 및 고급 구조 설계에서 효율적인 추진시스템 및 우주 쓰레기 완화 전략에 이르기까지 기계공학은 우주 탐사 및 여행의 미래를 형성할 것이다.

연습문제 exercise

1. 금속과 불의 발견이 인류에게 주는 의미는?
2. 석기시대의 타격 도구의 종류를 기술하세요.
3. 도구의 발달 과정에 대해서 기술하세요.
4. 현대 공업 기술의 발전과정에 대해서 설명하세요

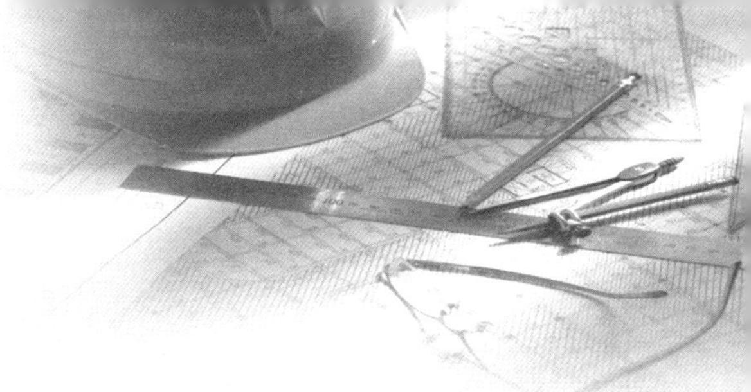

단위와 측정 2

Chapter

2.1 단위와 측정

단위와 측정은 과학, 수학, 공학 및 일상생활에서 중요한 개념이다. 여러 분야에서 정확한 정보 교환과 데이터 분석을 가능하게 한다. 아래에서 단위와 측정에 대해 간단히 설명하였다.

2.1.1 단위

단위(Unit)는 크기, 양 또는 어떤 특성을 측정하거나 표현하는 데 사용되는 표준 수량이다. 단위는 측정 가능한 양을 나타내며, 이러한 양의 크기나 비교를 가능하게 한다. 국제단위계(SI, International System of Units)에서 정의되어 있으며, 일반적으로 규약화되고 표준화되어 있어서 공통의 이해와 통신을 가능하게 한다.

물리량 길이(m), 시간(s), 질량(kg), 힘(N), 가속도(m/s^2) 등은 서로 밀접한 관계가 있다. 일반적으로 물리량의 크기를 나타낼 때는 가장 기본적이고 공통적인 물리량을 기본 물리

▮표 2-1▮ 단위와 기호

물리량	명칭	기호	물리량	명칭	기호
길이	미터	m	전류	암페어	A
면적	제곱미터	m^2	전압	볼트	V
부피	세제곱미터	m^3	전력	와트	W
속도	초당 미터	m/s	전기저항	옴	Ω
가속도	제곱초당 미터	m/s^2	전하	쿨롱	C
질량	킬로그램	kg	전기용량	패럿	F
밀도	세제곱미터당 킬로그램	kg/m^3	인덕턴스	헨리	H
시간	초	s	주파수	헤르츠	Hz
에너지	줄	J	자속	웨버	Wb
힘	뉴턴	N	전기진도도	지멘스	S
압력	파스칼	Pa	자속밀도	테슬라	T
절대온도	켈빈	°K	자기장 세기	미터/암페어	A/m
광도	칸델라	cd	조도	럭스	lx
각속도	초당 라디안	rad/s	물질량	몰	mol
방사능	베크렐	Bq	흡수선량	그레이	Gy

량으로 정하며 길이, 시간, 질량 또는 중량 등을 기본 물리량으로 정한다. 그리고 면적, 체적, 밀도, 속도 등은 기본 물리량의 조합으로 표현할 수 있으며, 이와 같은 물리량을 유도 물리량이라고 한다. 이러한 물리량을 수치상으로 나타내기 위해서는 측정해야 할 양에 대한 기준을 정해야 한다. 이것을 단위(unit)라고 한다. 표 2-1은 단위와 기호에 대해서 나타냈다.

여러 가지 물리량을 기본 물리량과 유도 물리량으로 구분하고, 단위를 정한 것을 단위계라고 한다. 현재 사용되고 있는 단위계는 크게 나누어 절대 단위계, 중력 단위계 그리고 국제단위계의 세 가지이다. 이 중에서 공업적으로 많이 사용되는 단위계는 중력 단위계와 국제단위계다.

2.1.2 측정

측정(Measurement)은 어떤 대상이나 현상의 특정한 양을 계산하고 기록하는 과정을 말한다. 이 과정은 일반적으로 특정 단위를 사용하여 양을 나타내고, 이를 통해 해당 대상의 크기, 양 또는 특성을 파악할 수 있다. 정확성과 신뢰성이 중요하며 정확한 측정을 위해서는 적절한 측정 장비와 절차가 필요하다. 실제로 측정된 데이터는 분석, 비교, 연구 및 의사결정에 활용되며, 이를 통해 다양한 분야에서 발전과 진보가 이루어진다.

2.1.3 단위 변환

단위 변환(Unit Conversion)은 한 단위의 수량을 다른 단위로 변환하는 과정을 의미한다. 단위 변환은 다양한 상황에서 사용되며, 예를 들어 온도를 섭씨에서 화씨로 변환하거나 길이를 미터에서 킬로미터로 변환하는 등이 있다. 수학적인 계산과 곱셈, 나눗셈을 사용하여 이루어지며, 올바른 단위 변환은 데이터의 일관성을 유지하고 정확한 분석을 가능하게 한다. 올바른 단위 사용과 정확한 측정은 데이터의 신뢰성을 확보하고 정확한 결정을 내릴 수 있도록 도와준다.

2.2 중력 및 국제 단위계

2.2.1 중력 단위계

중력(Gravity)은 모든 물체 간에 서로 작용하는 만류 인력으로, 물체가 땅에 떨어지는 현상이나 행성이 공전하는 현상 등을 설명하는 데 사용된다. 중력의 힘은 물체의 질량에 의존하며, $F = mg$로 표현된다. 여기서 F는 중력의 힘 (N), m은 물체의 질량 (kg), g는 표준 중력가속도 (9.81 m/s^2) 이다.

중력은 행성의 무게, 물체의 낙하, 운동, 천체의 궤도 등 다양한 물리 현상을 이해하는 데 중요한 개념이다. 중력 단위계는 공학 단위계라고도 하며, 현재 우리나라 공업 분야에서 널리 사용되고 있는 단위계이다. 길이(m), 시간(s), 중량 또는 힘(kgf)을 기본 단위로 한다. 여기서, 중량의 단위는 질량 1 kg인 물체가 지구의 표준 중력에 의해서 생기는 힘을 말하며, 다음과 같이 정의된다.

$$\begin{aligned} 1\,\text{kgf} &= \text{질량} \times \text{표준중력가속도} \\ &= 1\,\text{kg(질량)} \times 9.80665\,\text{m/s} \\ &= 9.8\,\text{N} \end{aligned} \tag{2-1}$$

2.2.2 국제단위계

달에서의 중력가속도는 지구의 약 1/6 정도이며, 지구의 중력가속도는 지역과 고도에 따라 변하기 때문에, 중력 단위계에서 기본 단위로 채택한 중량도 달라진다. 따라서 1960년에 국제 도량형 총회[1])에서는 1개의 물리량은 1개의 단위를 가진다는 원칙으로 기본 단위와 조립 단위(유도 물리량의 단위)로 된 국제단위계를 제정하였다. 국제단위계는 SI 단위계(International system of units)라고도 한다.

1) 국제 도량 협회(International Bureau of Weights and Measures) : 국제적으로 측정 단위와 관련된 표준화 작업을 수행하는 국제기구다. IBWM 또는 BIPM(국제 도량사무국)으로 줄여서 불린다. 국제 도량 협회의 가장 중요한 업무 중 하나는 국제 표준 단위 체계인 국제단위계(SI)의 관리와 발전을 감독하는 것이다. 프랑스의 세브르 근교의 생 클라우드(Sevres, France)에 위치하며, 국제적으로 중요한 측정 및 표준화 작업을 조정하고 지원하는 임무를 수행한다.

1. 기본 단위

표 2-2에는 SI 단위계의 기본 단위를 나타내었다. 이 중에서 유체 역학에서는 질량, 길이 및 시간의 세 가지 기본 단위가 주로 사용된다.

표 2-2 SI 기본 단위

기본량	SI 기본 단위	
	명칭	기호
길이	미터	m
질량	킬로그램	kg
시간	초	s
전류	암페어	A
열역학적 온도	켈빈	K
물질량	몰	mol
광도	칸델라	cd

2. 유도 단위

표 2-3에는 기본 단위로 표시된 SI 유도 단위를 나타냈다.

표 2-3 기본단위로 표시된 SI 유도 단위

유도량	SI 유도 단위	
	명칭	기호
넓이	제곱미터	m^2
부피	세제곱미터	m^3
속력, 속도	초당 미터	m/s
가속도	제곱 초당 미터	m/s^2
파동수	미터의 역수	m^{-1}
밀도, 질량밀도	세제곱미터당 킬로그램	kg/m^3
비(比) 부피	킬로그램당 세제곱미터	m^3/kg
전류밀도	제곱미터당 암페어	A/m^2
자기장 세기	미터당 암페어	A/m
(물질량의) 농도	세제곱미터당 몰	mol/m^3
휘도	제곱미터당 칸델라	cd/m^2

표 2-4에는 유체 역학에서 주로 사용되는 물리량의 SI 유도 단위와 중력 단위를 함께 나타내었다.

힘 [뉴턴] $N = kg \cdot m/s^2$

압력, 응력 [파스칼] $Pa = N/m^2 = kg/m \cdot s^2 = kgf/m^2$

일 에너지 [줄] $J = N \cdot m = kg \cdot m^2/s^2$

표 2-4 특별한 명칭과 기호를 가진 SI 유도 단위

유도량	SI 유도 단위			
	명칭	기호	다른 SI단위로 표시	SI기본단위로 표시
평면각	라디안	rad		$m \cdot m^{-1} = 1$
입체각	스테라디안	sr		$m^2 \cdot m^{-2} = 1$
진동수, 주파수	헤르츠	Hz		s^{-1}
힘	뉴턴	N		$m \cdot kg \cdot s^{-2}$
압력, 응력	파스칼	Pa	N/m^2	$m^{-1} \cdot kg \cdot s^{-2}$
에너지, 일, 열량	줄	J	$N \cdot m$	$m^2 \cdot kg \cdot s^{-2}$
일률, 전력, 복사선속	와트	W	J/s	$m^2 \cdot kg \cdot s^{-3}$
전하량, 전기량	쿨롱	C		$s \cdot A$
전위차, 기전력	볼트	V	W/A	$m^2 \cdot kg \cdot s^{-3} \cdot A^{-1}$
전기용량	패럿	F	C/V	$m^{-2} \cdot kg^{-1} \cdot s^4 \cdot A^2$
전기저항	옴	Ω	V/A	$m^2 \cdot kg \cdot s^{-3} \cdot A^{-2}$
전기전도도	지멘스	S	A/V	$m^{-2} \cdot kg^{-1} \cdot s^3 \cdot A^2$

중력 단위계에서는 중량 또는 힘을 기본 단위로 하였으나, SI 단위계에서는 힘을 기본 단위로 하지 않고 유도 단위 N을 사용한다. 힘은 뉴턴(Newton)의 운동 제2 법칙에 따라 질량×가속도이므로, 1 kg의 질량을 1 m/s^{2}의 비율로 가속할 때 필요한 힘을 1 N으로 정의한다. 중력 단위계와의 환산 관계를 보면 다음과 같다.

$$\begin{aligned} 1\,kgf &= 1\,kg \times 9.80665\,m/s^2 \\ &= 9.80665\,kg \cdot m/s^2 \\ &= 9.80665\,N \end{aligned} \quad (2\text{-}2)$$

3. 접두어

SI 단위계에서는 십진수 배수와 단위의 약수를 나타내는 접두어도 포함된다. 일반적으로 사용되는 일부 접두사에는 킬로(10^3), 메가(10^6), 밀리(10^{-3}) 및 마이크로(10^{-6}) 등이 포함된다. 표 2-5에는 물리에서 사용되고 있는 접두어와 그 기호를 나타내었다.

표 2-5 접두어

인자	접두어	기호	인자	접두어	기호
10^{24}	요타	Y	10^{-1}	데시	d
10^{21}	제타	Z	10^{-2}	센티	c
10^{18}	엑사	E	10^{-3}	밀리	m
10^{15}	페타	P	10^{-6}	마이크로	μ
10^{12}	테라	T	10^{-9}	나노	n
10^{9}	기가	G	10^{-12}	피코	p
10^{6}	메가	M	10^{-15}	펨토	f
10^{3}	킬로	k	10^{-18}	아토	a
10^{2}	헥토	h	10^{-21}	젭토	z
10^{1}	데카	da	10^{-24}	욕토	y

연습문제 exercise

1. 공학 단위계에 대해서 설명하세요.
2. S.I. 유도 단위 중에서 유체 역학에서 주로 사용되는 유도 단위에 대해서 설명하세요.
3. 국제 도량 협회란?

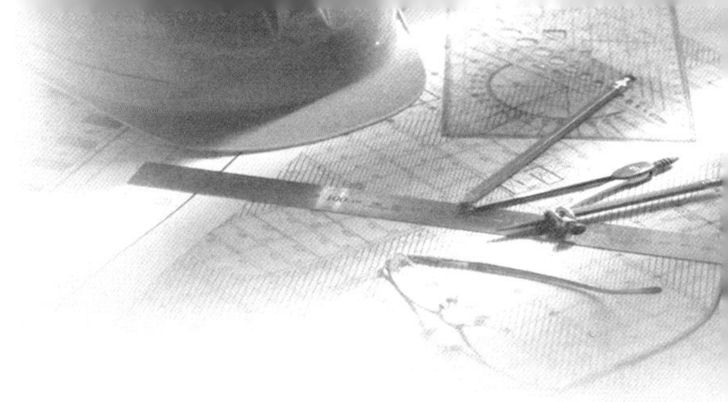

기계 제조 3

Chapter

3.1 기계 제조 공정

3.1.1 제품 설계 및 모델링

새로운 기계를 제조하기 위한 첫 단계로서 제품의 디자인, 기능, 및 제조 과정에 필요한 모든 요소들을 고려하여 설계를 진행한다. 이 단계에서 컴퓨터 지원 설계(CAD, Computer Aided Design)는 소프트웨어를 활용하여 제품의 2D 또는 3D 모델을 작성하고, 필요한 수정 및 최적화를 수행한다. 제품 설계는 제조 프로세스의 기반을 이루며, 향후 제조 단계의 계획과 진행에 큰 영향을 미친다.

CAD는 가상 환경에서 설계를 시각화하고 조작할 수 있으므로 더 빠르고 정확한 반복이 가능하다. 설계를 쉽게 변경할 수 있으며 이러한 변경이 전체 설계에 미치는 영향을 신속하게 평가할 수 있다. 사실적인 렌더링, 시뮬레이션 및 애니메이션 생성을 가능하게 하여 이해 관계자와의 설계 검증 및 커뮤니케이션을 지원한다.

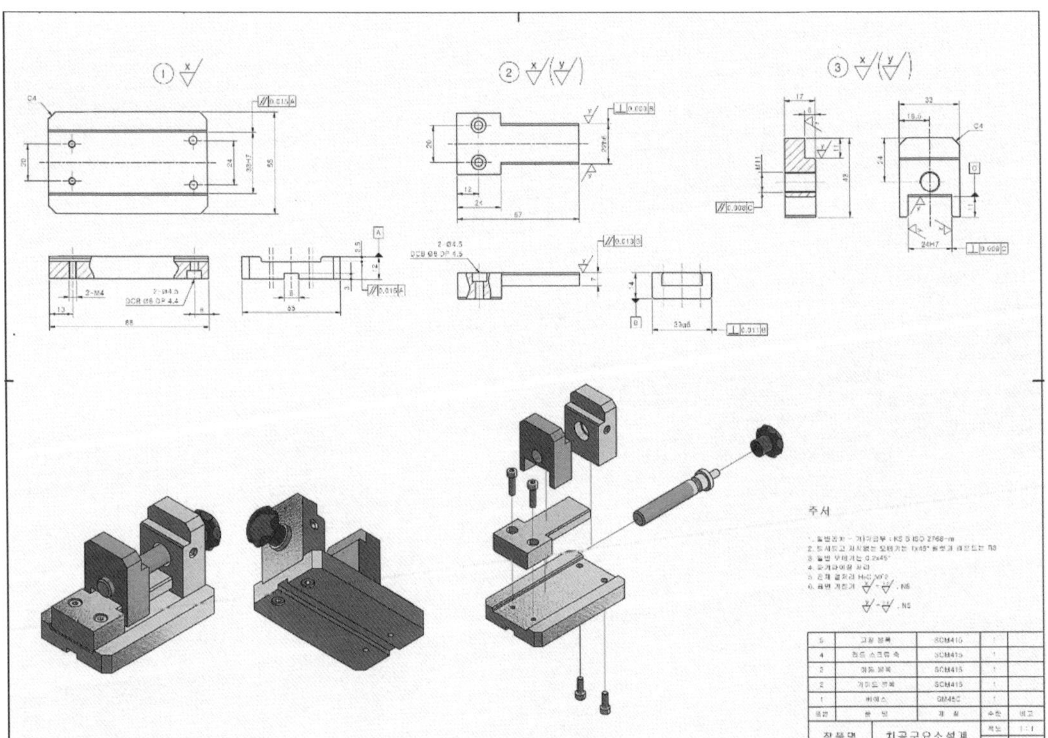

▌그림 3-1▌ CAD 도면

제조 공정에 필요한 엔지니어링 도면 및 문서 생성도 지원한다. CAD는 현대 엔지니어링 산업에서 필수 도구이며 설계자, 엔지니어나 제조업체 간의 설계 효율성, 정확성 및 협업을 크게 개선하여 기계 설계를 혁신했다.

3.1.2 제조 공정 및 시스템 설계

제품 설계가 완료되면, 이제 그 제품을 제조하기 위한 효율적인 공정 및 제조 시스템을 설계한다. 생산 공정을 최적화하여 생산성을 극대화하고, 품질을 유지하며, 자원을 효율적으로 활용할 수 있도록 계획을 수립한다. 이 단계에서는 컴퓨터 시뮬레이션 및 최적화 도구를 사용하여 공정 흐름을 분석하고 공정 단계를 조정하여 최상의 결과를 얻을 수 있다.

컴퓨터 응용 공정 설계(CAPP, Computer-Aided Process Planning)는 전문 소프트웨어 프로그램을 사용하여 상세하고 효율적인 제조 계획을 수립하는 기술이다. 제품을 생산하기 위한 기본 구상은 설계 도면이 완성되면 시작된다. 이 단계에서 생산 계획이 수립되며 공장의 생산 능력과 제품의 납기 등을 고려하여 기계 제작의 순서와 일정을 계획하는 것을 의미한다. 또한, 필요한 재료를 준비하고 필요한 기계 공구를 선정하는 작업도 포함된다. 생산 계획은 제조 공정에 관한 결정이 가장 중요한 요소로써 설계 도면이 지정된 재료나 공작 방법을 제시하지 않은 경우에도, 제품이 충분한 기능을 발휘할 수 있도록 제작상의 난이도와 제품 원가 등을 고려하여 결정해야 한다. 주조나 단조와 같은 공정을 선택하거나, 다시 기계가공이 필요한지도 판단해야 한다. 가공, 조립, 검사 등과 같은 작업을 자체 공장에서 전부 처리할 것인지, 아니면 외부업체를 활용할 것인지에 대한 계획도 포함된다. 생산 계획은 제품 생산에 필요한 모든 요소를 일관성 있게 고려하고 조정하는 작업으로 생산 공정의 효율성과 제품의 품질을 보장하기 위해 정확하고 체계적인 계획을 수립하는 것이 중요하다.

3.1.3 가공, 조립 및 품질 검사

가공, 조립 및 품질 검사 단계에서는 설계된 공정을 기반으로 제품을 생산한다. 이 단계에서는 원자재를 가공하여 부품을 제작하고, 이를 조립하여 최종제품을 완성한다. 생산된 제품은 품질 표준에 따라 검사되며, 불량품을 판별하고 불량을 최소화하기 위해 조치한다.

전산 응용 가공(CAM, Computer Aided Manufacturing)은 컴퓨터 소프트웨어를 사용하여 제조 프로세스를 제어하고 자동화하는 기술이다. 컴퓨터 기술을 이용하여 제조 공정을 통합하고 최적화하는 생산 시스템인 컴퓨터 통합 제조(CIM, Computer Integrated

Manufacturing)의 중요한 구성요소이며 항공우주, 자동차 및 의료를 포함한 다양한 산업에 걸쳐 수많은 응용 프로그램이 있다. 생산 계획이 확정되면 생산 작업에 들어간다. 먼저 가공할 제품의 재료를 준비하고 CAD에 의하여 설계된 내용을 CAM으로 연결하면 CAM을 통해 NC(수치제어) 공작기계에 정확한 작업 동작 지시를 하게 되며 생산, 가공, 조립, 검사 등의 전 제조 과정을 컴퓨터로 관리하여 제조 시간을 단축하고 제품의 정밀성을 높일 수 있다. CAM을 사용하면 제조업체는 광범위한 재정비 또는 재 프로그래밍 없이 제품의 설계 또는 사양을 신속하게 수정할 수 있다. CAD (Computer-Aided Design) 및 CAPP (Computer-Aided Process Planning)와 같은 다른 소프트웨어 시스템과 통합하여 능률적이고 자동화된 제조 프로세스를 생성할 수 있으며 적층 제조(3D 프린팅) 및 로봇 공학과 같은 새로운 기술이 제조 공정에 통합되면서 지속해서 발전하고 있다.

▮그림 3-2▮ NC 공작 기계의 가공 장면

3.1.4 도장, 포장 및 출하 관리

최종 검사를 통과한 제품은 도면에 맞춰 도장을 한 후 포장되어 출하된다. 포장은 제품의 안전성과 외관을 보호하는 역할을 한다. 제품이 운반 중에 훼손되거나 흠이 생기지 않도록 하며, 포장재를 적절히 사용하여 제품을 보호해야 한다. 또한, 포장은 소비자에게 제품에 대한 첫인상을 전달하는 중요한 요소이다. 포장은 경제적인 측면에서도 중요한 고려사항이다. 효율적인 포장 방법과 재료를 선택함으로써 비용을 절감할 수 있다. 불필요한 포장재를 사용하지 않고 필요한 만큼만 사용하여 경제성을 유지해야 한다. 포장이 제품의 성능에 영향을 미치지 않도록 주의해야 하며 제품 내부의 기능이나 성능을 유지하면서도 충분한 보호를 제공하는 포장 방법을 선택해야 한다.

이렇게 포장은 제품의 안전성과 외관을 유지하고 경제성을 갖추면서도 제품의 내부 성능에 영향을 주지 않는 중요한 역할을 한다. 소비자는 포장을 통해 제품의 완성도와 신뢰성을 판단하므로, 품질 좋은 포장 디자인과 적절한 포장 방법을 선택하여 제품을 출하해야 한다. 표 3-1에는 제품 제작 공정 단계별 내용을 간단히 설명하였다. 그림 3-3은 제품 제작 공정의 흐름도이다.

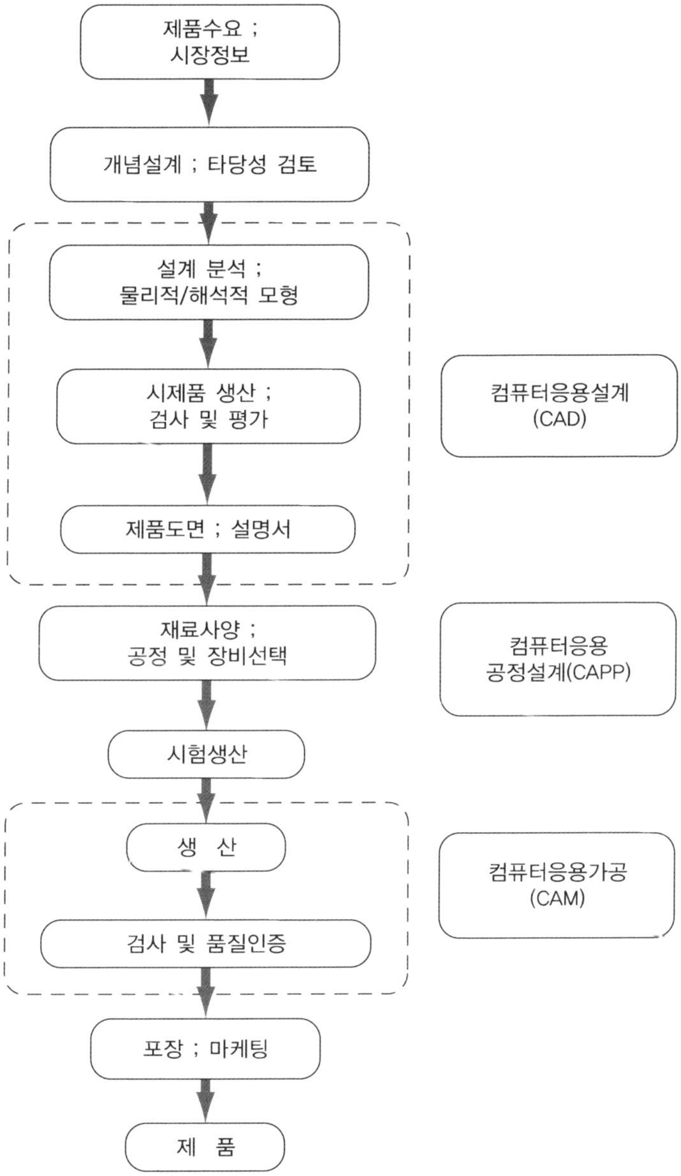

▌그림 3-3▌ 제품 제작 공정도

▮표 3-1▮ 제품 제작 공정 단계별 내용

공정 단계	내 용
개념설계	제품의 기본 아이디어와 구상을 개발하고 정의하는 단계
CAD	컴퓨터 지원 설계를 통해 제품의 2D 또는 3D 모델을 생성하는 단계
CAPP	컴퓨터 지원 생산 계획으로, 제품의 생산 공정과 순서를 계획하는 단계
CAM	컴퓨터 지원 생산 제어로, 생산 작업을 자동화하고 제어하는 단계
포장	제품을 보호하고 운반 중 훼손을 방지하기 위해 포장하는 단계
제품	최종적으로 생산되고 완성된 제품

연습문제 exercise

1. 기계 설계의 필요성 및 중요성에 대해 설명하세요.
2. CAD/CAM에 대해서 설명하세요.
3. 제품의 제작 공정도를 그려보자.

4
Chapter

동력 전달 기구 및 기계요소

4.1 기계

산업 현장에서 볼 수 있는 기계(machine)에는 구조가 간단한 것에서부터 복잡한 것까지 있는데, 이들 기계는 사용 목적에 따라 그 기능과 형태가 각기 다르며, 많은 부품의 조합으로 이루어져 있다. 이러한 부품들을 기계요소(machine element)라 하며, 목적에 따라 이들 기계요소를 조합하여 기구화하면 각종 기계가 만들어진다.

기계(machine)는 저항력이 있는 많은 부품을 조합한 것으로, 일반적으로 외부로부터 공급받은 에너지를 필요한 일 또는 형태가 다른 에너지로 변환시키기 위하여 특정한 운동을 할 수 있도록 만든 것이다. 예를 들어 탁상 드릴링 머신을 생각해 보면, 이것은 주철 등의 저항력이 있는 물체로 구성되어 있으며, 각 부품이 핀, 나사 등으로 서로 연결되어 있어 회전 운동이나 직선 운동 등의 제한된 운동을 하도록 되어 있다. 여기에 모터로 에너지를 공급하여 구멍 뚫는 일을 하므로 이를 기계라 한다. 자전거, 자동차, 선반, 밀링, 드릴링 머신 등도 기계이다.

(a) 선반

(b) 밀링

(c) 드릴링 머신

(d) 자전거

(e) 자동차

▌그림 4-1▌ 각종 기계

기계를 구성하고 있는 각 부분이 저항력이 있는 물체로 구성되어 있어도 상대 운동을 하지 않으면 기계라 할 수 없다. 예를 들면 망치, 대패, 바이스 플라이어, 스크루드라이버 등은 저항력이 있는 물체인 나무와 강철재로 구성되어 있어 손으로 에너지를 주어 일정한 일을 하지만, 일정한 상대 운동을 하지 않으므로 기계라 하지 않고 공구(tool)라 한다.

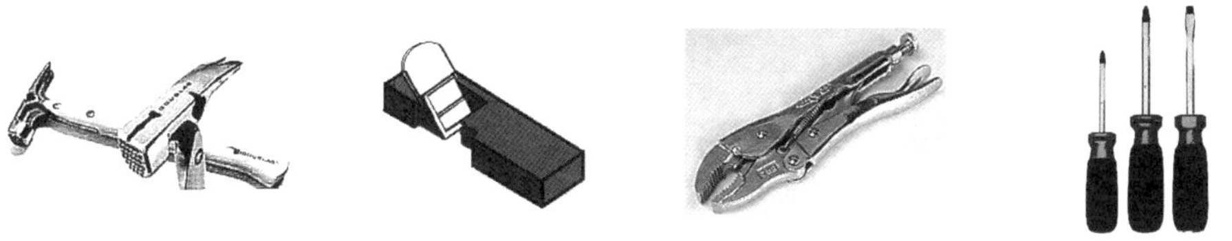

(a) 망치 (b) 대패 (c) 바이스 플라이어 (d) 드라이버

▮그림 4-2▮ 공구류

또, 건축물의 골조나 철교 등은 저항력이 있는 부재로 구성되어 외부의 압력 등을 지탱하지만, 상대 운동을 하는 부분이 없고 에너지를 주어 일을 하는 것이 아니므로 이를 구조물(structure)이라 한다. 각 부분이 저항력이 있는 물체로 구성되어 있고, 그 사이에 상대 운동을 하는 부분이 있더라도 외부에서 에너지를 받아 이를 유용한 일로 전환할 수 없는 것은 기계라 할 수 없다. 예를 들면 시계, 버니어캘리퍼스, 하이트 게이지, 마이크로미터 등은 저항력이 있는 물체로 구성되어 있으면서 구속된 상대 운동을 하고 있으나 외부에 대하여 유용한 일을 하는 것은 아니다. 이와 같은 것을 기구(instrument)라 한다.

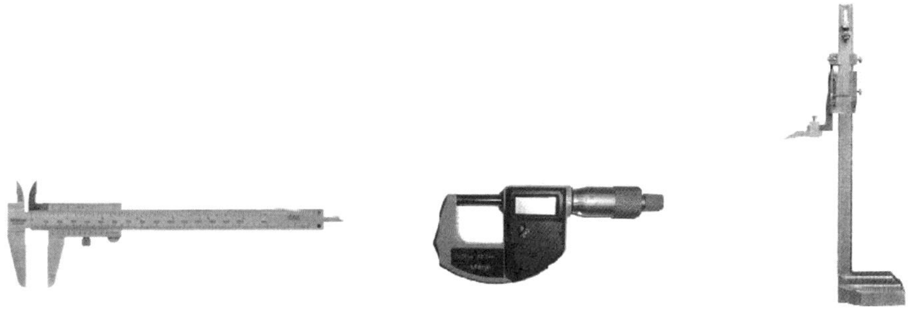

(a) 버니어 캘리퍼스 (b) 마이크로미터 (c) 하이트 게이지

▮그림 4-3▮ 측정 기구들

4.2 기구의 기본 운동

4.2.1 기구의 기본 운동

기계를 구성하고 있는 부품들은 서로 접촉하여 운동을 하면서 다양한 형태의 운동을 전달한다. 직선 운동을 회전 운동으로, 반대로 회전 운동을 직선 운동으로 바꾸거나 회전 운동을 전달하면서 속도를 변환시키기도 한다. 이와 같이, 운동을 전달하거나 변환을 목적으로 몇 개의 짝을 조합하여 한정된 운동을 하는 것을 기구라 한다.

▮표 4-1▮ 기구의 기본 운동

운동 방식	설명
직선 운동	외부에서 힘을 받으면 물체를 한 방향으로 계속하여 이동시키는 운동 (예) 에스컬레이터
직선 왕복 운동	외부에서 힘을 받으면 물체를 직선으로 반복하여 움직이게 하는 운동 (예) 피스톤
회전 운동	외부에서 힘을 받으면 물체가 한 점을 중심으로 원을 그리면서 회전하도록 하는 운동 (예) 크랭크축
회전 왕복 운동	외부에서 힘을 받으면 물체가 그네와 같이 호를 그리면서 왕복으로 움직이게 하는 운동 (예) 시계추

그림 4-4는 여러 가지 운동 전달 기구의 운동 변환과 전달 방식을 나타낸 것이다.

(가) 직선 (왕복) 운동 ⇄ 회전 운동

그림 4-4(a)의 엔진은 실린더 내에서의 폭발력으로 인해 발생한 피스톤의 직선 왕복 운동을 받아 크랭크축이 회전 운동을 한다. 그림 4-4(a)의 래크와 피니언은 회전 운동을 직선 운동으로 바꾸거나 직선 운동을 회전 운동으로 바꿀 때 사용하며 선반, 드릴링 머신, 사진기 등의 이송 기구에 적용되고 있다.

(나) 회전 운동 → 직선 (왕복) 운동

그림 4-4(b)의 판 캠은 회전 중심에서 접촉면까지의 거리가 일정하게 달라지는 모양을 가진 캠이 회전하면 접촉면의 굴곡을 따라 종동절이 상하 왕복 운동을 한다. 그림 4-4(b)의 원통 캠은 표면에 물결 모양의 홈이 파인 원통 형태의 캠이 회전하면 표면의

홈을 따라 종동절이 왕복 운동을 한다.

(다) 운동 전달과 속도 변화

그림 4-4(c)의 벨트 전동은 벨트와 벨트 풀리 접촉면의 마찰력을 이용하여 동력을 전달하는 기계요소이다. 그림 4-4(c)의 기어 전동은 기어를 이용하여 미끄럼 없이 회전력을 정확하게 전달할 수 있고 속도를 변화시킬 수 있다.

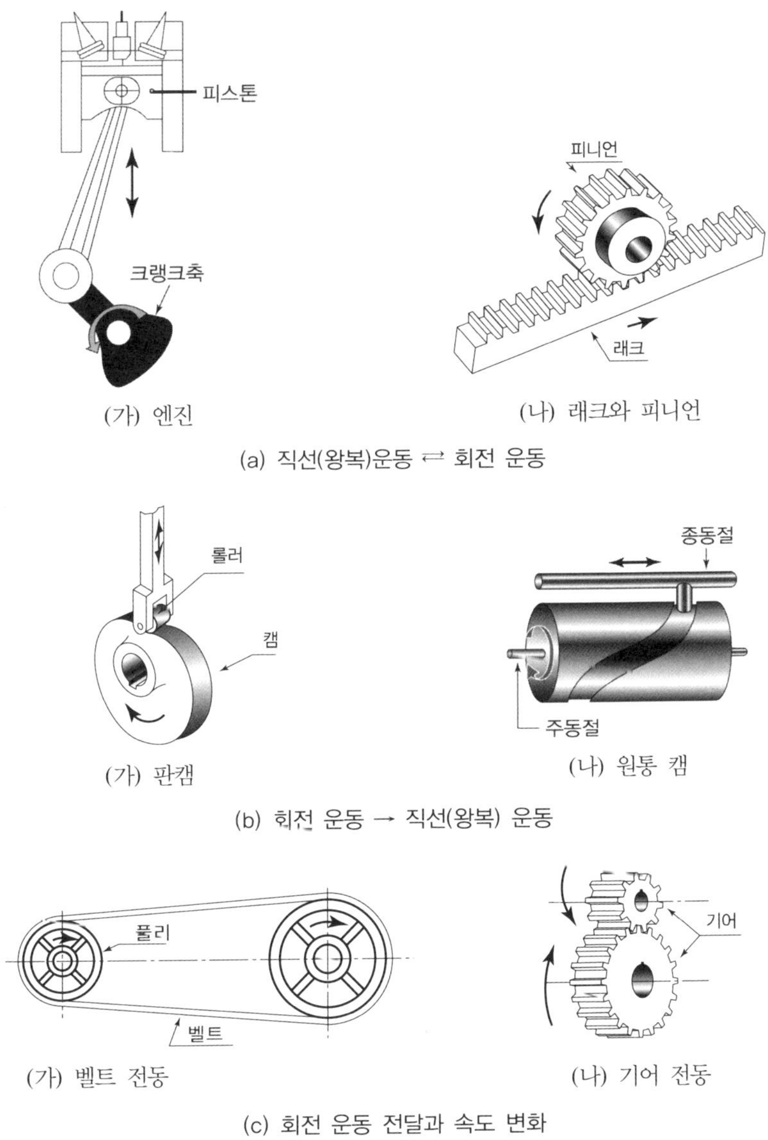

(가) 엔진 (나) 래크와 피니언

(a) 직선(왕복)운동 ⇄ 회전 운동

(가) 판캠 (나) 원통 캠

(b) 회전 운동 → 직선(왕복) 운동

(가) 벨트 전동 (나) 기어 전동

(c) 회전 운동 전달과 속도 변화

▮그림 4-4▮ 여러 가지 운동 전달 기구

4.3 기계 요소

4.3.1 결합용 기계요소

결합용 기계요소는 기계의 부품과 부품을 임시적 또는 영구적으로 결합하는 데 사용된다. 임시적인 결합 요소에는 나사, 키, 핀 등이 있으며 간단한 공구만으로 결합할 수 있고 필요할 때 분해할 수 있다. 영구적인 결합 요소에는 용접, 리벳 등이 있으며, 결합 시에는 숙련된 전문 지식과 특수 장비가 필요하며 기계 부품 간에 강력하고 내구성 있는 결합이 필요할 때 사용된다.

1. 나사

나사는 주로 여러 부품을 결합할 때 사용되는 간단한 기계요소다. 스패너, 드라이버 등의 도구를 사용하여 헤드에 회전력을 가하여 나사가 회전하면 나사산이 재료 또는 너트의 해당 나사산과 맞물려 단단히 연결된다. 표 4-2는 나사 구조의 명칭에 대한 설명을 나타낸 것이다. 나사는 그림 4-5(a)와 같이 원통 바깥 표면에 나사산이 있는 것을 수나사(external screw thread), 그림 (b)와 같이 속이 빈 원통의 안쪽에 나사산이 있는 것을 암나사(internal screw thread)라 하고, 수나사를 볼트(bolt), 암나사를 너트(nut)라 하며, 볼트와 너트가 짝을 이루고 있다.

표 4-2 나사 구조의 명칭

명 칭	설 명
나사산(crest)	수나사에서 지름이 가장 큰 부분
골(root)	지름이 가장 작은 부분
피치(pitch)	서로 인접한 나사산과 나사산 사이의 축 방향 거리
리드(lead)	나사가 1회전할 때 이동한 거리, $l = np$ (n: 회전수, p: 피치)

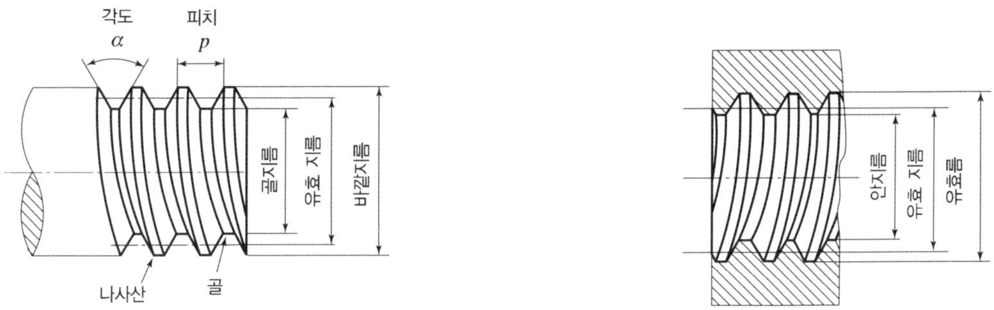

(a) 수나사 (b) 암나사

▮그림 4-5▮ 수나사와 암나사

그리고 나사에는 그림 4-6과 같이 오른나사(right hand screw)와 왼나사(left hand screw)가 있는데, 일반적으로 오른나사가 널리 사용되고 있다.

(a) 오른나사 (b) 왼나사

▮그림 4-6▮ 오른나사와 왼나사

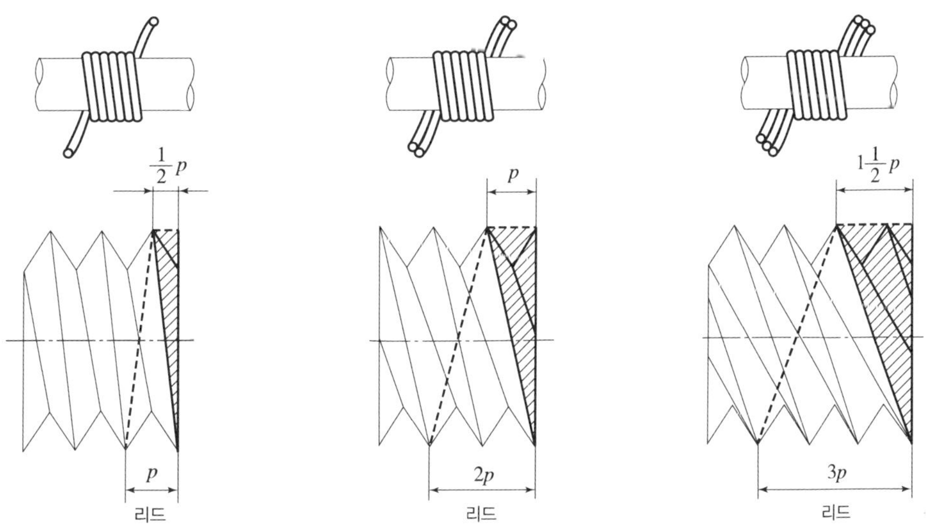

(a) 한줄 나사 (b) 두 줄 나사 (c) 세 줄 나사

▮그림 4-7▮ 한 줄 나사와 여러 줄 나사

그림 4-7에 나타낸 바와 같이 서로 인접한 나사산과 나사산 사이의 축 방향의 거리를 피치(pitch)라 하고, 나사를 한 바퀴 회전시킬 때 축 방향으로 이동한 거리를 리드(lead)라 한다. 보통 많이 사용되는 나사는 하나의 나사산을 감아서 만들어진 한 줄 나사(single thread screw)이지만 리드를 크게 하고 회전수를 적게 하고자 할 때에는 여러 줄 나사를 사용한다. 그러나 여러 줄 나사는 풀어지기 쉬우므로, 죔 나사로는 적합하지 않다.

(가) 삼각나사(triangular thread)

그림 4-8에 나타낸 바와 같이 나사산의 단면 모양이 삼각형인 것으로서 주로 결합용으로 사용되며, 한 줄 나사가 많이 사용된다. 미터나사(metric thread)와 인치를 사용하는 유니파이 나사(unified screw thread)가 있으며, 나사산의 각도는 60°이고 나사산의 모양도 같다. 같은 지름에 대해서도 피치의 대소에 따라 보통 나사와 가는 나사로 분류되며 가는 나사는 지름에 대한 피치가 보통 나사보다 짧은 것이다.

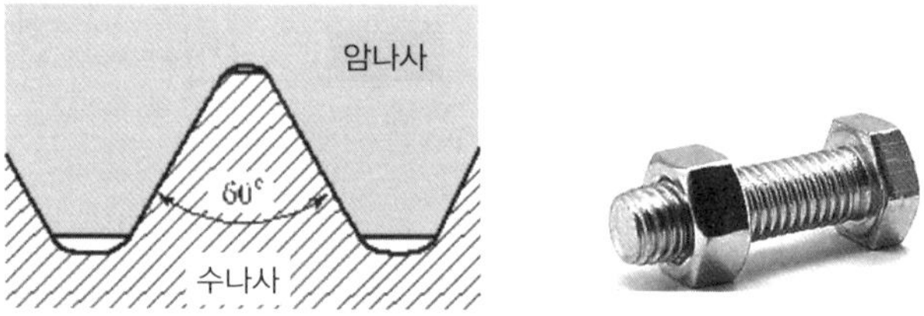

▮그림 4-8▮ 삼각나사의 단면 및 적용 사례(볼트와 너트)

(나) 사각나사(square thread)

삼각나사에 비하여 마찰이 적으므로 바이스(vice), 잭(jack), 프레스 등과 같이 힘을 전달하거나 부품을 이동하는 기구에 사용된다. 그림 4-9는 사각나사의 단면과 적용 사례인 밀링 바이스를 나타냈다.

▮그림 4-9▮ 사각나사 단면과 적용 사례(밀링 바이스)

(다) 사다리꼴나사 (trapezoidal thread)

그림 4-10에서 나타낸 바와 같이 사각 나사에 비하여 가공이 쉬우므로, 선반, 밀링 등의 공작 기계의 이송 나사(feed screw)로 많이 사용된다. 나사산의 각도는 미터계에서는 30°, 인치계에서는 29°이다. 특히, 인치계의 29° 나사를 애크미 나사(acme thread)라 한다.

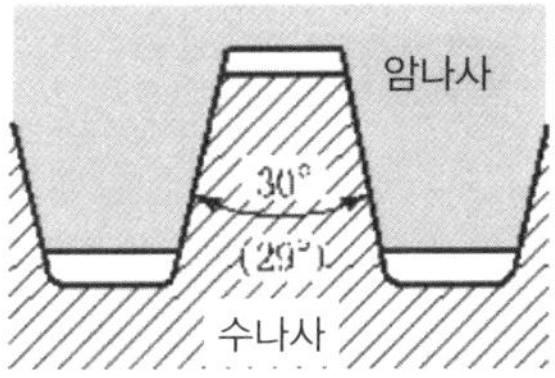

▮ 그림 4-10 ▮ 사다리꼴나사의 단면과 적용 사례(선반 이송 나사)

(라) 둥근 나사 (knuckle screw thread)

이 나사는 나사산의 봉우리와 골의 모양이 둥근 나사로서 전구와 그 소켓의 나사에 사용되며, 충격을 받거나 먼지, 모래 등이 들어가기 쉬운 곳에 사용된다. 그림 4-11은 둥근 나사의 보기이다.

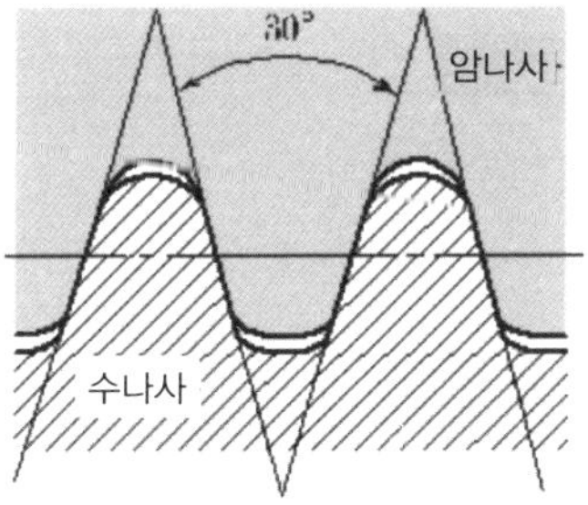

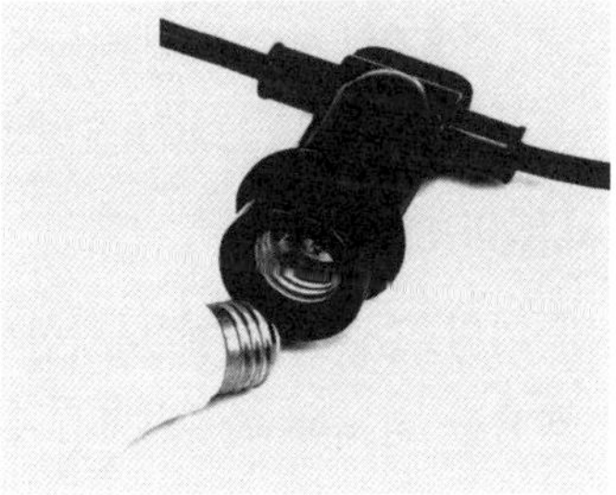

▮ 그림 4-11 ▮ 둥근 나사의 단면과 적용 사례(전구)

(마) 톱니 나사 (buttress thread)

이 나사는 압착기 등과 같이 압력의 방향이 항상 일정할 때 사용하는 나사로서, 압력 쪽은 사각나사, 반대쪽은 삼각나사로 깎아서 이들의 장점을 모두 갖춘 나사이다.

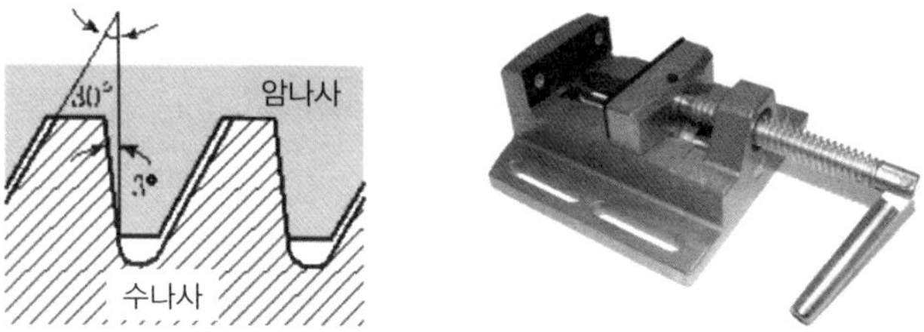

▮그림 4-12▮ 톱니 나사의 단면과 적용 사례(탁상 바이스)

(바) 관용 나사(pipe thread)

배관용 나사는 파이프(pipe)를 연결할 때 쓰이는 나사로서, 배관용 평행 나사와 배관용 테이퍼 나사가 있다. 기밀을 유지하여 누설을 방지하는 데 사용된다. 호칭 치수는 수나사의 바깥지름과 1인치마다의 나사산의 수로 나타낸다.

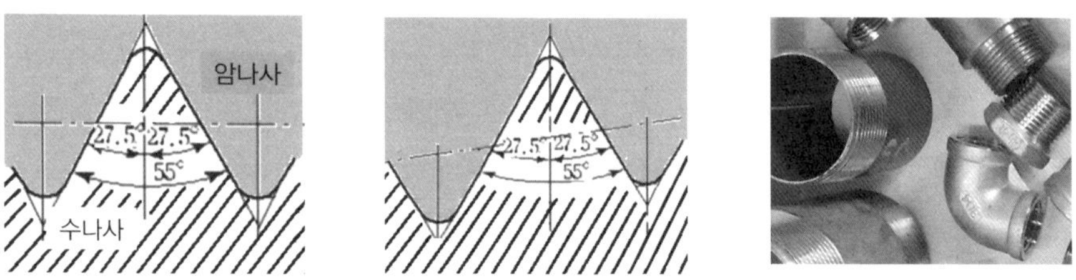

(a) 관용 평행나사 (b) 관용 테이퍼나사

▮그림 4-13▮ 관용 나사의 단면과 적용 사례(배관자재)

(사) 볼나사(ball thread)

축과 구멍의 끼워 맞춤 사이에 나사산 모양으로 둥근 홈을 파고, 여기에 강구인 볼을 넣어 나사 작용을 하도록 한 것이다. 볼나사는 마찰이 적고 정밀하여 수치 제어 공작 기계의 리드 스크루 등에 사용된다.

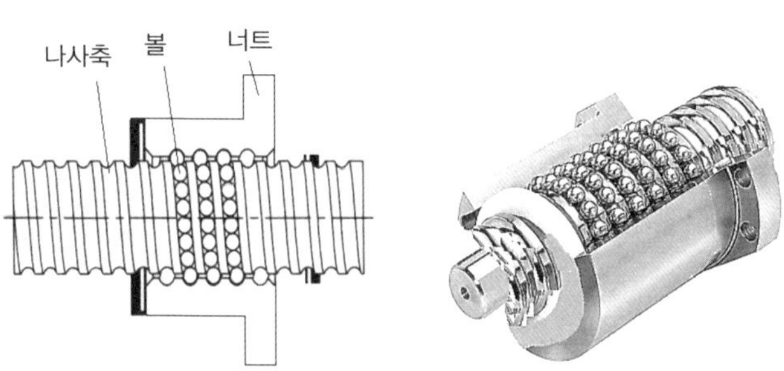

▮그림 4-14▮ 볼 나사의 단면과 적용 사례(볼 스크루)

2. 볼트

볼트는 나사를 응용한 결합용 기계요소로서, 주로 너트와 함께 사용되며 조립과 분해가 쉬워 기계 부품의 결합용으로 가장 널리 사용된다.

(가) 죔용 볼트 (foundation anchor bolt)

그림 4-15는 사용 방법에 따른 볼트의 종류를 나타낸 것이다.

그림 4-15(a)는 관통볼트(through bolt)를 나타낸 것이다. 그림과 같이 결합하고자 하는 2개의 부품에 구멍을 뚫고, 여기에 머리가 붙은 볼트를 관통시킨 다음 볼트와 너트를 죄어서 2개의 부품을 조립한다. 이것을 일반적으로 볼트라고 부른다.

그림 4-15(b)와 같이 볼트 구멍을 맞뚫을 수 없을 때 부품의 한쪽에 암나사를 내고, 여기에 볼트를 끼워 죄어서 결합할 때 사용하는 것을 탭 볼트(tap bolt)라 한다.

그림 4-15(c)는 스터드 볼트(stud bolt)를 나타낸 것이다. 원형 봉의 양 끝에 나사를 내어 볼트 머리가 없으며 한쪽은 몸체에 죄어 놓고, 다른 끝에는 결합할 부품을 대고 너트를 죄어 결합하는 방식으로 분해와 조립이 반복되는 곳에 편리하게 사용된다.

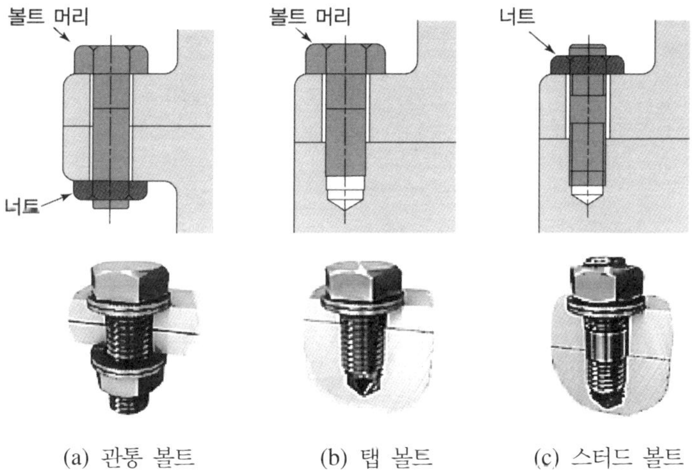

▮그림 4-15▮ 죔용 볼트

(나) 육각 볼트

머리 모양이 육각형인 볼트로서 일반적으로 각종 부품을 결합하는 데 널리 쓰이는 대표적인 볼트이다. 육각 볼트에는 호칭 지름 육각 볼트, 유효 지름 육각 볼트, 온 나사 육각 볼트 등 세 종류가 있으며, 이와 짝을 이루는 너트에는 육각 너트가 있다.

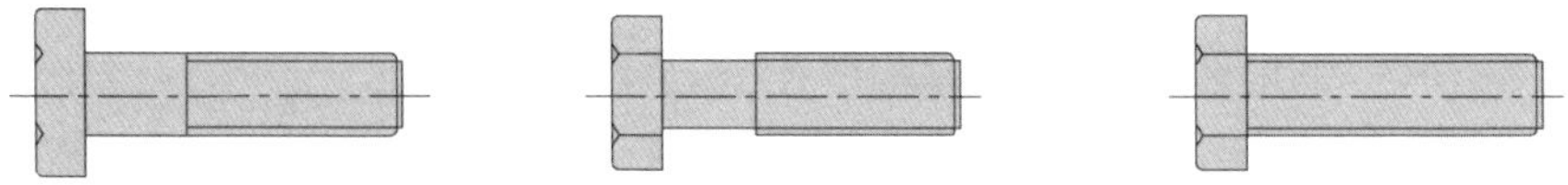

(a) 호칭지름 육각볼트 (b) 유효지름 육각볼트 (c) 온 나사 육각볼트

▮그림 4-16▮ 육각 볼트

(다) 육각 구멍붙이 볼트

원형의 볼트 머리에 육각형의 홈이 패어 있는 볼트로서, 기계 부분에 묻힘 구멍을 만들면 육각 볼트와 달리 튀어나온 부분이 없이 설계를 할 수 있으므로, 최근 많이 이용되고 있다.

볼트	무두	접시머리	육각	둥근머리
단면도		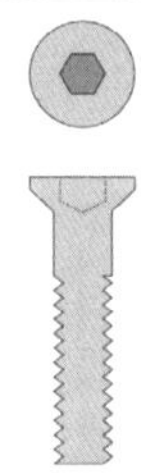		
사용예				

▮그림 4-17▮ 육각 구멍붙이 볼트

(라) 특수 볼트

① 기초 볼트(foundation bolt) : 기계를 콘크리트 위에 설치할 때에 쓰이며, 다리 부분을 콘크리트 속에 묻어서 기초를 튼튼히 하여 너트를 죌 때 돌거나 빠지지 않도록 한 것이다.

② 아이 볼트(eye bolt) : 볼트의 머리부에 고리(ring)가 있어 로프나 훅을 걸어 무거운 물건을 들어올리기에 적당하다.

③ 스테이 볼트(stay bolt) : 두 부품의 간격을 일정하게 유지하면서 체결하는 작용을 한다.

④ T 볼트 : 볼트의 머리 부분을 T자형으로 만들어 공작 기계의 테이블의 T홈에 끼워 물품이나 바이스를 임의의 자리에 고정시키는 데 사용한다.

⑤ 연신 볼트 : 충격적인 인장력이 작용하는 곳에 사용하기 위하여 원통의 일부 지름을 가늘게 하여 늘어나기 쉽게 한 볼트이다.

⑥ 테이퍼 볼트(taper bolt) : 다듬질 구멍에 꼭 맞게 끼워 미끄럼을 방지할 수 있도록 원통부에 테이퍼를 주고 머리를 없앤 볼트이다.

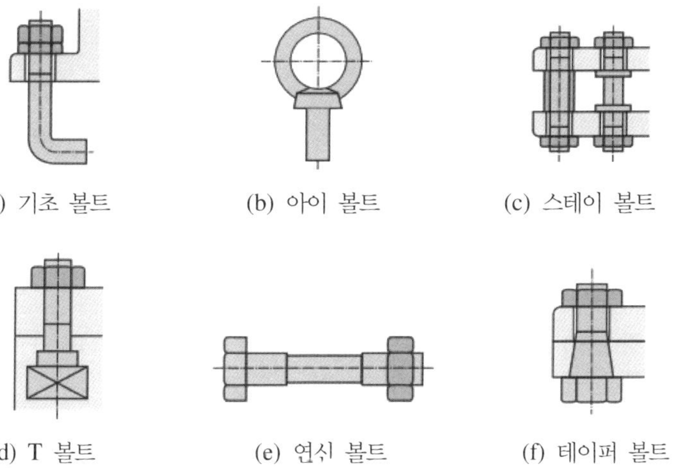

▌그림 4-18▌ 특수 볼트

(마) 작은 나사(machine screw)

그림 4-19는 작은 나사를 나타낸 것이다. 지름 8 mm 이하의 나사로서, 힘을 많이 받지 않는 작은 부품이나 얇은 판 등을 조립하는데 사용된다. 머리 부분에는 드라이버로 돌릴 수 있도록 십자(+) 또는 일자(−) 홈이 패어 있다. 힘을 받지 않는 작은 부품이나 커버(cover) 등의 결합에 사용된다. 재료에는 탄소강, 스테인리스강, 구리 합금강 등이 사용된다. 머리의 모양에 따라 둥근 머리, 냄비 머리, 접시 머리, 둥근 접시 머리, 우산 머리, 평머리 등이 있다.

(a) 둥근 머리 (round head)　(b) 냄비 머리 (button head)　(c) 접시 머리 (flat head)

(d) 둥근 접시 머리 (oval head)　(e) 우산 머리 (truss head)　(f) 평머리 (pan head)

▮그림 4-19▮ 여러 가지 작은 나사

(바) 세트 스크루(set screw)

그림 4-20과 같이 보스와 축을 고정시키고 축에 끼워 맞춰진 기어와 풀리의 설치 위치의 조정용으로 사용한다. 머리부의 모양에 따라 일자 홈, 육각 구멍, 사각 머리 등이 있다. 마모가 잘 되지 않게 하기 위하여 담금질 되어 있으며, 재료는 강철을 사용한다.

세트스크루의 종류	일자 홈	육각 구멍	사각 머리
머리 형태	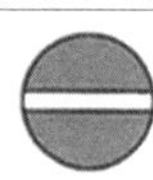	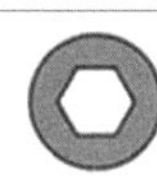	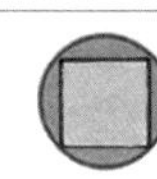
사용예			

▮그림 4-20▮ 세트 스크루의 단면도 및 종류

(사) 와셔(wacher)

목재나 고무와 같이 너트가 파고들 염려가 있는 약한 재료를 죌 때나 진동 등에 의해 볼트 너트가 풀릴 염려가 있을 때 풀림 방지용, 또는 볼트 구멍의 직경이 볼트 머리에 비해 너무 클 때 사용된다.

와셔는 일반적으로 평 와셔가 널리 사용되고 있으며, 너트의 풀림 방지용으로 그림 4-21에 나타낸 것과 같이 스프링 와셔, 파도 와셔, 이붙이 와셔 등이 있다. 그림 4-22에서는 사용 모습을 나타내었다.

(a) 평와셔 (b) 스프링 와셔 (c) 파도 와셔 (d) 이붙이 와셔

▮ 그림 4-21 ▮ 각종 와셔

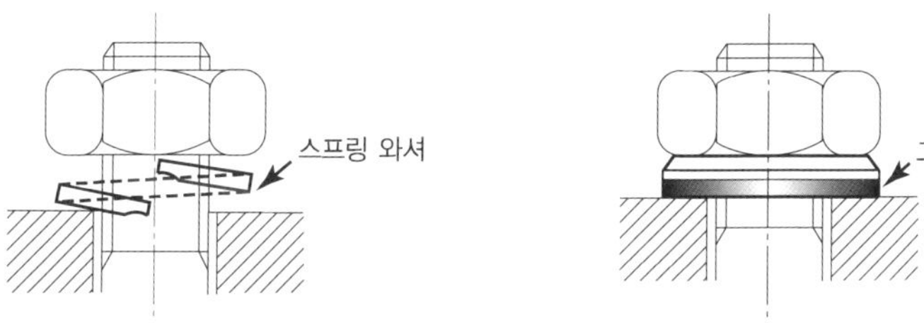

▮ 그림 4-22 ▮ 와셔 사용 모습

(아) 기타 볼트

아이 볼트를 대신할 수 있는 유 볼트, 장비 등의 높이를 조절할 수 있는 레벨 볼트, 물체를 걸 수 있도록 만든 경첩 볼트(hanger bolt), 공구를 사용하지 않고 손으로 쥘 수 있는 나비 볼트 등이 있다. 그림 4-23에는 기타 각종 볼트들을 나타내었다.

(a) 경첩 볼트 (b) 레벨 볼트 (c) U 볼트 (d) 나비 볼트

▮ 그림 4-23 ▮ 기타 각종 볼트

3. 너트

(가) 사각 너트 (square nut)

그림 4-24(a)와 같이 너트의 머리 모양이 사각이며, 주로 목재에 많이 쓰인다.

(나) 둥근 너트 (round nut)

둥근 너트는 어떤 제품이나 장치의 구조상 너트의 높이를 작게 해야 할 경우 또는 육각 너트를 사용할 수 없을 경우에 사용되며, 둥근 너트는 훅 스패너(hook spanner)와 같은 특수한 스패너를 사용해야 한다. 그림 4-24(b)는 둥근 너트를 나타냈다.

(다) 플랜지 너트 (flange nut)

플랜지 너트는 볼트 구멍이 클 때, 접촉면이 거칠 때, 또는 큰 변압을 피하려고 할 때 쓰인다. 그림 4-24(c)는 플랜지 너트를 나타낸 것이다.

(라) 캡 너트 (cap nut)

일명 봉투 너트라고도 하는 캡 너트는 유체가 나사의 접촉면 사이의 틈새나 볼트와 너트의 구멍 등으로 흘러나오는 것을 방지할 때 쓰인다. 그림 4-24(d)는 캡 너트를 나타냈다.

(마) 아이 너트 (eye nut)

그림 4-24(e)와 같이 머리에 링(ring)이 달린 너트로서, 무거운 물체를 달아 올리는 데 쓰인다.

(사) 나비 너트 (fly nut)

많은 힘을 받지 않는 곳에 사용되며, 손으로 너트를 돌려서 죌 수 있도록 되어 있다. 그림 4-24(f)는 나비 너트를 나타낸 것이다.

(아) 홈붙이 육각너트 (slotted/castle nut)

그림 4-24(g)에 나타낸 바와 같이 너트의 이완 방지를 위하여 분할 핀이 들어갈 수 있도록 너트에 홈이 있는 것으로 진동에 의하여 나사가 풀리지 않도록 할 때 사용된다.

(a) 사각 너트	(b) 둥근 너트	(c) 플랜지 너트	(d) 캡 너트	(e) 아이 너트	(f) 나비 너트	(g) 홈붙이 육각너트

▮그림 4-24▮ 각종 너트

4. 너트의 풀림을 방지하는 방법

너트는 충격, 진동, 반복 응력 또는 변형 등에 의하여 풀림 현상이 발생한다. 이와 같이 너트가 풀리는 것을 방지하기 위해서는 다음과 같은 방법이 사용된다.

(가) 와셔에 의한 방법

그림 4-25(a)와 같이 스프링 와셔나 이붙이 와셔 등과 같이 특수 와셔를 사용하여 너트를 고정하는 방법이다.

(나) 분할 핀에 의한 방법

그림 4-25(b)와 같이 볼트와 너트에 핀 등을 사용하여 풀어지지 않도록 한 것으로 이 방법은 너트가 죄어져 끝나는 위치에 제한을 받고 볼트가 약해지는 단점이 있다.

(다) 로크 너트(lock nut)에 의한 방법

볼트와 너트의 나사산 사이에는 다소 틈새가 있으므로 너트 한 개로 죄면 자연적으로 풀릴 수도 있다. 그림 4-25(c)와 같이 아래쪽에 설치된 얇은 로크 너트를 사용하여 먼저 충분히 죈 후에 고정 너트로 체결한다. 다시 고정 너트를 스패너로 잡고 로크 너트를 반대 방향으로 약간 풀어 놓아 서로 반력으로 누르게 하여 나사면의 마찰력을 증가시켜 나사의 풀림을 방지한다.

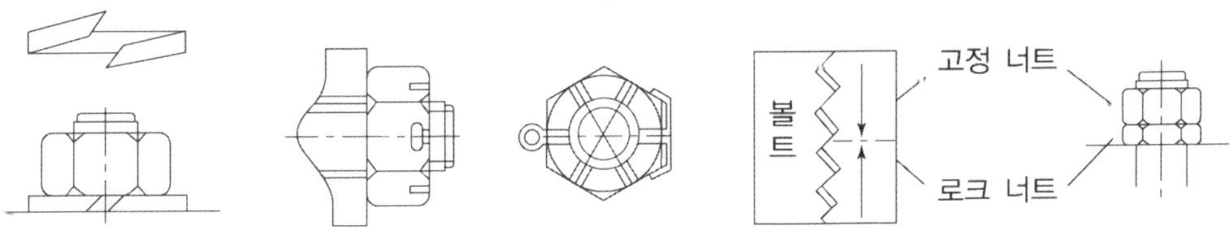

(a) 와셔 이용　(b) 분할 핀 이용　(c) 로크 너트 이용

그림 4-25 너트의 풀림 방지법

5. 핀(pin)

핀(pin)은 작은 힘이 걸리는 2개 이상의 기계 부품의 결합용으로 사용된다. 즉, 핸들을 축에 고정할 때, 부품의 설치, 분해, 조립을 하는 부품의 위치 결정 등에 널리 사용된다. 그 종류로는 원추 모양의 테이퍼 핀, 분할 핀, 평형 핀 등이 있다.

핀	(a) 평행 핀	(b) 테이퍼 핀	(c) 분할 핀	(d) 스프링 핀
사용 예		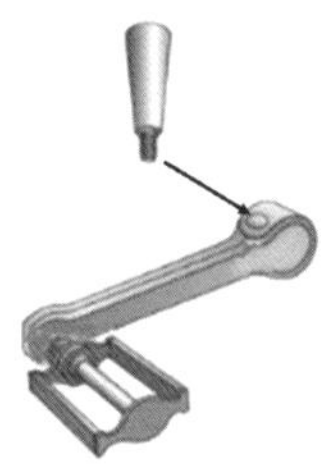	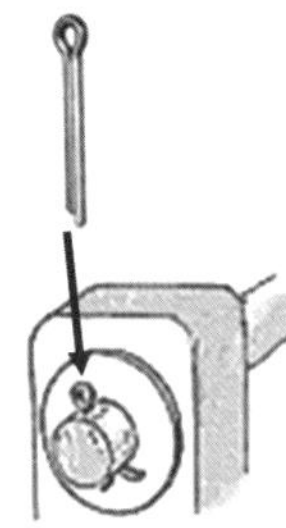	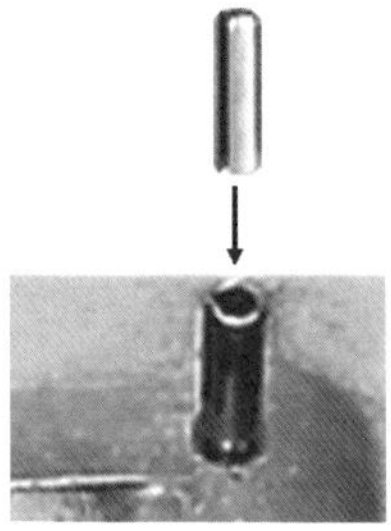
		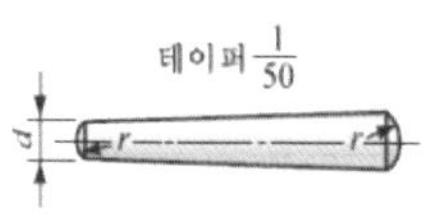	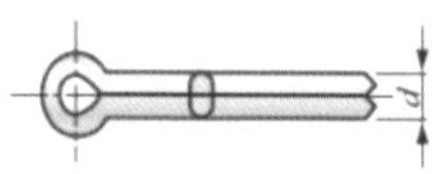	

▌그림 4-26▌ 각종 핀

(가) 평형 핀

기계의 부품이나 어떤 부분을 결합, 분해, 조립할 때 2개 부품의 위치를 항상 일정하게 할 필요가 있을 때 사용되며, 그 모양은 작은 막대 원통형이다. 그림 4-26(a)에 평형 핀을 나타냈다.

(나) 테이퍼 핀

그림 4-26(b)과 같이 축에 보스를 고정시킬 때 사용되며 핀의 크기는 핀 선단의 작은 쪽 지름으로 나타낸다.

(다) 분할 핀

그림 4-26(c)에 나타낸 바와 같이 너트의 이완을 방지하기 위하여 주로 사용된다.

(라) 스프링 핀

그림 4-26(d)에 나타낸 바와 같이 스프링 핀은 구멍의 크기가 정확하지 않을 때 사용하며, 탄성이 있는 얇은 강판을 말아서 핀의 반지름 방향으로 스프링 작용이 발생하게 구성된 핀이다.

6. 키(key)

그림 4-27은 키 이음의 구성을 나타낸 것이다. 키(key)는 축과 보스를 결합하는 기계요소로서 축과 핸들, 벨트 풀리, 기어 및 플라이 휠 등의 회전체를 고정시키는 데에 쓰인다. 축 재료보다 단단한 재질을 사용한다. 표 4-3은 키의 종류와 용도를 나타낸 것이다.

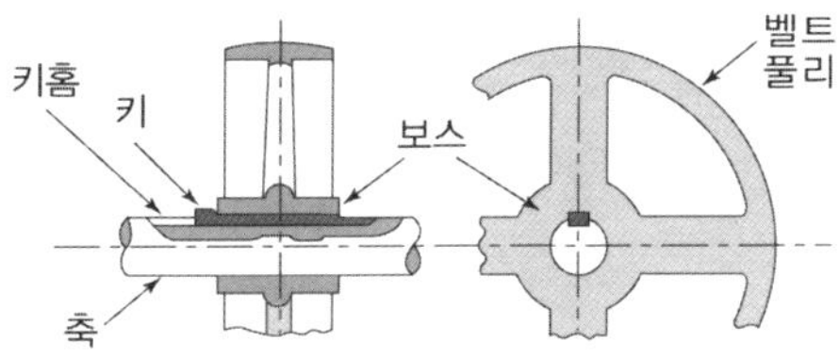

▮그림 4-27▮ 키 이음의 구성

▮표 4-3▮ 키의 종류 및 특징

키의 종류	키의 형상	특 징
묻힘 키 (sunk key)	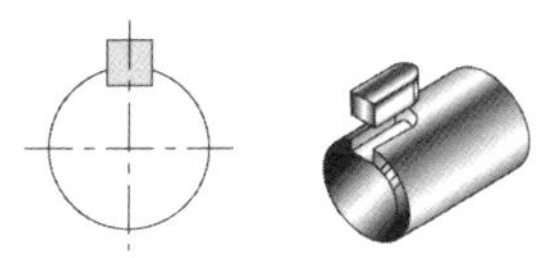	가장 널리 사용되는 키로 큰 힘을 전달시킬 수 있다. 축에 키를 끼운 다음 보스를 때려 박는 세트 키와 축과 보스를 맞추고 키를 때려 박은 드라이빙 키 방식이 있다.
평 키 (flat key)	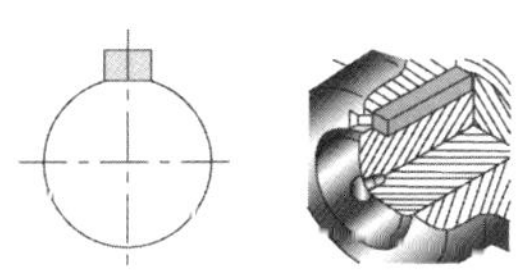	축을 키의 나비만큼 납작하게 깎아서 보스의 키 홈과의 사이에 밀어 넣어 고정한다. 축의 강도를 저하시키지 않으나, 큰 힘의 전달에는 부적당하다.
안장키 (saddle key)	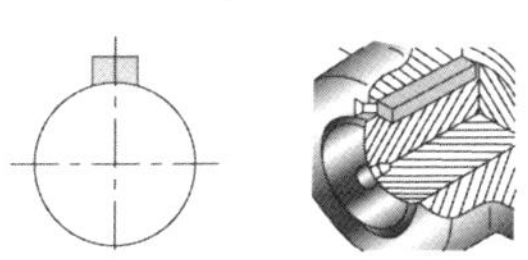	축에는 홈을 파지 않고, 보스에만 1/100 기울기의 홈을 파고 키를 박는다. 마찰만으로 힘을 전달하므로 큰 힘을 전달할 수 없다.
접선키 (tangential key)	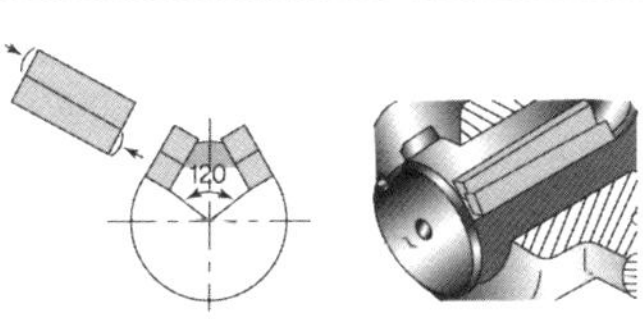	기울기를 가지는 2개의 키를 나란히 조립하여 구성한다. 토크가 크고 회전 방향이 변동하는 경우, 동력 전달에 적합하다.
미끄럼 키 (sliding key)	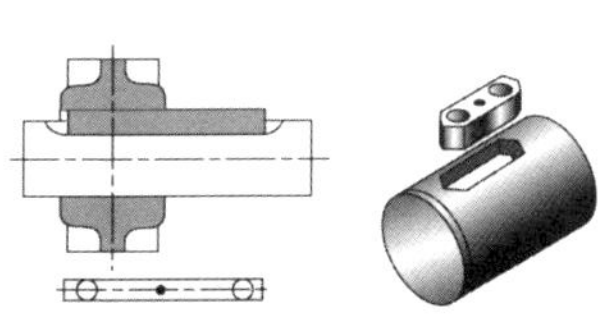	보스와 축과 같이 회전하는 동시에 축 방향으로 움직일 수 있도록 되어 있다. 키를 작은 나사로 고정하며 기울기가 없고 평행하다. 안내 키(feather key)라고도 한다.

반달 키 (woodruff key)	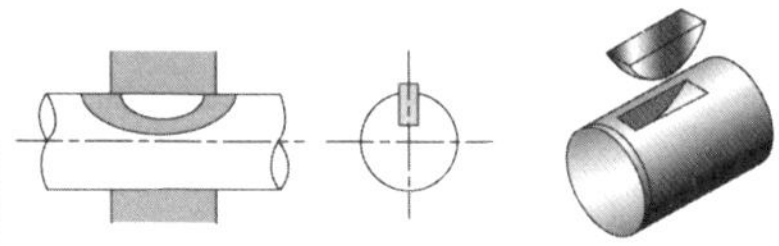	반달형의 키로서 지름이 60 mm 이하의 작은 축에 사용되고 특히 테이퍼 축에 사용하면 편리하다.
스플라인 (spline)	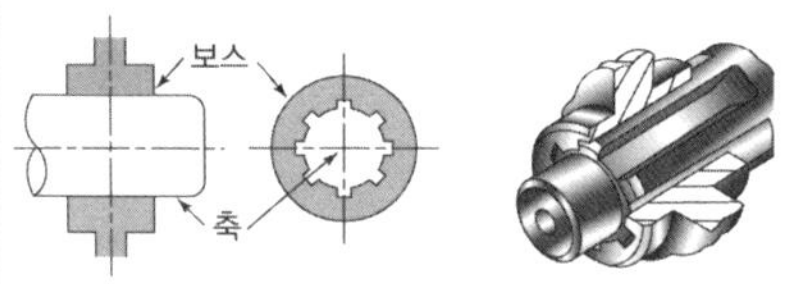	축의 둘레에 많은 키를 깎아 붙인 모양이다. 보통 키보다 훨씬 큰 힘을 전달시킬 수 있다. 내구력이 크며 축과 보스와의 중심을 정확하게 맞출 수 있다.
세레이션 (serration)	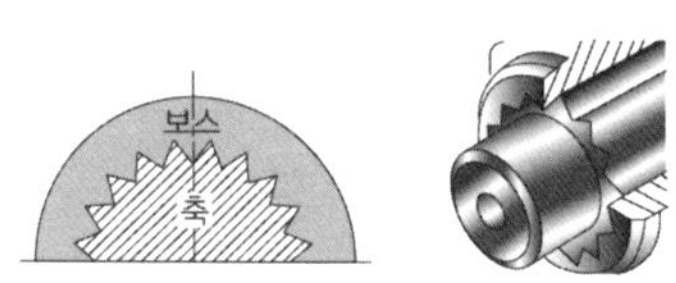	스플라인의 턱을 여러 개 삼각형의 이로 만든 것으로, 같은 지름의 스플라인보다 강력하며, 더 큰 토크를 전달할 수 있다. 일반적으로 50 mm 이하 지름의 축에 많이 쓰인다.

4.3.2 관용 기계요소

관용(管用, Pipe fittings) 기계요소는 유체인 기체, 액체를 운반하거나 전달하기 하는 데 사용된다. 파이프는 일반적으로 금속이나 플라스틱으로 만들어지고 다양한 크기, 형태, 재질로 제공된다. 관 이음쇠, 플랜지, 밸브, 스트레이너, 배관용 공구 및 기계 등 산업 현장에서는 다양한 기계요소들이 사용된다.

1. 관 재질 선정 시 고려 사항

유체 수송용 배관재료를 선정할 때에는 수송 유체의 온도, 압력 그리고 화학적 성질을 고려하여야 한다. 온도에 따라 금속 조직의 안정성에 영향을 미치게 되므로 사용하고자 하는 재질의 온도를 제한하여 선택하여야 한다. 사용 압력은 재질의 조직 변형에 영향을 주지 않지만 높은 압력, 수격 현상(water hammer) 등에 의해 재료의 파괴를 일으키게 되고 유체의 화학적 물리적 성질에 따라 부식, 마모 등을 가져오므로 재질의 선정 시 유의해야 한다.

2. 관의 종류와 용도

관은 주로 물, 기름, 증기, 가스 등의 유체를 수송하는 데 쓰인다. 관을 연결하거나 방향을 바꾸려면 관 이음이 필요하며, 유체의 흐름을 조절하거나 정지시키기 위해서는 밸브(valve)나 콕(cock)이 필요하다. 또 관은 구조물의 부재나 전선의 보호관으로도 사용된다.

(가) 배관용 강관

① 배관용 탄소 강관(carbon steel pipe for ordinary piping : SPP)

사용 압력이 비교적 낮은(10 kg/cm^2 이하) 물, 증기, 가스, 기름, 공기 등의 배관에 사용하며 가스관이라고도 한다. 제조 방법에 따라 단접관(welded steel pipe), 전기 저항 용접관(electric resistance welded pipe), 이음매 없는 강관(seamless pipe) 등으로 구분한다. 일반용 탄소강 강관(SPP)에 아연 도금량이 400 g/m^2 이상인 것을 백관이라 하고 1차 방청 도장한 것을 흑관이라 한다.

▮표 4-4▮ 종류 및 기호

종류의 기호	구 분	비 고
SPP	흑관	아연도금을 하지 않은 관
	백관	흑관에 아연도금을 한 관

▮표 4-5▮ 화학 성분

종류의 기호	화학 성분(%)	
	P	S
SPP	0.040 이하	0.040 이하

▮표 4-6▮ 기계적 성질

종류의 기호	인장시험		
	인장강도 kgf/mm^2 [N/mm^2]	연신율(%)	
		11호 시험편 12호 시험편	5호 시험편
		세로 방향	가로 방향
SPP	30[294] 이상	30 이상	25 이상

② **수도 배관용 아연도 강관**(galvanized steel pipe for water service SPPW)

배관용 탄소강관(SPP)의 흑관에 아연 도금을 한 관으로 사용정수두 100 m 이하의 수도 배관에 주로 사용한다. 배관용 탄소강관의 백관은 아연 도금량(400 g/m^2)이 적어 아연층이 얇기 때문에 관 내부에 산화막이 생기기 전에 아연이 물에 용해되어 없어지므로 비교적 빨리 부식된다.

③ **압력 배관용 탄소강관**(carbon steel pipe for pressure service SPPS)

압력 배관용 탄소강관은 온도 350℃ 이하에서 압력 10 kg/cm^{2}에서 100 kg/cm^{2}까지 작용하는 보일러 증기관, 유압관, 수압관 등에 사용된다. 관 제조방법은 이음매 없는 관과 전기 저항 용접으로 제조하며 관의 바깥지름은 탄소강관의 바깥지름과 같으나 관의 호칭은 호칭 지름 및 두께로 나타내며 두께는 스케줄 번호(schedule number)로 나타낸다. 호칭지름은 6~650A까지 25종이 있으며 스케줄 번호에는 Sch10, 20, 30, 40, 60, 80 등이 있는데 이 번호가 커질수록 관의 두께가 두꺼워진다.
스케줄 번호는 다음 식으로 구한다.

$$\text{스케줄 번호(Sch. No)} = 10 \times P/S \tag{4-1}$$

여기서 P: 사용압력(kg/cm^2)
S: 허용응력(kg/mm^2) = (인장강도/안전율)

▮표 4-7▮ 화학 성분

종류의 기호	화학 성분(%)				
	C	Si	Mn	P	S
SPPS 38	0.25 이하	0.35 이하	0.30~0.90	0.040 이하	0.040 이하
SPPS 42	0.30 이하	0.35 이하	0.30~1.00	0.040 이하	0.040 이하

▮표 4-8▮ 기계적 성질

종류의 기호	인장시험					
	인장 강도	항복점(내력)	연신율(%)			
	kgf/mm^2 [N/mm^2]	kgf/mm^2 [N/mm^2]	11호 시험편 12호 시험편	5호 시험편	4호 시험편	
			세로 방향	가로 방향	가로 방향	세로 방향
SPPS 38	38[373] 이상	22[216] 이상	30 이상	25 이상	23 이상	28 이상
SPPS 42	42[412] 이상	25[245] 이상	25 이상	20 이상	19 이상	24 이상

▮표 4-9▮ 수압 시험

스케줄 번호	10	20	30	40	60	80
시험압력 MPa [kgf/cm^2]	2 [20]	3.4 [35]	4.9 [50]	5.9 [60]	8.8 [90]	11.8 [120]

④ **배관용 아크용접 탄소강관**(electric arc welded carbon steel pipe SPW)

배관용 탄소강관과 같이 비교적 사용 압력이 낮은 증기, 물, 기름, 가스, 공기 등에 사용하기 적당한 관으로 일반 수도관이나 가스 수송관으로 많이 사용한다.

▮표 4-10▮ 화학 성분 (단위 : %)

종류의 기호	C	P	S
SPW 400	0.25 이하	0.040 이하	0.040 이하

▮표 4-11▮ 기계적 성질

종류의 기호	인장강도 N/mm^2 [kgf/mm^2]	항복점 또는 내구력 N/mm^2 [kgf/mm^2]	연신율 % 5호 시험편 가로방향
SPW 400	400 [41] 이하	225 [23] 이하	18 이상

(나) 주철관(cast iron pipe)

주철관은 내압성 내미모성이 우수하고, 특히 강관에 비하여 내식성 내구성이 뛰어나므로 수도용 급수관, 가스 공급관, 광산용 양수관, 화학 공업용 배관, 통신용 지하 매설관, 건축물의 오배수관 등에 널리 사용된다. 관의 제조 방법에는 수직법과 원심력법의 2종류가 있다. 수직법은 주형을 수직으로 세우고 여기에 용융 선철을 부어서 만드는 방법이며, 원심력법은 주형을 회전시키면서 용융 선철을 부어 만드는 방법이다.

(다) 동 및 동합금관(copper-pipe and copper alloy pipe)

동은 전기, 빛, 열의 전도율이 좋고 내식성이 뛰어나며 전성과 연성이 풍부하여 가공이 용이하며, 판, 봉, 관 등으로 제조되어 전기재료, 열교환기, 급수관 등에 널리 사용되고 있다. 순도가 높은 동은 지나치게 연하여 기계적 성질이 강하지 못하므로 아연, 주석, 규소, 니켈 등의 원소를 첨가하여 내열성, 내식성을 증가시킨 황동, 청동 등의 동합금관이 있다.

(라) 스테인리스 강관(austenitic stainless pipe)

소방 용수, 수도 물 등의 오염으로 인한 배관의 부식으로 배관의 수명이 짧아지고, 이로 인해 발생하는 사고가 많아지고 있다. 그 때문에 내식성이 우수한 스테인리스 강관을 건축 설비용 배관으로 사용하는 빈도가 점점 높아지고 있다.

스테인리스 강이라 하여도 농도가 짙은 염화물 용액에 접촉시키는 등 특이한 부식 환경에서는 녹이 나는 경우가 있지만 스테인리스 강의 특성을 잘 파악하는 올바른 사용방법을 따른다면 수도 물이나 100℃의 열탕과 같은 조건하에서는 거의 녹이 슬지 않는다. 즉, 스테인리스 강에도 여러 가지 종류가 있어 강의 종류에 따라 각각의 특정 환경에 있어서 우수한 내식성을 발휘한다.

스테인리스(stainless)의 문자적인 해석은 스테인(stain 녹 또는 더러움)이 리스(less 보다 적은)한 것으로 비교적 녹이 잘 슬지 않는 강을 말한다.

3. 관과 튜브

(가) 파이프(pipe)

관 벽의 두께가 두꺼워 나사(관용나사)를 내어 관이음을 할 수 있다. 또한 관의 굵기(지름)를 호칭 지름으로 나타낸다. 호칭 지름은 관의 굵기에 따라 일정한 등분으로 나누어져 있으며, 대략 관의 안지름을 기준으로 한다. 따라서 파이프의 바깥지름은 항상 호칭 지름보다 크다. 관 이음쇠도 호칭 지름으로 표시되며, 파이프의 동일 호칭 지름에 맞도록 제작하여 국제적으로 표준화하고 있다. 압력관의 경우 관 벽의 두께를 스케줄 번호(Sch. No.)로 표시한다. 주로 수도관, 급배수관, 소방 용수관, 가스관, 증기관, 냉온수관 등의 유체 수송용으로 사용된다.

(나) 튜브(tube)

주로 비철금속관이나 비금속관에 사용되며, 관 벽의 두께가 파이프에 비해 얇게 제작되어 나사를 내어 이음을 할 수가 없다. 호칭 지름이 없이 바깥지름만으로 관의 굵기를 나타낸다. 관 벽의 두께는 스케줄 번호 없이 실제의 두께로 표시한다. 주로 열교환기 튜브, 보일러 튜브, 냉각관 등의 관의 내·외면에서 열교환을 목적으로 사용하거나 계측기 배관, 압축기, 냉동기 같은 장치 내의 배관용으로 사용된다.

▮표 4-12▮ 파이프와 튜브의 비교

구분	파이프(PIPE)	튜브(TUBE)
용도	물체를 수송하는 것이 목적	관의 내·외면에서 열교환하는 것이 목적
사용 예	가스관(gas pipe) 급수관(water pipe) 증기관(steam pipe) 슬러리관(slurry pipe)	보일러튜브(boiler tube) 과열기튜브(super heater tube) 열교환기관(heat exchanger tube) 냉각관(cooling tube)
치수	호칭치수 사용(실제외경 치수와 다름)	외경으로 호칭
길이	*난척의 것이 많다	**정척의 것이 많다
관이음	나사 또는 용접	확관(expanding), ***플레어링(flaring), 용접

*난척(flared)은 파이프 끝을 외부로 넓히는 작업을 의미하고,

**정척(squared)은 튜브 끝을 정확하게 직각으로 자르는 것을 의미한다.

***플레어링(flaring)은 파이프나 튜브의 끝 부분을 넓히는 작업이다. 파이프 또는 튜브의 끝을 외부로 향하도록 넓히는 것으로, 파이프 연결 또는 파이프와 다른 부속품(예: 플랜지, 밸브) 간의 밀착된 연결을 형성하기 위해 사용된다.

▮표 4-13▮ 배관의 평면도에 따른 관의 표시 방법

	정투영도	각도
관 A가 화면에 직각으로 바로 앞쪽으로 올라가 있는 경우		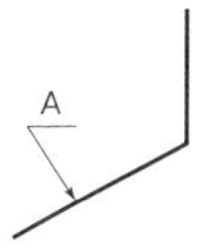
관 A가 화면에 직각으로 반대쪽으로 내려가 있는 경우		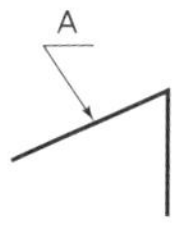
관 A가 화면에 직각으로 바로 앞쪽으로 올라가 있고, 관 B가 접속하고 있는 경우	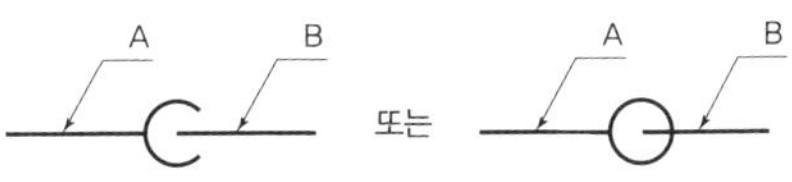	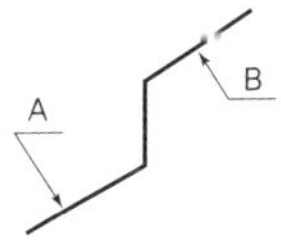
관 A로부터 분기된 관 B가 화면에 직각으로 바로 앞쪽으로 올라가 있으며 구부러져 있는 경우	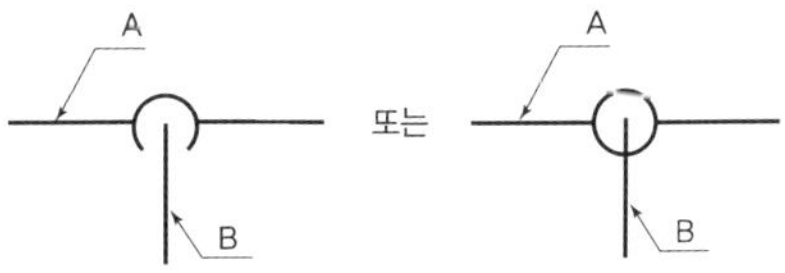	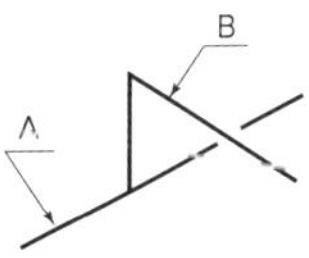
관 A로부터 분기된 관 B가 화면에 직각으로 반대쪽으로 내려가 있고 구부러져 있는 경우	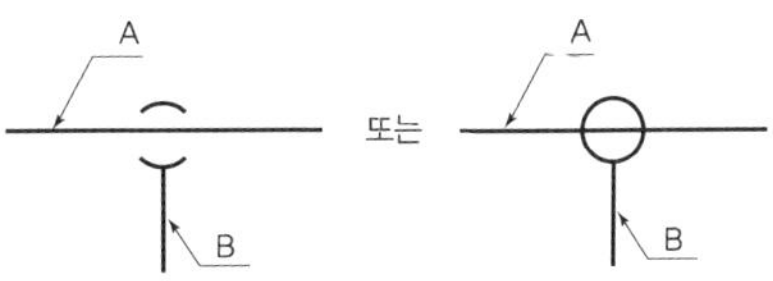	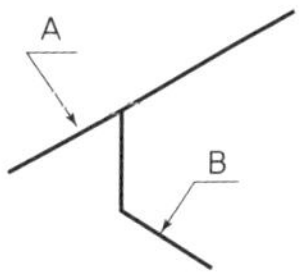

[비고] 정 투영도에서 관리 화면에 수직일 때, 그 부분만을 도치하는 경우에는 다음 기호에 따른다.

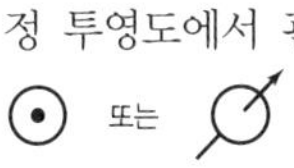

4. 관이음

관이음은 배관 시스템의 안전성과 신뢰성을 유지하는 데 중요한 역할을 한다. 올바른 관이음 기술을 사용하면 누설을 방지하고 배관 연결의 강도와 밀봉성을 향상시킬 수 있다. 관 이음쇠의 재질은 관의 재질에 따라 정해지며, 그 종류는 사용 목적에 따라 다르다. 일반적으로 나사(threading), 용접(welding), 커플링(coupling) 등의 방법으로 관이음이 이루어진다.

(가) 나사식 관 이음쇠

나사식 관 이음쇠는 각종 배관 공사에 사용되며, 재료는 가단주철, 주강, 스테인리스강, 구리 합금 및 PVC 등이 있다. 그림 4-28은 나사식 관 이음쇠의 종류와 모양의 보기이며, 그 크기는 사용 관의 호칭으로 나타낸다.

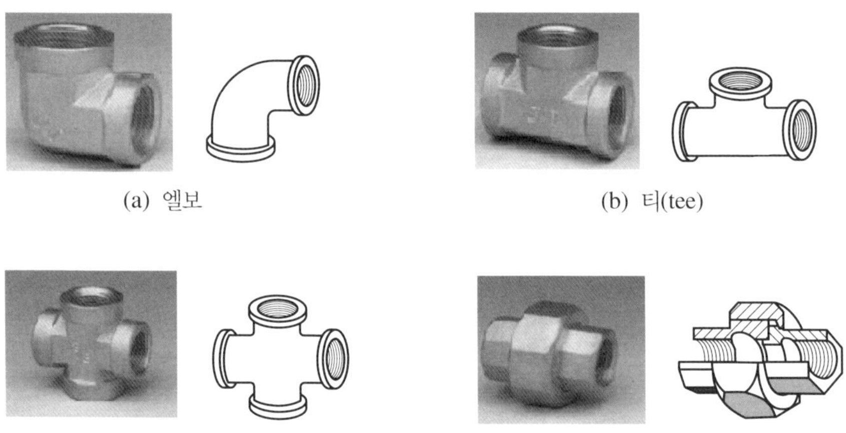

(a) 엘보 (b) 티(tee)

(c) 크로스 (d) 유니언

▮그림 4-28▮ 각종 나사식 관 이음쇠

(나) 용접식 관 이음쇠

용접식 관 이음쇠는 접속 부의 모양에 따라 맞대기 용접식과 삽입형 용접식 이음쇠로 구분되고 배관의 재질에 따라 일반 배관용과 특수 배관용으로 구분된다. 그림 4-29는 용접식 관 이음쇠의 보기를 나타낸 것이다.

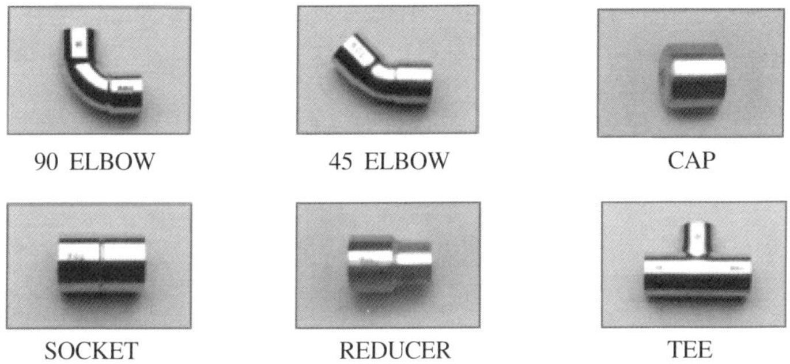

▮ 그림 4-29 ▮ 용접식 이음쇠

(다) 플랜지 이음

관의 지름이 크거나 유체 압력이 큰 경우에 사용되며, 파이프라인이나 밸브, 펌프, 열교환기 등 각종 기기의 접속 및 관을 자주 분해 조립할 필요가 있을 때 편리하다. 그림 4-30은 현장에서 사용하고 있는 플랜지 이음 모습을 나타냈다.

▮ 그림 4-30 ▮ 플랜지 이음 사용 예

그림 4-31(a)는 슬립온 플랜지(slip-on flange)이며 주로 저압 및 저온 배관 시스템과 빈번한 분해 또는 유지 보수가 필요한 시스템에 사용된다. 파이프보다 직경이 약간 더 커 파이프 위로 미끄러질 수 있어 비교적 설치가 쉽다. 파이프와 정렬시킨 후 고정하기 위해 연결부에 선택적으로 필렛 용접을 할 수도 있다.

그림 4-31(b)는 나사 플랜지(threaded(screwed) flange)이며 저압 또는 중간 압력의 시스템에 주로 사용되며, 물 공급 및 저압 산업 공정과 같이 쉬운 설치와 빈번한 분해가 필요한 소구경 배관 시스템 및 응용 분야에 적합하다. 파이프의 외부에 나사로 체결하여 고정된다.

그림 4-31(c)는 블라인드 플랜지(blind flange)이며 석유 및 가스 파이프라인, 화학 공장, 정유 공장, 발전소 등 광범위한 산업 및 응용 분야에서 사용된다. 주요 목적은 파이프 끝단을 일시적 또는 영구적으로 폐쇄해야 하는 것이다. 플랜지 볼트 구멍을 이용하여 파이프 끝단에 볼트로 고정된다.

그림 4-31(d)는 용접 넥 플랜지(welding neck flange)이며 석유, 화학, 가스, 발전소 등 고압 또는 고온 환경에서 주로 사용된다. 플랜지와 파이프 사이의 연결을 쉽게 하고 원활한 유체 흐름을 제공할 수 있도록 긴 테이퍼형 넥(또는 허브)이 만들어져 있다. 파이프와 맞대기 용접을 하도록 설계되어 있다.

그림 4-31(e)는 소켓 용접 플랜지(socket welding flange)이며 소구경 배관 시스템 및 고압 및 부식성 유체가 관련된 응용 분야에 일반적으로 사용된다. 플랜지 중앙에 파이프의 외경에 맞도록 설계된 소켓이 있으며 파이프를 소켓에 삽입한 다음 파이프와 플랜지 사이를 용접으로 연결한다. 파이프 재료의 선 팽창으로 인해 발생할 수 있는 변형을 방지하기 위한 확장 간격을 둔다.

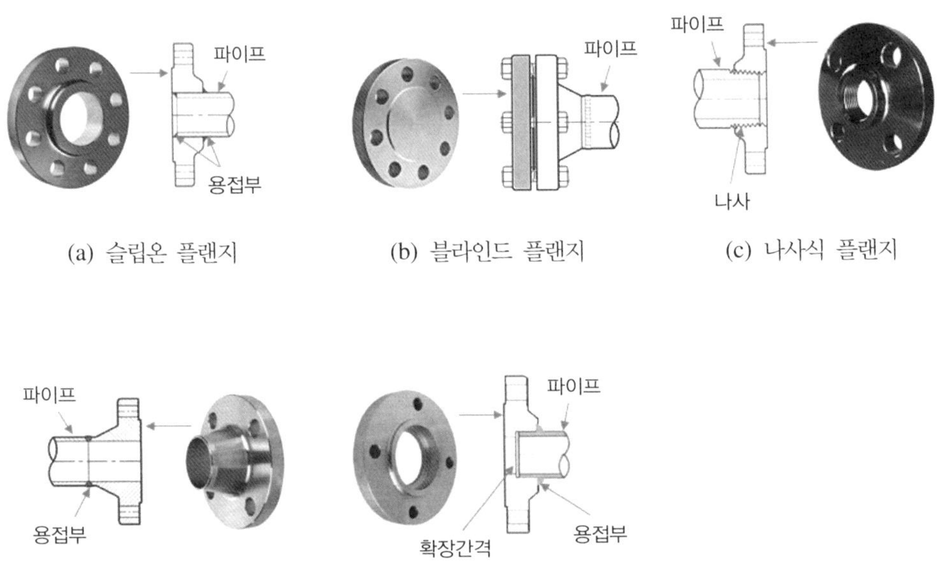

(a) 슬립온 플랜지 (b) 블라인드 플랜지 (c) 나사식 플랜지

(d) 용접 넥 플랜지 (e) 소켓 용섭 플랜지

▮그림 4-31▮ 각종 플랜지

(라) 신축형 관 이음

고온의 유체를 수송하는 관 또는 기후의 변동이 심한 지역에 설치한 관은 열 변동에 따라 길이가 변화한다. 관 속을 흐르는 유체의 온도와 관 벽에 접하는 외부 온도의 변화에 따라 관은 팽창 또는 수축한다. 이때 신축의 크기는 관의 길이와 온도의 변화에 직접 관계가 있으며, 관의 길이 팽창은 일반적으로 관 지름의 크기에는 관계없고 길이에만 영향이 있다. 강관의 경우 철의 선팽창계수($= 1.2 \times 10^{-5}$)에 따라 온도차 1℃일 때 1 m당 0.012 mm 만큼 신축하게 된다. 따라서 직선거리가 긴 배관에는 관 접합부나 기기의 파손이 생길 염려가 있다. 이러한 사고를 예방하기 위하여 배관의 중간에 신축형 관이음을 설치한다. 그림 4-32는 신축형 관이음의 보기이다.

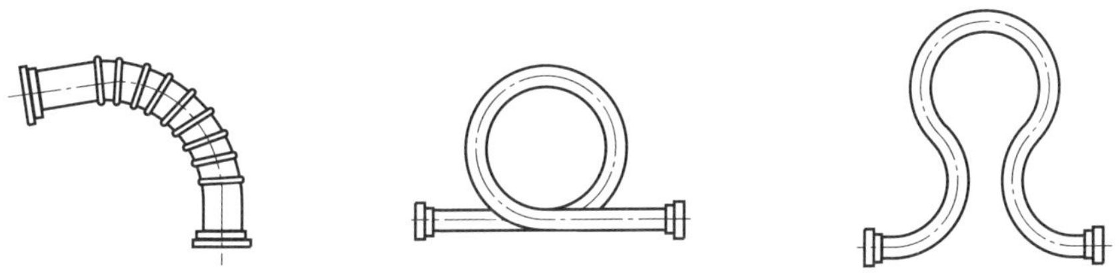

(a) 주름 밴드 (b) 원 밴드 (c) 양쪽 편중 U 밴드

▮그림 4-32▮ 신축형 관이음

5. 밸브(valve)와 스트레이너(strainer)

밸브는 유체의 유량조절 흐름의 단속, 방향 전환, 압력 등을 조절하는 데 사용하는 것이 궁극적인 목적이라 할 수 있으며, 스트레이너는 배관에 설치되는 밸브 기기 등의 앞에 설치하여 유체 속에 섞여 있는 이물질을 제거하여 기기 성능을 보호하는 데 목적이 있다.

(가) 정지 밸브(stop valve)

① **글로브 밸브**(glove valve)

글로브 밸브는 그림 4-33과 같이 앵글 글로브 밸브, Y형 글로브 밸브 등이 있다. 글로브 밸브는 유체가 밸브 디스크의 아래로부터 유입되어, 밸브 시트의 사이를 통해 흐르게 되어 있어 유체의 흐름이 갑자기 바뀌기 때문에 유체에 대한 저항은 크나 개폐가 쉽고 유량조절이 쉽다. 앵글 글로브 밸브는 유체의 흐름 방향을 90° 바꾸면 사용된다. 그림 4-34는 글로브 밸브의 디스크 및 밸브 시트 형상을 나타낸 것으로 디스크의 모양은 평면형, 반구형, 원뿔형, 반원형 등이 있다.

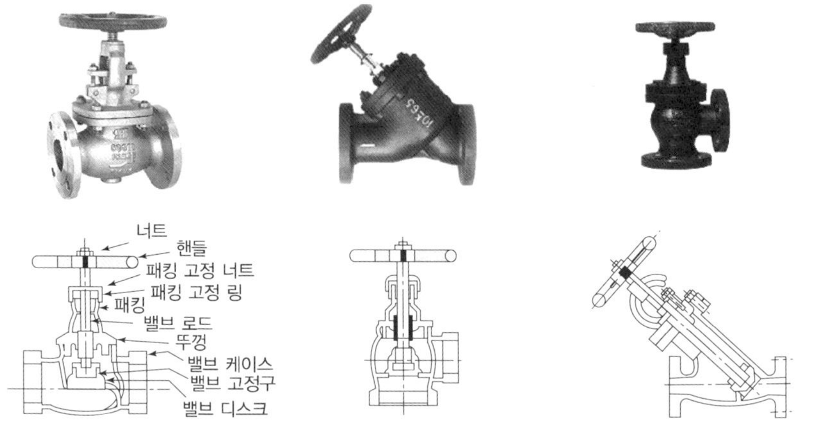

(a) 글로브 밸브 (b) Y형 글로브 밸브 (c) 앵글 글로브 밸브

▮그림 4-33▮ 글로브 밸브

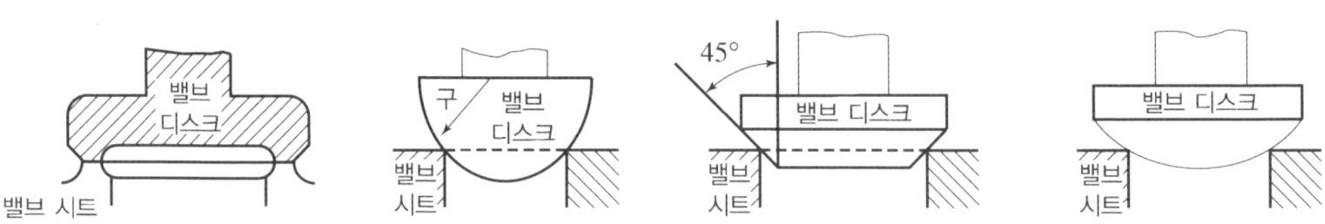

(a) 평면형 (b) 반구형 (c) 원뿔형 (d) 반원형

▮그림 4-34▮ 글로브 밸브 디스크 및 시트 형상

② **슬루스 밸브**(sluice valve)

게이트 밸브(gate valve)라고도 하며 유체의 흐름을 단속하는 대표적인 밸브로서 배관용으로 가장 많이 사용된다. 밸브를 완전히 열면 유체 흐름의 단면적 변화가 없어서 마찰 저항이 없다. 그러나 리프트(lift)가 커서 개폐에 시간이 걸리며 더욱이 밸브

(a) 나사결합형 (b) 플랜지형

▮그림 4-35▮ 게이트 밸브

를 절반 정도 열고 사용하면 와류가 생겨 유체의 저항이 커지기 때문에 유량 조절이 적당하지 않다. 따라서 슬루스 밸브는 고압, 고속으로 유량이 많을 때, 즉 발전소의 도입관 또는 상수도의 주관 등과 같이 지름이 큰 것으로, 밸브를 자주 개폐할 필요가 없을 때 사용한다. 그림 4-35는 슬루스 밸브의 구조를 나타낸 것이다.

③ **체크 밸브**(check valve)

유체를 한 방향으로만 흐르게 하기 위한 역류 방지용 밸브이다. 대부분은 외력을 사용하지 않고 유체 자체의 압력으로 조작된다. 밸브의 구조에 따라 리프트형, 스윙형, 풋형 등이 있다.

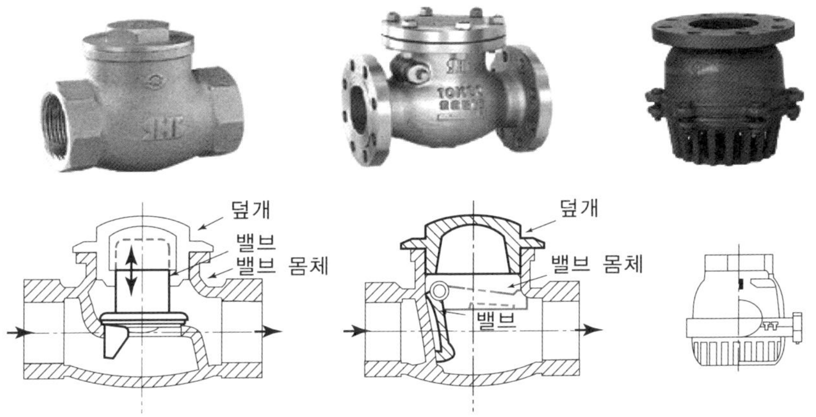

(a) 리프트형 (b) 스윙형 (c) 풋형

▮그림 4-36▮ 체크 밸브의 종류

ⓐ 리프트형 체크 밸브(lift type check valve)

글로브 밸브와 같은 밸브 시트의 구조로서 유체의 압력에 밸브가 수직으로 올라가게 되어 있다. 밸브의 리프트는 지름의 1/4 정도이며 흐름에 대한 마찰 저항이 크므로 구조상 수평 배관에만 사용된다. 그림 4-36(a)는 리프트형 체크 밸브의 구조를 나타냈다.

ⓑ 스윙형 체크 밸브(swing type check valve)

시트의 고정핀을 축으로 회전하여 개폐되므로 유수에 대한 마찰 저항이 리프트형보다 적고 수평 수직 어느 배관에도 사용할 수 있다. 그림 4-36(b)는 스윙형 체크 밸브의 구조를 나타냈다.

ⓒ 풋형 체크 밸브(foot type check valve)

개방식 배판의 펌프 흡입관 선단에 부착하여 사용하는 체크 밸브로서 펌프 운전 중에 흡입관 속을 만수 상태로 만들도록 고려된 것이다. 그림 4-36(c)는 풋 형 체크 밸브의 구조를 나타냈다.

ⓓ 스모렌스키 체크 밸브

그림 4-37은 스모렌스키 체크 밸브의 보기를 나타낸 것이다. 펌프가 작동을 시작하면 유체의 압력은 ⓐ를 통해 디스크 ②를 밀어 올려 ⓑ를 통과하여 출구 ⓒ로 유출한다. 펌프의 작동이 정지되면 상승압력은 감소하여 역류로 전환되려는 순간에 스프링 ①과 완충체 ④의 조화된 힘으로 디스크 ②는 완전히 몸체 시트 ③에 밀착된다. 이러한 작용으로 순간적으로 폐쇄되어 역류나 워터 해머와 같은 현상이 발생하지 않는다. 그리고 바이 패스 라인은 평소에는 닫혀있으며 필요에 따라 배수시켜 주는 데 사용된다.

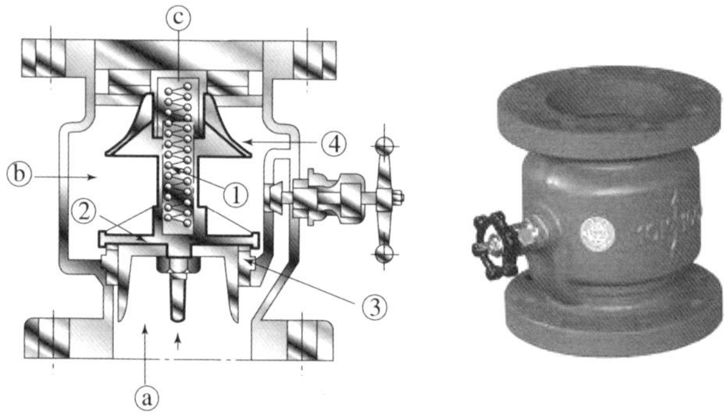

▮그림 4-37▮ 스모렌스키 밸브의 구성도

④ **버터플라이 밸브**(butter fly valve)

그림 4-38은 버터플라이 밸브를 나타낸 것이다. 버터플라이 밸브는 원통형의 몸체 속에서 밸브 봉을 축으로 하여 평판이 회전함으로써 개폐된다. 저압에 널리 사용되고 있으며 완전 폐쇄가 어려운 단점이 있으나 전동, 유압식이 개발되어 배관 장치의 대형화에 많이 사용된다. 작동 방법에 따라 록레버식, 웜기어식 등이 있다.

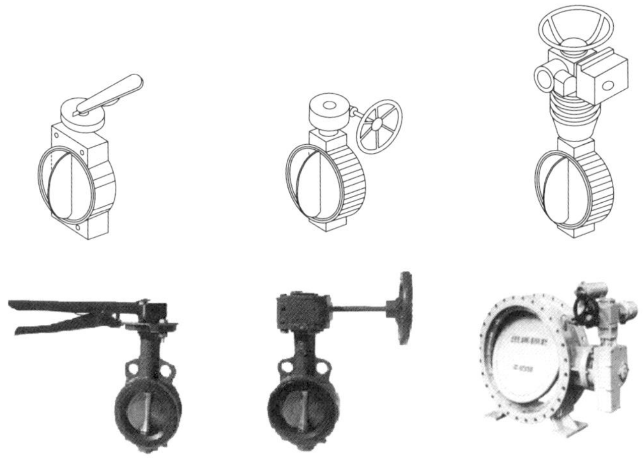

(a) 록레버식 (b) 웜기어식 (c) 전동조작식

▮그림 4-38▮ 버터플라이 밸브의 종류

⑤ **콕**(cock)

콕은 원통 또는 원뿔의 플러그를 90° 회전시키면 완전히 막히거나 열리게 되어 있어 개폐 조작이 간단하다. 또 콕은 정지 밸브보다 지름이 작아서 유량이 적고 저압일 때 사용한다. 기밀성이 나빠 고압의 유량에는 적당하지 않다. 그림 4-39는 유체의 흐름에 따라 콕을 분류한 것이고, 그림 4-40은 사용 용도에 따라 콕을 분류하여 나타낸 것이다.

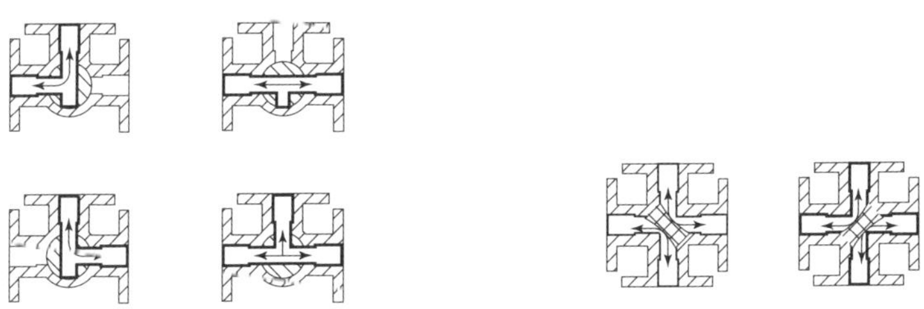

(a) 3-way 콕 (b) 4-way 콕

▮그림 4-39▮ 유체의 흐름에 따른 분류

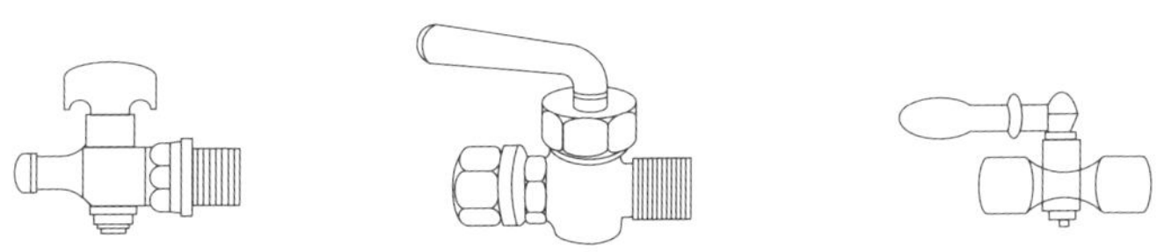

(a) 피콕 (b) 핸드 콕 (c) 미터 콕

▮그림 4-40▮ 용도에 따른 콕의 분류

⑥ **다이어프램 밸브**(diaphragm valve)

그림 4-41은 다이어프램 밸브를 나타낸 것이다. 산 등의 화학 약품을 차단할 때에 내약품, 내열 고무제의 다이어프램을 밸브 시트에 밀착시키는 것으로 유체의 흐름에 대한 저항이 적어 기밀용으로 사용한다.

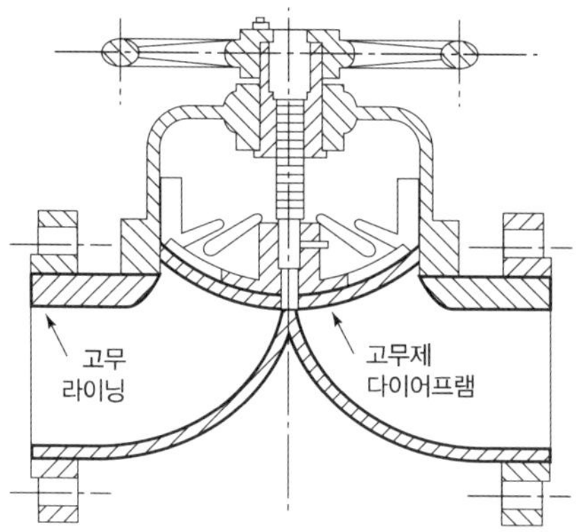

▮그림 4-41▮ 다이어프램 밸브의 구조

(나) 조정 밸브(control valve)

① **감압 밸브**(pressure reducing valve)

감압 밸브는 고압관과 저압관 사이에 설치하여 고압 측 압력을 필요한 압력으로 낮추어 저압 측의 압력을 항상 일정하게 유지하는 밸브이다. 감압 밸브는 고압 측과 저압 측의 압력비를 2 : 1 이내로 하고 초과할 경우는 2개의 감압 밸브를 직렬로 사용하여 2단 감압시킬 수 있다. 압력제어 방법에 따라 그림 4-42와 같이 자력식과 타력식으로 구분한다.

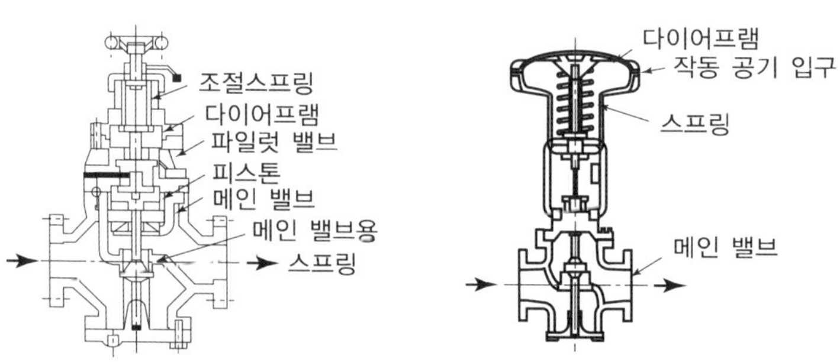

(a) 파일럿 자력 작동식 감압 밸브　　(b) 타력식 다이어프램형 감압밸브

▮그림 4-42▮ 감압 밸브의 종류

② **안전 밸브**(safety valve)

압력 용기, 보일러 등 고압의 유체를 취급하는 배관에 설치하여 관 또는 용기 안의 압력이 규정 한도 이상으로 되면 자동으로 밸브가 개방되어 용기 속의 압력을 항상 안전한 수준으로 유지해 주는 밸브이다. 그림 4-43은 안전밸브를 나타낸 것이다.

스프링식 안전밸브

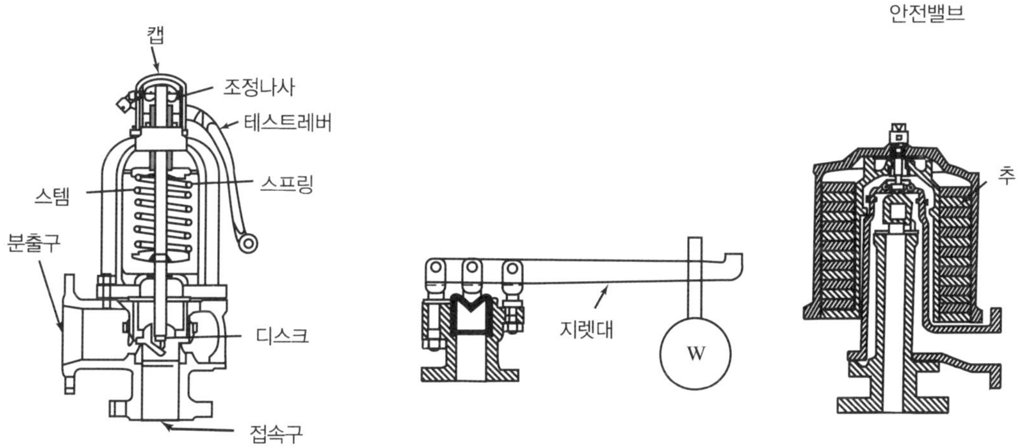

(a) 스프링 식 (b) 지렛대 식 (c) 추 식

▮그림 4-43▮ 안전 밸브

③ **진동 밸브**(motor valve)

그림 4-44에서 나타낸 바와 같이 전동 밸브(motor operated valve)는 콘덴서 모터를 구동하여 감속된 회전 운동을 링크 기구에 의한 왕복 운동으로 바꾸어서 제어 밸브를 개폐한다. 각종 유체의 온도, 압력, 유량 등의 원격 제어나 자동제어 등에 사용된다. 출구 수에 의하여 2방향 밸브와 3방향 밸브가 있다.

(a) 2-way 밸브 (b) 3-way 밸브

▮그림 4-44▮ 전동 밸브의 종류

④ **전자 밸브**(solenoid valve)

그림 4-45는 전자 밸브를 나타낸 것이다. 전자 밸브는 가스나 액체의 흐름을 제어하는 밸브이다. 일반적으로 입구와 출구로 구성되어 있으며, 플랜저(밸브의 개폐 장치)는 전자 코일에 의해 작동된다. 전기 신호로 플랜저가 열리거나 닫히면서 유체의 흐름을 통제한다. 외부의 전기 신호로 작동되기 때문에 인간의 개입 없이도 정확하고 신속한 흐름 제어가 가능하다. 또한, 다른 시스템과의 통합이 쉬우며, 정밀한 제어가 가능하다. 화재 예방이나 유체의 안전한 제어를 위해 활용되며, 시스템의 안정성과 신뢰성을 향상시킨다.

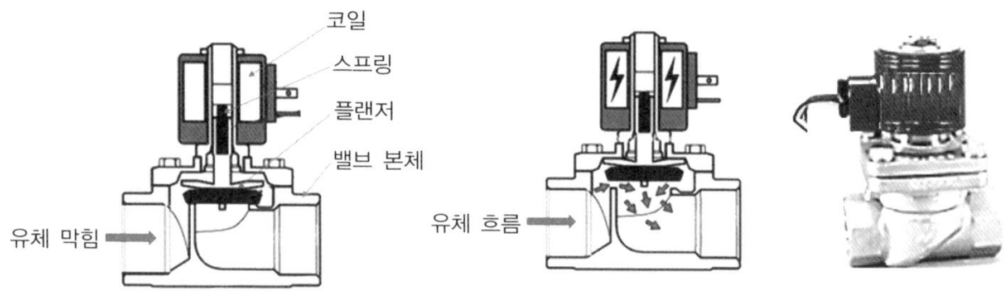

그림 4-45 전자 밸브

⑤ **조절 밸브**(regulating valve)

그림 4-46(a)는 온도 조절 밸브(temperature regulating valve)로서 가열기, 냉각기 등의 기기 속에 있는 유체의 온도를 감지하여 유량을 제어하는 자동 제어 밸브이다. 온도에 의한 유량조절 장치를 밸브에 부착한 것으로 벨로즈 또는 다이어프램과 감온통이 도관에 연결되어 있다. 감온통은 열교환기 등에 직접 설치하여 기기 속의 온도에 따라 감온통 내의 유체가 팽창, 응축하게 된다. 이 압력에 의해 벨로즈나 다이어프램이 작동하여 밸브의 개폐가 이루어지고 기기 속에 유입되는 기체 또는 유체의 유량을 조절한다. 그림 4-46(b)는 정 수위 조절 밸브이다. 저수조의 볼 탑 밸브와 연결하여 볼 탑의 작동에 따라 개폐되는 방식과 전자식으로 개폐하여 수위를 조절하는 방식이 있다. 그림 4-46(c)는 압력 조절 밸브로서 펌프의 2차 측 또는 다른 2차 측에 필요한 압력을 일정하게 1차 측에서부터 조정하여, 배관 또는 주요 기기를 보호하고, 설비를 안전하고 효율적으로 운영하는데 사용되는 밸브이다. 작동방식에 따라 직동식과 공압식 등이 있다.

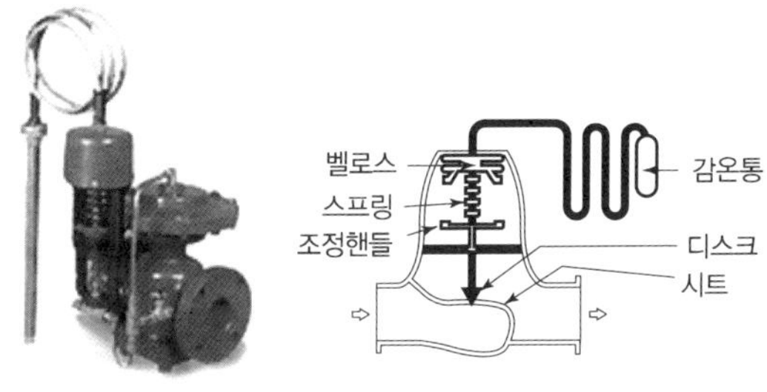

(a) 온도 조절 밸브

(b) 정 수위 조절 밸브

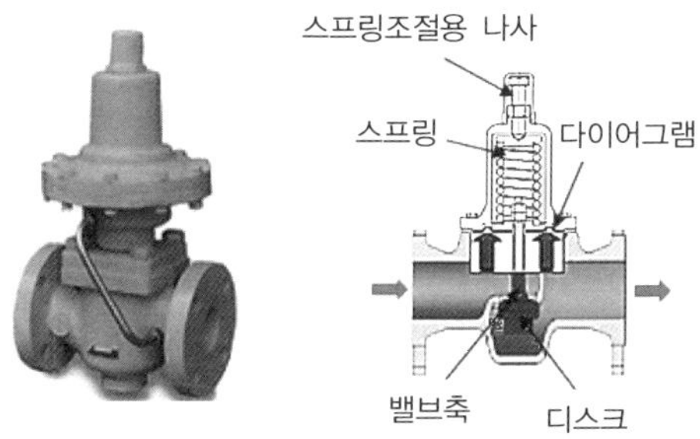

(c) 압력 조절 밸브

▌그림 4-46▌ 각종 조절밸브

⑥ **볼 밸브**(ball valve)

그림 4-47은 볼 밸브의 보기이다. 구형 밸브는 비교적 소형이며, 구멍이 뚫린 공 모양의 몸체가 있는 밸브이다. 핸들을 90°로 움직여 개폐되며, 개폐 시간이 짧아 가스 배관 등에서 널리 사용된다.

(a) 내부 구조

(b) 외형

▌그림 4-47▌ 볼 밸브

⑦ **볼 탭**(ball tap)

볼 탭은 옥상 탱크나 지하 탱크의 급수구에 장착하여 탱크 내의 액면 상승 또는 하강에 따른 볼(플로트)의 부력에 의해 자동으로 밸브가 개폐되는 구조이다. 사용 용도에 따라 단식과 복식의 볼 탭이 있다. 그림 4-48은 볼 탭의 보기이다.

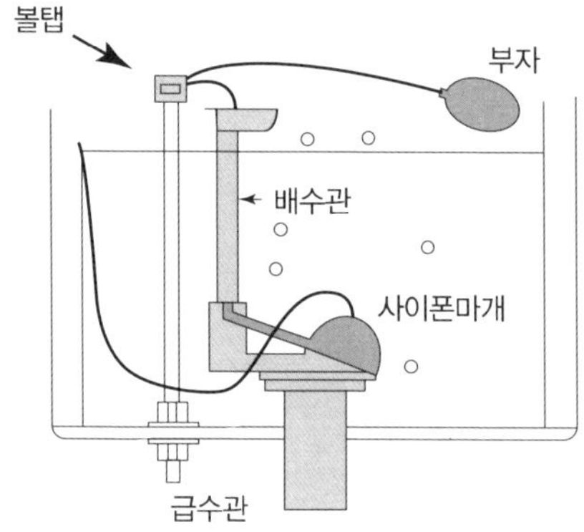

▌그림 4-48▌ 볼 탭

(다) 스트레이너 (strainer)

스트레이너는 밸브나 기기 등의 앞에 설치하여 배관 내에서 이동하는 유체에 섞여 있는 모래, 쇠 부스러기 등의 이물질을 제거하여, 기기를 보호하는 기구이다. 모양에 따라 Y형, U형, V형 등이 있으며, 여과기라고도 부른다. 스트레이너는 주기적으로 청소를 하여야 한다. 스트레이너의 금속 여과망이 막히면 유체의 흐름이 원활하지 못하여 기기 등의 운전에 장애를 일으킬 수 있다.

① **Y형 스트레이너**

그림 4-49(a)에서와 같이 45° 경사진 Y형의 본체에 원통형 금속 여과망을 넣은 것이다. 유체의 저항을 줄이기 위하여 유체가 금속 여과망의 안쪽에서 바깥쪽으로 흐르게 되어 있으며 밑부분에 플러그를 달아 쌓여있는 불순물을 제거하게 되어 있다.

② **U형 스트레이너**

그림 4-49(b)는 U형 스트레이너를 나타낸 것이다. 주철제의 본체 안에 원통형 금속 여과망을 수직으로 넣어 유체가 망의 안쪽에서 바깥쪽으로 흐른다. 구조상 유체가 내부에서 직각으로 흐르게 됨으로써 Y형 스트레이너에 비해 유체에 대한 저항이 크나 보수나 점검 등에 매우 편리한 점이 있으므로 선박 등의 기름 이송용 배관에 많이 쓰인다.

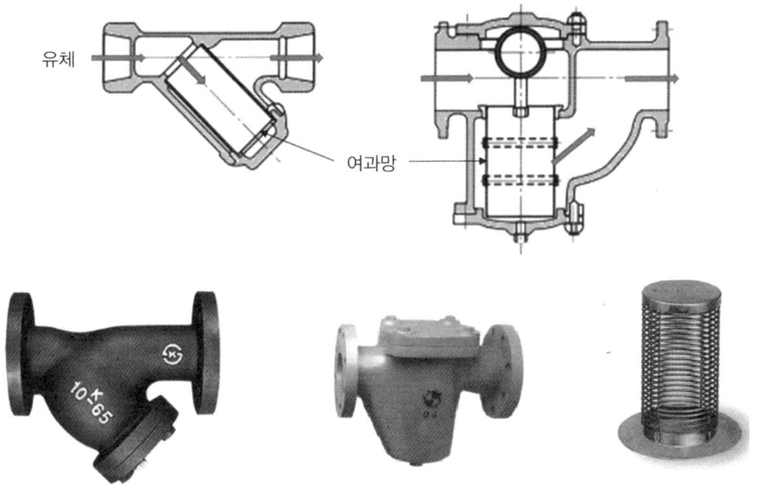

(a) Y형 스트레이너 (b) U형 스트레이너 (c) 코일 여과망

▮그림 4-49▮ 스트레이너의 종류

(라) 수격 방지기(water hammer shocker)

수격(water hammer) 현상은 배관 내 물 흐름의 급격한 차단이나 펌프가 정지할 때 수주 분리 등에 의해서 발생한다. 배관 내에 흐르는 물을 밸브나 수도꼭지 등에 의해 순간적으로 차단하면, 물은 운동 에너지에서 압력에너지로 변하여 급격한 압력 상승이 생긴다. 상승한 압력은 압력파가 되어 닫힌 지점과 상류 측의 배관 내를 일정 시간 반복되다가 점차로 소멸한다. 이러한 현상을 수격 작용이라 하며 심한 경우 배관 계통을 진동시키거나 충격음을 발생시키며 누수의 원인이 된다. 정수압이 낮은 위치에서는 배관 내의 압력이 부압(−)이 되는 예도 있으므로 유의할 필요가 있다.

펌프 토출 측의 체크 밸브로 스윙식 체크 밸브를 사용하면 펌프가 정지해 역류가 시작되고 나서 체크 밸브가 급히 닫히면 수격 작용이 생기는 경우가 있다. 그리고 양수 펌프가 정지하면 배관 내의 물은 관성력에 의해 양수를 지속하려고 하므로, 양수관 내의 압력은 부분적으로 부압(−)이 발생할 수 있다. 이때 이 압력이 물의 포화 증기압 이하로 되면 물이 증발하여 생긴 공동(cavitation)에 의하여 수류가 끊어지는 현상, 즉 수주 분리(water column separation) 현상이 발생한다. 그러나 배관 내의 압력은 곧바로 원래로 돌아오므로 수주는 다시 결합해 하나의 수주가 되면서 격렬한 수격압이 발생한다. 수격 작용을 방지하기 위해서는 배관 내의 유속을 2.0 m/s 미만으로 억제해야 하고, 수격 작용이 생기기 쉬운 전자 밸브나 급격히 개폐되는 수전 등의 근처에 그림 4-50과 같은 수격 작용 방지기를 설치한다. 그림 4-50(a)는 스프링 타입 수격 방지기의 보기로 스프링을 부착하여 충격압을 흡수토록 한 것이며, 그림 4-50(b)는 수격 방지기의 사용 용도를 나타냈다.

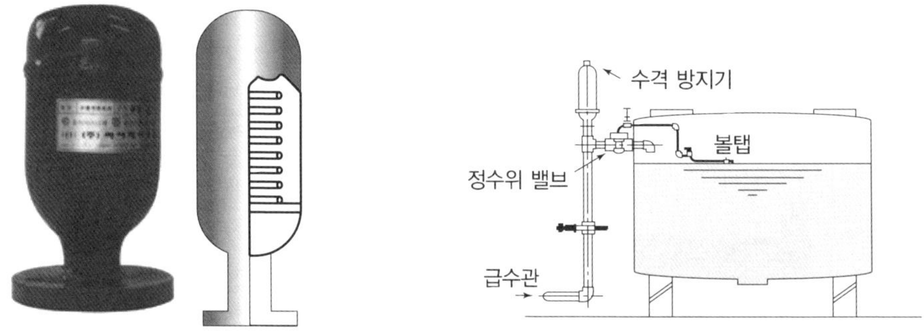

(a) 수격 방지기 (b) 사용 모습

그림 4-50 수격 방지기

6. 관의 부식

(가) 금속의 부식

철은 자연에 안정한 상태로 존재하는 철광석에 열을 가해 정련해서 만든 불안정한 상태의 것이다. 그러므로 철은 자기의 본래 모습인 철광석 상태로 돌아가려는 본능을 갖고 있다. 이러한 과정이 부식(corrosion)이고 이때 생긴 부식 생성물이 녹(rust)이다.

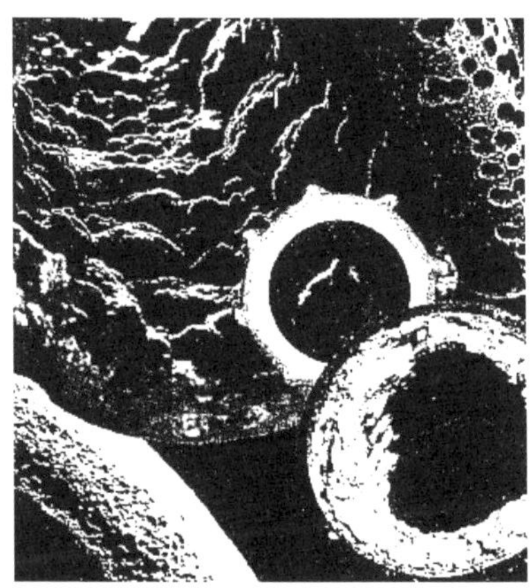

그림 4-51 배관의 부식 형태

넓은 의미의 부식은 어떤 물질이 주위 환경과 반응을 일으킴으로써, 의도하지 않은 화학 또는 전기화학 반응에 의한 물질의 열화(deterioration : 물리적, 화학적 성질이 나빠지는 것) 또는 파괴 현상이다. 그러므로 금속의 열화현상뿐 아니라 페인트 혹은 나무가 햇빛이나 화학물질에 의한 열화가 일어나는 것도 부식이라고 말한다. 또한 세라믹과 플라스틱이 열이나 햇빛에 의해 물리적 성질이 저하되는 것도 부식이라고 말한다. 비금속 물질들은 그 구조상 전자가 자유롭게 움직이지 못하므로 특정한 조건에서 화학적으로 반응할 수 있는 부식 물질에 의해서만 열화가 일어난다. 철이 부식이 진행되는 과정을 그림 4-51에 나타냈다.

철은 양극부에서 Fe^{2+} 이온과 전자로 나누어져서 아래와 같이 된다.

$$Fe \rightarrow Fe^{2+} + 2e^-$$

철은 Fe^{2+} 이온이 되어 물속으로 녹아 들어가고, 전자는 금속체를 통해서 음극으로 이동한다. 그리고 물은 음극부에 녹아 있는 산소에 의해서 수산 이온 OH^-를 만든다.

$$H_2O \rightarrow H^+ + (OH)^-$$

그리고 철 이온이 수산 이온을 끌어당겨서 제1수산화철 $Fe(OH)_2$이 된다.

$$Fe^{2+} + 2(OH)^- \rightarrow Fe(OH)_2$$

또한 물속에 있는 산소에 의해서 제1수산화철은 산화되어 수산화 제2철 $Fe(OH)_3$이 되는데, 이 화합물은 불안정해서 붉은 녹($Fe_4O_3 \cdot 3H_2O$)으로 변한다.

$$4Fe(OH)_2 + O_2 + 2H_2O \rightarrow 4Fe(OH)_3$$

금속은 결정(crystal)구조를 가지고 있어 전자들이 그 결정구조를 통해서 자유롭게 움직일 수 있어서 금속이 물과 같은 전해질과 접촉해 있으면 전기화학적 반응이 발생하여 부식이 일어난다. 금속에서의 부식은 금속의 물리적 화학적 성질을 나쁘게 하여 금속의 파괴를 일으킬 수 있다. 금속의 부식을 부식 환경에 따라 크게 2가지로 나누면 수용액에 의해서 일어나는 수용액 부식 또는 습식(aqueous corrosion or wet corrosion), 기체에 의해서 일어나는 기체 부식 또는 건식(gaseous corrosion or dry corrosion) 등으로 나눌 수 있다. 습식이 가장 많이 일어나고 가장 큰 규모로 일어난다.

(나) 금속 방식

철이 녹스는 것을 방지하기 위해서는 철의 부식 진행 과정에서의 철 이온(Fe^{2+})이 물의 (OH^-)와 접촉하지 않도록 하면 된다. 방식 방법으로는 ① 테이퍼(tape)로 차단하는 법 ② 도장하는 법 ③ 도금하는 법 ④ 전기방식 등이 있으며, 위의 ①~③까지의 방식법은 핀 홀(pinhole)이나 어떤 손상으로 인하여 완전하게 부식을 차단할 수가 없으며, 전자(electron)피막으로서 부식을 차단하는 전기 방식법만이 완전하게 방식을 할 수 있다. 배관에서 많이 사용되고 있는 전기 방식에 대해서 살펴보면 다음과 같다.

① 전기방식

전기방식에는 희생양극법(sacrificial anode methode)과 외부전원법(impressed current methode)으로 구분된다. 희생양극법은 양극 자체와 철금속 자체가 가지고 있는 전위(potential)차에 의해 방식하는 방법이며, 외부 전원법은 양극에 강제로 직류 전원의 (+)극을 연결하고 피방식체(철)에 (−)극을 연결하여 방식하는 방법이다. 희생 양극의 원리는 철강재인 아연 합금을 희생 양극으로 전기적으로 연결한 상태, 즉 갈바닉 셀(galvanic cell)을 만드는 것이다. 이때 비금속 즉, 부식이 잘되는 금속인 아연의 자유 전자는 전해액인 해수를 통하여 구조물로 이동하고 자유전자 e는 로컬 양극(local anode)보다 전위가 높은 로컬 음극(local cathode)으로 이동하게 되며 로컬 양극의 전위와 같아질 때까지 집중하게 된다. 따라서 양극과 음극의 전위는 같아지고 부식 전류는 0이 되므로 부식은 정지하게 된다(그림 4-52).

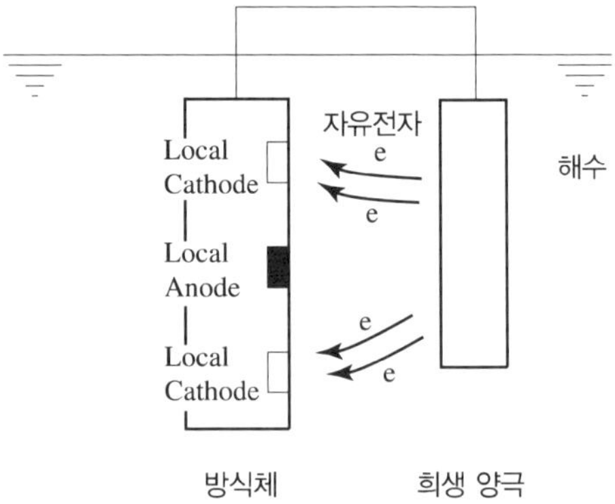

▌그림 4-52▌ 희생 양극법

외부 전원법은 전지(battery)의 (−)극을 구조물에, (+)극을 양극에 연결한 상태이다. 이때 전자는 로컬 음극으로 집중적으로 이동하여 로컬 양극의 전위와 같아져서 부식 전류가 0이 되어 부식 반응이 진행하지 않게 된다(그림 4-53).

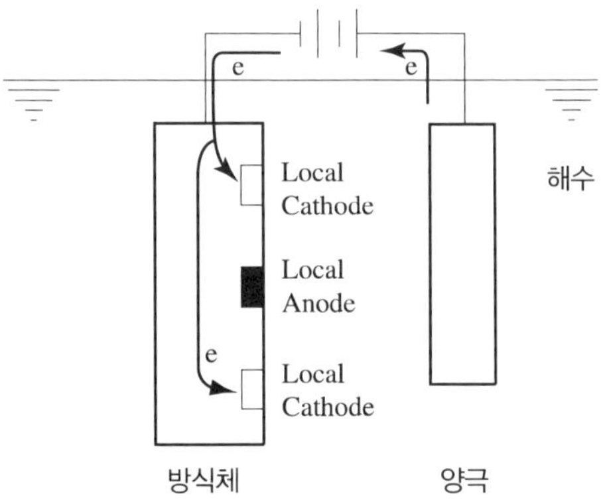

▌그림 4-53▌ 외부 전원법

4.3.3 축용 기계요소

1. 축과 축 이음

(가) 축 (shaft)

기계의 주요한 요소로서 회전 운동으로 동력 또는 운동을 전달하는 기구에는 축이 사용되는데, 일반적으로 2개 이상의 베어링(bearing)으로 지지가 되어 있다. 축의 단면은 일반적으로 원형이며, 사각 단면이나 육각 단면의 것도 사용되고 있다. 축은 풀리(pulley), 기어(gear), 프라이 휠(fly wheel) 등에 의하여 동력을 전달한다.

축은 보통 아래와 같이 분류하고 있다. 그림 4-54에는 각종 축의 예를 나타냈다.

① 작용하는 힘에 의한 분류

ⓐ 차축(axle) : 회전축 또는 정지축으로 나눌 수 있으며, 정지축은 주로 굽힘 작용을 받고 회전축은 굽힘과 비틀림의 두 가지 작용을 받는다. 철도 차량의 차축, 자동차축 등에 사용된다.

ⓑ 스핀들(spindle) : 비틀림 작용을 받으며 모양이 치수가 정밀하고, 변형량이 작은 짧은 회전축이며, 공작 기계의 주축에 많이 쓰인다.

ⓒ 전동축(transmission shaft) : 비틀림과 휨을 받으며 전동을 주목적으로 하는 회전축으로 동력 전달용으로 사용된다.

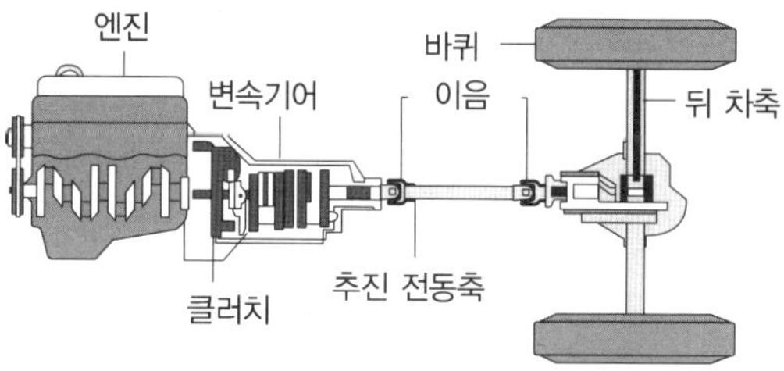

(a) 자동차의 차축 및 전동축

(b) 선반의 주축(스핀들)

▮그림 4-54▮ 축의 종류

② 모양에 따른 분류

ⓐ 직선축(straight shaft) : 보통 사용되는 곧은 축이다.

ⓑ 크랭크축(crank shaft) : 자동차 엔진에서 피스톤의 상하 왕복 직선 운동을 회전 운동으로 바꾸고 또는 그 반대로 바꾸는 데 사용된다. 그림 4-55는 크랭크축을 나타낸다.

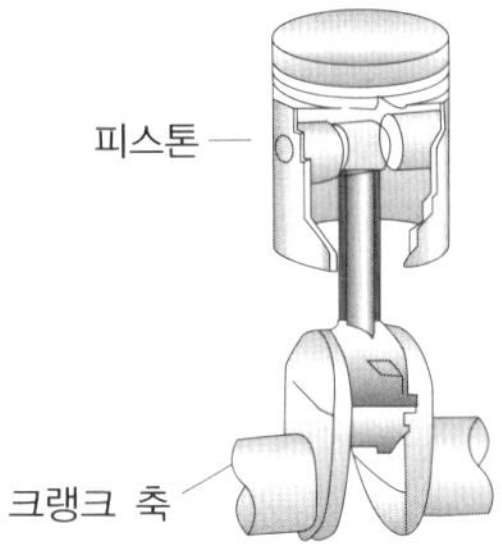

▮그림 4-55▮ 크랭크 축

ⓒ 플렉시블 축(flexible shaft) : 축의 방향이 자유롭게 변화될 수 있는 축으로, 그림 4-56과 같이 철사를 코일 모양으로 2~3중으로 감아서 만든 것이다. 주로 작은 동력 전달에 사용된다.

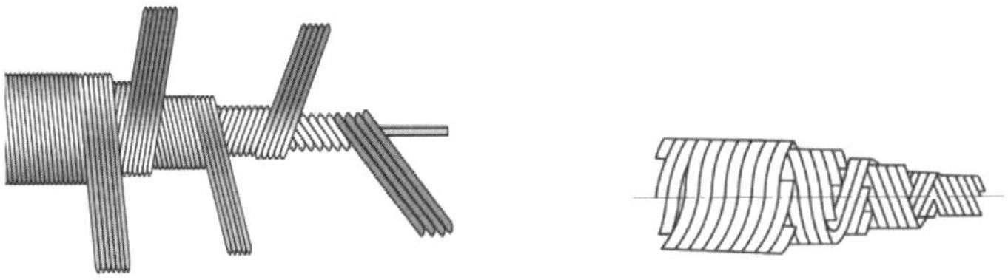

▮그림 4-56▮ 플렉시블 축

(나) 축 이음

원동축(driving shaft), 종동축(driven shaft) 2개의 축을 연결하고 동력을 전달하는 데 사용하는 기계요소를 축 이음이라 한다. 축 이음에는 고정식 축 이음인 커플링(coupling)과 운전 중 필요에 따라 축이음을 차단할 수 있는 클러치(clutch)가 있다. 동력 전달 방법을 기준으로 분류하면 맞물림 클러치, 마찰 클러치, 유체 클러치, 마그네틱 클러치 등이 있다.

① **슬리브 커플링**(sleeve coupling)

그림 4-57과 같이 간단한 구조로서, 두 축을 맞대어 원통을 끼운 후 키로써 고정해 동력을 전달하는 것으로 통형 커플링(box coupling) 또는 고정 커플링(rigid coupling)이라고도 한다. 일반적으로 축 지름이 작은 것에 이용되나 축에 큰 인장력이 작용하는 곳에는 사용할 수 없다.

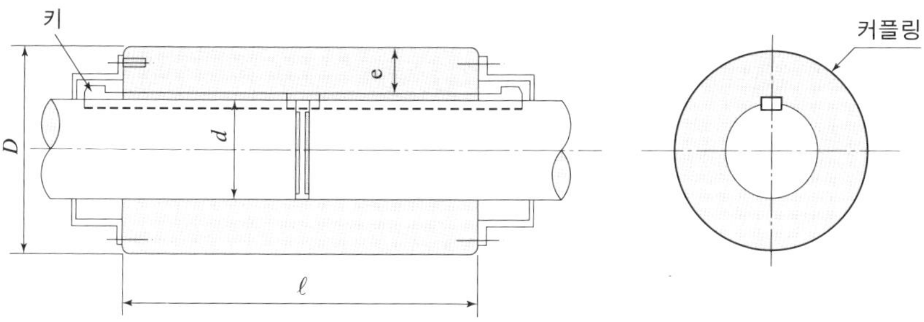

▌그림 4-57▌ 슬리브 커플링

② **플랜지 커플링**(flange coupling)

그림 4-58과 같이 주강제나 주철제의 플랜지를 축 끝에 끼우고 키와 볼트로 고정한 것으로 주로 일반 동력 전달용으로 널리 사용된다. 배의 프로펠러 축과 같은 큰 지름의 축은 플랜지와 축을 하나로 만들어 사용한다.

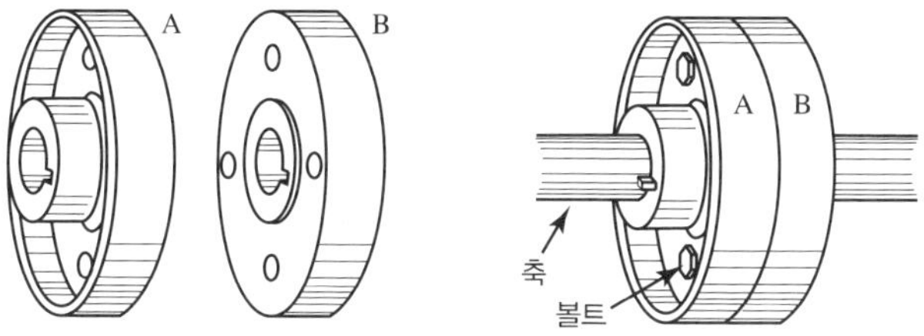

▌그림 4-58▌ 플랜지 커플링

③ **플렉시블 커플링**(flexible coupling)

두 축의 중심을 정확하게 일치시키기 곤란할 경우 또는 진동의 전달을 막기 위한

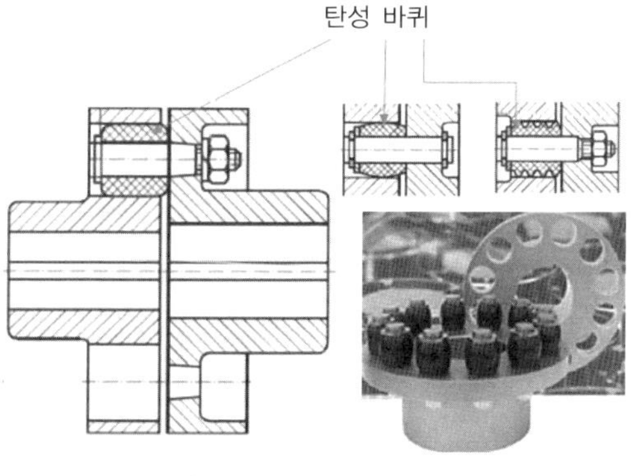

▌그림 4-59▌ 플렉시블 커플링

수단으로 연결 부분에 가죽, 고무, 금속 박판 또는 목재와 같은 탄성체를 사용하여 진동을 방지하도록 한 커플링이다. 그림 4-59는 고무 또는 가죽을 사용한 플렉시블 커플링을 나타낸 것이다.

④ **체인 축 이음**(chain coupling)

그림 4-60은 체인 축 이음을 나타낸 것으로 회전 속도가 중간 속도, 일정한 하중이 작용하는 기계에 장착하며, 교반기, 컨베이어, 펌프, 기중기 등에 사용된다.

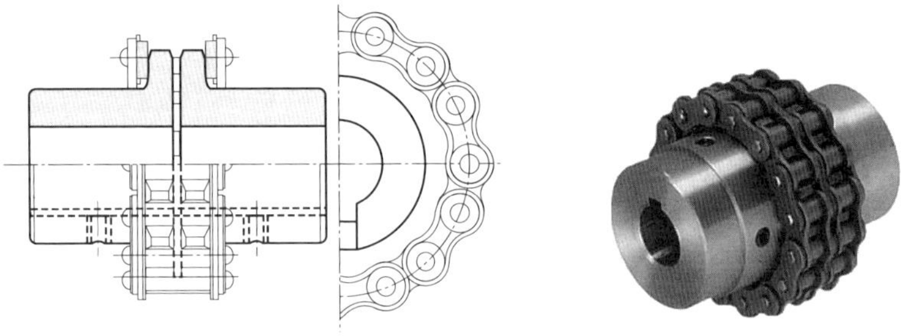

▌그림 4-60▌ 축 체인형 커플링

⑤ **유니버설 조인트**(universal joint)

두 축이 어떤 각을 이루고 만나거나 회전 중에 이 각이 변화할 때 사용되는 축 이음이며, 후크 자재 이음(hook's universal joint)이라고도 한다. 그림 4-61과 같이 후크 모양을 한 A, B의 사이에 십자 차 C를 끼워서 두 축 간에 회전력을 전달할 수 있게 한 것이다. 원동축과 종동축의 각도가 크면 고속 회전에서 회전 관성 때문에 이음에 무리가 있으므로 각도는 30° 이하로 제한되며, 공작 기계와 자동차 등에 널리 사용된다.

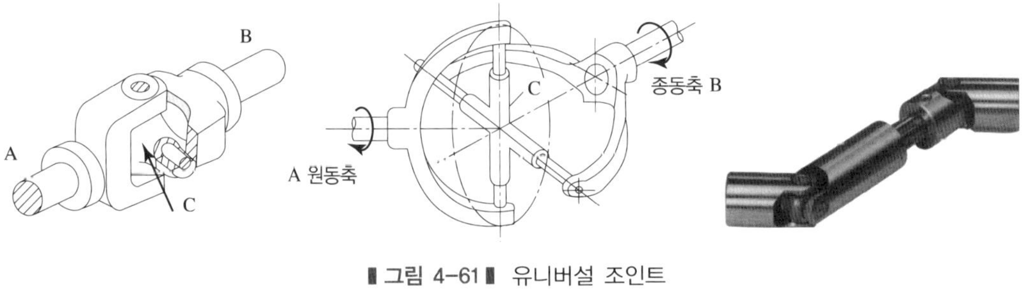

▌그림 4-61▌ 유니버설 조인트

2. 클러치

클러치(clutch)는 운전 중 필요에 따라 축이음을 차단시킬 수 있는 것으로 동력 전달 방법을 기준으로 분류하면 맞물림 클러치, 마찰 클러치, 유체 클러치, 마그네틱 클러치 등이 있다.

(가) 맞물림 클러치 (claw clutch)

맞물림 클러치는 원동축과 종동축을 연결하고 해제하는 데 사용되는 클러치 유형 중 하나이다. 미끄럼이 전혀 없어 정확한 속도비와 동력 전달이 보장되지만, 결합 시 충격이 발생하여 고속 회전에는 부적합하다. 주로 소형 및 저회전으로 설계되며, 고회전 속도에서 사용할 때 조 또는 돌기가 빠질 수 있는 위험이 있다. 또한, 운전 중에 빠르게 두 축을 연결 또는 분리할 수 있으며, 반영구적인 특성이 있다. 그림 4-62와 같이 각 축에 붙어 있는 돌기의 조(jaw)로 연결한 형식으로, 조(jaw)를 가지고 있는 플랜지를 원동축에 키로써 고정하고, 다른 1개의 플랜지를 종동축에 끼워, 종동축을 축 방향으로 이동할 수 있게 하여 조(jaw)가 물리기도 하고 떨어질 수도 있게 하고 있다.

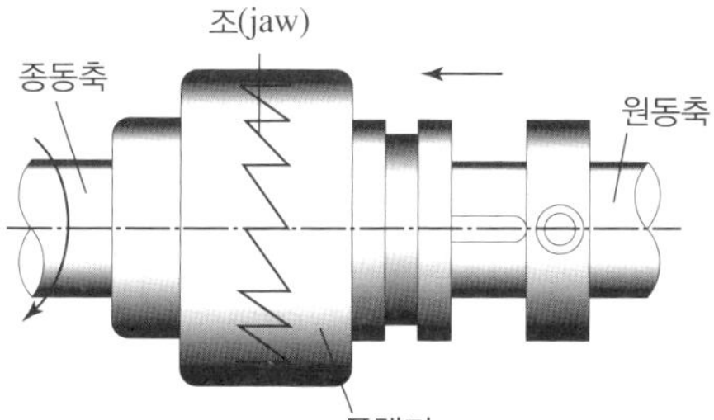

▮그림 4-62▮ 맞물림 클러치

(나) 마찰 클러치 (friction clutch)

마찰 클러치는 원동축과 종동축에 부착된 마찰 표면이 서로 밀어내어 마찰력을 발생시키고 이를 통해 동력을 전달하는 기계장치이며, 주로 회전하는 원동축에서 원동력을 종동축 또는 하중에 전달할 때 사용된다. 마찰 클러치는 일반적으로 두 가지 상태로 작동한다.

① 연결(engaged) : 클러치가 연결된 상태에서는 마찰 표면이 서로 밀착되어 회전운동을 원활하게 전달한다. 이때 동력이 종동축 또는 하중으로 전송된다.

② 해제(disengaged) : 클러치가 해제된 상태에서는 마찰 표면이 분리되어 동력 전달이 중단된다. 이것은 클러치가 회전을 멈추거나 미끄러지는 상태를 나타낸다.

마찰 클러치는 다양한 형태와 용도로 사용되며, 자동차의 변속기, 기계 또는 장비의 전력 제어 시스템, 그리고 기타 다양한 응용 분야에서 찾아볼 수 있습니다. 그림 4-63은 마찰 클러치의 구성을 나타낸 것이다.

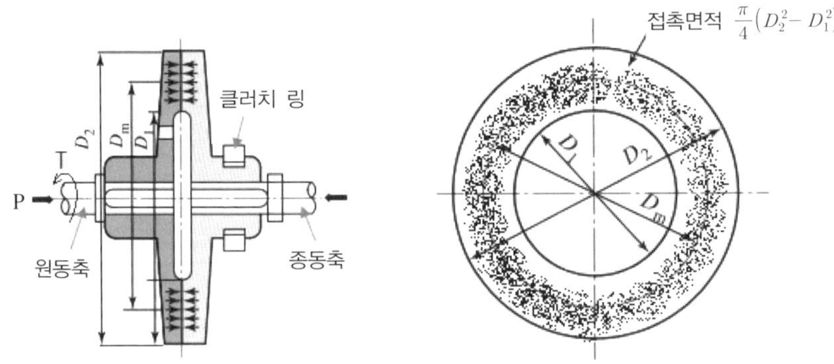

(a) 단판

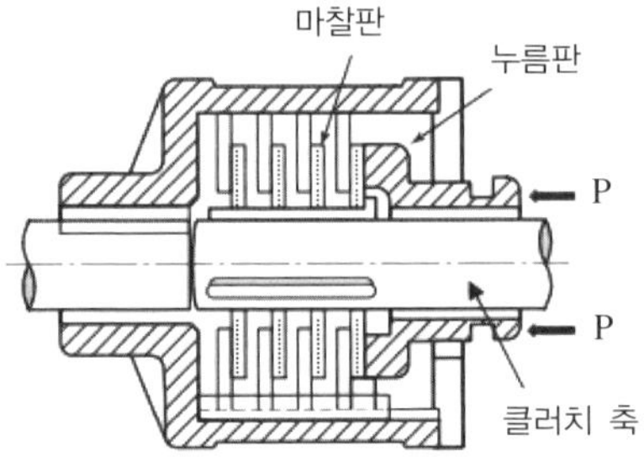

(b) 다판

▮그림 4-63▮ 마찰 클러치

3. 베어링

회전축을 지지하는 기계요소를 베어링(bearing)이라 하고, 베어링과 접촉하고 있는 축의 부분을 저널(journal)이라 한다. 베어링과 저널 사이에 발생하는 마찰을 줄이기 위해 윤활유를 공급한다. 베어링의 종류는 베어링과 저널의 접촉 상태에 따라 미끄럼 베어링과 구름 베어링으로 구분하고, 하중의 방향에 따라 레이디얼 베어링과 스러스트 베어링으로 분류한다.

(가) 미끄럼 베어링

그림 4-64는 레이디얼 미끄럼 베어링과 오일리스 베어링을 나타낸 것이다. 그림과 같이 축과 베어링의 면이 직접 접촉하여 미끄럼 운동을 하는 베어링을 미끄럼 베어링(sliding bearing)이라 한다. 그림 4-64(a)와 같이 베어링 몸체에 축이 들어갈 구멍을 직접 뚫은 간단한 것과, 그림 4-64(b)와 같이 별도의 베어링 메탈을 끼운 것이 있다. 베어링 재료는 보통 화이트 메탈(white metal), 청동, 인청동 등이 사용된다. 지름이 큰 베어링은 베어링 메탈을 2개로 분할한 레이디얼 베어링을 사용하는 것이 편리하다. 그리고 전동기 등의 베어링으로 그림 4-65(c)와 같은 다공질의 베어링 메탈에 기름이 배어 있는 오일리스 베어링(oilless bearing)을 사용한다.

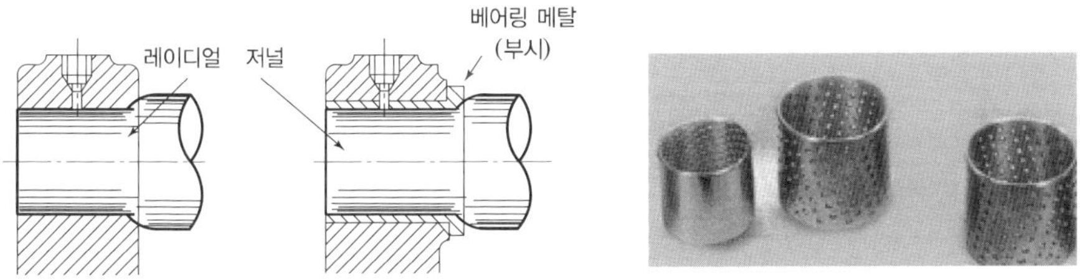

(a) (b) (c) 오일리스 베어링

그림 4-64 레이디얼 미끄럼 베어링

스러스트 베어링에는 그림 4-65와 같은 수직축에 사용하는 피벗 저널(pivot journal)과 수평축에 쓰이는 칼라 저널(collar journal)이 있다.

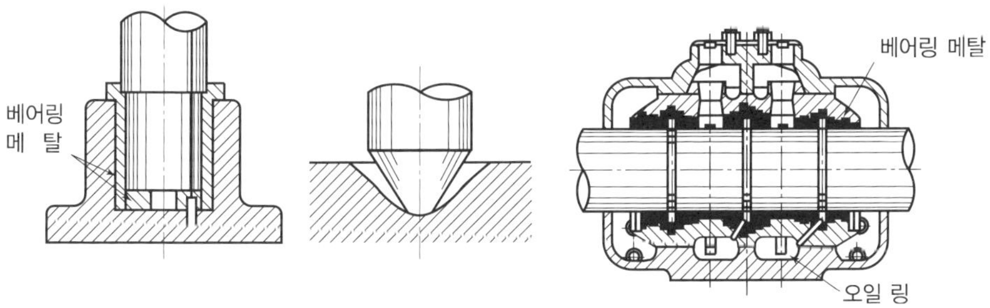

(a) 피벗 저널 베어링 (b) 칼라 저널 베어링

그림 4-65 피벗과 칼라 베어링

(나) 구름 베어링

그림 4-66은 구름 베어링의 종류를 나타내었다. 구름 베어링은 저널과 베어링과의 사이에 롤러(roller)나 볼(ball)을 넣어 구름 운동을 하는 베어링이다. 구조는 그림 4-66과 같이 내륜(inner race)과 외륜(outer race) 및 볼, 리테이너(retainer)의 네 가지 부분으로 구성되며, 리테이너는 볼을 원주에 고르게 배치하여 상호간의 접촉을 피하고, 마멸과 소음을 방지하는 구실을 한다. 전동체에 따라 볼 베어링과 롤러 베어링이 있으며 볼의 배열에 따라 단열과 복열 베어링이 있다.

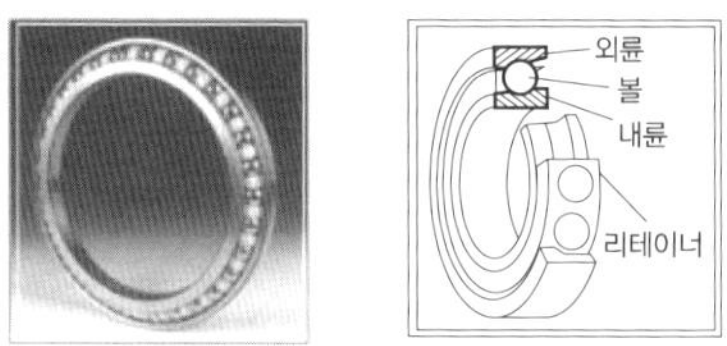

단열 앵귤러 볼 베어링

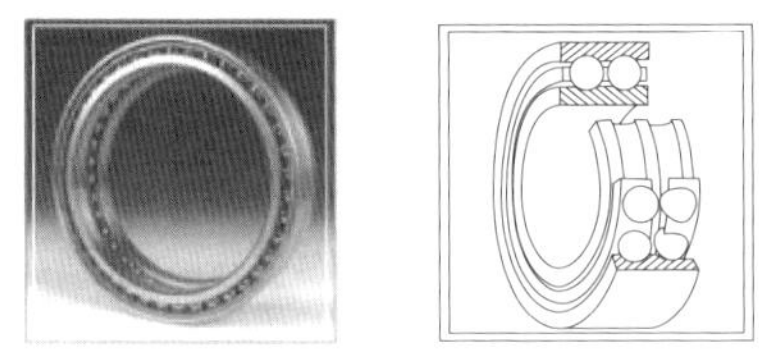
복열 앵귤 볼 베어링

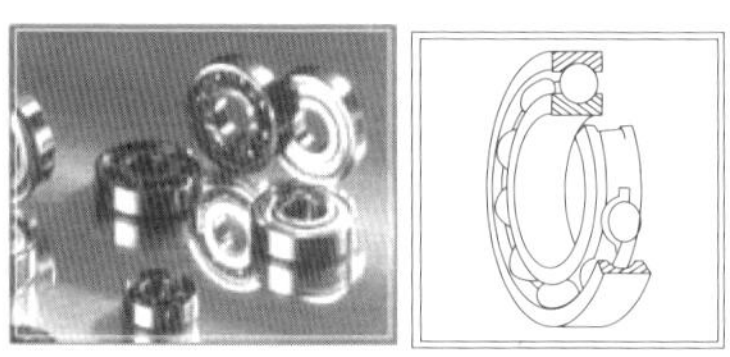
깊은 홈 볼 베어링

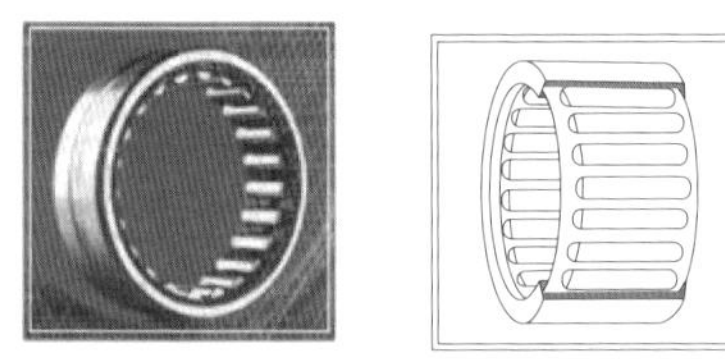
니이들 롤러 베어링

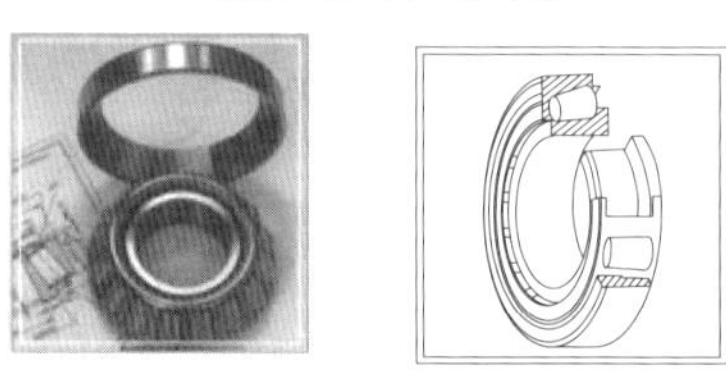
테이퍼 롤러 베어링

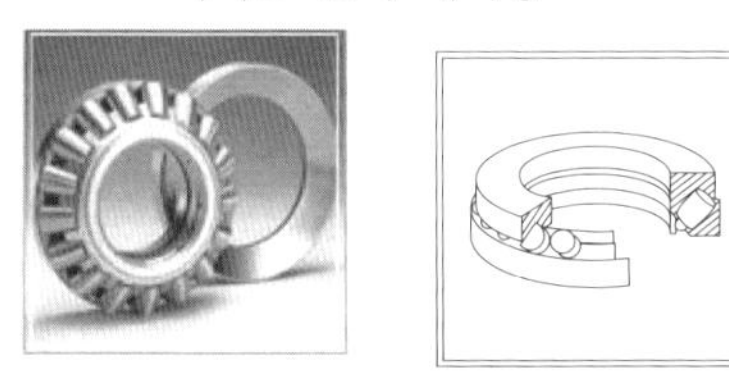
스리스트 롤러 베어링

▌그림 4-66▌ 구름 베어링의 종류

4.3.4 제어용 기계요소

1. 브레이크

브레이크(brake)는 기계의 운동 속도를 조절하거나 그 운동을 정지시키기 위하여 사용되며, 이때 브레이크에서 흡수한 마찰 에너지는 열로 발산되므로 브레이크 장치는 열을 발산하는 기능이 좋아야 한다. 일반적으로 마찰로 운동 에너지를 흡수하는 마찰 브레이크(friction brake)가 널리 사용되고 있다. 브레이크의 조작은 인력, 증기력, 압축 공기, 유압, 전자력 등을 이용하게 된다.

(가) 블록 브레이크(block brake)

그림 4-67에서 나타낸 바와 같이 브레이크의 회전축에 고정한 브레이크 드럼에 브레이크 슈(shoe) 또는 블록을 눌러 그 마찰력에 의하여 제동한다. 자전거의 앞바퀴 브레이크로 많이 쓰인다. 브레이크는 블록의 수에 따라 단식 블록 브레이크(single block brake)와 복식 블록 브레이크(double block brake)가 있다.

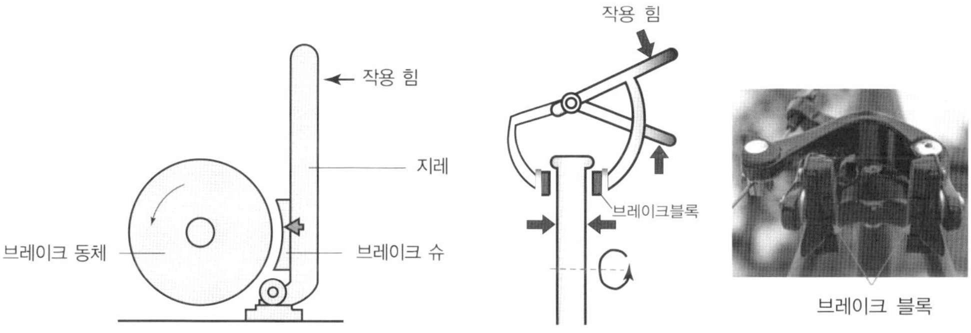

(a) 작동원리　　(b) 자전거용 브레이크

▮그림 4-67▮ 블록 브레이크

(나) 드럼(drum) 및 원판 브레이크(disc brake)

그림 4-68(a)는 드럼 브레이크를 나타낸 것이다. 브레이크를 밟으면 브레이크 슈(brake shoe)의 브레이크 라이닝이 드럼 내면의 제동판을 눌러 마찰을 일으켜 휠의 회전을 늦추거나 멈추게 한다. “휠 실린더(wheel cylinder)”는 브레이크 슈에 유압을 가하는 역할을 한다. 그림 4-68(b)는 원판 브레이크를 나타낸 것이다. 브레이크를 밟으면 브레이크 블록과 디스크 사이에 마찰이 발생하여 휠의 회전이 느려지거나 멈추게 된다.

(a) 드럼 브레이크　　(b) 원판 브레이크

▮그림 4-68▮ 드럼 및 원판 브레이크

(다) 밴드 브레이크(band brake)

밴드 브레이크는 브레이크 드럼에 스틸 밴드(steel band)를 감아 죄어서 밴드에 장력을 주고, 밴드 브레이크 드럼과의 사이에 압력을 발생시켜 이 압력에 의한 마찰력으로 제동하는 브레이크이다. 그림 4-69는 밴드 브레이크의 보기를 나타낸 것이다.

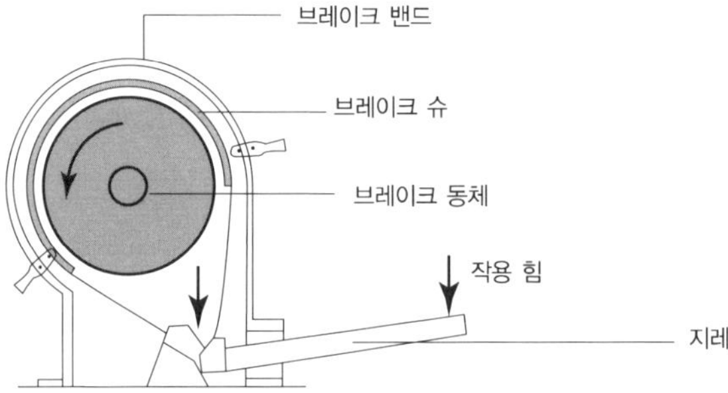

▮그림 4-69▮ 밴드 브레이크

(라) 유압 브레이크

그림 4-70에서 보인 바와 같이 유압 브레이크의 원리는 브레이크 페달을 밟는 압력을 주 실린더의 피스톤에 전하고 이것에 의해 생긴 유압을 각 바퀴에 장치되어 있는 실린더로 보낸 후 브레이크 슈를 움직여서 바퀴의 회전 운동을 조절하여 제동 작용을 하게 한다. 오일 브레이크라고도 하며 자동차의 주브레이크로 사용되고 있다.

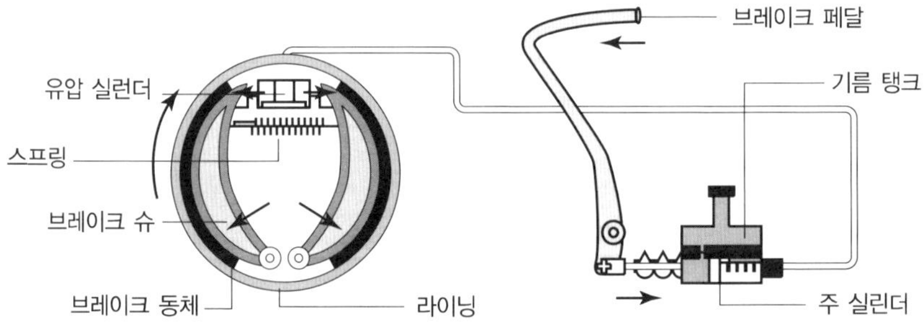

▮그림 4-70▮ 유압 브레이크

2. 스프링

스프링(spring)은 스프링의 탄성, 즉 가해진 하중에 비례하여 변형하고 제거하면 원 상태로 되돌아가는 성질을 이용한 것으로 차량의 스프링과 같이 진동과 충격을 완화하며, 안전밸브와 같이 운동이나 압력을 억제하고, 에너지를 축적하거나 그 변형으로 힘을 측정하는 태엽 시계나 스프링 저울 같은 데도 쓰인다.

(가) 코일 스프링 (coiled spring)

기계에 가장 널리 사용되며 제작이 쉬우며, 단면이 둥글거나 각이 진 봉재를 코일형으로 감은 것으로 그 종류는 그림 4-71, 4-72, 4-73과 같으며, 용도에 따라 인장, 압축, 비틀림용으로 분류된다.

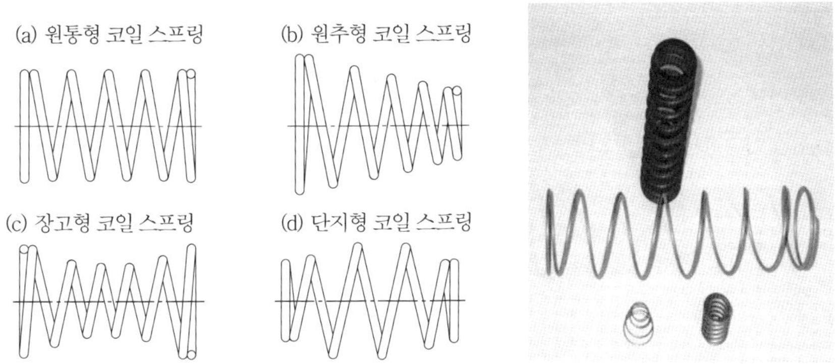

▌그림 4-71▌ 인장 스프링의 종류

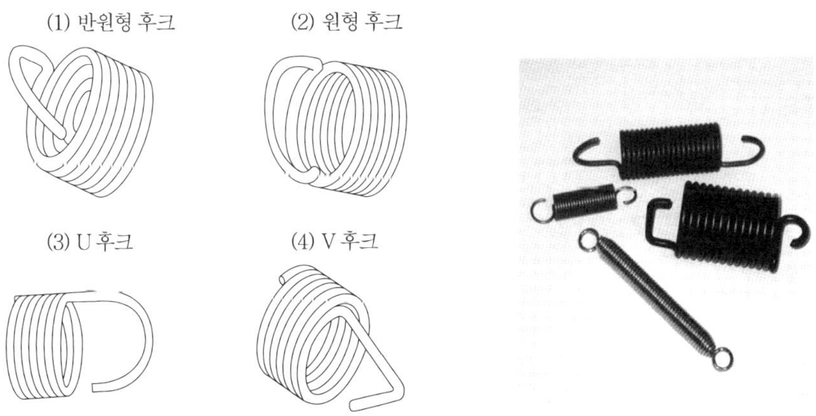

▌그림 4-72▌ 압축 스프링의 종류

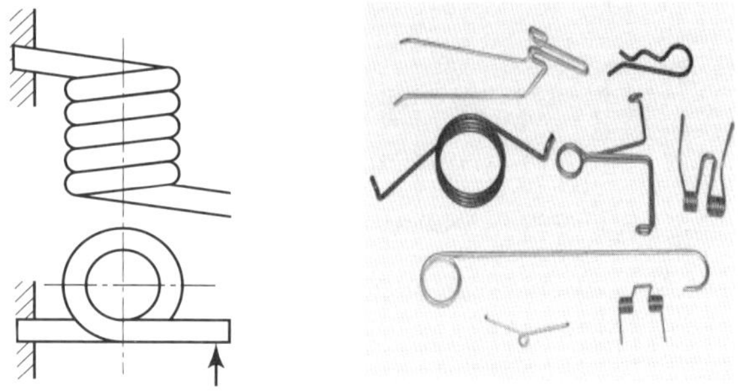

▮그림 4-73▮ 비틀림 스프링의 종류

(나) 판 스프링(laminated spring)

그림 4-74(a)는 스파이럴 스프링으로 열간 압연된 평강을 절단 및 가공, 성형, 열처리, 조립 등의 여러 공정을 거쳐 생산되며 조향 장치, 스위치 등 산업기계에 많이 사용되며 비교적 간단히 취부할 수 있다.

그림 4-74(b)는 판을 여러 장 겹친 겹판 스프링을 나타낸 것이며, 길고 얇은 판으로 하중을 지지하도록 되어 있다.

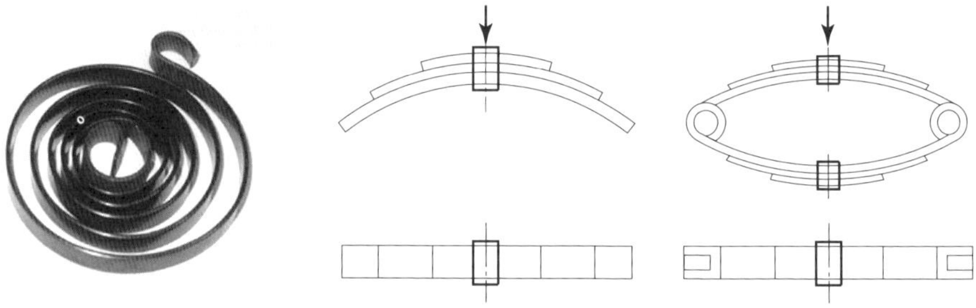

(a) 스파이럴 스프링　　(b) 겹판 스프링

▮그림 4-74▮ 판 스프링의 종류

3. 완충 장치

기계가 받는 진동이나 충격을 완화하기 위한 것으로 금속 스프링 외에 고무, 스펀지 등의 비금속 재료를 사용하거나 기름, 공기 등을 매개체로 사용하는 것도 있다.

▮그림 4-75▮ 각종 산업용 완충기

(가) 링 스프링 완충기

링 스프링 완충기는 하중의 변화에 따라 내부와 외부 스프링이 접촉하여 발생하는 마찰을 통해 에너지를 흡수하는 장치이다. 이 장치는 그림 4-76과 같이 작동하며 내부와 외부 스프링이 축 방향으로 하중을 가할 때 외부 스프링이 압축 및 신장 작용을 하며 마찰 작용도 발생한다.

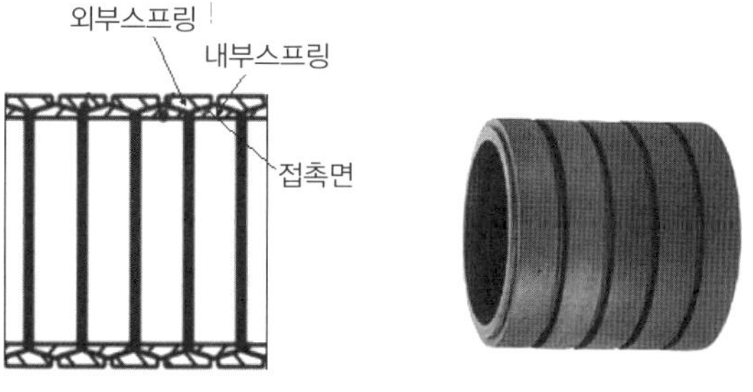

▮그림 4-76▮ 링 스프링 완충기

내부와 외부 스프링은 여러 겹으로 구성되어 하중을 흡수하고 변위를 제어한다. 그러나 마찰로 인해 에너지 손실이 발생하며, 따라서 하중에 대한 변위 선도를 분석할 때 히스테리 현상이 나타날 수 있다. 히스테리 현상은 스프링 시스템이 하중을 받아들이고 해제할 때 발생하는 에너지 손실을 나타내며, 이것은 시스템의 특성 중 하나로 고려해야 한다.

(나) 고무 완충기

고무 완충기는 그림 4-77에서와 같이 고무가 압축되고 변형될 때 에너지를 흡수하는 장치이다. 압축되면 에너지가 저장되고, 이후에 필요한 때에 에너지가 방출된다. 이러한 특성을 이용하여 고무 완충기는 시스템이나 기계에서 발생하는 충격이나 진동을 완화하고 보호하는 데 사용된다. 따라서 고무 완충기는 에너지 흡수 및 변형을 통해 시스템의 안전성을 유지하는 데 중요한 역할을 한다.

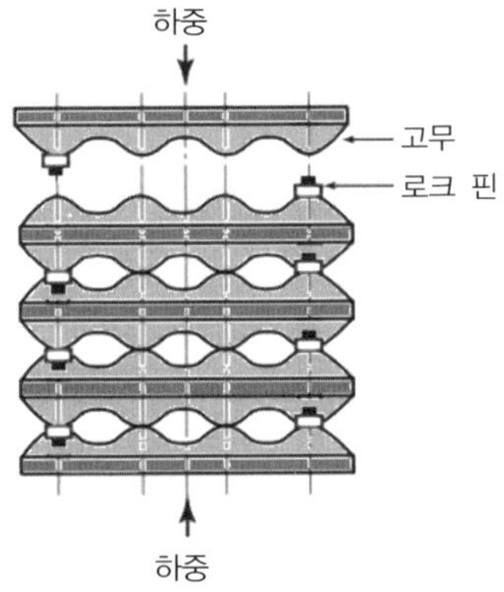

▮그림 4-77▮ 고무 완충기

(다) 유압 댐퍼

유압 댐퍼는 그림 4-78과 같이 축 방향으로 하중이 가해질 때 피스톤이 움직여 작은 구멍인 오리피스를 통해 유체(기름 또는 유압액)가 유출되어 진동을 감소시키는 장치이다. 주로 자동차의 보조 완충 장치로 사용되며, 종종 "쇼크 업소버(shock absorber)"로도 불린다. 자동차의 서스펜션 시스템에서 사용되며, 도로 표면의 불균형, 충격, 진동 등으로 인한 움직임을 완충하여 승차 품질을 향상시키고 안전성을 높인다. 또한, 자동차의 바퀴 및 타이어와 도로 사이에서 발생하는 충격을 흡수하고, 자동차가 안정적으로 주행할 수 있도록 도와준다.

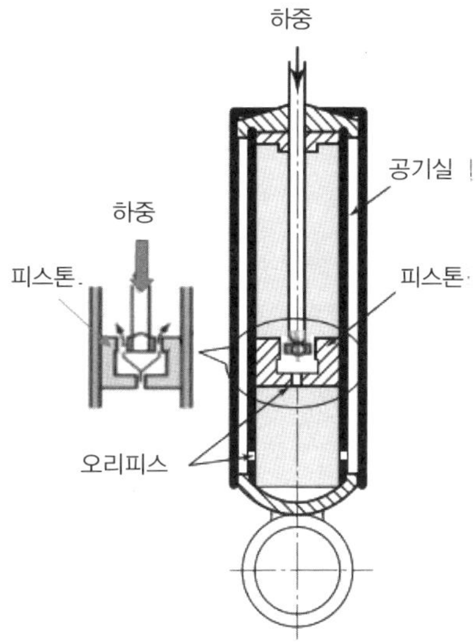

▮그림 4-78▮ 유압 댐퍼

(라) 공기 스프링

공기 스프링은 고무주머니에 채운 압축 공기의 탄력에 의해 완충 작용을 한다. 이 장치는 압축 공기량을 조절하는 자동 조정 장치가 있어 적재량의 다소에 관계없이 차체를 일정한 높이로 유지할 수 있게 되어 있다. 대형 자동차와 철도 차량 등에 많이 쓰인다. 그림 4-79는 공기 스프링의 구조를 나타낸 것이다.

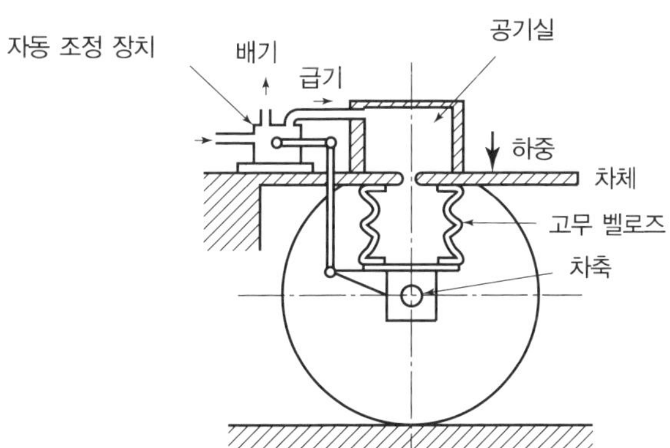

▮그림 4-79▮ 공기 스프링

4.3.5 전동용 기계요소

1. 마찰 전동 장치

(가) 마찰차

그림 4-80과 같이 원통형 또는 원뿔형의 바퀴를 축에 고정하고, 이것을 서로 밀어붙여서 접촉면의 마찰력에 의하여 동력을 전달하는 것을 마찰차(friction wheel)라 한다. 마찰차는 주철, 강 등으로 만들고 있으나 접촉면에 가죽 등을 붙여서 마찰 계수를 크게 하면 전달 동력을 증가시킬 수가 있다.

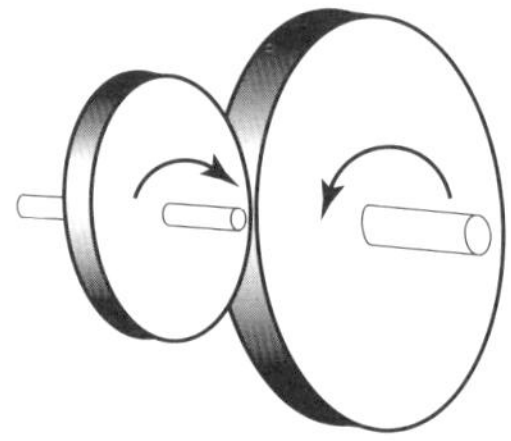

(a) 원통 마찰차

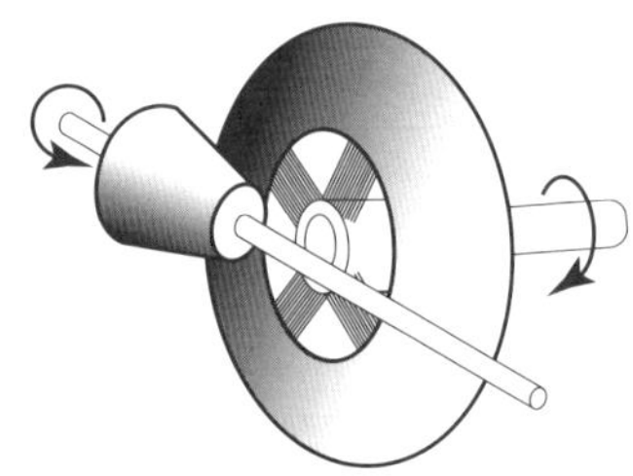

(b) 원뿔 마찰차

▮그림 4-80▮ 마찰차

마찰차에 의한 전동에서는 원동차와 종동차의 접촉면에서 어느 정도 미끄럼이 생기므로 종동차와 원동차의 속도비를 정확하게 유지하기가 곤란하다. 또 전달하는 힘이 세지면 미끄럼이 생겨 큰 동력을 전달하기 어려워진다. 종류로는 마찰차의 형상에 따라 원통 마찰차, 홈 마찰차, 원뿔 마찰차의 3종류가 있으며, 원통 마찰차는 평행한 두 축 사이에 동력을 전달하며(재봉틀의 북실감기), 원판 마찰차는 축과 축이 직각으로 만나서 동력을 전달하고(자전거의 발전기), 원뿔 마찰차는 교차하는 두 축 사이에서 동력을 전달한다.

2. 기어 전동 장치

(가) 기어 종류 및 작동 원리

기어는 특정 속도 비율과 큰 토크를 전달할 수 있어, 소형 계기나 시계에서 수만 마력을 생성하는 강력한 선박 터빈의 감속기어에 이르기까지 광범위한 장치에서 사용된다. 한 쌍의 기어에서 잇수가 더 많은 기어를 기어라고 하고 잇수 적은 것을 피니언(pinion)이라 한다. 서로 맞물리는 잇수의 비율을 변경하여 기어가 회전 속도를 조정할 수 있다. 또한 장착된 두 축이 평행하지 않더라도 미끄러지지 않고 안정적으로 동작을 전달할 수 있습니다. 그림 4-81은 기어의 형상을 나타낸 것이다.

▮그림 4-81▮ 각종 기어

그림 4-82는 기어의 종류를 분류하고 기어별 작동 원리를 나타내었다. 기어는 두 축의 상대 위치에 따라 축이 평행한 경우, 축이 교차하는 경우, 그리고 축이 교차하지도 평행하지도 않은 경우로 나눌 수 있다.

두 축이 평행한 경우		
종류		특징
평기어		기어의 이가 축과 평행한 원통 기어 제작이 쉽고 가장 많이 사용되는 일반적이 형태의 기어 예) 시계, 선반, 내연기관 등
헬리컬 기어		기어 이의 접촉 면적이 넓어 큰 힘을 전달할 수 있음
더블 헬리컬 기어		헬리컬 기어에서 발생하는 추력을 없애기 위해서 비틀림 방향이 다른 두 개의 헬리컬 기어를 조립한 기어

두 축이 교차한 경우		
종류		특징
베벨 기어	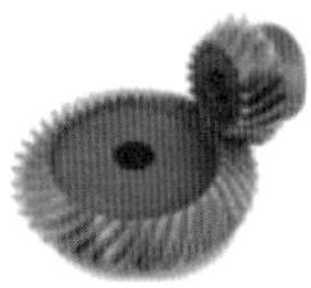	회전 방향을 직각으로 바꿀 때 사용하는 기어 예) 핸드 드릴, 자동차의 구동 장치 등
마이티 기어		축이 직각으로 만나고 기어의 잇수가 같은 한 쌍의 베벨 기어

기타		
종류		특징
래크와 피니언	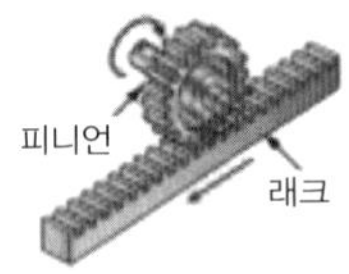	회전 운동을 직선 운동으로 바꾸거나 그 반대의 경우로 변환할 때 사용한다. 예) 드릴 머신, 선반 등의 이송기구로 사용
웜과 웜 기어		두 축이 평행하지도 교차하지도 않으며 큰 감속비를 얻을 수 있다. 예) 감속 장치에 사용

▮그림 4-82▮ 기어 종류 및 작동 원리

(나) 기어 전동

기어의 치형 곡선으로는 인벌류트(involute) 곡선과 사이클로이드(cycloid) 곡선이 사용된다. 인벌류트 치형은 제작이 쉽고 호환성도 크므로 기어 대부분에 이 치형이 쓰이고 있다. 기어는 마찰차의 마찰면을 기준으로 하여 기어의 이를 붙였다고 생각하고, 이때 가상의 마찰차에 해당하는 원을 피치원(pitch circle)이라 한다. 기어 이의 크기를 잇수 1개에 대한 피치원 지름의 크기로 나타내면 다음 식과 같다.

$$\text{모듈}(m) = \frac{\text{피치원의 지름}}{\text{잇수}} = \frac{d}{z} \tag{4-2}$$

그림 4-83(b)와 같이 1쌍의 기어 A, B가 서로 물려 있을 때, 각 기어의 잇수를 z_A, z_B, 피치원의 지름을 d_A(mm), d_B(mm), 모듈(module)을 m이라고 하면, $d_A = mz_A$, $d_B = mz_B$이다.

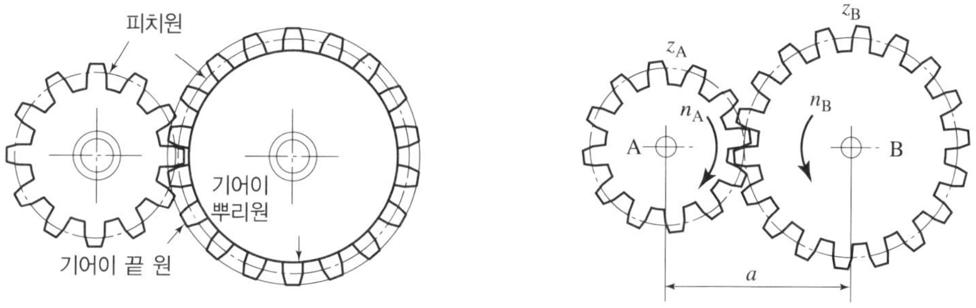

(a) 기어의 구성　　(b) 기어 전동

▮그림 4-83▮ 기어

중심 거리를 a(mm)라고 하면,

$$a = \frac{d_A + d_B}{2} = \frac{m(z_A + z_B)}{2} \tag{4-3}$$

이고, 각 기어의 회전수를 n_A, n_B, 속도비를 i라고 하면 $n_A z_A = n_B z_B$이므로,

$$i = \frac{n_B}{n_A} = \frac{z_A}{z_B} \tag{4-4}$$

이다. 따라서 속도 비는 기어의 잇수와 반비례한다.

(다) 기어 트레인

두 축 사이에 회전 운동을 전달할 때, 주어진 회전수에서 필요한 회전수를 얻기 위해서는 이론적으로 1쌍의 기어로 얻을 수가 있다. 그러나 1쌍의 기어 속도 비에는 한계가 있고 기어의 크기에도 제한이 있으며, 또한 회전 방향을 바꿀 필요도 있다. 그러므로 필요에 따라서는 많은 기어를 조합하여 사용하게 되는데, 이와 같은 기어의 연결을 기어 트레인(gear train)이라고 한다. 그림 4-84(a)는 기어 A, B 사이에 기어 C를 넣은 가장 간단한 기어 트레인의 보기이다.

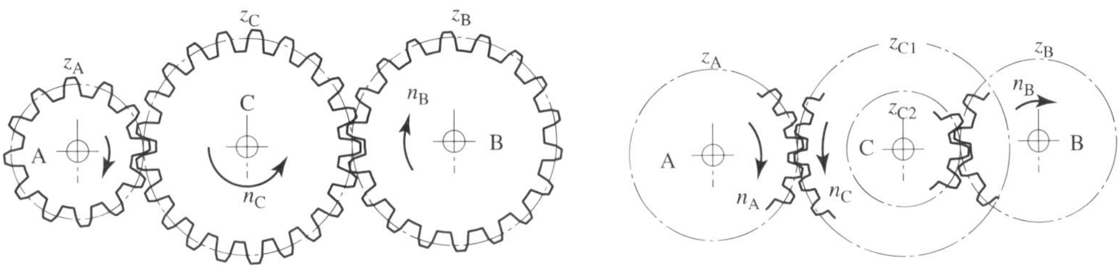

▮그림 4-84▮ 기어 트레인

기어 C의 회전수를 n_C, 잇수를 z_C라고 하면, $\dfrac{n_C}{n_A}=\dfrac{z_A}{z_C}$ 또 $\dfrac{n_B}{n_C}=\dfrac{z_C}{z_B}$ 이므로

$$i=\frac{n_B}{n_A}=\frac{n_C}{n_A}\cdot\frac{n_B}{n_C}=\frac{z_A}{z_C}\cdot\frac{z_C}{z_B}=\frac{z_A}{z_B} \tag{4-5}$$

이다.

이 기어 트레인의 속도 비는 A, B 두 기어가 직접 물리고 있을 때와 같으며, 기어 C의 잇수에는 관계가 없다. 기어 C와 같이 기어 트레인의 속도 비에 영향을 주지 않는 기어를 아이들 기어(idle gear)라 한다. 일반적으로 아이들 기어가 홀수 개의 기어 트레인에서는 원동차와 종동차의 회전 방향이 같고, 짝수 개의 경우는 반대가 된다.

그림 4-84(b)의 기어 트레인에서는 중간축 C에 잇수가 다른 2개의 기어가 고정되어 있다. 이 잇수를 z_{C1}, z_{C2}라 할 때 이 기어 트레인의 속도 비를 계산하면, A와 C가 물고 있을 때에

$$\frac{n_C}{n_A}=\frac{z_A}{z_{C1}} \tag{4-6}$$

C와 B에서는

$$\frac{n_B}{n_C} = \frac{z_{C2}}{z_B} \tag{4-7}$$

따라서 다음 식이 성립된다.

$$i = \frac{n_B}{n_A} = \frac{n_C}{n_A} \cdot \frac{n_B}{n_C} = \frac{z_A \cdot z_{C2}}{z_{C1} \cdot z_B} \tag{4-8}$$

이 기어 트레인에서 z_A, z_{C2}는 각각 상대 기어를 구동시키는 원동차의 잇수이며, z_{C1}, z_B는 구동되는 종동차의 잇수이다. 따라서 기어 트레인의 속도 비는 다음과 같이 나타낼 수 있다.

$$\text{기어 트레인의 속도비} = \frac{\text{원동차의 잇수의 곱}}{\text{종동차의 잇수의 곱}} \tag{4-9}$$

3. 벨트 전동 장치

동력을 전달하는 두 축 사이의 거리가 비교적 멀리 떨어져 있는 경우, 동력을 전달하려면 각 축에 벨트 풀리(belt pulley)를 고정하고, 여기에 벨트를 걸어 회전력을 전달한다. 벨트 전동은 벨트와 풀리면과의 마찰력에 의하여 동력이 전달되므로 정확한 회전수를 얻기 어려우나, 과부하가 걸릴 때는 안전한 이점이 있다.

(가) 평벨트 전동

원동차와 종동차의 지름을 각각 d_A, d_B, 회전수를 n_A, n_B라 하면 그 속도비 i는 다음과 같이 된다.

$$i = \frac{n_B}{n_A} = \frac{d_A}{d_B} \tag{4-10}$$

일정한 회전수를 가진 원동축에서 벨트 전동에 의해 종동축에 전달하는 회전수를 변화시킬 필요가 있을 때는 단차(stepped pulley)를 사용한다. 단차는 지름이 다른 몇 개의 벨트 풀리를 하나로 만든 것이며, 2개의 단차를 그림 4-85와 같이 반대 방향으로 설치하여 벨트를 걸어 속도비를 바꾼다.

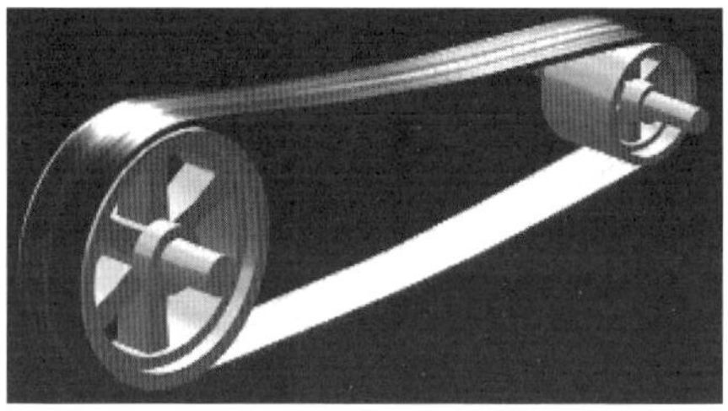

(a) 바로 걸기

(b) 엇 걸기

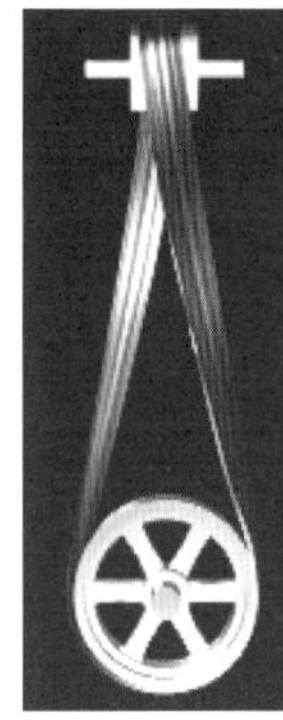

(c) 수직 걸기

▮그림 4-85▮ 평 벨트 걸이 방식

(나) V-벨트 전동

그림 4-86과 같이 V-벨트를 V홈이 있는 풀리에 걸어서 평행한 두 축 사이에 동력을 전달하고 회전수를 바꿔 주는 것을 V-벨트 전동이라 한다. V-벨트 전동은 V-벨트와 홈 사이에서 쐐기 작용에 의하여 마찰력이 커지므로, 축 사이의 거리가 짧고 속도비가 클 때에도 미끄럼이 적게 일어난다. 또 운전할 때 조용하고 충격을 완화시키는 작용도 한다.

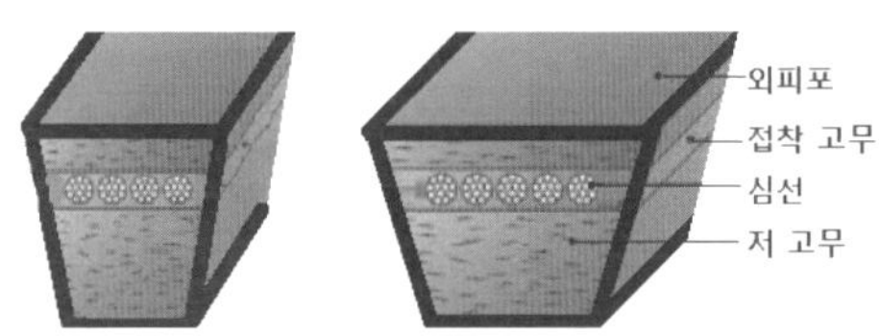

(좁은 V-벨트) (표준 V-벨트)

▮그림 4-86▮ V 벨트

그림 4-87은 V-벨트 무단 변속 장치(V-belt CVT (continuously variable transmission))이다. 그림 4-87(a)는 V-벨트 무단 변속 장치 구성을 나타낸 것으로 엔진 동력으로 구동되는 구동축과 변속된 회전력을 바퀴에 전달하는 피동축으로 구성되어 있다. 그림 4-87(b)는 V-벨트 무단 변속 장치의 변속 원리를 나타낸 것으로 고정 풀리와 가동 풀리로

구성된 1쌍의 풀리 간격을 넓게 하면 유효 지름이 작아지고 좁게 하면 유효 지름이 커진다. 2쌍의 풀리 중 한쪽의 간격을 넓게 하면서 동시에 다른 쪽을 좁게 하면 두 축 사이의 속도 비를 운전 중에도 연속적으로 변화시킬 수 있다.

V-벨트 CVT는 가동 풀리를 축 방향으로 좌우 이동 통해 풀리에 접촉하는 유효 지름을 조정함으로써 입력 축(엔진 동력)와 출력 축(바퀴 회전력) 사이의 속도 비율을 원활하고 지속적으로 변경할 수 있다. 자동차, 산업기계, 동력 전달 시스템 등 다양한 응용 분야에서 원활한 가속과 최적의 동력 전달을 제공한다.

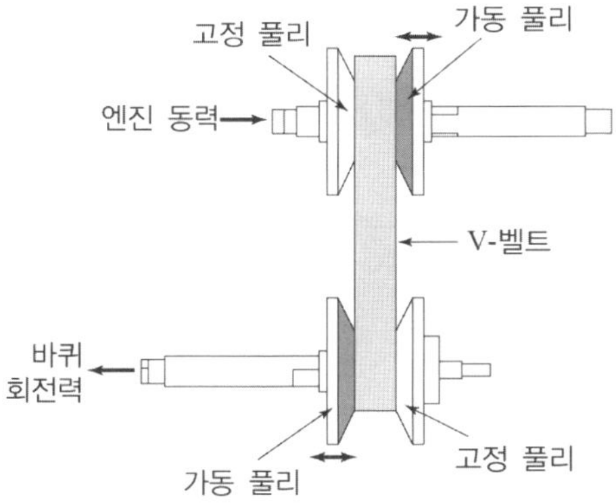

(a) V-벨트 무단변속장치 구성

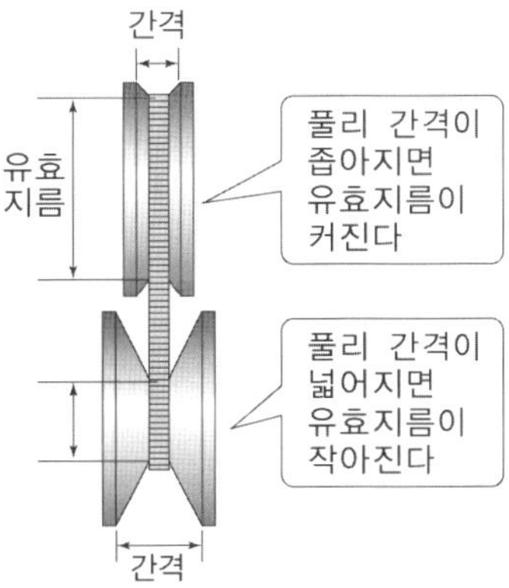

(b) V-벨트 무단변속장치의 변속원리

▮그림 4-87▮ V-벨트 무단변속장치

(다) 타이밍 벨트

벨트의 이면에 일정한 피치의 홈이 있는 것으로 기어와 유사한 벨트 풀리에 걸어 전동하게 되어 있다. 이것은 미끄럼이 없이 일정한 속도비를 얻을 수 있다. 그림 4-88은 타이밍 벨트의 보기이다.

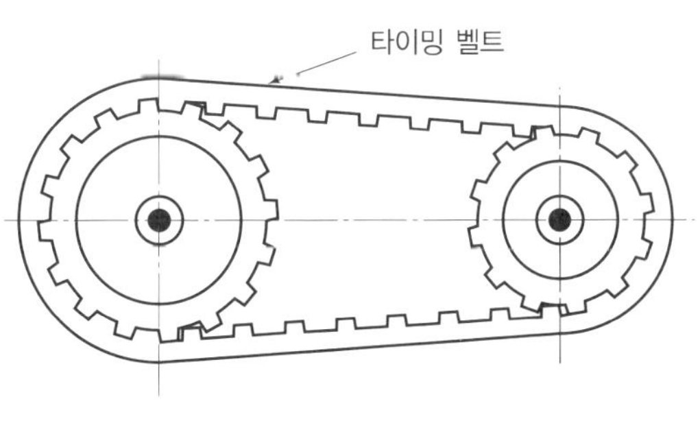

▮그림 4-88▮ 타이밍 벨트

(라) 체인 전동

그림 4-89에서 나타낸 바와 같이 체인 전동은 전동 두 축 사이의 거리가 비교적 짧을 때의 전동방법이며, 속도비가 확실하고 큰 동력을 전달할 수 있으나, 소음이 나기 쉽고 고속 운전에는 적합하지 않다. 체인의 종류에는 롤러 체인과 사일런트 체인이 있다.

그림 4-89(a)의 롤러 체인(roller chain)은 롤러 링크와 핀 링크 사이에 롤러를 끼워서 결합하여 만들며, 회전시 소음이 발생하므로 고속 회전에 부적합하다. 그림 4-89(b)의 사일런트 체인(silent chain)은 링크를 부시에 끼우고 바깥쪽에 안내 링크를 결합시켜 핀으로 연결하여 만들며, 진동과 소음이 적어 고속 회전에 적합하다.

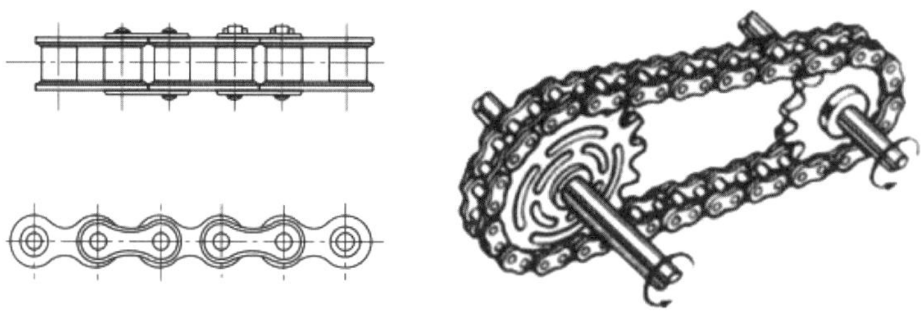

(a) 롤러 체인

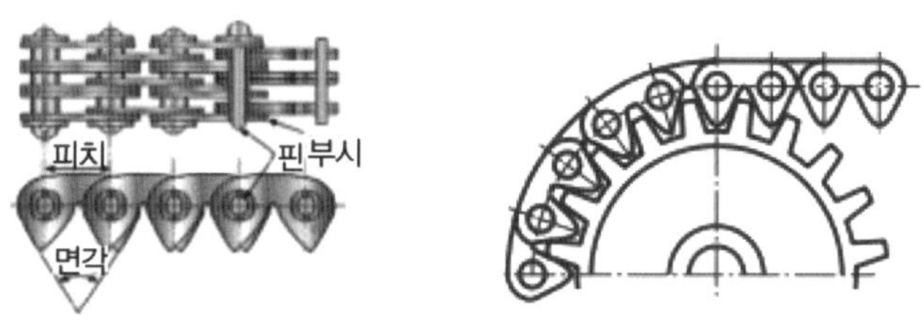

(b) 사일런트 체인

▌그림 4-89▌ 체인 전동의 종류

4. 링크 장치

몇 개의 가늘고 긴 막대를 핀으로 결합시켜, 일정한 운동을 전달하도록 구성한 것을 링크 장치(linkage)라 한다.

(가) 4절 회전 기구

그림 4-90과 같이 4개의 막대, 즉 링크를 핀으로 연결한 것을 4절 회전 기구(quadric crank mechanism)라 한다. 이 기구는 링크 장치의 기본이며, 각각 길이가 다른 4개의 링크 중 어느 링크를 고정하는가에 따라 다른 운동을 하는 기구가 된다.

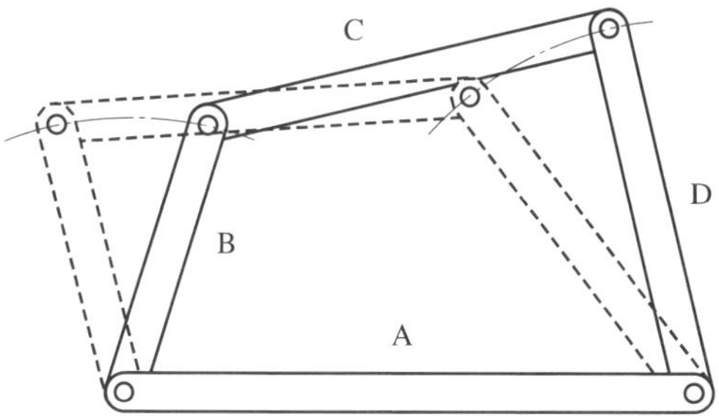

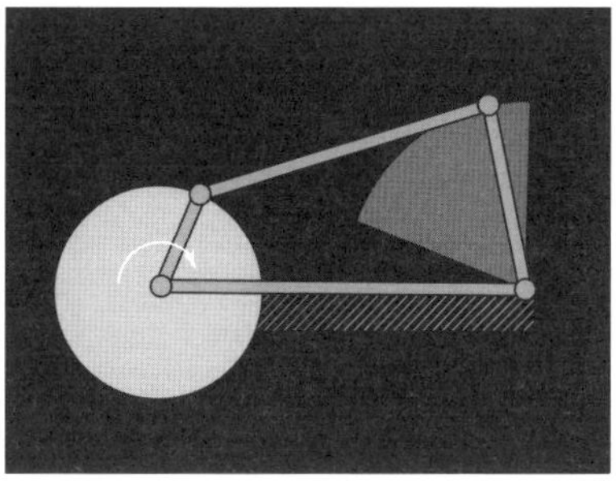

▌그림 4-90▐ 4절 링크 장치

그림 4-91은 가장 짧은 링크 B에 연결한 링크 A를 고정할 때 생기는 기구이다. B는 O_1의 물레를 완전히 회전하는 링크이며, 크랭크라 부른다. 또 D는 왕복 각운동을 하므로 레버(lever)라 한다. 따라서 이 기구를 레버 크랭크 기구(lever crank mechanism)라 하며 발 재봉틀의 발판 연결 막대와 크랭크의 조합은 이 기구를 응용한 것이다.

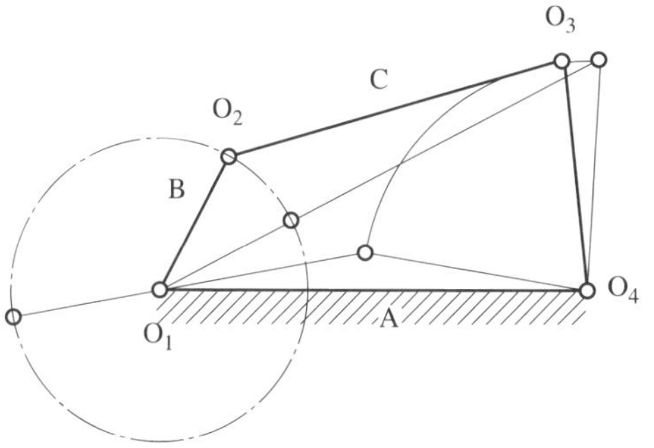

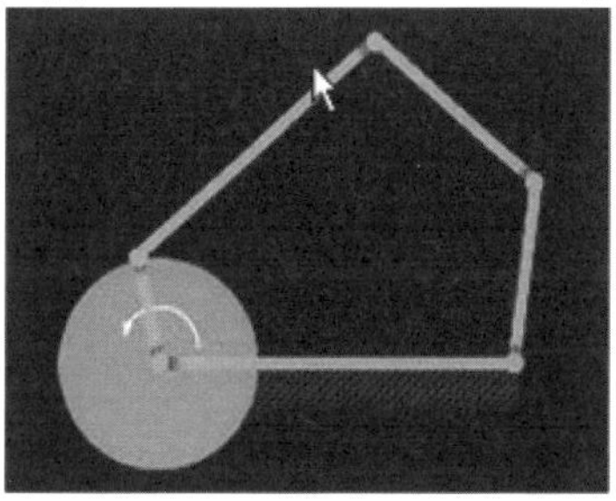

▌그림 4-91▐ 레버 크랭크 기구

(나) 왕복 슬라이더 크랭크 기구

레버 크랭크 기구의 일종이며, 레버 D를 변형하여 홈 속을 미끄러지면서 움직이는 슬라이더로 한 것으로, 그림 4-92는 왕복 슬라이더 크랭크 기구(reciprocating block slider crank mechanism)의 보기이다. 이 기구를 사용하면 크랭크 B를 회전시킴으로써 슬라이더 D를 왕복시킬 수 있으며, 또 반대로 슬라이더 D를 왕복시킴으로써 크랭크 B를 회전시킬 수 있다.

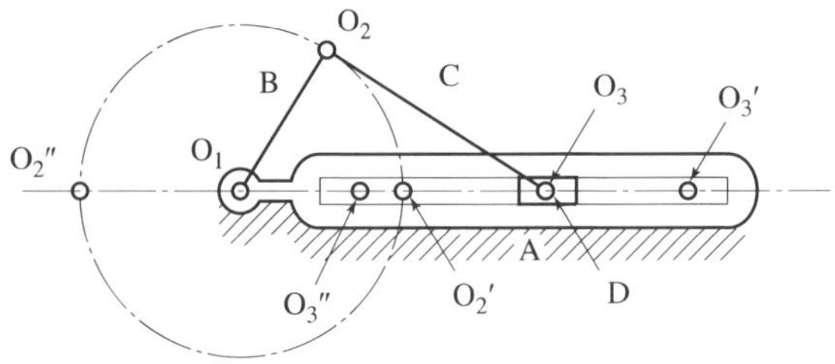

▮그림 4-92▮ 왕복 슬라이더 크랭크 기구

5. 캠 장치

특수한 모양의 원동절을 종동절에 직접 접촉시켜 종동절에 필요한 주기적 운동을 시키는 기구를 캠 장치(cam train)라 하며, 특수한 모양의 원동절을 캠(cam)이라 한다.

캠에는 여러 가지 종류가 있으나, 접촉부가 평면 운동을 하는 평면 캠(plane cam)과 입체적인 운동을 하는 입체 캠(solid cam)으로 나눌 수 있다.

(가) 평면 캠

그림 4-93(a)에서 캠 C가 회전하면 종동절 F를 상하 운동시킨다. 이것을 판 캠(plate cam)이라 한다. 그림 4-93(b)의 판 캠은 정면 캠(face cam)이라고 하며, 캠의 정면에 만든 홈에 롤러를 끼워 빠른 속도로 회전시킬 때도 확실한 운동을 전달할 수 있도록 한 것이다. 이처럼 종동절의 운동을 확실하게 한 캠을 확동 캠(positive motion cam)이라 한다.

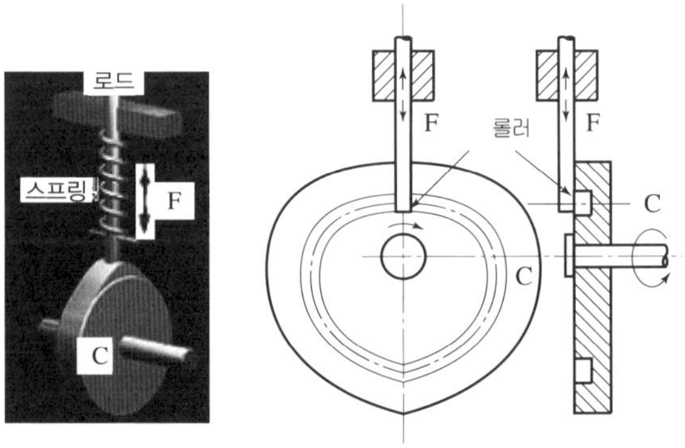

(a) 판 캠 (b) 정면 캠

▮그림 4-93▮ 평면 캠의 종류

(나) 입체 캠

그림 4-94(a)는 원통 표면에 곡선의 홈을 만들고 여기에 끼운 종동절 F에 왕복 운동을 시키는 원통 캠이고, 그림 4-94(b)는 구면 캠, 그림 4-94(c)는 원뿔 표면에 홈이 있는 원뿔 캠, 그리고 그림 4-94(d)는 단면 캠, 그림 4-94(e)는 경사판 캠의 모양을 나타낸 것이다.

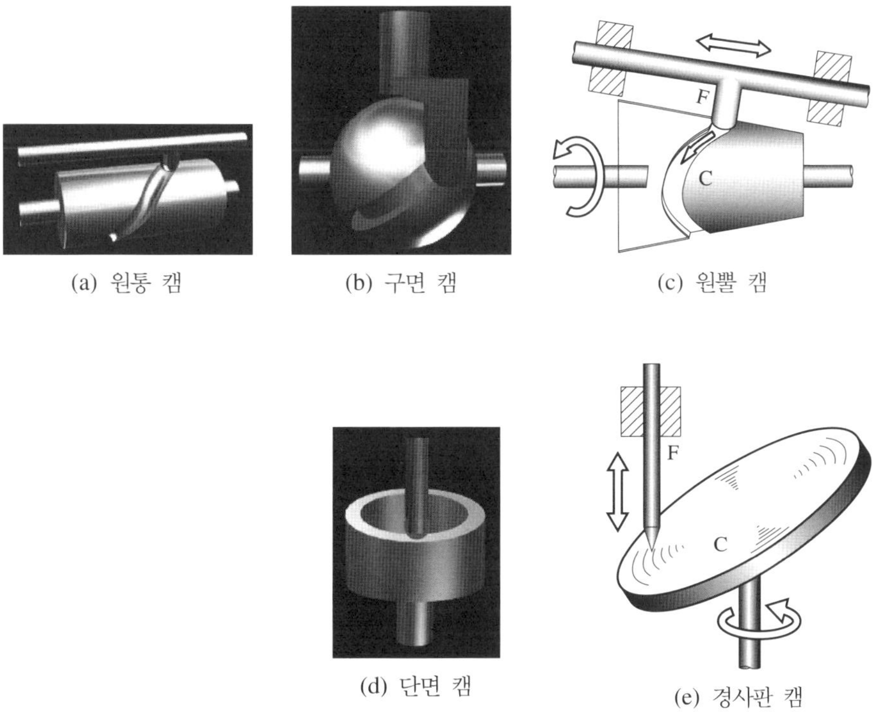

(a) 원통 캠 (b) 구면 캠 (c) 원뿔 캠

(d) 단면 캠 (e) 경사판 캠

▌그림 4-94▌ 입체 캠의 종류

연습문제 exercise

1. 기계와 공구의 차이를 기술하고, 그 종류를 제시하세요.
2. 여러 운동 전달 기구를 그려보고, 설명하세요.
3. 결합용 기계 요소의 종류를 나열하고, 간단히 설명하세요.
4. 배관용 강관의 종류와 사용 용도에 대해서 기술하세요.
5. 파이프와 튜브를 비교 설명하세요.
6. 신축형 관이음을 설치하는 이유는?
7. 첵크 밸브의 작동 원리를 설명하고, 그 종류를 나열하세요.
8. 감압 밸브 및 안전 밸브란?
9. 워터해머(water hammer) 현상과 수격 방지기에 대해서 설명하세요.
10. 금속의 방식법에 대해서 설명하세요.
11. 타이밍 벨트란?

Chapter 5 유체 기계

5.1 유체의 성질

5.1.1 유체의 성질과 압력

1. 유체의 성질

(가) 점성 (viscosity)

점성은 유체의 내부 저항 또는 미끄러짐에 대한 정도를 나타내는 물리적인 특성이다. 즉 끈적임이 있는 것과 그렇지 않은 것으로 나눌 수 있다. 이 끈적임의 정도를 점성이라고 하는데, 서로 붙어 있는 부분이 떨어지지 않으려는 것으로 유체 안에 존재하는 마찰력에 의한 것으로 생각할 수 있다. 점성의 크기는 점도라고 하는 물리량으로 나타낸다. 그림 5-1은 고정 평판과 이동 평판 사이에 유체가 흐를 때 두 평행판 사이에서 발생하는 유체 전단에 대해 나타낸 것이다.

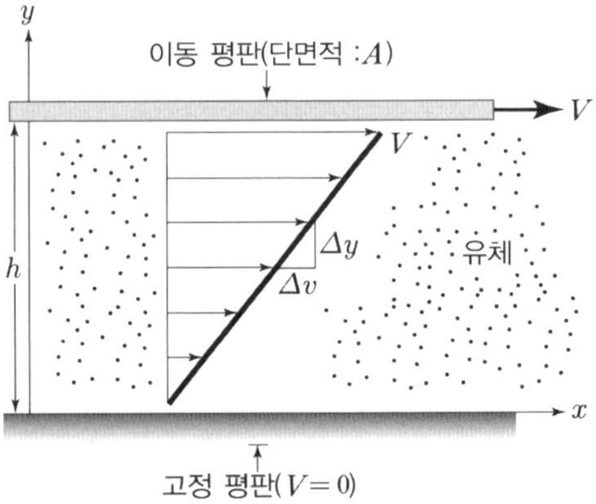

▮그림 5-1▮ 뉴턴의 점성 법칙

점도는 유체 내부의 흐름을 평행한 얇은 층이라고 가정했을 때 위층이 아래층을 당기는 힘(F)의 정도를 의미하며 식 (5-1)로 설명할 수 있다. 점도는 외부로부터의 힘(전단력)에 대하여 수직 방향으로 작용하는 단위면적당 액체 내부 저항의 크기(전단응력)로 정의된다.

$$F = \mu A \frac{\Delta v}{\Delta y} \text{ (kgf 또는 N)} \tag{5-1}$$

여기서 F (kgf 또는 N)는 층을 움직이는 데 필요한 힘, A(m^2) 층의 면적, Δv (m/s)는

위아래 층의 속도차, Δy(m)는 양쪽 층 사이의 거리, μ는 점도(점성계수)를 나타낸다. 이동 평판을 일정한 속도로 운동시키는데 필요한 힘을 전단력이라고 부른다. 이 전단력은 평판의 면적과 이동속도에는 비례하고 두 평판 사이의 거리에는 반비례하게 된다. 또한 $\frac{F}{A}$를 τ라고 하면 다음의 식과 같이 정의할 수 있다.

$$\frac{F}{A} = \tau = \mu \frac{\Delta v}{\Delta y} \ (\text{kgf/m}^2 \text{ 또는 Pa}) \tag{5-2}$$

여기서 τ는 단위면적당 마찰력을 나타내는데 경계면과 수직 방향의 속도 기울기 $(\Delta v / \Delta y)$에 비례한다. 다시 말해서 유체의 점성에 의한 전단력이라고 생각할 수 있다. 이때 τ의 단위는 (kgf/m^2 또는 Pa)이 된다. 또한 점도, μ를 밀도, ρ로 나눈 것을 동점도(동점도계수) ν로 나타내며, 단위는 m^2/s이다.

$$\nu = \frac{\mu}{\rho} \ (\text{m}^2/\text{s}) \tag{5-3}$$

동점도는 액체가 중력 방향으로 가느다란 관 속을 흘러 떨어질 때의 속도로 액체의 끈적임을 정의한 것이다. 점도와 동점도는 다음과 같이 나타낼 수 있다. 단위 (P)는 포아즈(poise), (St)는 스토크스(stokes)라고 읽는다. 물의 점성 계수는 25℃에서 1(cP) (센티포아즈)값을 가진다. 온도가 상승하면 대기의 점도나 동점도는 커지지만, 물의 점도나 동점도는 작아진다. 일반적으로 기체와 액체에서 약 100배 정도 차이가 난다.

▮표 5-1▮ 물질의 점도 범위 (단위 : %)

종류	물(25℃)	황산(99%, 25℃)	벌꿀	핸드크림
점도(cP)	1	21.5	~50,000	200,000

(나) 압축성 (compressibility)

유체에 큰 압력을 가하면 공기와 같은 유체의 체적이 작아지고 밀도가 증가하는 현상이 나타난다. 이것은 외부에서 작용하는 힘에 의해 유체의 체적이 축소되는 성질로, 이를 유체의 압축성이라고 한다. 그리니 액체와 기체는 압축성에서 큰 차이를 보인다. 예를 들어, 20℃의 물을 1기압 상태에서 체적을 1% 축소시키기 위해서는 약 200기압이 필요하다. 반면에 공기는 약간의 압력만 가해도 체적을 쉽게 줄일 수 있다. 액체는 기체에 비해 압축하기 어렵기 때문에 액체를 비압축성 유체(incompressible fluid)라고 하며, 기체와 같이 압축하기 쉬운 유체를 압축성 유체(compressible fluid)라고 한다. 또한 이상 유체(ideal fluid)는 압축되지 않고 점성이 없는 유체로 정의되지만, 실제로는 그러한 유체는 존재하지 않는다

(다) 모세관 현상 (capillarity)

그림 5-2와 같이 유리관의 한쪽 끝을 물과 수은 속에 넣었을 때, 물인 경우에는 유리관 내의 액면은 자유 표면보다 높이 올라가며, 또 관의 지름이 작을수록 높이 올라간다. 그러나 수은의 경우에는 관내의 액면이 자유 표면보다 내려가며, 관의 지름이 가늘수록 더 내려가게 된다. 이와 같이, 액체 중에 지름이 작은 관을 세웠을 때, 관 속의 액면이 관 밖의 액면보다 높거나 낮게 되는 현상을 모세관 현상이라고 한다. 이것은 액체의 응집력과 부착력에 의한 것으로서, 부착력이 응집력보다 크면 관 속의 액면은 올라가고 반대로 부착력이 작으면 내려간다.

모세관 현상(capillarity)은 유리관과 같이 매우 얇은 관(모세관) 안에 액체가 끌어올려지거나 내려가는 현상을 말한다. 이 현상은 주로 물리적인 특성이나 액체의 표면장력에 기인한다. 물의 경우에는 유리관 안에서 액면이 자유 표면보다 높이 올라가는 경향을 보인다. 이는 유리와 물 사이의 부착력이 응집력보다 크기 때문에 발생한다. 더 중요한 것은, 모세관의 지름이 작을수록 높이 올라가는 정도가 더 크다. 수은의 경우에는 유리

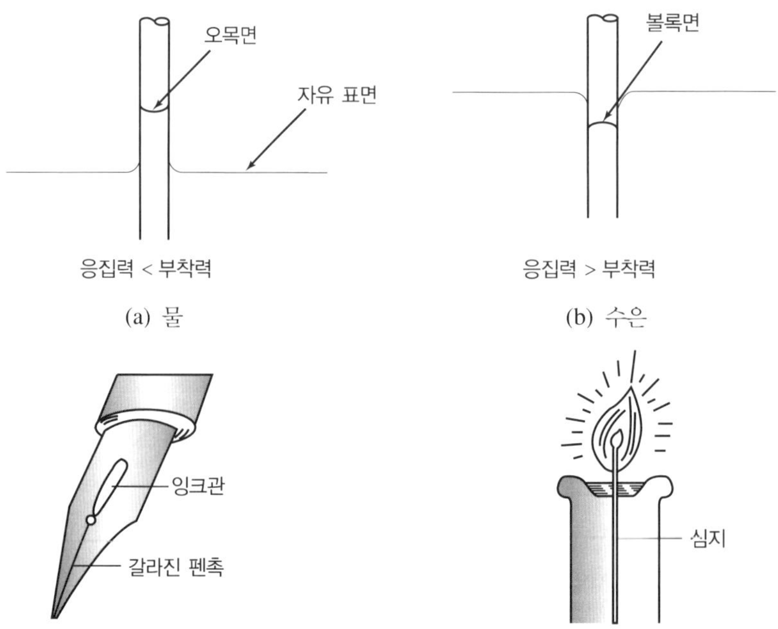

(a) 물 (b) 수은 (c) 만년필 펜촉 (d) 양초

그림 5-2 모세관 현상

관 안에서 액면이 자유 표면보다 내려가는 경향을 보인다. 이는 수은과 유리 사이의 부착력이 응집력보다 작기 때문에 발생한다. 모세관의 지름이 작을수록 더 많이 내려간다. 모세관 현상은 액체의 응집력(cohesion)과 부착력(adhesion)에 의해 결정된다. 응집력은 같은 물질 간의 분자 간 힘을 나타내며, 부착력은 다른 물질과의 분자 간 힘을 나타낸다. 액체의 표면장력과 모세관의 지름은 모세관 현상의 정도를 결정하는 중요한 요소이다.

2. 유체의 물리량

(가) 밀도 (density)

밀도란 단위 체적 당 가지는 유체의 질량이며, ρ로 표시한다. 밀도는 일반적으로 SI단위계에서 주로 사용하며, 밀도에 대한 SI 단위는 kg/m^{3}이다.

$$\rho = \frac{m}{V} \ (\text{kg/m}^3) \tag{5-4}$$

여기서, m은 유체의 질량(kg), V는 유체의 체적(m^3)이다.

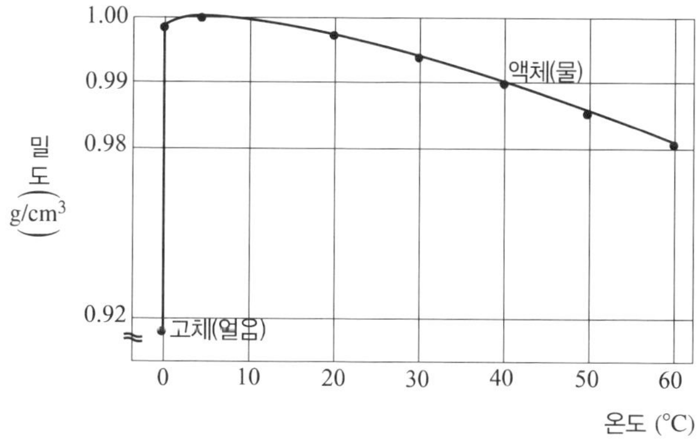

▮그림 5-3▮ 온도의 변화에 따른 물의 밀도의 변화

(나) 비체적 (specific volume)

유체의 단위 중량당 체적을 비체적이라고 한다. 보통 v로 표시하며, 단위는 m^3/kgf이다.

$$v = \frac{V}{W} \ (\text{m}^3/\text{kgf}) \tag{5-5}$$

비체적과 비중량은 서로 역수의 관계 즉, $v = 1/\gamma$의 관계가 있다.

비체적은 SI 단위계에서도 정의되어 있는데, SI 단위계에서의 비체적은 단위 질량당 체적을 말하며, 단위는 m^3/kg으로 나타낸다. 표 5-2에는 대기압(1 atm) 상태에 있는 순수한 물의 밀도와 비체적을 온도 변화에 따라 나타내었다.

▮ 표 5-2 ▮ 온도에 따른 물의 밀도와 비체적

온도 ℃	밀도 kg/L	비체적 L/kg	온도 ℃	밀도 kg/L	비체적 L/kg	온도 ℃	밀도 kg/L	비체적 L/kg
−10	0.99815	1.00185	25	0.99767	1.00294	65	0.98059	1.01979
−5	0.99930	1.00070	30	0.99507	1.00435	70	0.97781	1.02260
0	0.99987	1.00013	35	0.99406	1.00597	75	0.97489	1.02576
4	1.00000	1.00000	40	0.99224	1.00782	80	0.97180	1.02900
5	0.99999	1.00001	45	0.99025	1.00985	85	0.96870	1.03220
10	0.99973	1.00027	50	0.98807	1.01207	90	0.96530	1.03570
15	0.99913	1.00087	55	0.98573	1.01448	95	0.96190	1.03960
20	0.99823	1.00177	60	0.98324	1.01705	100	0.95840	1.04340

(다) 비중 (specific gravity)

어떤 유체의 비중량 γ와 1기압 4℃의 순수한 물의 비중량 γ_w와의 비를 비중이라고 하며, S로 표시한다. 또 순수한 물의 밀도 비로도 표시할 수 있으며, 단위는 없다.

$$S = \frac{\gamma}{\gamma_w} = \frac{\rho}{\rho_w} \tag{5-6}$$

(라) 비중량 (specific weight)

유체의 단위 체적 당 중량을 비중량이라고 하며, γ로 표시한다.

이것을 식으로 표현하면 다음과 같다.

$$\gamma = \frac{W}{V} \ (\text{kgf/m}^3) \tag{5-7}$$

여기서, W는 유체의 중량(kgf), V는 유체의 체적(m^3)이다. 물의 무게는 압력과 온도에 따라 다소의 차이가 있다. 1기압(1 atm)의 상태에서 4℃일 때 최대의 값을 나타낸다. 이때의 비중량은 γ = 1,000 kgf/m^3이며, 압력 및 온도와 관계없이 물의 비중량은 일정하다고 할 수 있다. 또 마른 공기의 비중량은 표준 상태(0℃, 760 mmHg)에서 1.293

kgf/m^{3}가 된다.

$$\gamma = \rho g \quad (\text{kgf/m}^3) \tag{5-8}$$

1 kg의 질량을 가지는 유체의 체적이 1 m^{3}라고 하면, 밀도 ρ는 1 kg/m^{3}다. 질량 1 kg인 유체의 무게는 1 kgf (9.80665 N)이므로 비중량 γ는 1 kgf/m^{3}가 되어 수치상으로 밀도와 비중량은 같은 값을 가진다. 예를 들면, 1기압 상태에 있는 4℃인 물의 비중량은 1,000 kgf/m^3(=9,800 N/m^3)이고, 물의 밀도도 1,000 kg/m^{3}이다.

5.1.2 유체의 압력

1. 압력

압력(pressure)은 단위 면적에 작용하는 힘의 크기로 나타낸다. 정지하고 있는 액체 중의 임의의 점에서의 압력은 모든 방향에서 동일하게 작용하고, 그 크기는 수면으로부터의 깊이에 비례한다.

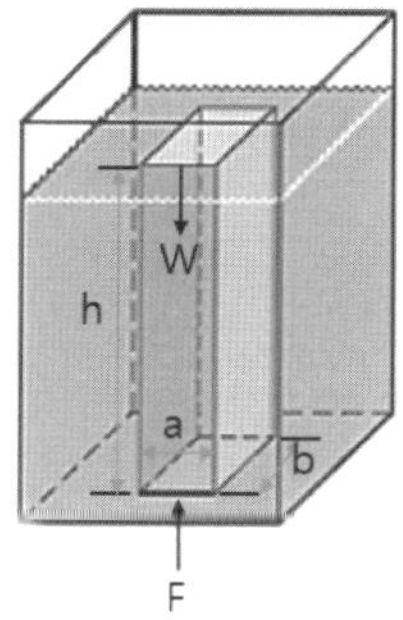

바닥면적(A) = a × b

물기둥의 체적(V) = a × b × h

▌그림 5-4▐ 유체의 깊이와 압력

그림 5-4에 나타낸 것과 같이 물탱크 내에 정지하고 있는 물속에서, 임의의 직육면체에 중량 W(kgf)인 직육면체 물기둥의 바닥 면에는 아래쪽으로 W(kgf)의 힘이 작용한다. 그런데 물이 정지하고 있으려면 바닥 면에 이것과 같은 크기의 힘(전압력) F(kgf)가 위쪽으로 작용하고 있어야 한다. 따라서, 물의 비중량을 γ (kgf/m^3), 물기둥의 체적을 V (m^3), 바닥 면적을 A (m^2), 물기둥의 높이를 h (m)라고 하면, 물의 무게 W(kgf)는 다음과 같이 된다.

$$W = \gamma V = \gamma A h = F(\text{kgf}) \tag{5-9}$$

이것을 단위 면적(1 m^2)당의 힘으로 나타내면 다음과 같이 된다.

$$P = \frac{F}{A} = \frac{\gamma A h}{A} = \gamma h \tag{5-10}$$

이때, 바닥 면에 수직하게 작용하는 힘을 바닥 면적으로 나눈 값인 P(kgf/m^2)는 단위 면적당 작용하는 평균 압력을 나타내며, 이것을 압력의 강도 또는 단순히 압력 P (kgf/m^2)라고 한다. 위 식으로부터 정지 상태에 있는 유체의 압력은 유체가 담겨 있는 용기의 크기나 형상에는 관계가 없으며, 단지 비중량과 깊이에 비례함을 알 수 있다.

2. 절대압력과 게이지 압력

공학에서는 대기 압력을 기준으로 하며, 대기 압력을 0으로 하여 측정한 압력을 게이지 압력(gauge pressure)이라 한다. 그러나 물리학 등의 이론식에서는 완전한 진공을 0으로 하여 측정한 절대 압력(absolute pressure)을 기준으로 한다.

절대 압력과 게이지 압력 사이에는 다음과 같은 관계가 있다.

$$\text{절대압력}(P_a) = \text{대기압}(P_o) + \text{게이지 압력}(P_g)$$

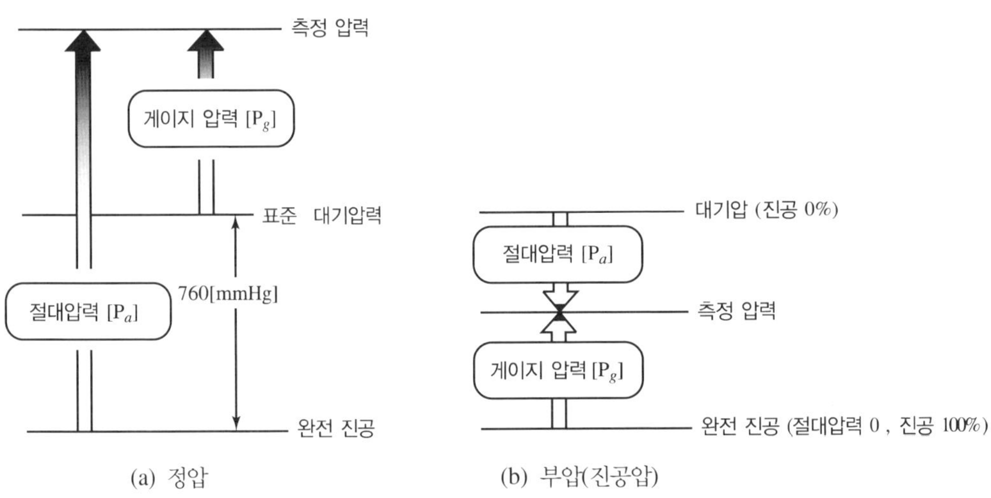

▮그림 5-5▮ 압력 측정 표시법

그림 5-5는 측정압력의 표시 방법을 나타냈다.

게이지 압력은 측정압력이 대기압보다 높은 경우를 정압(+압력), 대기압보다 낮은 경우를 부압(−압력) 또는 진공압력이라고 한다. 또, 공업 분야에서는 부압을 진공도로 나타내는 경우가 자주 있는데, 이때 수은 기둥의 높이(mmHg) 또는 백분율(%)을 사용하여 표시한다. 예를 들면, 표준 대기 압력 상태에서 완전 진공을 절대압력으로 나타내면 0 kgf/cm² 또는 0 mmHg가 된다. 이 압력을 게이지 압력으로 나타내면 −760 mmHg 또는 −1.0332 kgf/cm²의 부압이 되므로, 진공도 760 mmHg 또는 진공 100%라고 표시할 수도 있다. 또, 표준 대기 압력을 절대압력으로 나타내면 760 mmHg 또는 1.0332 kgf/cm²로 되며, 게이지 압력으로 나타내면 0 mmHg 또는 0 kgf/cm²으로 되므로 진공도 0 mmHg 또는 진공 0%라고 한다.

표 5-3에는 압력 단위의 변환을 나타냈다.

표 5-3 압력의 단위

(표준 대기압)	1 atm = 760 [mmHg] = 10.332 [mAq] = 1.0332 [kgf/cm²] = 9.8 × 1.0332 × 10,000 [N/m²] = 101,253.6 [Pa] ≒ 101.3 [kPa] ≒ 0.1 [MPa]
(공학 기압)	1 atm = 735.5 [mmHg] = 10 [mAq] = 1.0 [kgf/cm²] = 9.8 × 10,000 [N/m²] = 98 [kPa]

3. 파스칼의 원리

밀폐된 용기에 넣은 유체의 일부에 압력을 가하면 이 압력은 모든 방향으로 동일하게 전달되며, 벽면에 수직으로 작용한다. 이것을 파스칼의 원리(Pascal's principle) 라고 한다.

그림 5-6과 같은 2개의 실린더를 연통관으로 연결하고, 여기에 액체를 채운다. 피스톤 ① 및 ②의 단면적은 각각 A_1 (m²), A_2 (m²)이다. 피스톤 ①에 F_1 (kgf)의 힘을 가하면, 피스톤 ①의 밑면에는 $p = F_1 / A_1$ (kgf/m²)의 압력이 발생하며, 용기 내 액체의 모든 부분에 전달되고, 피스톤 ②에는 다음과 같은 힘 F_2 (kgf)가 작용하게 된다.

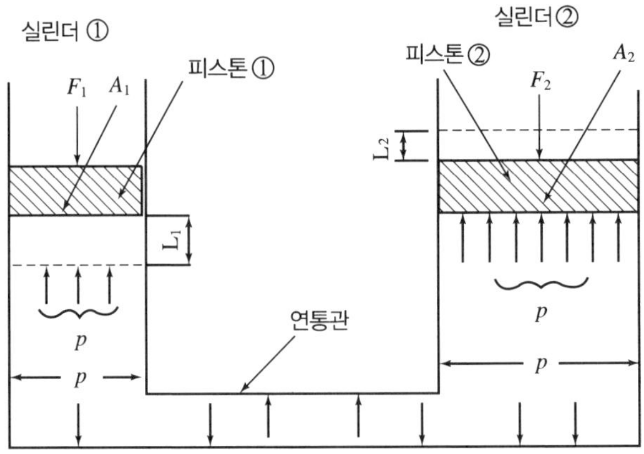

▮ 그림 5-6 ▮ 파스칼의 원리

$$F_2 = pA_2 = \frac{F_1}{A_1}A_2 = F_1\frac{A_2}{A_1}(\text{kgf}) \tag{5-11}$$

따라서 피스톤의 단면적을 A_1 보다 A_2 을 크게 하면, 작은 힘 F_1 으로 큰 힘 F_2 를 얻을 수 있다. 이때 힘 F_2 는 $\frac{A_2}{A_1}$ 의 비율에 따라 증가하게 된다.

또, 피스톤 ①을 아래 방향으로 L_1 (m)만큼 이동시켰을 때, 피스톤 ②는 L_2 (m)만큼 위로 이동된다. 액체는 비압축성이기 때문에 체적이 감소하지 않으므로 실린더 ①쪽의 A_1L_1 만큼의 액체가 연통관을 통해 실린더 ②쪽으로 이동한다. 즉, 다음과 같이 된다.

$$A_1L_1 = A_2L_2\,(\text{m}^3) \tag{5-12}$$

$$L_2 = \frac{A_1}{A_2}L_1\,(\text{m}) \tag{5-13}$$

4. 압력 측정

(가) 액주 압력계 (manometer)

펌프 입출구나 배관 관로 및 유공압 기기 등에서는 관내의 압력 또는 벽면에서의 압력을 측정할 필요가 있다. 식 $(p = F/A = \gamma Ah/A = \gamma h)$ 에 나타낸 바와 같이 액체의 비중량을 알고 있을 때, 두 점 사이의 압력차는 액체의 높이에 비례한다. 이 관계로부터 두 점의 높이차를 측정하여 압력차를 구할 수 있다. 이와 같은 압력계를 액주계 또는 마노미터(manometer)라고 하며, 비교적 낮은 압력을 정확하게 측정하는 데 사용할 수 있다.

① **경사 마노미터**

경사 마노미터는 압력을 더 정확하게 측정하기 위해 마노미터의 액주를 경사지게 설계한 장치이다. 압력 차가 크지 않은 상황에서도 정밀한 측정이 가능하게 해주는 장치로, 액체의 이동 거리가 증가하여 눈금 차가 커지기 때문에 미소 압력도 정확하게 측정할 수 있다. 경사 마노미터는 관로 내에서 공기가 저속으로 흐를 때나 유체의 압력이 낮을 때 사용된다. 일반적인 마노미터의 액주는 수평으로 배치되어 있지만, 경사 마노미터에서는 액주가 경사진 각도로 배치된다. 이로 인해 액체의 이동 거리가 증가하고, 따라서 눈금의 차이가 더 커져서 정밀한 압력 측정이 가능해진다. 그림 5-7은 경사 마노미터를 나타낸 것이다.

② **U자관 마노미터**

두 개의 용기 내에 있는 유체의 압력차를 구하는 액주계를 시차 압력계(differential manometer)라고 하며, 특히 U자형으로 구부러진 유리관 속에 수은과 같은 액체를 넣어 높이차로 압력을 측정하는 계기를 U자관 마노미터(U tube manometer)라고 한다. 그림 5-8은 U자관 마노미터를 이용하여 압력을 측정하는 경우를 나타낸 것이다. U자관 속에 수은과 같은 액체를 넣어 높이 차로 압력을 측정하는 계기로 비교적 작은 압력을 측정하는 데 사용된다. 따라서

$$p_a + \gamma h = p_o + \gamma' h' \tag{5-14}$$

$$p_a = p_o + \gamma' h' - \gamma h \tag{5-15}$$

위 식에서 알 수 있는 바와 같이 U자관 내 액체의 높이차를 측정하면, 용기 내의 압력 p_a를 구할 수 있다. 이때, 용기 내의 압력이 높은 경우에는 액주의 높이차가 크게 되므로 비중량이 큰 수은을 사용한다.

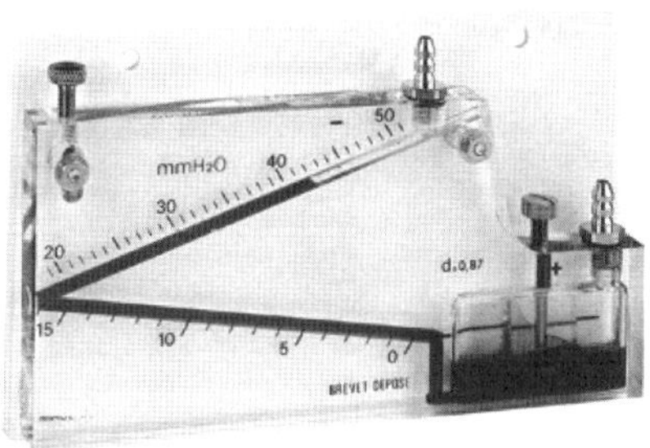

▮그림 5-7▮ 경사 마노미터

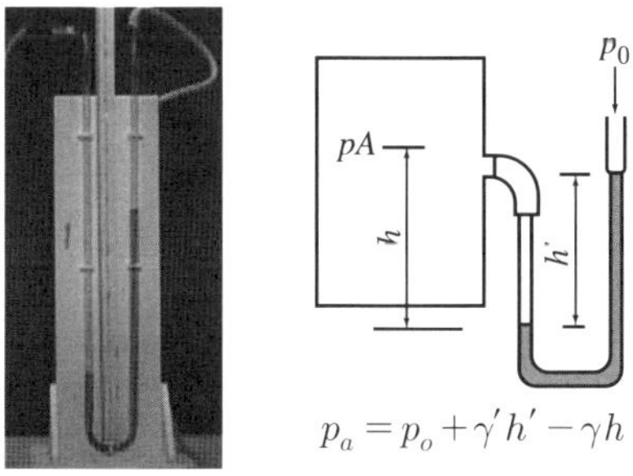

▮그림 5-8▮ U자관 마노미터

관 내부압력 p(Pa)을 게이지 압력으로 p_g(Pa)로 나타내면 $p_g = p_a - p_o$의 관계가 있으므로 다음의 식을 얻을 수 있다.

$$p_g = \gamma' h' - \gamma h = (\rho' h' - \rho h) g \tag{5-16}$$

따라서 밀도(ρ, ρ'(kg/m^3)) 및 액주의 높이(h, h'(m))를 알게 되면 관 내부의 압력을 측정하는 것이 가능하다.

(나) 부르동관 압력계 (Bourdon tube pressure gauge)

부르동관 압력계는 산업 현장에서 압력을 측정하고 다루기 위해 개발된 압력 계측 장치로, 액주계나 U자관 마노미터와는 달리 금속의 탄성을 이용하여 압력을 측정한다. 부르동관은 금속으로 만들어진 탄성관의 탄성을 활용하여 압력 변화를 감지하고 표시한다. 이 관은 타원형 단면과 원호 모양으로 구부러져 있어서 탄성에 의해 변형되는 것을 이용하여 압력을 감지한다. 압력이 가해지면 부르동관이 변형되고, 이 변형에 따른 길이 또는 형상의 변화를 측정하여 압력을 계량한다.

부르동관 압력계는 저압에서부터 고압까지 측정할 수 있으며, 간단하고 내구성이 뛰어나며, 다양한 산업 분야에서 사용되고 있다. 그러나 정밀도 측면에서는 액주계나 U자관 마노미터보다 낮을 수 있다.

그림 5-9와 같이 부르동관에 압력이 걸린 유체가 도입되어 관의 내부 압력이 외부 압력보다 높아지면 부르동관의 단면은 커져서 원형에 가까워지고, 그 결과 구부러진 관은 곧은 관 모양이 되기 위하여 변형이 일어나 링크와 기어를 통해서 바늘을 돌려 압력을 지시하게 된다. 내부 압력이 외부 압력보다 낮을 때에는 이와 반대로 안쪽으로 굽게 된다. 부르동관 압력계에는 정압용, 부압용, 그리고 정압 및 부압을 모두 측정할 수 있는 복합 압력계가 있다. 복합 압력계는 연성계라고도 한다.

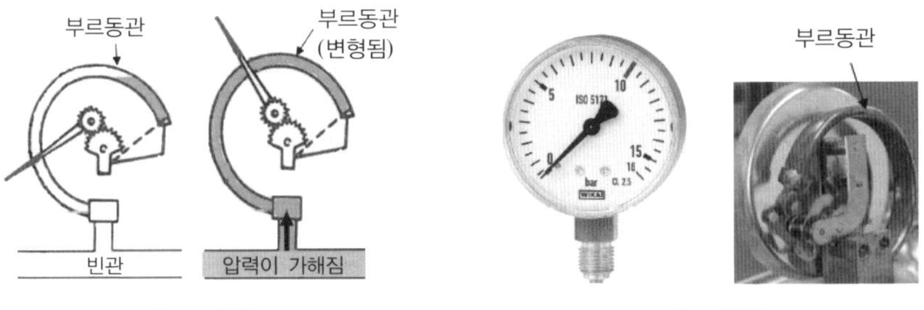

(a) 작동 원리　　(b) 외형

▮그림 5-9▮ 부르동관 압력계

5.2 유체의 흐름과 에너지

5.2.1 관 속에서의 유체의 흐름

1. 정상류와 비정상류

유체 흐름의 상태는 흐름의 성질인 압력, 속도, 밀도 등이 시간의 경과에 따라 변하지 않는 흐름인 정상류(steady flow)와 변하는 흐름인 비정상류(unsteady flow)로 구분된다. 예를 들어, 펌프의 출구에서 유체의 흐름 상태를 시간의 경과에 따라 생각해 보자. 펌프의 작동 초기의 펌프 출구에서의 유체의 속도, 압력, 양정 등의 상태는 시간의 경과에 따라 계속 바뀐다. 이때 유체의 흐름의 상태는 비정상류이고, 어느 정도 시간이 지나면 펌프의 운전은 안정된 상태가 되는데, 이때 펌프 출구에서의 유체 상태는 시간이 지나도 변하지 않는 정상의 상태인 정상류가 된다.

2. 층류와 난류

그림 5-10(a)는 레이놀즈(Reynolds) 실험 장치를 나타낸 것이다. 관 속을 흐르는 유체에 잉크를 부어 보면 잉크는 약간씩 퍼져서 흐름의 곡선을 그린다. 흐름의 속도가 매우 적을 때는 잉크는 곧바로 일직선이 되어 흐르는데. 흐름의 속도를 빠르게 하여 어느 값을 넘으면 잉크 선은 흩어지며 완전히 흐름과 혼합된다. 이처럼 전자와 같이 유체 입자들이 층을 형성하듯 흐르는 흐름을 층류(laminar flow)라 하며, 후자와 같이 매우 불규칙한 흐름을 난류(turbulent flow)라고 한다. 이것을 그림 5-10(b)에 나타냈다. 여기서 유체의 흐름은 유체의 속도뿐만 아니라 점성과 관 지름에도 관계가 있다. 이러한 유체 유동의 구분에 관한 실험은 레이놀즈(Reynolds)가 하였으며 이 두 가지 흐름의 상태가 무차원수에 의하여 정해진다는 것을 발견하였고, 이것을 레이놀즈수(Reynolds number)라고 이름 붙였다.

$$\mathrm{Re} = \frac{vd}{\nu} \tag{5-17}$$

여기서 관내의 평균 유속 v (m/s), 관의 안지름 d (m), 유체의 동점성계수 ν (m^2/s)이다. Re가 작을 때의 흐름은 층류이고, Re가 크게 되면 난류로 변한다. 이것은 다음과 같이 쓸 수 있다.

$$층류 : \text{Re} < 2000 \tag{5-18}$$

$$과도\ 유동 : 2000 < \text{Re} < 4000 \tag{5-19}$$

$$난류 : \text{Re} > 4000 \tag{5-20}$$

그리고 층류에서 난류 영역 사이를 천이 영역으로 과도 유동이라고 한다. 유체의 난류 흐름 상태는 유속뿐만 아니라 관의 확대 및 축소, 방향의 변화에 의해서도 발생한다.

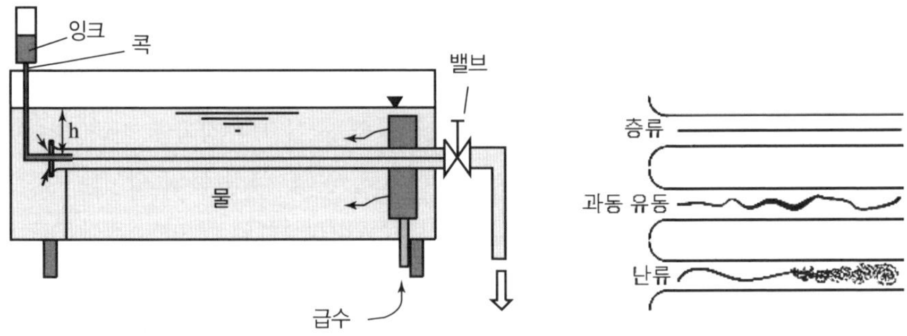

(a) 레이놀즈 실험 장치 (b) 층류와 난류의 형상

▮그림 5-10▮ 층류와 난류

5.2.2 연속의 법칙(equation of continuity)

비압축성인 유체가 관내에 흐르고 있을 때, 질량 보존의 법칙을 적용하면 유체의 유량 및 평균 유속을 구할 수 있다. 관내를 흐르고 있는 유체의 유속은 임의의 위치에서 유체의 점성이나 마찰 때문에 내벽에 접하는 곳에서는 느리고, 중심부에서 최대 유속을 나타낸다. 따라서 어떤 관의 한 단면에서 유량을 구할 때는 유속의 평균값인 평균 유속을 이용한다.

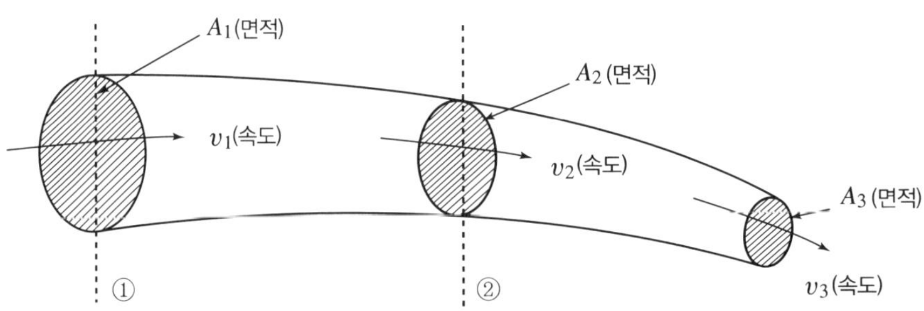

▮그림 5-11▮ 연속의 법칙

그림 5-11과 같은 관 속에 물과 같은 비압축성인 유체가 가득 차서 흐를 때 이 흐름이 정상류인 경우에는 임의의 단면 내를 흐르는 흐름의 상태는 변화하지 않는다. 정상류에서 단면 ①과 ②를 통과하는 유체의 중량은 같다. 단면 ①과 ②에서의 단면적이 각각 A_1 (m^2), A_2 (m^2), 평균 유속은 평균 유속 v_1 (m/s), v_2 (m/s), 비중량 γ_1 (kgf/m^3), γ_2 (kgf/m^3)일 때, 단면 ①에서 단위 시간에 유입되는 유체의 중량은 $\gamma_1 A_1 v_1$ (kgf/s)로 되며, 단면 ②에서는 $\gamma_2 A_2 v_2$ (kgf/s)로 된다. 단위 시간에 단위 면적을 통과하는 유체의 중량은 같아야 하므로 다음과 같이 쓸 수 있다.

$$G = \gamma_1 A_1 v_1 = \gamma_2 A_2 v_2 = \text{일정(kgf/s)} \tag{5-21}$$

또, 비압축성이므로 $\gamma_1 = \gamma_2$로 되어, 다음과 같이 쓸 수도 있다.

$$Q = A_1 v_1 = A_2 v_2 = \text{일정}(m^3/s) \tag{5-22}$$

이것은 질량 보존의 법칙을 유체의 흐름에 적용한 것으로 연속의 법칙이라 한다. 이 법칙에 따르면 관의 단면적이 큰 곳은 유속이 느리고, 반대로 단면적이 작은 곳에서는 유속이 빠르게 된다. 여기서 G (kgf/s)를 중량 유량(weight flow rate)라 하고 Q (m^3/s)를 체적 유량(volumetric flow rate)이라고 한다. 특히 체적 유량은 단위 시간에 임의의 단면을 통과하는 유체의 체적을 나타내며, 일반적으로 이것을 유량(flow rate)이라고 한다.

5.2.3 유체의 에너지 보존

1. 압력 에너지

압력 에너지(pressure energy)는 유체의 압력에 의해 발생하는 에너지를 나타낸다. 유체가 압력을 가지고 있을 때, 이 압력은 유체의 입자들이 운동하거나 상호작용하면서 가지게 되는 에너지로 이해할 수 있다.

그림 5-12와 같이 단면적 A (m^2)인 피스톤으로 높이 h (m)까지 유체를 공급할 때 피스톤이 수압 p(kgf/m^2)에 의하여 l (m)만큼 이동하였다면, 이때 피스톤이 한 일 W_{ork}는 다음과 같다.

$$W_{ork} = pAl \ \ \text{(kgf·m)} \tag{5-23}$$

이 되며, 이와 같은 피스톤의 일은 중량 $\gamma A l$ (kgf)의 유체가 가지고 있는 압력에 의한 에너지에 의해서 발생한 것이다. γ는 비중량(kgf/m^3)이다.

유체 1 kgf가 가지는 단위 압력에너지는 물의 높이로 표현할 수 있으며 이를 압력 수두로 나타낸다. 즉 단위 압력 에너지 e_p는 다음과 같다.

$$e_p = \frac{p\,A\,l}{\gamma\,A\,l}\left(\frac{\text{kgf} \cdot \text{m}}{\text{kgf}}\right) = \frac{p}{\gamma}\ (\text{m}) \tag{5-24}$$

이 식에서 압력 $p(\text{kgf/m}^2)$를 받는 물 1 kgf이 가지게 되는 압력에 의한 에너지는 물의 높이, 즉 수두로 나타낼 수 있으며, $\frac{p}{\gamma}$ (m)를 압력 수두(pressure head)라고 한다.

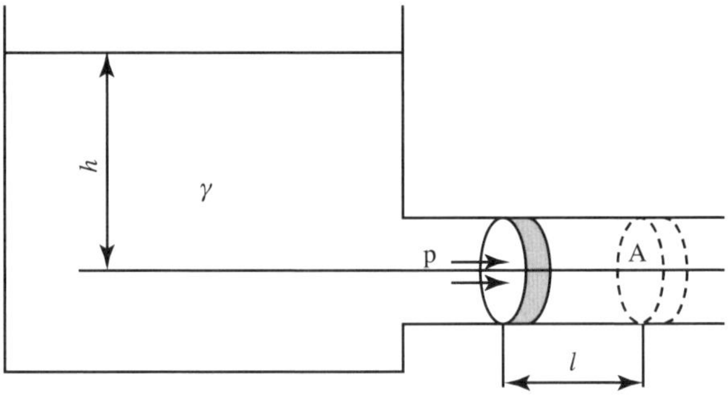

▮ 그림 5-12 ▮ 압력에너지

2. 속도 에너지

속도 에너지(velocity energy)는 물체의 운동 에너지를 나타내는 물리적 개념으로 물체의 질량과 속도에 의해 결정된다. 물체의 속도가 증가할수록 속도 에너지도 증가한다. 중량 W(kgf)의 유체가 v (m/s)의 속도로 이동하고 있을 때, 이 유체가 가지고 있는 운동 에너지를 속도 에너지라 한다. 이 속도 에너지는 $\frac{Wv^2}{2g}$이다. 이때, 유체 1 kgf이 가지는 단위 속도 에너지 e_v는 다음과 같다.

$$e_v = \frac{Wv^2}{2g}\,\frac{1}{W} = \frac{v^2}{2g}\ (\text{m}) \tag{5-25}$$

3. 위치 에너지

위치 수두는 유체의 압력을 높이로 변환하여 표현함으로써, 압력이 유체를 얼마나 높이로 들어 올릴 수 있는지를 보여준다. 위치 수두는 물체의 상대적인 위치에 대한 에너지(= 위치에너지(potential energy))를 나타낸다.

중량 W(kgf)의 유체가 기준 면으로부터 z(m) 높이에 있을 때, 이 유체가 가지는 위치 에너지는 $W \cdot z$(kgf · m)이고, 유체 1 kgf이 가지고 있는 단위 위치 에너지 e_{po}는 다음과 같다.

$$e_{po} = \frac{W \cdot z}{W} = z \text{ (m)} \tag{5-26}$$

이와 같이 유체 1 kgf이 가지고 있는 위치 에너지 e_{po}는 물기둥의 높이 z(m)로 나타내며, 이것을 위치 수두(potential head)라고 한다.

4. 베르누이 정리

유체가 사용되는 각종 시스템 내의 유체가 가지고 있는 에너지는 앞에서 나타낸 바와 같이 압력에너지, 속도 에너지 및 위치 에너지 형태로 존재한다.
일정한 유량으로 흐르고 있는 시스템 내에서 유체가 가지고 있는 에너지는 배관 단면적이 변할 때마다 에너지의 형태가 변하지만, 시스템 내의 여러 지점에서의 위치, 속도 및 압력 에너지의 총합은 항상 일정하다. 이러한 현상을 스위스의 과학자인 베르누이(Bernoulli, Daniel)가 발견하였고 이를 베르누이 정리라고 한다. 이 정리는 에너지 보존의 법칙을 유체의 흐름에 적용한 것으로서, 유체가 가지고 있는 속도 에너지, 중력에 의한 위치 에너지 및 압력 에너지의 총합은 유체의 흐름 내 어디에서나 일정하다는 것을 나타낸다.

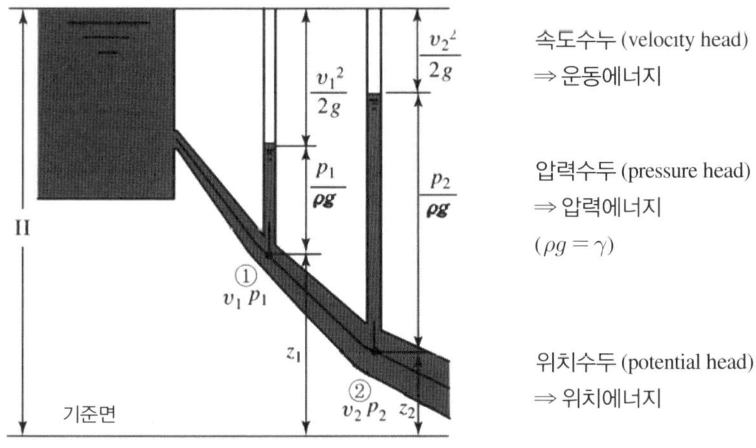

▮ 그림 5-13 ▮ 관내 유체 에너지

그림 5-13과 같은 관속을 비점성, 비압축성의 이상 유체가 정상 상태로 흐른다고 가정한 관로를 생각해 보자.

관의 입구 ①에서 유입되는 유체 1 kgf이 가지고 있는 에너지의 총량은 유체 기둥의 높이로 나타낼 수 있어서, 그 값을 H_1 (m)이라고 하면, 이것은 압력 수두, 속도 수두 및 위치 수두의 합으로 다음과 같다.

$$\text{관의 입구 ① } H_1 = z_1 + \frac{p_1}{\gamma} + \frac{v_1^2}{2g} \text{(m)} \tag{5-27}$$

또한 관의 출구 ②에서 유출되는 유체 1 kgf이 가지고 있는 에너지의 총량 H_2 (m)도 압력 수두, 속도 수두 및 위치 수두의 합으로 다음과 같다.

$$\text{관의 출구 ② } H_2 = z_2 + \frac{p_2}{\gamma} + \frac{v_2^2}{2g} \text{(m)} \tag{5-28}$$

그런데 이 관로 입구와 출구 구간 사이에서 열이나 일의 출입이 없고, 마찰 등에 의한 에너지 손실도 없다고 하면 에너지 보존의 법칙에 따라 두 단면에서의 전체 에너지는 같아야 한다. 즉, H_1 (m)= H_2 (m) 이므로 다음과 같은 관계가 성립한다.

$$z_1 + \frac{p_1}{\gamma} + \frac{v_1^2}{2g} = z_2 + \frac{p_2}{\gamma} + \frac{v_2^2}{2g} = H = \text{일정(m)} \tag{5-29}$$

이 식에서는 이상 유체가 에너지의 손실 없이 관 속을 정상 유동할 때는 어떤 단면에서도 단위 총에너지는 항상 일정하다는 것을 나타내고 있다. 이것을 베르누이의 정리를 나타내는 식이며, H(m)를 전수두(total head)라고 한다.

베르누이 정리는 관내의 유체의 속도 및 유량을 측정하고, 관로 도중에 설치된 유체 기기의 동력 등을 구하는 데 많이 사용되고 있다. 그러나 이 식은 유체의 점성이나 마찰 등에 의한 에너지 손실이 없는 경우에만 적용할 수 있으므로 실제 관로에서 이 식을 적용할 때 점성에 의한 마찰 손실 등을 고려하여야 한다. 베르누이 정리는 비압축성 유체에 대한 정상류(steady flow)와 관련이 있으며, 유체 역학의 다양한 분야에서 응용되고 있다. 예를 들어, 파이프 흐름, 비행기 날개의 에어로 다이나믹스(aerodynamics), 노즐, 터빈 등이 있다.

5. 토리첼리의 정리

토리첼리의 정리(Torricelli's theorem)는 베르누이의 정리를 특정 상황에 맞게 간단하게 적용하여 유체의 유출 속도를 구하는 데 사용된다. 특히 유체가 구멍을 통해 유출될 때 유속을 예측하는 데 유용하게 쓰인다.

그림 5-14에서와 같이 큰 물 탱크의 아래쪽 벽면에 있는 작은 구멍(orifice)으로부터 물이 유출될 때, 유속과 물탱크와의 관계를 베르누이 정리를 이용하면 구할 수 있다. 그리고 작은 구멍에서 수면까지의 높이가 h(m)이고, 그리고 물이 유출되어도 물탱크 내의 수면은 내려가지 않도록 항상 외부로부터 물을 보급하고 있다고 하면, 수면이 내려가는 속도는 무시할 수 있으므로, 수면 ①과 출구 ②에 대하여 베르누이의 정리를 적용하면 다음과 같다. 이때 높이차($z_1 - z_2$)는 h(m), 압력은 모두 대기압이므로 게이지 압력은 0으로 한다.

$$h + 0 + 0 = 0 + \frac{v_2^2}{2g} + 0 \tag{5-30}$$

$$v_2 = \sqrt{2gh}\ \text{(m/s)} \tag{5-31}$$

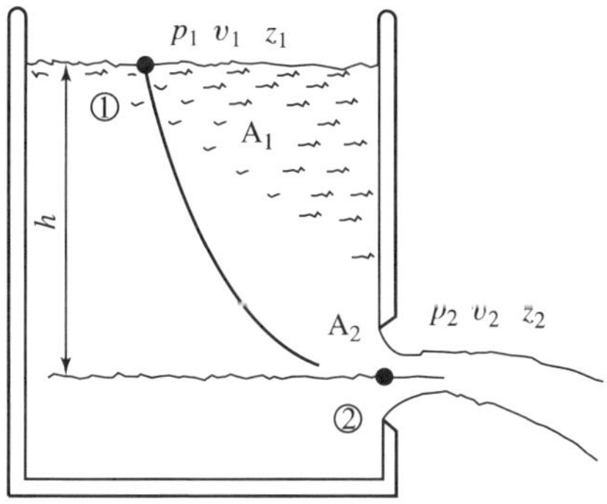

▮그림 5-14▮ 토리첼리의 정리

이와 같이 구멍에서 유출되는 물의 유속은 베르누이의 정리를 이용하면 간단히 구할 수가 있다. 이것을 토리첼리의 정리 라고 한다. 이 식은 물이 가지고 있는 중력에 의한 위치 에너지는 모두 속도 에너지로 변환된 것을 나타내며, 또 구멍으로부터의 물의 유출 속도는 물의 높이 h(m)와 중력가속도 g(m/s^2)만으로 결정되며, 유체의 성질에는 관계가 없음을 나타내고 있다. 실제 유체에 있어서는 유체의 점성 효과 때문에 유속은 조금 떨어진다.

5.3 유량 측정

5.3.1 유속 측정

유체 기기의 선택이나 장치나 설비의 설계에 있어서 유체의 속도는 중요한 측정량 중의 하나이다. 유체의 흐름은 눈으로 직접 관찰하기가 곤란하며, 유체가 운동하는 과정에서 혼합되거나 측정 장소에 따라 유속이 변하기 때문에 여러 가지 주의가 필요하다. 여기서는 유속을 측정하는 여러 가지 방법에 관해서 설명하였다.

1. 열선 유속계

열선 유속계(hot wire anemometer)는 유속 및 유량을 측정하는 데 사용되는 장치로, 열을 이용하여 작동한다. 이 기술은 오래전부터 사용됐으며, 풍속 측정에 널리 활용됐다. 공기 유속이 선의 냉각률에 영향을 주는 원리를 기반으로 한다. 5~10 μm 정도의 가는 지름의 백금 혹은 텅스텐 선에 전류를 흐르게 하여 가열하고, 그 냉각율이 풍속의 함수가 되도록 한 측정법으로서 그림 5-15에 열선 프로브(hot wire probe)의 예를 나타내었다. 풍속을 측정하는 방법에는 두 가지가 있다. 전류를 일정하게 하여 저항의 변화를 측정하는 방법과 저항이 일정하게 되도록 전류를 가감하여 그 값에 따라 풍속을 구하는 방법이 있다.

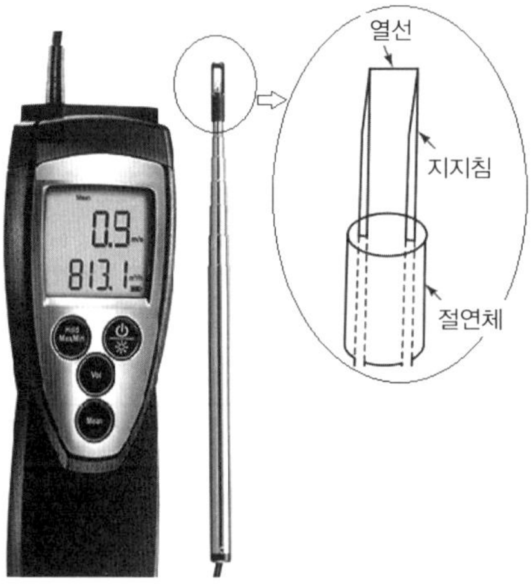

▮그림 5-15▮ 열선 프로브

2. 피토(Pitot) 정압관

피토관(Pitot tube)은 유체의 흐름 중에서 국부 유속을 측정하는 데 주로 사용된다. 그림 5-16과 같이 배관 끝부분의 정면과 측면에 구멍을 뚫어 유체 흐름의 전압(p_T, total pressure)과 정압(p_s, static pressure)의 차이, 즉 동압(p_d, dynamic pressure, 풍압)를 측정하여 유속을 구하는 장치이다.

$$동압(p_d) = 전압(p_T) - 정압(p_s) \tag{5-32}$$

그림 5-16은 피토관으로 전압과 정압을 측정하는 방법을 나타낸 것이다. 피토 정압관은 주로 항공기, 자동차, 선박, 파이프 흐름 등의 유속 측정에 사용되며, 특히 항공기의 속도 측정에 널리 활용되고 있다. 정밀한 유속 측정이 가능하다.

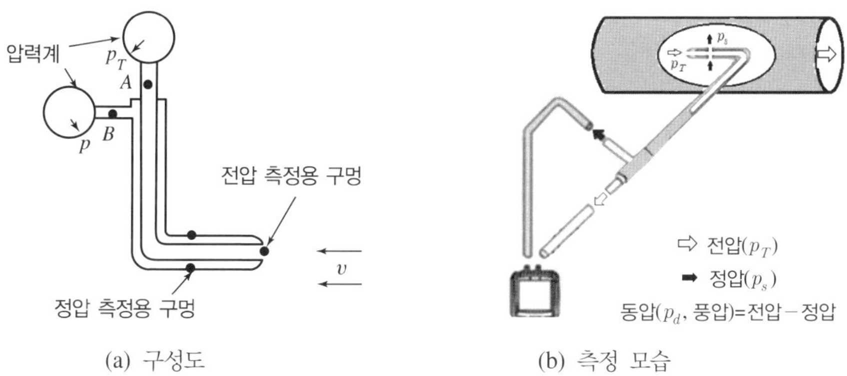

▮그림 5-16▮ 피토관

5.3.2 유량 측정

유량은 임의의 단면을 단위 시간에 통과하는 유체의 체적 또는 중량으로 정의된다. 유량과 유속 간에는 식 $Q = Av\,(m^3/s)$에 나타낸 바와 같이 어느 한쪽을 알면 다른 쪽을 구할 수 있다. 관로 내를 흐르는 유량의 측정 방법은 다음과 같이 두 가지로 분류할 수 있다.

첫째, 유속을 측정하여 $Q = Av\,(m^3/s)$의 관계로부터 유량을 구하는 방법인데 피토관, 교축 유량계, 면직식 유량계, 열선 풍속계 등이 이에 속한다.

둘째, 유량을 직접 측정하는 방법이다. 이것은 일정한 체적의 유체를 송출하는 횟수에 의해서 유량을 측정하는 방법으로 용적식 유량계가 이에 속한다.

1. 용적식 유량계

용적식 유량계는 관로를 흐르는 유체의 양을 체적이 정해진 용기로 계측하면서 송출하는 형식의 유량계이다. 일반적으로, 적산 유량을 측정하는 데 사용되며, 위 시간 동안에 몇 번이나 체적을 측정하였는 지로 유량을 구한다. 측정의 대상이 되는 유체로는 기체 및 액체가 있다. 그림 5-17에는 오벌(oval)식과 루츠(roots)식 유량계를 나타내었다.

오벌식은 용기 내에 2개의 타원 형상의 기어로 구성된다. 기어는 상류 쪽과 하류 쪽의 면에 작용하는 압력에 의해서 발생하는 토크(torque)의 차에 의해서 한쪽으로 회전되는데, 이때 용기의 내벽과 기어 사이의 공간 내에 있는 일정 체적의 유체가 송출되는 형식이다.

루츠식 유량계는 그림에 나타낸 바와 같이 한 쌍의 누에고치 형상의 회전자가 용기 내에서 회전하는 형식이다. 오벌식과 동일하게 상류 쪽과 하류 쪽과의 압력차에 의해서 회전자가 회전하며, 이들 간의 회전 운동은 축에 설치된 2개의 기어에 의해서 전달되며, 일정한 체적의 액체가 송출되는 형식이다. 액체 및 기체의 유량 측정에 이용된다.

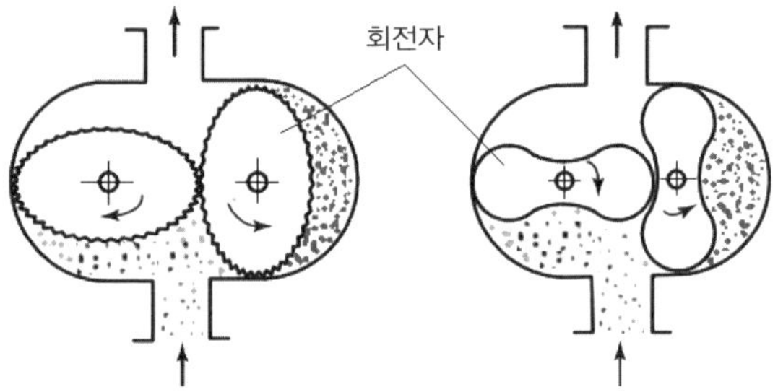

(a) 오벌식　　(b) 루츠식

그림 5-17 용적식 유량계

2. 교축 유량계

교축 유량계는 관로의 도중에 설치한 교축 기구 전후의 차압을 측정하여 유량을 구하는 방식의 유량계이다. 종류로는 벤투리미터, 오리피스 등이 있다.

(가) 벤투리미터 (venturi meter)

그림 5-18은 원추형 벤투리미터를 나타낸 것으로 관로의 도중에 단면적이 좁은 목(throat)을 설치하여 이 부분에서 발생하는 압력차를 측정하여 유량을 구한다. 유량 측정을 위해 벤투리미터를 사용하였을 때의 압력 손실은 오리피스보다는 작다. 벤투리미터는 원추형(긴 관형과 짧은 관형이 있음)과 노즐형으로 구분된다.

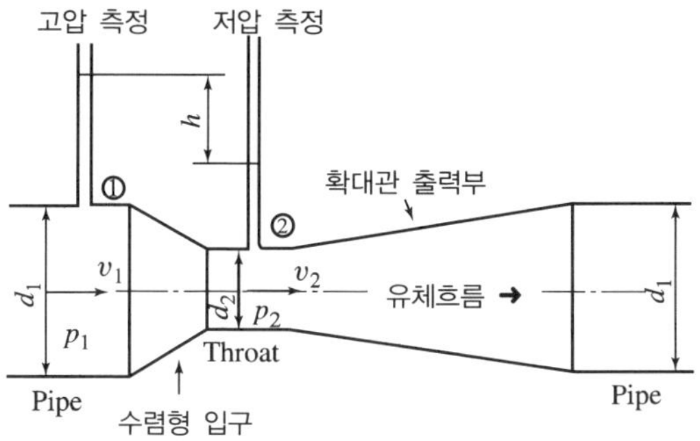

(a) 구성도

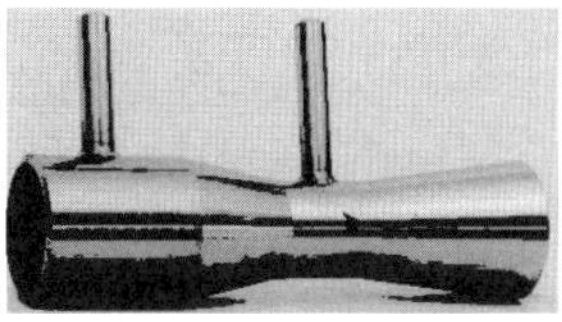

(b) 외형

▮그림 5-18▮ 벤투리 관

그림에서, 관 입구의 단면 ①과 가장 좁은 목 부분의 단면 ②에서의 지름을 각각 d_1, d_2, 두 점 사이의 압력 수두의 차를 h(차압은 $\gamma h = p_1 - p_2$)라고 할 때, 연속의 법칙으로부터 체적 유량 Q(m^3/s)는 다음과 같이 된다.

$$Q = A_1 v_1 = A_2 v_2 \ \ \text{또는} \ \ v_2 = \frac{A_1}{A_2} v_1 = \left(\frac{d_1}{d_2}\right)^2 v_1 \tag{5-33}$$

그런데 관의 단면적은 $A_1 > A_2$ 이므로, 유체의 유속은 $v_2 > v_1$ 이 된다. 이와 반대로 단면적이 확대될 때에는 $A_1 < A_2$ 이므로, 유체의 유속은 $v_2 < v_1$ 이 된다. 또, 위치 수두는 $z_1 = z_2$ 이므로 단면적이 축소되는 경우, 베르누이의 식을 이용하면 다음과 같다.

$$\frac{p_1}{\gamma} + \frac{v_1^2}{2g} = \frac{p_2}{\gamma} + \frac{v_2^2}{2g} \ \ \text{또는} \ \ \frac{v_1^2 - v_2^2}{2g} = \frac{p_2 - p_1}{\gamma} \tag{5-34}$$

위 식으로부터 단면적이 축소될 때는 연속 방정식에 의해 유속이 증가하여 속도 수두 증가분만큼 압력 수두로 바뀌었음을 알 수 있다. 바꾸어 말하면, 흐름 방향으로 단면적이 축소되면 압력에 의한 에너지를 감소시킴으로써 속도 에너지, 즉 유속을 증가시키는 것이다. 단면적이 확대될 때는 이와 반대되는 에너지 변화이 발생한다.
위의 두 식으로부터 다음과 같이 유량을 구할 수 있다.

$$Q = A_2 v_2 = \frac{A_2}{\sqrt{1 - \left(\frac{A_2}{A_1}\right)^2}} \sqrt{2gh} \ \ (\text{m}^3/\text{s}) \tag{5-35}$$

즉, ①부분과 ②부분의 압력 수두의 차 h(m)에 의해서 유량을 구할 수 있다. 이것이 벤투리미터의 원리이며, 실제 유량은 에너지 손실 등의 영향으로 달라진다. 벤투리미터는 장치가 간단하고, 적은 손실 수두로 관 속의 유량을 측정할 수 있다는 장점이 있다.

(나) 오리피스 (orifice)

그림 5-19(a)는 관의 중간에 둥근 구멍이 뚫린 관을 설치하여 관의 전후 압력차 h를 구하여 관내를 유동하는 유체의 유량을 측정하는 방식이다. 그림 5-19(b)에서는 측정하고자 하는 물을 관 B를 통하여 물통에 유도하고, 물통 밑의 오리피스 A에서 물을 유출시키면 B로부터의 유입량과 A에서의 분출량이 같아지는 상태에서 수면은 정지한다. 이때, 수면에서 A까지의 깊이를 h(m)라고 하면, 토리첼리의 정리를 이용함으로써 유량을 측정할 수 있다.

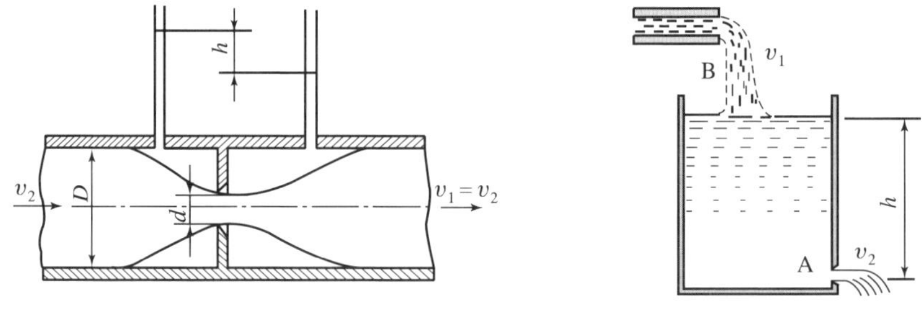

(a) 관내　　(b) 수조

▮ 그림 5-19 ▮ 오리피스

이 장치에서 물통의 밑면에 뚫은 구멍을 오리피스(orifice)라고 하며, 토리첼리의 정리에서 오리피스 A에서 유출되는 물의 속도는 토리첼리의 식 ($v_2 = \sqrt{2gh}$)와 같이 된다. 그러나 베르누이 정리를 이용한 식 (5-29)는 에너지 손실을 무시하였으나, 실제로는 물의 점성 등에 의하여 물의 유출 속도 v는 이론치인 $\sqrt{2gh}$ 보다 항상 작게 된다. 따라서 수정 계수 C_V를 사용하면 다음 식과 같이 된다.

$$v = C_V v_2 = C_V \sqrt{2gh} \text{ (m/s)} \tag{5-36}$$

여기서, C_V를 속도 계수(coefficient of velocity)라 하는데, C_V값은 보통 0.98~0.99의 값을 가진다. 또 오리피스로부터의 분류는 그림 5-19(b)와 같이 구멍 가까이에서 수축한다.

수축부의 단면적 A_C와 오리피스의 단면적 A와의 비를 수축 계수(coefficient of contraction)라고 하며 C_C로 표시한다. 따라서 실제의 유량 Q_a (m^3/s)는 다음과 같이 된다.

$$Q_A = A_C v_C = (C_C A)(C_V v) = C_C C_V A v = CA v \text{ (m/s)} \tag{5-37}$$

따라서 위의 식에서 C는 유량계수라고 하며, C_C, C_V를 나타낸다.

3. 면적식 유량계

면적식 유량계(variable area flow meter)는 유체의 유량을 측정하기 위한 장치로, 유체가 아래에서 들어와서 위쪽으로 빠져나가는 구조로 되어 있다. 유량이 변할 때, 플로트(float), 피스톤(piston) 또는 날개(vane)와 같은 지시계의 위치가 상승하거나 하강하면서 유량을 나타낸다. 이 장치는 수직으로 사용되는 이유는 중력과 유속에 의한 힘의 평형 상태를 활용하기 때문이다. 지시계의 위치는 유량과 선형적인 관계가 있으며, 지시계의 위치를 기반으로 유량을 측정한다. 특히, 지시계 위쪽과 아래쪽의 압력 차가 항상 일정하게 유지되는 것이 이 장치의 특징이다. 이러한 지시계 면적의 위아래 위치에 따라 유량을 측정하므로 이를 면적식 유량계라고 한다. 그림 5-20(a)와 같이 테이퍼드(tapered) 튜브를 사용한 유량계는 로터미터(rotameter)로 불린다. 로터미터를 제외하고 다른 종류의 튜브는 대부분 일직선으로 되어 있다.

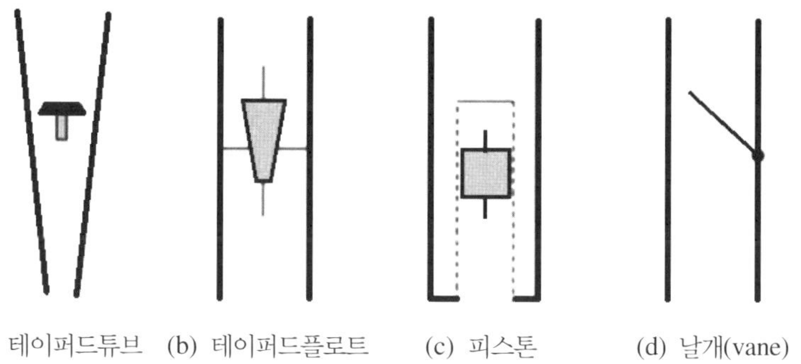

▮그림 5-20▮ 면적식 유량계의 지시계 방식

테이퍼관 내부에 상하로 움직일 수 있는 플로트(float)를 수직으로 설치하고 상향으로 유체를 유입시키면 유속에 따라 전·후에 차압이 발생한다. 이 차압에 의하여 플로트는 상승하게 되어 플로트와 테이퍼관 사이의 유동 면적은 증가하고 유속은 감속되어 플로트 전·후의 차압과 유효 중량이 균등한 지점에서 플로트는 정지한다. 유체의 유통 면적과 유량은 비례 관계에 있으므로 플로트가 정지한 위치를 검출하면 유량이 측정된다. 면적식 유량계는 기체 및 액체의 유량을 측정할 수 있는데, 구조가 간단하고 유체의 흐름을 눈으로 직접 볼 수 있으므로 널리 사용되고 있다.

5.4 펌프와 수차

펌프는 기계적인 운동 에너지를 유체의 위치 에너지나 운동 에너지로 변환하는 기계이며, 수차는 유체의 위치 에너지나 운동 에너지를 이용하여 기계적인 운동 에너지를 얻는 기계이다. 펌프와 수차는 유체 기기의 대표적인 것으로 에너지 변환 기능은 서로 다르나 구조는 유사한 점이 많다. 그림 5-21은 수차와 펌프를 비교하여 나타낸 것이다.

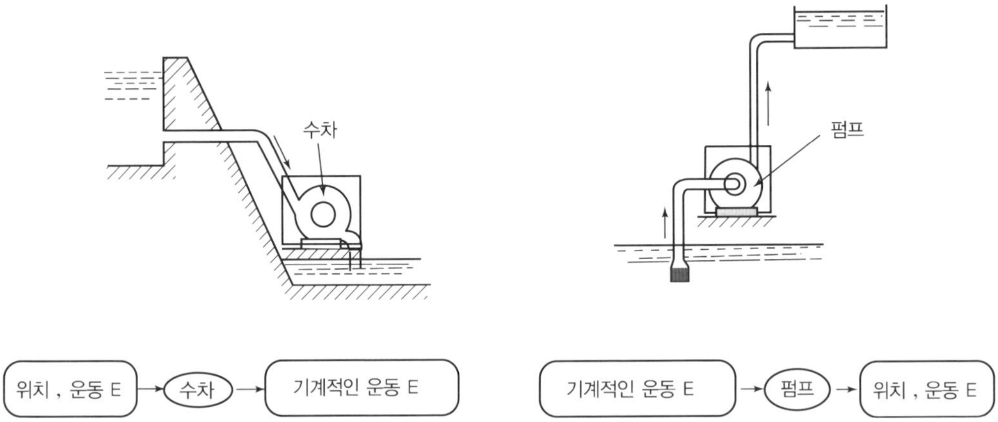

▮그림 5-21▮ 펌프와 수차의 비교

5.4.1 펌프

펌프를 사용하여 유체를 이송하려면 펌프 외에도 여러 부속 장치가 필요하다. 여기에는 펌프를 구동하는 원동기와 구동 장치, 펌프 축을 연결하는 커플링, 유체의 흐름 통로인 흡입관과 송출관, 유체의 흐름을 조절하기 위한 밸브, 이물질을 걸러내기 위한 스트레이너, 유체의 압력, 온도, 유량 등을 측정하기 위한 각종 게이지 등이 포함된다.

그림 5-22는 일반적인 펌프 장치의 구성을 나타낸 것이다.

펌프는 다양한 종류로 나뉘며, 작동 원리와 구조를 기반으로 터보형(비용적형), 용적형, 특수형으로 분류된다. 표 5-4는 펌프를 작동 원리와 구조를 기준으로 분류한 것이다. 이러한 분류는 펌프의 특성과 용도에 따라 선택되며 각 펌프 유형은 고유한 작동 원리와 구조로 되어 있다.

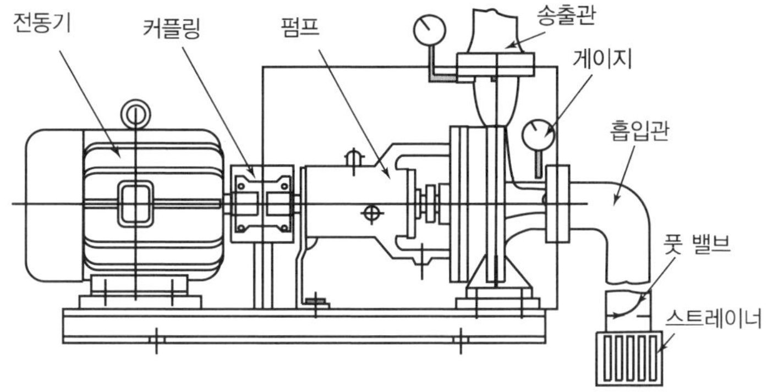

▌그림 5-22▌ 펌프의 구성도

▌표 5-4▌ 펌프의 분류

형 식	작동방식	종 류
터보형	원심력식	원심펌프 – 벌류트 펌프, 터빈 펌프
		축류 펌프, 사류 펌프
		마찰 펌프
용적용	왕복동식	피스톤 펌프, 플런저 펌프, 다이어프램 펌프
	회전식	기어 펌프, 나사 펌프, 루츠 펌프, 베인 펌프, 캠 펌프
특수형		기포 펌프, 제트 펌프, 수격 펌프, 와류 펌프 점성 펌프, 전자 펌프, 진공 펌프

1. 터보형 펌프

터보형 펌프는 베인(vane)이 장착된 임펠러의 회전으로 유입된 액체에 운동 에너지를 부여하고, 와류실 등의 구조를 통해 이 운동 에너지를 압력 에너지로 변환시키는 펌프 형태이다. 이 유형의 펌프에는 원심 펌프, 사류 펌프, 축류 펌프 등이 속한다. 터보형 펌프는 그림 5-23에서 볼 수 있듯이 유체 유동 방향을 변화시키는 특징을 가지고 있다.

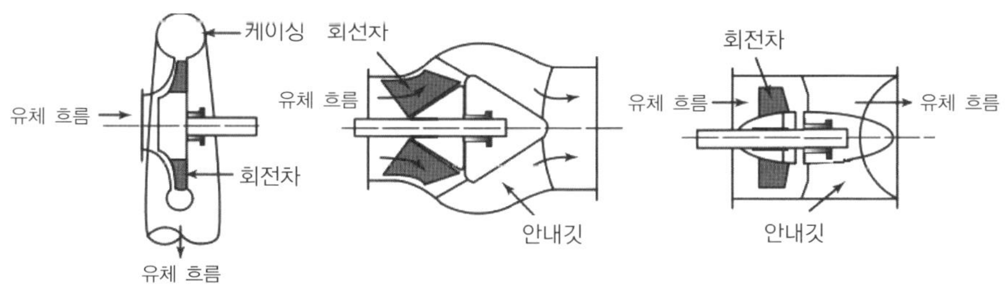

(a) 원심펌프 (b) 사류펌프 (c) 축류펌프

▌그림 5-23▌ 터보형 펌프

(가) 원심 펌프 (centrifugal pump)

원심 펌프는 임펠러(impeller)를 고속으로 회전시켜 양수 또는 송수를 주로 하는 펌프로, 안내 날개의 유무로써 벌류트 펌프(volute pump)와 터빈 펌프(turbine pump)로 분류한다.

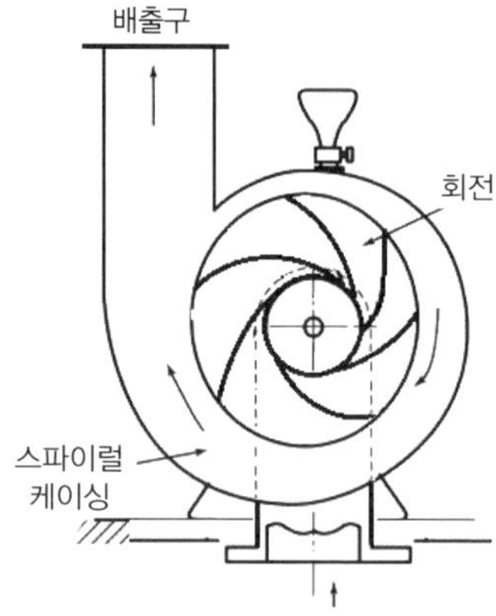

▌그림 5-24▌ 벌류트 펌프

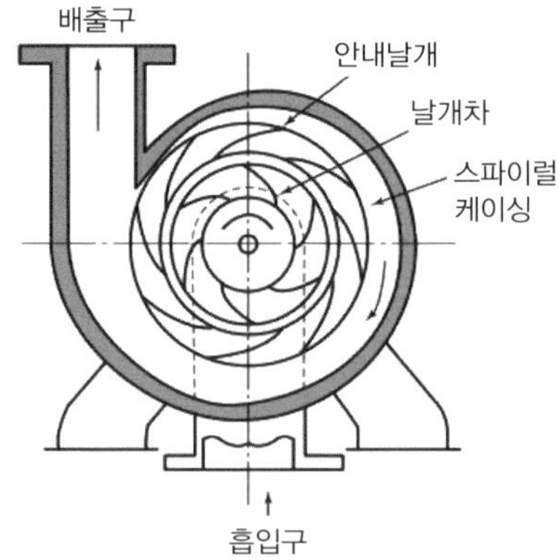

▌그림 5-25▌ 터빈 펌프

벌류트 펌프는 그림 5-24와 같이 안내 날개가 없으며, 임펠러로부터 방출된 액체를 직접 맴돌이실로 유도하여 배출시키는 펌프로서, 양정이 적고 유량이 많을 때에 사용된다. 터빈 펌프는 그림 5-25와 같이 안내 날개를 두어 임펠러에서 방출된 액체를 안내하여 액체가 가지는 속도 에너지를 압력 에너지로 변환시키는 펌프로서 높은 양정에 사용된다.

임펠러의 개수에 따라 단단 펌프, 다단 펌프로 나눌 수 있다. 단단(single stage) 펌프는 저양정에 사용되고, 다단 펌프(multi stage)는 고양정에 사용되며 한 개의 축에 여러 개의 임펠러를 설치하여 단을 거치면서 점차적으로 압력을 증가시킨다. 그림 5-26은 임펠러의 개수에 의해 분류한 원심 펌프를 나타낸 것이다.

(a) 단단 펌프

(b) 다단 펌프

▌그림 5-26▌ 원심 펌프

(나) 축류 펌프 (axial flow pump)

축류 펌프는 프로펠러형의 임펠러를 고속 회전시켜서 액체를 축 방향으로 송출하는 펌프이다. 축류 펌프는 같은 크기의 원심 펌프에 비하여 양정은 낮으나, 임펠러를 전동기와 직결하여 고속 회전시킬 수 있으므로 많은 유량을 보낼 수 있다. 임펠러는 유량의 변화에 따라 운전 중에 날개의 각도를 조정할 수 있는 가동 날개와 조정할 수 없는 고정 날개가 있다. 그림 5-27은 축류 펌프의 구성도를 나타낸 것이다.

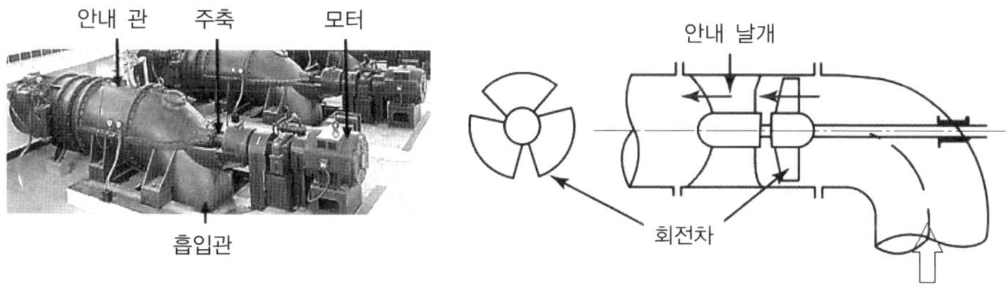

(a) 구성도

▌그림 5-27▐ 축류 펌프

2. 용적형 펌프

(가) 왕복동 펌프 (reciprocating pump)

왕복동 펌프는 실린더 속에서 피스톤 또는 플런저를 왕복 운동시켜 액체를 흡입, 가압하여 송출하는 펌프이다.

펌프의 형식에는 여러 가지가 있다. 토출 밸브를 피스톤에 장치한 수동형 펌프, 그림 5-28과 같이 봉 모양의 플런저가 왕복할 때마다 흡입과 토출을 하는 단동 플런저 펌프, 플런저의 1회 왕복마다 2회의 흡입과 토출이 발생하는 복동 플런저 펌프가 있으며, 이 외에도 유량을 많게 하고 토출량의 변화를 적게 하기 위하여 단동을 2개 이상 병렬로 연결하여 사용하는 경우도 있다. 왕복동 펌프는 양수량이 적으나 구조가 간단하며, 고양정, 고압용에 적당하나 왕복동에서 생기는 송수압의 변동이 심하므로 토출량의 변화가 있으면 수량 조절이 어렵다.

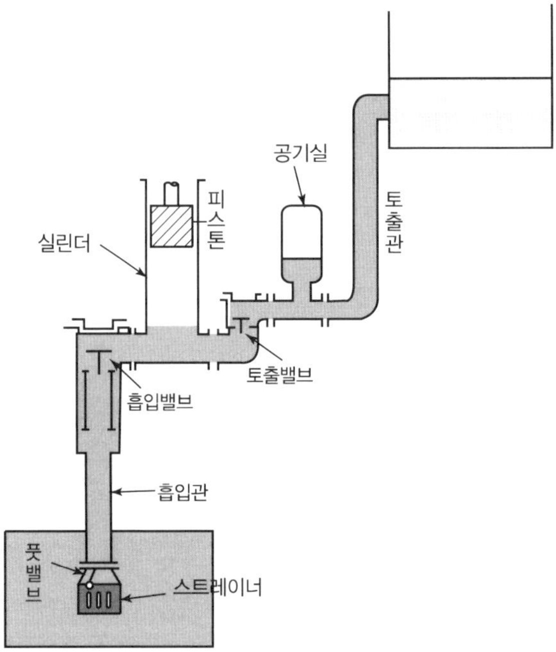

▮그림 5-28▮ 왕복동 피스톤 펌프 작동 계통도

펌프의 종류로는 피스톤 펌프, 플런저 펌프, 버킷 펌프, 다이어프램 펌프 등이 있다. 버킷 펌프(bucket pump)는 피스톤에 송출 밸브가 설치된 펌프로, 일반 가정용 수동 펌프로 사용된다. 플런저 펌프는 피스톤 대신 플런저를 사용한 펌프이다. 그림 5-29는 피스톤 및 플런저 펌프를 나타낸 것이다.

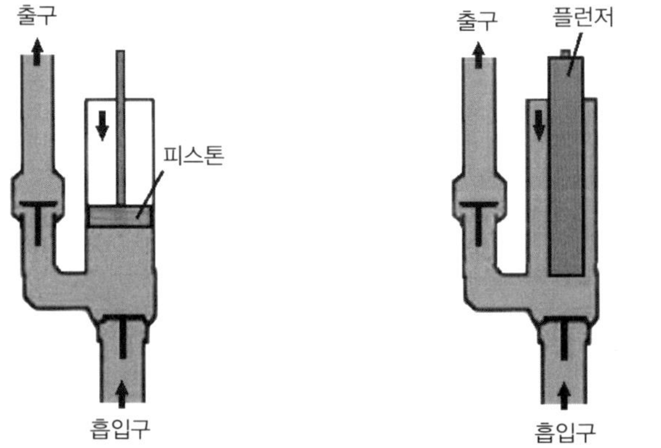

(a) 피스톤 펌프　　(b) 플런저 펌프

▮그림 5-29▮ 피스톤 및 플런저 펌프

(나) 회전 펌프(rotary pump)

회전 펌프는 케이싱 안에서 회전자의 회전에 의하여 액체를 연속적으로 흡입하여 송출하는 펌프이다. 이 펌프는 기름, 도료, 그리스 등과 같이 점도가 높은 액체를 송출하는 데 적합하다. 이 밖에도 유압용의 기어 펌프, 베인 펌프, 보일러 급수용 또는 화학 약품 수송용 펌프 등이 있다. 그림 5-30은 회전 펌프의 종류를 나타낸 것이다.

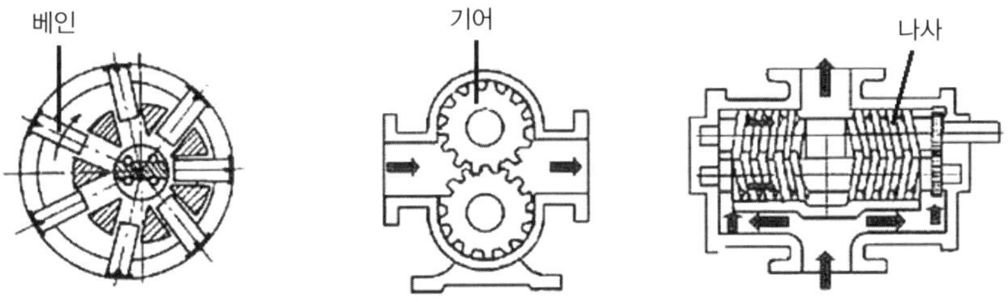

(a) 베인펌프 (b) 기어펌프 (c) 나사펌프

▌그림 5-30▐ 회전 펌프의 종류

(다) 공기 양수 펌프(air lift pump)

물 내에 고체 물질이 포함된 유체를 다루어야 하는 상황에서 일반적으로 움직이는 부품을 가진 펌프가 막힐 수 있거나 손상될 수 있는 상황에서 특히 유용하다. 지하수 추출, 폐수 처리 등의 산업에서 주로 사용된다. 그러나 다른 종류의 펌프에 비해 비효율적이며, 특히 긴 거리나 상당한 높이로 유체를 펌핑해야 할 때에는 효율이 떨어진다.

그림 5-31에서 보인 바와 같이 양수관 하단의 물속으로 압축 공기를 송입하여 물의 비중을 가볍게 하고, 발생되는 기포의 부력을 이용해서 양수하는 펌프로서 기포펌프(bubble pump)라고도 한다. 펌프 자체에 가동 부분이 없으며 구조가 간단하다.

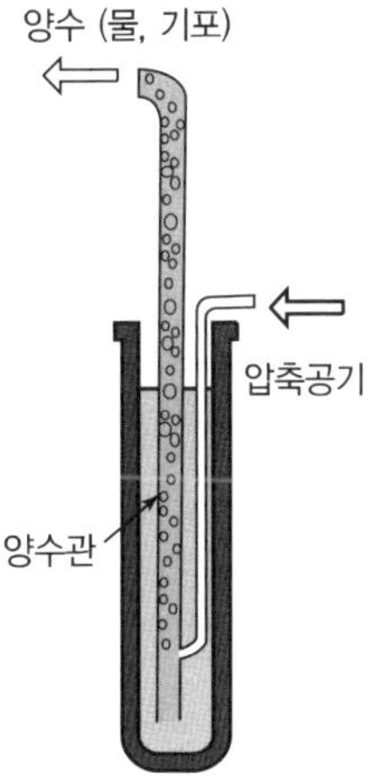

▌그림 5-31▐ 공기 양수 펌프의 작동 원리

(라) 제트 펌프(jet pump)

수중에 제트부를 설치하고 벤투리관의 원리를 이용하여 증기 또는 물을 노즐을 통해 고속으로 분사시켜 압력 저하에 의한 흡인 작용으로 양수하는 펌프이다. 물이나 다른 유체를 빠르게 이송하기 위해 사용된다. 주로 보일러 급수용, 오폐수 배출용, 가정용 제트 펌프 등에 사용된다. 그림 5-32는 제트 펌프의 작동 원리를 나타냈다.

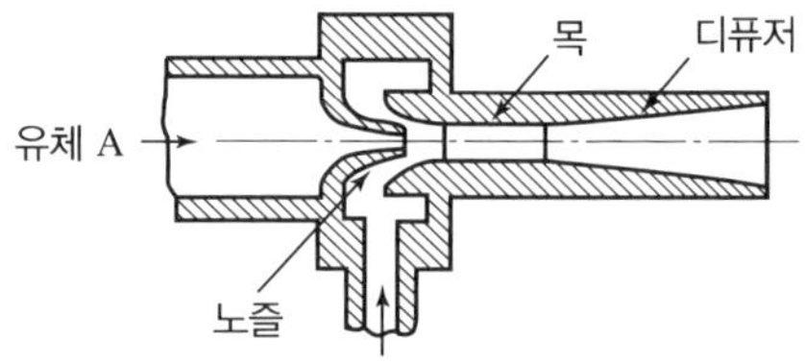

▮그림 5-32▮ 제트 펌프

5.4.2 펌프 양정

펌프 양정은 펌프 시스템의 유량과 관련된 용어이다. 펌프 양정은 펌프가 특정 시간 내에 펌프질하는 유량을 측정하는 것을 의미한다. 일반적으로 펌프 양정은 시간당 또는 분당으로 표시되며, 주로 펌프의 성능 및 작동 특성을 평가하는 데 사용된다.

펌프가 액체에 가하는 속도 에너지, 압력에너지 등의 에너지 합을 펌프의 전양정(H_t: total head)이라 한다. 그림 5-33의 수조의 수면에서 펌프 중심까지의 수직 높이를 흡입 양정(H_s: suction head)이라 하며, 펌프 중심에서 토출 수면까지의 수직 높이를 토출 양정(H_d: discharge Head)이라 한다. 흡입 양정과 토출 양정의 합을 실양정(H_a: actual

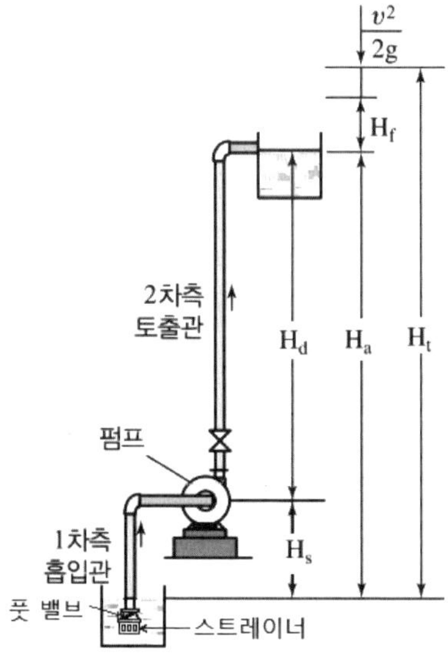

▮그림 5-33▮ 펌프 양정

head)이라고 한다. 즉, 펌프가 물을 흡입 수면에서 토출 수면까지 양수하기 위해서는 실양정에 상당하는 에너지와 관 내의 마찰 손실이나 기타 손실에 상당하는 만큼의 에너지를 물에 가해야 한다. 따라서 전양정(H_t)은 아래와 같다.

$$H_t = H_a + H_f + \frac{v^2}{2g} = H_s + H_d + H_f + \frac{v^2}{2g} \qquad (5\text{-}38)$$

H_t : 전양정(m)
H_a : 실양정(m)
H_s : 흡양정(m)
H_d : 토출양정(m)
H_f : 마찰손실 수두(m)
$\frac{v^2}{2g}$: 토출구 속도 수두(m)

여기서 토출구의 속도 수두 $\left(\frac{v^2}{2g}\right)$는 소요 수량을 토출관에서 토출시키는데 필요한 에너지로서 유속이 작은 경우는 값이 극히 작기 때문에 일반 설비에서는 생략해도 큰 변화가 없다. 따라서 펌프의 전양정(H_t)은 다음과 같이 구할 수 있다.

$$H_t = H_a + H_f = H_s + H_d + H_f \qquad (5\text{-}39)$$

5.4.3 수차(hydraulic turbine)

1. 낙차와 출력

낙차와 출력은 수력 발전소 및 유체 공학 시스템에서 주요한 역할을 하며, 수력 발전소에서는 물의 낙차를 활용하여 터빈을 회전시켜 전기 에너지를 생성한다. 효율적인 수력 발전을 위해 낙차를 최대한 활용하고 출력을 최적화하는 것이 중요하다.

낙차란 물의 위치 에너지의 차를 말한다. 그림 5-34에서 상부 수면과 하부 수면과의 차 H_n이 자연 낙차, 상부 수면과 수조의 취수구와의 차 H_l이 손실 낙차이다. 그리고 수차의 동력 발생에 이용되는 유효 낙차 H는 자연 낙차에서 손실 낙차, H_l와 수압관의 손실 낙차, 방수로의 손실 낙차 등을 뺀 나머지가 값이다.

$$H = H_n - H_l - \text{수압관의 손실 낙차} - \text{방수구의 손실 낙차} \qquad (5\text{-}40)$$

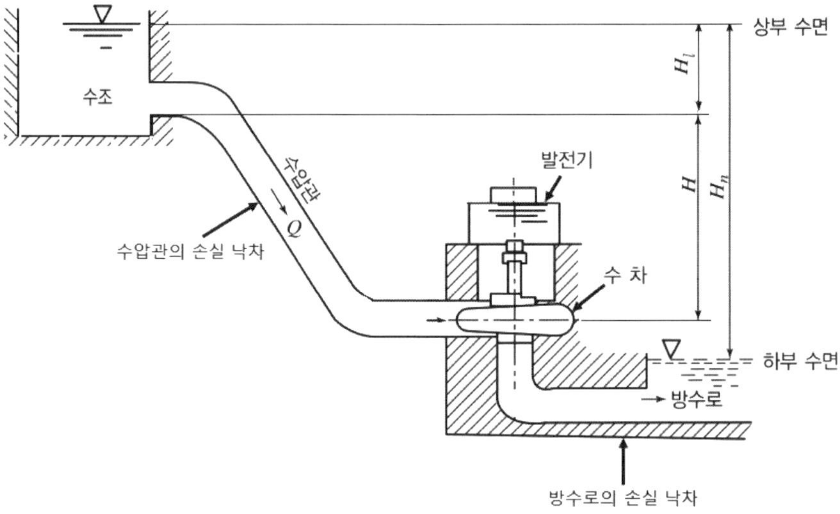

▌그림 5-34▌ 낙차

수차의 출력은 낙차와 단위 시간에 수차에 유입되는 유량에 의하여 결정된다. 물의 비중량을 γ (kgf/m^3), 유량을 Q(m^3/s), 유효 낙차를 H(m)라고 하면, 물은 단위 시간에 γQH (kgf · m/s)의 에너지를 수차에 전달한다. 이 일은 수차가 이론적으로 발생할 수 있는 동력, 즉 이론 출력(L_{th})이다. 이 이론 출력은 물의 비중량이 약 1,000(kgf/m^3)이므로 다음과 같다.

$$L_{th} = \frac{\gamma QH}{102} = 9.8\,QH(\mathrm{kW}) = \frac{\gamma \mathrm{QH}}{75} = 13.3\mathrm{QH}(\mathrm{PS}) \tag{5-41}$$

실제로는 수차 내부에서의 여러 가지 손실 때문에 수차가 발생하는 실제 출력 L은 이론 출력보다 작다. 그러므로 수차의 효율을 η_1이라 하면 실제 출력은 다음과 같다.

$$L = \eta_1 L_{th} \tag{5-42}$$

2. 수차의 종류

수차는 물의 위치 에너지를 기계적 에너지로 변환하는 장치로, 주로 수력 발전에 사용된다. 형태와 작동 원리에 따라 다음과 같이 분류된다.

(가) 충동 수차 (impulse hydraulic turbine)

충동 수차는 물을 고속으로 분사하여 날개에 충돌시켜 그 충격력을 이용하여 날개를 회전시키는 수차 유형이다. 대표적으로 펠턴 수차(Francis turbine)가 있으며 다양한 압력과 유속에서 효과적으로 작동하며, 수위 변화에 따라 조절할 수 있다.

(나) 반동 수차(reaction hydraulic turbine)

반동 수차는 고속으로 분사된 물의 충격력 외에도 날개차 출구에서의 유속 증가로 발생하는 반동력을 이용하여 날개를 회전시키는 수차 유형이다. 여기에는 프란시스 수차(Francis turbine)와 프로펠러 수차(propeller turbine)가 있다. 프란시스 수차는 다양한 작동 조건에서 효과적이며, 대부분의 수력 발전소에서 사용되고 있다. 프로펠러 수차는 특히 대량의 물을 처리하는 데 적합하다.

연습문제 exercise

1. 뉴톤의 점성 법칙에 대해서 논하세요.
2. 압축성과 비압축성 유체에 관해서 설명하세요.
3. 압력에 대해서 논하고, 표준 대기압과 공학 기압을 비교 설명하세요.
4. 압력과 수두를 비교 설명하세요.
5. 유속계와 유량계의 측정 원리를 간단히 설명하고, 그 종류를 나열하세요.
6. 펌프를 작동 방식에 따라 분류하세요.
7. 펌프의 양정에 관해서 설명하세요.
8. 수차란?

자동제어 시스템

6

Chapter

6.1 자동제어의 개요

6.1.1 자동제어

자동제어란 물리량을 원하는 상태로 조절하는 과정을 인간의 개입 없이 자동으로 수행하는 제어시스템의 한 형태이다. 제어공학의 관점에서, 자동제어는 다양한 기계, 기구, 생산설비 및 다른 시스템의 동작이나 상태를 필요에 따라 가감 조절하는 것을 의미한다. 다양한 방식으로 분류될 수 있다. 아래에는 자동제어의 주요 분류 방법 중 일부를 설명한다.

6.1.2 자동제어의 분류

1. 피드백 유무에 따른 분류

자동제어는 피드백(feedback)의 유무에 따라 개루프 제어(open loop control)와 폐루프 제어(closed loop control)의 두 가지로 분류된다.

(가) 개루프 제어 (open loop control)

개루프 제어는 피드백 루프를 사용하지 않고 목표 출력을 달성하기 위해 사전에 설정된 명령 신호를 사용하는 제어방식이다. 제어시스템이 현재 상태를 측정하거나 조절하지 않고 명령에 따라 동작한다. 개루프 제어는 단순하고 저렴하며 반복적인 과정에서 안정적인 결과를 얻을 수 있는 경우에 사용된다. 그러나 외부 요인의 영향을 고려하지 않으므로 환경 변화나 시스템의 불확실성에 취약할 수 있다.

(나) 폐루프 제어 (closed loop control)

폐루프 제어는 피드백 루프를 사용하여 현재 상태를 측정하고 목표 상태와 비교하여 오차를 줄이는 방식의 제어이다. 제어시스템의 현재 상태를 지속적으로 모니터링하고 조절하기 때문에 외부 환경의 변화나 불확실성에 대응할 수 있다. 폐루프 제어는 주로 복잡한 제어 시스템, 자동차 안전 시스템, 로봇 제어 및 공정제어에서 사용된다. 피드백 루프를 사용하는 폐루프 제어는 정확하고 안정적인 제어를 제공하며, 시스템이 목표 상태로 수렴하도록 도와준다. 개루프 제어는 단순한 응용에서 유용하며, 피드백 루프를 구축하거나 유지하는 데 필요한 추가적인 비용과 복잡성을 줄일 수 있다. 그림 6-1은 이들을 나타낸다.

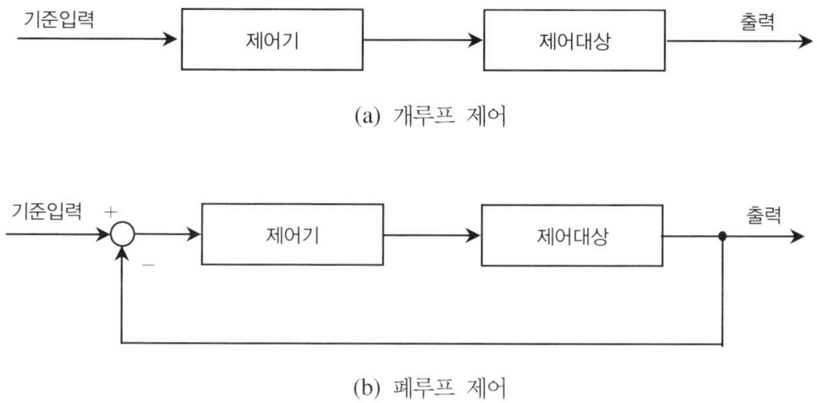

▮그림 6-1▮ 피드백 제어의 블록선도

2. 목푯값 유무에 따른 분류

목푯값(기준입력)의 특성에 따른 분류로 정치 제어, 추종 제어, 비율 제어, 프로그램 제어 등이 있다.

(가) 정치 제어 (constant value control)

정치 제어는 가장 간단한 자동제어 형태 중 하나로, 시스템이 목푯값에 도달하면 동작을 중지하고 목푯값에서 벗어날 때 다시 동작하는 방식이다. 이는 이진법적인 결정을 기반으로 하며, 특히 온/오프 제어기로 구현된다. 예를 들어, 가스레인지의 비니가 일정 온도에 도달하면 꺼지고, 다시 일정 온도 미만으로 내려가면 켜진다.

(나) 추종 제어 (follow up control)

추종 제어는 시스템이 목푯값(기준입력)을 지속적으로 추적하도록 하는 방식이다. 시스템은 목푯값 주위에서 오차를 최소화하기 위해 동작한다. 주로 정확한 목푯값 도달이 필요한 경우에 사용된다. 예를 들어, 온도 제어 시스템은 일정한 온도를 유지하기 위해 계속해서 온도를 조절한다.

(다) 비율 제어 (proportion control)

비율 제어는 오차와 비례해서 출력을 조절하는 제어방식이다. 오차가 커질수록 출력도 비례적으로 증가하며, 오차가 작아질수록 출력도 감소한다. 이는 비례 제어, P-제어 또는 P-컨트롤으로도 알려져 있으며, 시스템 안정성을 개선하기 위해 다른 제어방식과 결합되기도 한다. 화학공정에 주로 이용된다.

(라) 프로그램 제어(program control)

프로그램 제어는 시간에 따라 변하는 목푯값에 따라 시스템을 제어하는 방식이다. 목푯값이 일정한 프로그램 또는 스케줄에 따라 변경되는 경우 사용된다. 이것은 공정제어, 계획된 시간대에 따라 기계를 동작시키는 제어시스템, 그리고 자동차의 크루즈 컨트롤 시스템과 같은 응용 분야에서 사용된다.

3. 제어량의 성질 따른 분류

제어하고자 하는 제어량의 특성에 따라 프로세스 제어, 서보 제어, 자동조정 제어 등으로 구분할 수 있다.

(가) 프로세스 제어(process control)

프로세스 제어는 시스템의 출력값을 일정한 목푯값에 유지하거나 조절하는 제어방식이다. 이 방식은 제어대상이 시간이나 공간에 따라 변하는 프로세스나 공정을 조절하는데 사용된다. 예를 들어, 화학 공정, 제조업 생산라인, 난방 및 냉각 시스템은 프로세스 제어 등이 있다.

(나) 서보 제어(servo control)

서보 제어는 목푯값을 정확하게 따라가는 것이 중요한 제어시스템에 사용된다. 이 방식은 목푯값에 도달하고 유지하는 데 중점을 두며 오차를 최소화한다. 자동차의 조향 장치, 로봇 팔, 드론의 자세 조절 및 프린터 헤드 이동과 같은 응용 분야에서 사용된다.

(다) 자동조정 제어(automatic regulation control)

자동조정 제어는 시스템의 상태를 일정한 수준으로 유지하고 시스템의 변동을 조절하는 제어방식이다. 이 방식은 주로 안정성과 안정성을 유지하고 시스템의 변동을 최소화하는 데 중점을 두며, 시스템의 출력이 목푯값을 따라갑니다. 발전소의 자동전압 조정 시스템, 난방시스템, 압력 조절 시스템, 밸브 조절 등에 사용된다.

6.2 시퀀스 제어

6.2.1 시퀀스 제어

시퀀스 제어는 산업 및 자동화 환경에서 중요한 제어시스템의 한 형태로, 미리 정의된 작업 순서를 따르며 여러 단계로 구성된 제어 작업을 수행하는 것을 의미한다. 피드백 제어 시스템과 달리 시스템의 현재 상태에 따라 제어 작업이 조정되지 않고 미리 정의된 순서에 따라 진행된다.

다음은 시퀀스 제어의 주요 특징과 기능에 대한 설명이다.

① **미리 정의된 순서** : 시퀀스 제어에서는 미리 정의된 단계나 작업의 특정 순서가 미리 설정된다. 이 순서는 기계 또는 프로세스를 시작하거나 중지하는 시기 등이 포함된다.

② **명령에 대한 피드백 없음** : 실시간 피드백에 따라 제어 작업이 조정되는 피드백 제어 시스템과는 달리 시퀀스 제어는 현재 상황이나 피드백에 의존하지 않고 미리 정의된 순서에 따라 진행된다.

③ **스위치 및 버튼 사용** : 시퀀스 제어는 종종 스위치, 버튼 또는 타이머를 사용하여 시퀀스를 시작하고 진행하는데 의존한다. 작업자는 이러한 제어를 수동으로 시작하거나 타임 지연 릴레이나 기타 장치로 자동화할 수 있다.

④ **불연속 프로세스에 유용** : 불연속 프로세스란 연속적인 흐름이 아니라 단계적인 또는 각각의 작업 단계가 서로 분리되어 진행되는 프로세스를 의미한다. 제조업에서 제품의 조립은 불연속 프로세스의 좋은 예이다. 제품이 한 작업장에서 다음으로 이동하는 과정에서 시퀀스 제어가 필요하다. 이를 통해 제품의 조립 및 가공 단계가 정확한 순서대로 이루어지며, 제품이 완성되기까지의 과정이 관리된다. 시퀀스 제어는 로봇, 컨베이어 벨트, 스토커 크레인(stocker crane) 및 다른 자동화 장비를 조절하고 각 단계의 실행을 동기화하는 데 사용된다.

⑤ **고장 알림** : 시퀀스 제어 시스템에는 프로세스의 고장 또는 비정상적인 상태를 감지하고 작업자에게 알리기 위한 메커니즘이 포함된다. 경고등, 경보 또는 다른 표시기를 사용할 수 있다.

⑥ **신뢰성** : 미리 정의된 순서를 따르므로 피드백 제어 루프와 관련된 복잡성이 줄어들며 엄격한 순서와 타이밍이 중요한 응용 분야에 적합하여 간단하고 신뢰성이 높다.

⑦ **사용자 정의 가능** : 시퀀스 제어는 프로세스의 특정 요구 사항과 일치하도록 사용자 정의할 수 있다. 작업의 순서, 제어장치 및 경고 시스템은 사용자의 요구에 따라 조정될 수 있다.

시퀀스 제어는 특히 불연속 및 순서화된 단계가 포함된 작업을 다루는 제어의 중요한 방법이다. 특히 특정 작업 순서를 유지하고 실시간 피드백이 필요하지 않은 상황에 적합하다. 그러나 모든 종류의 제어 시나리오에 적합하지 않을 수 있으며, 특히 시스템 피드백에 기반 한 실시간 조정이 필요한 상황에서는 적합하지 않을 수 있다.

6.2.2 시퀀스 제어의 응용

시퀀스 제어는 다양한 응용 분야에서 사용되며 기기 및 기술의 혁신으로 그 범위가 계속 확장되고 있다. 시퀀스 제어를 위해 사용되는 장치와 기술은 반도체 기술의 발전과 함께 계속 발전하고 있다. 초기에는 시퀀스 제어를 위한 특정 장치가 사용되었다. 그러나 PLC (programmable logic controller)의 등장으로 자유로운 회로 구성 및 변경을 할 수 있어졌다. PLC는 컴퓨터와 유사한 기능을 갖추어 시퀀스 내용을 프로그램화하고 저장할 수 있으며, 프로그램 수정을 통해 시퀀스 내용을 간단히 변경할 수 있게 되었다.

시퀀스 제어의 응용 분야는 광범위하다.

① **공장 기계** : 시퀀스 제어는 선반, 밀링 머신 및 다른 공장 기계에서 사용되며, 이를 통해 생산 과정이 정확하게 제어된다.

② **기계 시스템** : 컨베이어 시스템과 같은 기계 시스템은 제품과 자재의 운송에 시퀀스 제어가 적용된다.

③ **엘리베이터** : 엘리베이터는 승객 및 화물을 안전하게 이동시키기 위해 시퀀스 제어를 사용한다.

④ **교통 신호** : 도로 교통을 안전하게 조절하기 위해 교통신호 시스템에서 시퀀스 제어가 핵심 역할을 한다.

⑤ **자동판매기** : 음료나 과자 등을 판매하는 자동판매기는 시퀀스 제어로 작동하며, 결제 및 선택한 제품 배출을 조절한다.

⑥ **가정용 기기** : 세탁기, 냉장고, 전기밥솥과 같은 가정용 기기는 시퀀스 제어를 통해 작동하며 사용자의 요구에 따라 작업이 수행된다.

⑦ **운송 및 물품 관리** : 물품 및 물류 운송, 창고관리, 송배전 관리 등 다양한 분야에서 시퀀스 제어가 사용된다.

⑧ **공업 프로세스** : 생산 및 공업 프로세스, 분뇨 처리 시설 등 거의 모든 자동화 시스템에서 시퀀스 제어가 중요한 역할을 한다.

이러한 응용 분야에서 시퀀스 제어는 작업의 정확성, 효율성 및 안전성을 향상시키는 데 중요한 도구로 활용되고 있다. PLC와 같은 기술의 도입으로 시퀀스 제어는 더욱 유연하고 프로그램 가능하며, 다양한 산업 분야에서 채택되고 있다.

6.2.3 시퀀스 제어의 필요성

시퀀스 제어는 현대 산업에서 필수적인 역할을 하며 자동화 시스템의 핵심 구성 요소 중 하나이다. 아래에서 시퀀스 제어의 필요성과 이를 통해 얻는 이점에 대해 자세히 살펴보겠다.

① **인력 절감** : 자동화된 시스템은 인간 노동자의 업무를 대체하거나 지원합니다. 이로써 노동 비용을 줄이고, 노동자가 반복적이고 위험한 작업을 수행하는 대신 더 가치 있는 작업에 전념할 수 있다.

② **제품의 품질 향상** : 시퀀스 제어 시스템은 작업을 정확하게 수행하며, 일정한 품질 수준을 유지할 수 있다. 인간 요인에 의한 오류나 불안정성을 최소화하여 제품 품질을 향상시킨다.

③ **생산 속도 및 능률의 향상** : 자동화된 시스템은 일반적으로 빠르게 작동하고, 불필요한 지연 시간을 제거한다. 이로써 생산 속도와 효율성을 높일 수 있다. 또한, 시퀀스 제어는 작업 단계를 효율적으로 조정하고 조절하여 생산량을 최적화한다.

④ **경제성 향상** : 자동화와 시퀀스 제어는 초기 투자가 크지만, 장기적으로는 경제적으로 이점을 가진다. 인력 비용 및 인력 오류 감소, 생산량 증가, 품질 향상 및 재고 관리 개선 등을 통해 경제성이 향상된다.

⑤ **안전성 향상** : 자동화 시스템과 시퀀스 제어는 위험한 환경에서 작동할 수 있으며, 작업 중 안전을 보장한다. 인간 노동자에게는 위험할 수 있는 작업을 맡기지 않고 기계에 맡기는 것이 안전성을 높일 수 있다.

⑥ **정확성과 일관성** : 시퀀스 제어는 정확한 순서와 타이밍을 준수한다. 이는 작업을 일관성 있게 수행하고 생산 과정을 표준화하여 제품 품질을 유지하는 데 도움이 된다.

시퀀스 제어는 자동화 시스템의 핵심 요소로서 생산성, 품질, 경제성 및 안전성을 향상시키는 데 필수적인 요소다. 기계가 반복적이고 노동 집약적인 작업을 수행하고, 인간은 고도의 사고 및 감독에 집중할 수 있는 현대 산업의 흐름을 지원한다.

6.3 제어용 기기

6.3.1 조작용 스위치

1. 수동 스위치

사람이 수동 조작으로 제어장치에 입력 신호를 넣어주는 기기로 작업 명령 및 명령 처리 방법의 변경 등에 사용되며, 여기에는 복귀형(non lock type)과 유지형(lock type)이 있다.

(가) 자동 복귀형

복귀형 수동 스위치로는 누름버튼스위치(Push Button Switch, PBS, PB, BS 이하 PBS)가 있으며 수동동작 자동복귀 접점이라고도 한다. 즉, 사람이 수동으로 누르고 있을 동안만 회로가 닫히거나(ON, close, 폐로) 혹은 열리게(OFF, open, 개로) 되고 손을 떼면 즉시 복귀하는 스위치를 말한다. 접점의 종류로는 눌러서 ON 되는 것을 a접점(make contact)이라 하고 역으로 누르면 OFF 되는 것을 b접점(break contact)이라 한다. 그리고 a접점과 b접점이 1개의 가동접점을 공유해서 조합된 구조의 접점인 c접점

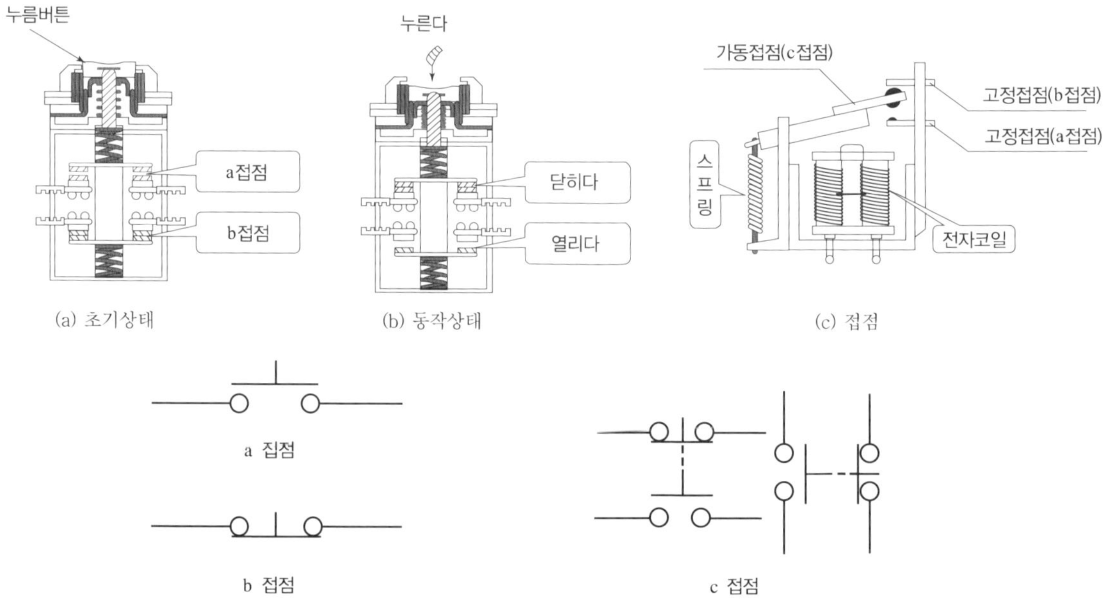

■ 그림 6-2 ■ 누름버튼스위치(Push Button Switch)와 접점기

(changeover contact)이 있다. 그림 6-2는 누름버튼스위치(PBS)의 외형과 접점기호를 나타낸 것이다. 접점의 구성은 1a1b, 2a2b로 표현되며 여기서 1a1b라는 것은 a접점 한 개, b접점 1개라는 의미이다.

표 6-1 접점의 종류

접점의 종류	접점의 상태	별 칭
a 접점	열려있는 접점	메이크 접점(arbeit contact, make contact) 상개접점(no 접점, normally open contact)
b 접점	닫혀있는 접점	브레이크 접점(break contact) 상폐접점(nc 접점, normally close contact)
c 접점	전환 접점 (a접점+b접점)	전환 접점(change-over contact) 브레이크-메이크 접점(break-make contact)

(나) 접점 유지형

유지형 수동 스위치는 사람이 수동 조작하면 반대로 조작할 때까지 접점의 개폐상태가 유지되는 것으로 그 종류에는 토글스위치(toggle switch), 선택 스위치(select switch), 회전 스위치(rotary switch) 등이 있는 수동동작 수동복귀 접점이다.

토글스위치는 상하 또는 좌우로 움직여 on/off를 할 수 있는 것이고, 선택 스위치는 손잡이를 좌우 회전하여 접점을 전환하며 주로 2단(on/off), 3단 등 저단의 것이 있다. 회전 스위치는 손잡이를 회전하여 접점을 접속하는 것으로 3단에서부터 10단 이상의 고단의 접점을 가지는 특징이 있다.

그림 6-3은 여러 종류의 유지형 수동 스위치들을 보여주고 있다.

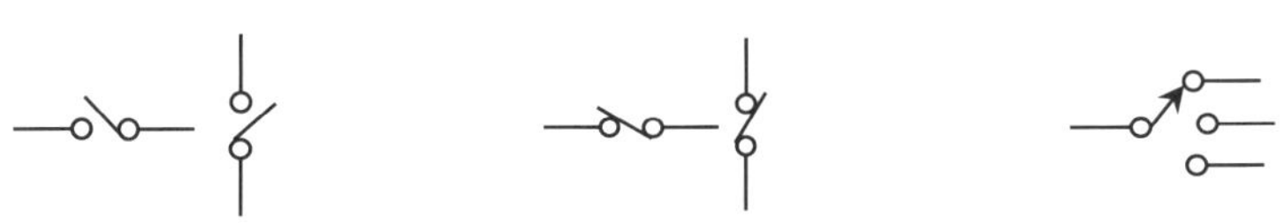

(a) a접점 (b) b접점 (c) 선택스위치

(a) 토글 스위치 (b) 선택 스위치(3단) (c) 회전 스위치

그림 6-3 접점 기호와 유지형 수동 스위치

2. 검출 스위치

제어 대상의 상태나 변화 등을 검출하기 위한 것으로 접촉, 액면, 빛, 온도, 압력, 위치 그 밖의 여러 제어량을 검출(센서 : sense)하는 데에 사용되고 있다. 인간의 5감(눈, 코, 귀, 입, 손)과 같이 기기의 주변상태나 환경을 감지하는 기능을 가진다고 하겠다. 검출 스위치에는 리밋 스위치(LS, Limit Switch), 근접 스위치(PxS, Proximity Switch), 플로트 스위치(FS, Float Switch), 광전 스위치(PhS, Photo electric Switch), 온도 스위치, 압력 스위치, 위치검출 스위치 등이 있다.

(가) 온도 스위치

온도 스위치란 온도가 예정치에 달했을 때 동작하는 검출스위치를 말하며 온도의 변화에 대해서 전기적 특성이 변화하는 소자, 즉 열전대 등을 측온체에 이용하여 그 변화에 의해서 미리 설정된 온도를 검출하여 동작하는 스위치이다. 온도 스위치로 많이 이용되고 있는 열전대(thermocouple), 서미스터(thermistor) 및 바이메탈(bimetallic thermometer) 온도 스위치에 대하여 간략하게 알아본다.

① **열전대**(thermocouple)

두 종류의 금속선 양단을 접합시켜 측정 접점을 만든 후 접점에 온도차를 주면 이 온도차에 따른 열기전력이 발생한다. 이 열기전력을 직류밀리볼트계(milli-volt)나 전위차계로 측정하여 온도를 표시하는 매우 간단한 온도계이며, 발생한 열기전력을 전압계로 측정함으로써 온도를 알 수 있기 때문에 공업용에 가장 많이 사용되고 있다. 산업 현장에서는 생산 활동과 밀접한 관계가 있어, 하나의 설비만으로 몇 천 개의 열전대를 사용하고 있는 곳도 있다.

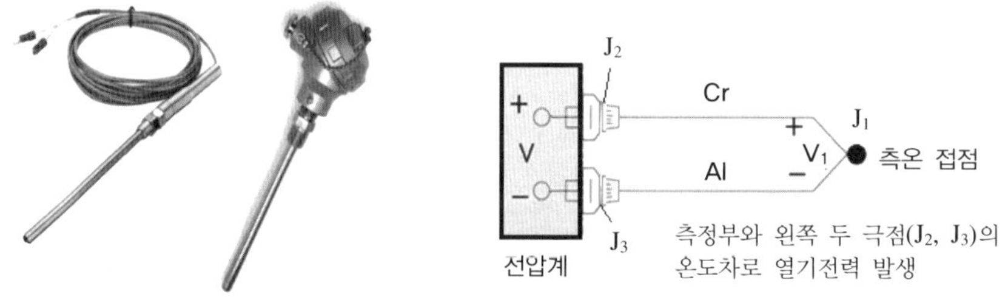

(a) 열전대 (b) 측정 원리

▮그림 6-4▮ 열전대와 측정 원리

② **서미스터**(thermistor)

모든 물질은 온도에 따라 전기 저항이 변하는데 이러한 현상을 공업적으로 이용해서 만든 소자를 서미스터(thermal+resister=thermistor)라고 한다. 서미스터는 일반적으로 NTC 서미스터와 PTC 서미스터로 나누어지며 NTC (Negative thermal coefficient)는 온도가 올라갈수록 저항이 감소하고, PTC (Positive thermal coefficient)는 반대로 온도가 올라가면 저항이 증가한다. 이러한 원리를 이용하여 온도계, 온도 스위치, 온도 검출기 및 온도 센서 등으로 사용된다.

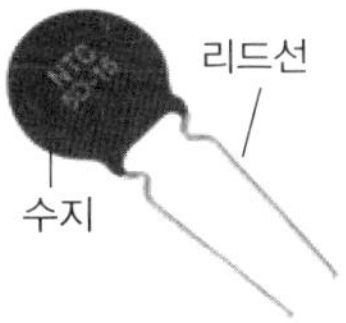

▮그림 6-5▮ 디스크형 서미스터

③ **바이메탈**(bimetallic thermometer)

열팽창 계수가 큰 금속과 작은 금속의 판을 접합시키면, 온도 변화에 따라서 변형 또는 내부 응력을 발생하여 접점을 개폐할 수 있는 온도 스위치이다. 전자개폐기의 과부하계전기 동작부는 바이메탈로 구성되어 있다.

그림 6-6은 바이메탈의 동작 원리를 나타내고 있다.

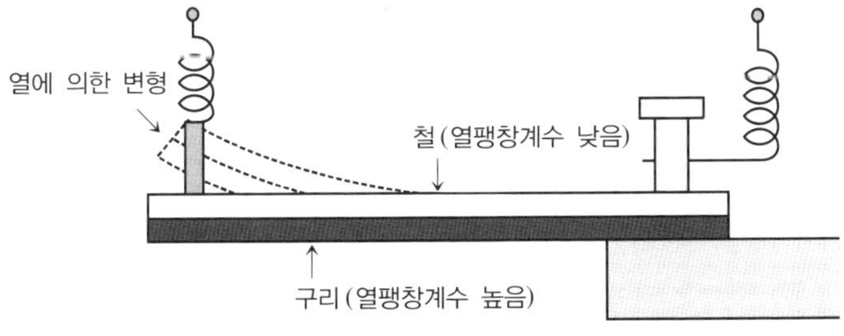

▮그림 6-6▮ 바이메탈의 작동 원리

(나) 탄성체 압력 스위치(pressure switch)

압력을 받는 부분에 탄성체를 사용해서 측정하고자 하는 압력을 가했을 때 가해진 압력에 비례하는 단위 압력당의 변형량을 알고 있는 상태에서, 이에 대응된 변형량만을 측정함으로써 압력을 구하는 방법이다. 여기서 압력을 받는 탄성체는 압력 변화에 따라 극히 미세한 탄성변형을 일으키며 이것을 링크기구, 레바, 피니언 등의 기계 기기로써 확대하여 지시토록 되어 있다. 저압인 것은 벨로즈(bellows)와 다이어프램(diaphragm)의 신축을 이용하고 유압, 수압과 같이 고압인 것은 부르동관(bourdon tube)의 신축을 이용한다.

그림 6-7은 탄성체 압력 스위치의 구조를 나타낸 것이다.

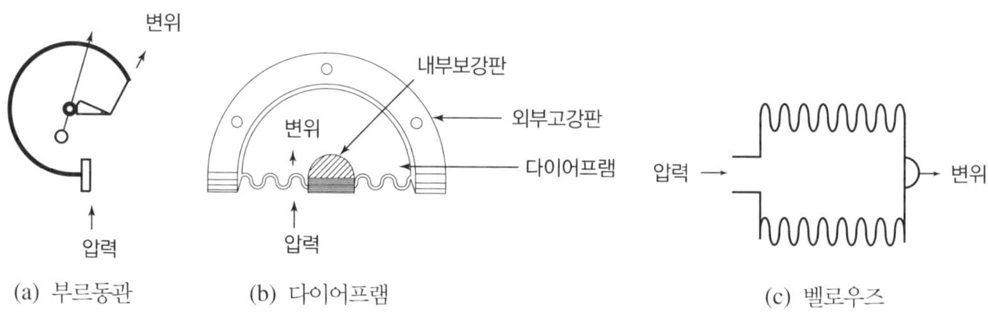

▮그림 6-7▮ 탄성체 압력 스위치의 내부 구조

(다) 플로트 스위치(FS, float switch)

액체 수위를 감지하고 제어하기 위한 장치로, 특히 액체가 저장 또는 공급되는 환경에서 사용된다. 플로트 또는 부력체라 불리는 부분을 사용하여 수위의 상승 또는 하강을 감지하고 이에 따라 전기적인 연결을 제어한다. 주로 물탱크, 급수 펌프, 배수 시스템, 수온 조절 장치 등의 응용 분야에서 사용된다.

플로트 스위치의 주요 구성 요소는 다음과 같다.

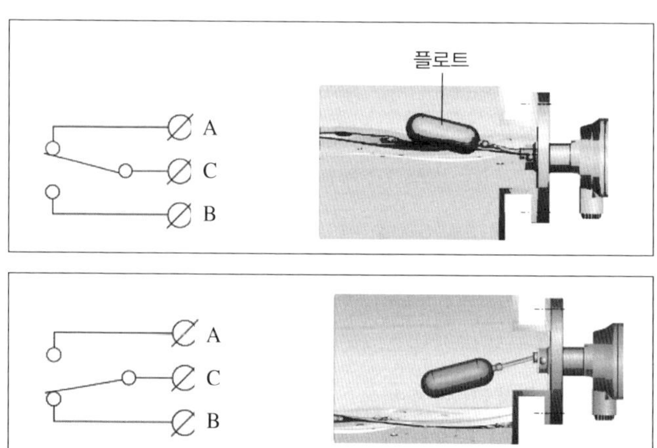

▮그림 6-8▮ 플로트 스위치와 회로도

① **플로트(float)** : 플로트는 액체 수위와 함께 움직이는 부력체로, 일반적으로 부유체로 만들어진다. 플로트가 액체 수면 위에 떠다니면서 수위가 상승하거나 하강함에 따라 움직인다.

② **스위치(switch)** : 플로트가 움직임에 따라 연결되거나 분리되는 스위치가 플로트 내부에 내장되어 있다. 전기 회로를 제어하며 액체 수위에 따라 열고 닫힌다.

이러한 스위치 동작을 통해 펌프나 밸브와 같은 장치를 제어하거나 경보 시스템을 활성화하여 액체 수위가 원하는 범위를 벗어나는 것을 방지한다.

(라) 근접 스위치 (PxS, proximity switch)

근접 스위치(PxS, Proximity Switch)는 물체의 근접 또는 접근을 감지하는 센서 장치로, 주로 산업 자동화 및 제어시스템에서 사용된다. 물리적 접촉 없이 작동하며, 주변에 있는 물체의 근접 여부를 감지하여 전기적인 신호를 생성하거나 제어시스템에 정보를 제공한다. 근접스위치는 다양한 원리와 기술로 작동할 수 있으며, 가장 일반적으로 사용되는 세 가지 유형은 다음과 같다.

① **전기적 근접스위치**(inductive proximity switch)
코일로 감싼 피에조 재질의 센서가 주변에 있는 금속 물체와 근접하면 전기적인 인덕턴스 변화를 감지하여 작동한다.

② **용량 근접스위치**(capacitive proximity switch)
근접한 물체와의 용량 변화를 검출하여 동작하며, 절연체나 유전체 물체의 근접을 감지하는 데 사용된다. 특히 금속 이외 물체의 근접을 감지할 수 있다.

③ **광학 근접스위치**(optical proximity switch)
물체와의 근접 여부를 광학적으로 감지한다. 빛을 발사하고 물체가 광선을 가로지르면 광선의 차단을 감지하여 스위치를 작동시킨다.

(a) 전기적 근접센서 (b) 용량 근접센서 (c) 광학 근접셉서

▮그림 6-9▮ 근접 스위치

(마) 광전 스위치(PhS, photo electric switch)

광전 스위치

광전 스위치(광전 센서)는 빛 또는 광선을 이용하여 대상 물체의 유무, 위치, 또는 빛의 변화를 감지하고 이를 전기신호로 변환하는 장치이다. 광전 스위치는 광전효과를 이용하며 주로 빛의 반사, 투과 또는 차광을 감지하는 데 사용된다.

광전 스위치는 광전자 센서 또는 광전 센서(photo sensor)라고도 명칭 되고 일반적으로 검출용 스위치는 검출기로서의 센서 기능과 스위치로서의 개폐 기능의 2가지의 기능을 구비하고 있는 것이 통상적이고 특히 센싱 기능을 중점으로 한 것을 광전 센서, 스위치와 같은 개폐 기능을 중점으로 한 것을 스위치(switch)라 구분하고 있다. 광전 스위치는 인간의 눈을 대신하여 간단한 작업 대상의 물체의 유무, 통과 확인, 정위치 결정 등의 검출에서부터 물체의 대소 및 형상 판별, 색상의 차이 판별 등의 고도의 이미지프로세싱의 정밀검출 기능을 할 수 있으므로 자동화시스템 및 기계, 장치, 계측제어, 품질관리 소방의 연기 감지 등의 여러 분야에서 널리 사용되고 있다. 그림 6-10은 광전 스위치를 빛을 검출하는 방식에 따라 분류하였다.

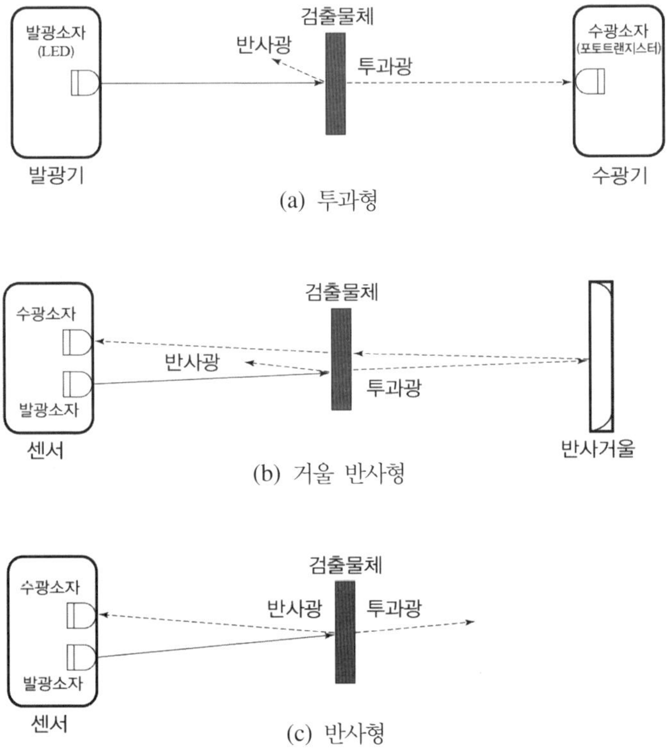

▮그림 6-10▮ 광전 스위치(photo electric switch)

(바) 리밋스위치 (LS, limit switch)

내장된 마이크로스위치를 기계적으로 작동시켜 물체의 존재 또는 부재 여부를 감지하거나 이동 부품의 위치를 모니터링하는 것을 목적으로 설계되었다. 이러한 스위치는 외부 힘, 습기, 오일 및 진동과 같은 가혹한 환경 조건을 견디기 위해 고안되었다. 액추에이터(레버)가 눌리거나 해제되면 내장된 마이크로스위치를 활성화하며, 스위치는 전기적 상태를 열린 상태에서 닫힌 상태로 또는 그 반대로 변경시키는 개폐(ON-OFF)하는 스위치이다.
그림 6-11은 리밋스위치의 구조 및 회로로서 단자는 다음의 3가지로 형성되어 있다.

① COMMON (**공통단자**)
이 단자는 한계 스위치의 중심 또는 공통 연결점으로, 다른 두 접점과 연결된다.

② NC (Normally Closed, b**접점 – 브레이크접점**)
NC 접점은 한계 스위치의 브레이크접점으로서, 보통 열린 상태가 아니라 닫힌 상태에 있다. 이 접점은 액추에이터가 작동하거나 물체가 한계 스위치와 접촉할 때 닫히는 접점이다.

③ NO (Normally Open, a**접점 – 아르바이트접점**)
NO 접점은 한계 스위치의 아르바이트접점으로서, 통상적으로 열린 상태에 있다. 이 접점은 액추에이터가 작동하거나 물체가 한계 스위치와 접촉할 때 열리는 접점이다.

이러한 구성을 사용하여 물체의 위치나 상태를 모니터링하고 제어하는 다양한 작업에 활용할 수 있다.

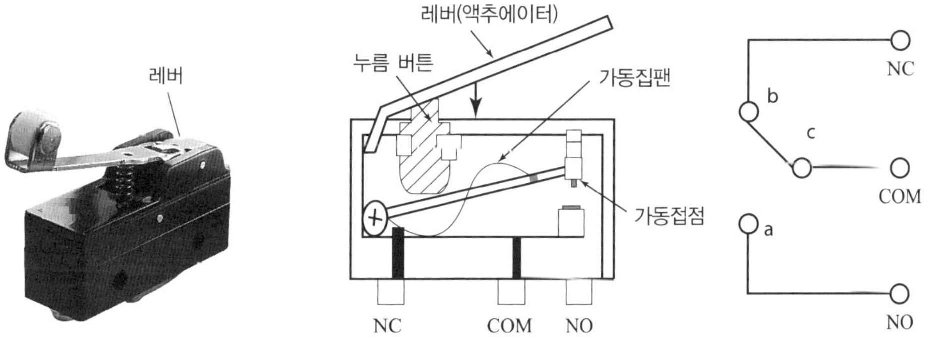

▮ 그림 6-11 ▮ 리밋스위치 (limit switch)와 회로도

6.3.2 전자계전기

전자계전기(electro-magnetic relay)는 전자석 코일(electromagnet coil)과 관련된 구성요소를 사용하여 전기 회로를 제어하고 개폐하는 장치이다. 다양한 응용 분야에서 사용되며, 주로 전기 회로를 개방하거나 폐쇄하여 전기신호나 전기 장치의 동작을 제어하는 데 사용된다. 전자계전기의 주요 구성요소와 작동 원리는 다음과 같다.

① 전자석 코일(electromagnet coil) : 전자계전기의 핵심 부분 중 하나로, 코일은 전선을 자기 코어 주위에 감은 것이다. 전류가 전자석 코일을 흐를 때, 코일 주위에 강력한 자기장이 생성된다.

② 암츄어(armature) : 전자석 코일의 자기장에 반응하는 부품으로, 자기장에 끌려 다른 부품에 접촉하거나 접촉을 끊을 수 있다.

③ 접점(contacts) : 전자계전기에는 하나 이상의 접점이 있다. 이러한 접점은 전기 회로를 개방하거나 폐쇄하는 데 사용되며, 암츄어의 움직임에 따라 접촉이 닫힐 수도 열릴 수도 있다.

(가) 보조 계전기 (auxiliary relay)

보조 릴레이는 전기 회로를 조절하고 모니터링하기 위한 보조적인 릴레이 장치이다. 다른 릴레이나 전자기기와 함께 사용되어 복잡한 전기 시스템에서 다양한 동작을 조정하는 데 도움이 된다. 제어 패널, 자동화 시스템, 전기 시스템 및 기타 응용 분야에서 사용되며, 전기 회로를 안정하게 제어하고 다양한 제어 및 모니터링 작업을 수행한다.

릴레이

(나) 전자접촉기 (MC, Magnetic Contact)

전자접촉기는 큰 전력 부하를 제어하고 전기 회로를 개폐하는 장치로, 전자석 코일에 의해 동작한다. 전기 회로를 개방하거나 폐쇄하는 데 사용되는 접점이 있으며 주로 큰 전력 부하를 다루는 데 사용된다. 주 접점은 선원을 개폐하고, 보조접점은 릴레이와 같이 제어회로에 사용된다.

전자접촉기

전자접촉기는 공장 자동화, 전력 분배 시스템, 빌딩 관리 시스템 및 기타 응용 분야에서 사용되며, 큰 전력 부하의 안전하고 효율적인 제어를 담당한다.

(다) 열동계전기(Thr, Thermal Relay)

열동계전기는 전기 모터 및 다른 동력부하 장치를 과부하 및 과열로부터 보호하는 장치로 사용된다. 정격 전류 이상의 전류(과부하 전류)가 흐르면 내부에서 발생한 열에 의해 바이메탈이 동작하여 접점이 차단되고 전자접촉기의 회로를 차단하여 부하와 전선의 과열을 방지하는 데 사용한다. 열동계전기 접점은 동작한 후 수동으로 복귀를 시켜야만 원상태로 된다.

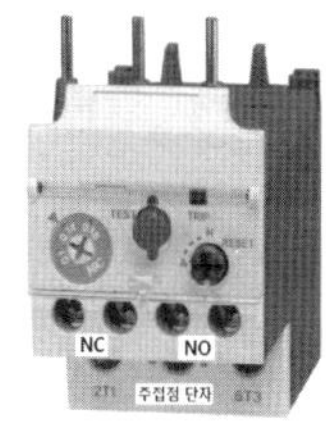

열동계전기

(라) 전자개폐기(MS, Magnetic Switch)

전자개폐기는 전자접촉기와 열동계전기를 조합하여 이루어진다. 열동계전기의 주 회로와 조작 회로에 조합하여 과전류가 흐르면 전자접촉기의 작동을 중지시킬 수 있다. 동력부하를 과전류나 과부하로부터 보호하기 위한 기능이 추가되므로 시스템의 안전성을 향상시키고 부하 장치를 보호하는 역할을 한다.

전자계폐기

6.3.3 기타 기기

(가) 배선용 차단기(MCCB, Molded Case Circuit Breaker)

배선용 차단기는 일반적으로 NFB(No Fuse Breaker)라고도 불리는 것으로 크게 개폐 기구와 트립 장치로 구성되어 있으며, 절연물 용기 내에 일체로 조립된 것으로 통선상태의 전로를 수동 또는 전기 조작으로 개폐할 수 있는 구조로 되어있다. 과부하 또는 단락 시에는 자동으로 전로를 차단하여 전로와 부하를 보호할 수 있는 능력을 갖추고 있다. 배선용 차단기는 교류 600 V 이하, 또는 직류 250 V 이하의 저압 옥내 전로의 보호에 사용되는 차단기이다. 소형이며 조작이 안전하고 퓨즈를 끼우는 등의 수고가 없기 때문에 종래의 나이프스위치(knife switch)와 퓨즈를 결합한 것에 대신하여 널리 사용되고 있다.

배선용 차단기

트립 장치에는 열동형인 것(바이메탈의 원리를 이용한 것)과 코일에 전류를 통하여 과전류에 의하여 철편을 흡인하여 동작하는 것, 양자를 결합한 열동전자식 및 전자식 등이 있다. 트립 특성은 정격전류의 100 %를 연속 통전하여도 트립 동작하지 않고 정격전류의 125 %, 200 %의 전류에 대한 동작시간이 별도로 정해져 있다.

(나) 나이프스위치 (knife switch)

나이프스위치는 일반 가정에서 많이 사용되고 있다. 600 V 이하의 전기 회로 개폐에 사용되는 칼날형 스위치를 말하며 덮개가 있는 것과 덮개가 없는 개방형이 있고 직류·단상 교류회로용의 2극인 것, 3상 회로용의 3극인 것, 간혹 단극인 것, 4극 이상의 다극인 것도 있다. 덮개가 있는 것은 전압 250 V 이하, 전류 15~300 A의 여러 종류가 있는데, 각각의 크기에 알맞은 퓨즈를 덮개 속에 붙이게 되어 있다. 개방형은 (칼) 날이나 날받이 부분이 노출되어 있다. 전류가 흐르고 있는 스위치를 열면 아크 방전을 일으키므로 개방형에서는 정격 전류가 흐르는 상태에서 여는 것은 바람직하지 않다.

나이프스위치

(다) 표시 장치

기기의 운전 정지 상태, 전동 밸브의 개폐 상태, 탱크 내의 액 위치의 상태 등을 나타내는 데는 표시등을 이용하고 경우에 따라서는 기명식 다색 표시등을 사용하기도 한다. 등은 2W, 등색은 적색등(RL), 녹색등(GL), 황색등(OL), 백색등(WL), 투명등(CL) 등이 있다.

표시등

연습문제 exercise

1. 시퀀스 제어란?
2. 접점의 종류를 나열하고, 설명하세요.
3. 검출 스위치 중 온도, 압력 스위치의 작용 원리에 대해서 설명하세요.
4. 소방에서 사용되는 광전 스위치에 대해서 설명하세요.
5. 바이메탈, 다이아프램이란?
6. 배선용 차단기란?
7. 나이프 스위치란?

Chapter 7 기계 공작

7.1 공구

가공 도구를 능숙하게 사용하려면 적절한 교육과 경험이 필요하다. 사용자는 안전 규칙뿐만 아니라 각 도구의 기능과 한계를 이해해야 한다. 사용 교육 및 정기적인 유지관리는 사고를 예방하고, 공구 수명과 성능을 위해 중요하다. 이를 통해 가공 작업을 원활하게 수행하여 고품질 제품을 생산하고 가동 중지 시간을 최소화하며 안전한 작업 환경을 만들 수 있다.

7.1.1 수작업 공구

(가) 에어 임팩트 렌치 (air impact wrench)

에어 임팩트 렌치는 압축 공기를 이용하여 볼트나 너트를 풀거나 잠글 때 사용한다.

(나) 래칫 렌치와 소켓 (rachet wrench and socket)

래칫 렌치와 소켓은 볼트 및 너트를 반복적으로 잠그고 풀 때 사용한다. 소켓 연결 부근에 회전 방향 전환 레버가 있어 원하는 방향으로 고정한 후 볼트 및 너트를 잠그거나 풀면 된다. 작업하고자 하는 공간이 협소할 경우는 익스텐션 바 또는 플렉시블 핸들을 이용할 수 있다.

(다) 스패너 (spanner)

스패너는 다양한 위치에서 다양한 종류의 볼트, 너트 및 홈 있는 둥근 너트를 잠그고 풀 때 사용한다. 반드시 볼트와 너트 규격에 정확히 일치하는 스패너를 사용하도록 한다. 고착된 볼트 및 너트를 풀 때는 조합 스패너의 링형 부분을 연결하고 오픈 엔디드(open ended) 부분에 긴 파이프를 연결하여 힘을 주거나, 타격 링 스패너를 사용하여 볼트나 너트에 체결된 반대 부분을 해머로 타격하여 풀 수 있다.

(라) 바이스 플라이어 (vise plier)

바이스 플라이어는 부적절한 사이즈의 플러스(+), 마이너스(−) 드라이버 사용으로 인해 체결된 나사 피스의 홈, 볼트 및 너트 등의 결합 부분이 손상되었을 경우 대체 공구로 사용한다.

(마) 기어 풀러(gear puller)

기어 풀러는 축에 결합된 베어링이나, 벨트 풀리(v-belt pulley)를 분리할 때 사용한다. 벨트 풀 리가 결합된 축 끝의 중심 홈에 기어 풀러의 볼트 끝을 일치시킨다. 2발 혹은 3발의 지지대를 베어링에 걸고 볼트를 잠그면 지지대가 베어링을 잡아당겨 축에서 분리할 수 있다.

(바) 드라이버와 육각 렌치, 별 렌치(drivers and hexagon, torx wrench)

드라이버와 육각, 별 렌치의 사용 용도는 다음과 같다.

① 전공 드라이버는 손잡이가 절연 고무로 되어 있고 끝부분이 자석 역할을 하므로 피스가 떨어지지 않고, 검전 드라이버 세트는 전기 작업 시 전류가 흐를 때 손잡이에 있는 램프에 불이 들어오게 되어 통전 여부를 확인하면서 주로 전기 작업 시 사용할 수 있다.

② 주먹 양용 드라이버는 드라이버가 앞뒤로 플러스(+), 마이너스(−)로 되어 있고 손잡이와 분리하여 둘 다 사용 가능하여 기관실 순찰 시 간편하게 소지하고 다니기도 한다.

③ 시계 드라이버 세트는 매우 작은 피스를 풀고 잠글 때 사용하고, 나무 정 드라이버는 손잡이 뒷부분이 쇠로 되어 있어서 정(chisel)의 역할로도 사용할 수 있다.

④ 육각 렌치 세트와 별 렌치는 나사 헤드 홀의 구멍이 육각이나 별 모양일 때 사용하고, 냉동 래칫 렌치는 냉동기에 수반된 여러 소형 냉동기용 밸브를 여닫을 때 사용한다.

(사) 기타

① **체인 블록**(chain block)

체인 블록은 무거운 부품이나 중량물을 안전하게 들어 올리거나 내릴 때 사용한다. 체인 블록은 몸체에 안전 작업 하중이 기재되어 있으므로 들어 올리고자 하는 물체의 하중을 짐작하여 체인 블록의 안전 작업 하중 이내의 물체에만 사용해야 한다.

② **그리스 펌프**(hand grease pump)

수동 그리스 펌프는 각종 모터 베어링에 그리스 니플을 연결하여 주입할 때 사용하고, 에어 그리스 펌프(air grease pump)는 보일러나 기관 베드 등의 용량이 큰 기기에 자동으로 그리스 주입 시 사용한다.

③ **터미널 압착기**(terminal crimper)

터미널 압착기는 피복이 벗겨진 전선 끝에 게이블 슈(shoe)를 연결하여 고정 및 압착할 때 사용한다.

④ **와이어 스트리퍼**(wire stripper)

와이러 스트리퍼는 다양한 굵기의 전선 피복을 벗겨 낼 때 사용한다. 전선의 굵기가 맞지 않은 홀에 넣고 와이어 스트리퍼를 사용하거나 터미널 압착기로 너무 세게 압착시키면 전선 내부의 에나멜선이 잘리는 수가 있어서 주의해야 한다.

⑤ **안전화, 안전모, 안전벨트, 보호안경, 일회용 작업복**

선박 기관실에서 모든 작업을 할 때는 안전화와 안전모를 반드시 착용해야 한다. 용접 작업을 할 때는 고열을 견딜 수 있는 용접용 장갑을 사용한다. 높은 곳에서 작업을 할 경우 안전벨트를 착용하고, 눈에 이물질이 들어갈 수 있는 작업을 할 때는 보호안경을 쓴다. 일회용 작업복은 더러운 공간에 들어가서 작업할 때 한번 사용하고 버릴 목적으로 사용한다.

또한 선박은 철판으로 이루어져 있으므로 선체에서 화재가 발생할 때 과열로 인해 운동화는 녹아내릴 수 있으므로 반드시 안전화를 신고 작업하여야 한다. 안전화나 안전모는 외부 충격에 견딜 수 있는 설계 하중이 정해져 있다. 높은 곳에서 작업을 할 때는 안전벨트를 허리에 차고 로프를 선체에 묶은 후에 작업해야 한다.

7.1.2 절삭 공구

가공 작업장에서는 각 작업에 적합한 절삭 공구를 사용하는 것이 정확한 결과를 얻고 작업자 안전을 보장하며 공구와 기계의 수명을 유지하는 데 필수적이다. 예상치 못한 상황을 최소화하고 성공적인 가공 결과를 얻으려면 적절한 교육, 작업 중인 재료의 특성 이해, 안전 규칙 준수가 필수적이다. 기계 가공 작업실에서 사용하는 절삭 작업 공구에는 사용 목적에 따라 많은 종류가 있다. 대표적인 것들로는 연삭기(grinder), 드릴(drill), 커터(cutter), 탭(tap) 등이 있다.

(가) 연삭기 (grinder)

연삭기는 공작물의 면을 깎는 기계로 그라인더라고도 한다. 일반적인 연삭기는 고정되어 강도 높은 연삭을 하거나, 절단하려는 기계나 부품이 이동 가능할 때 사용한다. 휴대할 수 있는 소형 전동 연삭기는 주물의 핀 제거, 기계 부품의 다듬질 작업, 공구의 연삭, 기타 광범위한 용도에 사용된다. 고속으로 회전하는 연삭숫돌을 사용해서 절단하는 전기 그라인더(electric grinder), 압축 공기의 압력으로 작동하는 에어 그라인더(air pneumatic grinder) 등이 있다.

(나) 드릴 (drill)

드릴은 기계나 부품 재료에 구멍을 뚫기 위해 사용하는 공구이다. 일반적으로 드릴이라고 하면 둥근 구멍을 뚫는 트위스트드릴(twist drill)을 가리킨다. 흔히 드릴링머신에 장치하여 사용하지만, 전기드릴 또는 핸드드릴(래칫드릴)에 장치하여 수동 작업으로 구멍을 뚫는 경우도 많다.

(다) 커터 (cutter)

커터란 절단한다는 의미로, 일반적으로 자르거나 깎는 데 쓰는 도구이다. 기계 가공의 작업 현장에서는 재단기, 밀링 머신용 절삭 공구 등 온갖 날붙이를 커터라고 부르고 있다.

(라) 동 파이프 결합 세트 (flaring & swaging tool set)

동 파이프 결합 세트는 동 파이프의 파공이나 연결 니플부의 누설 시에 새로 제작, 교환하거나 신설할 때 사용한다. 사용 방법은 다음과 같다. 제작하고자 하는 같은 규격의 동 파이프 길이만큼 동 파이프 절단기를 사용하여 자르고 필요하다면 같은 형태로 관을 휘어 제작한다. 동 파이프의 양쪽 절단면을 알맞은 크기의 동 파이프 확관 (팽창) 지지대에 넣고 고정한다. 연결하고자 하는 유니온과 일치하는 규격의 나사산과 니플을 동 파이프에 끼운 후, 동 파이프 확관기를 동 파이프 확관 지지대에 고정하여 파이프 끝을 확관한다.

7.1.3 배관 공구

배관 시스템은 다양한 유형의 건물 내에서 물 공급, 배수 및 가스 시스템의 기능을 유지하는 데 큰 역할을 한다. 배관 공구는 배관공과 배관 설치, 수리 및 유지관리 작업을 수행하는 작업자에게 필수적이다. 이는 주거용, 상업용 및 산업용 건물 내 물 공급, 배수 및 가스 시스템의 적절한 기능을 보장하는 데 도움이 된다.

1. 강관 공작용 공구

(가) 파이프 렌치 (pipe wrench)

그림 7-1은 각종 파이프 렌치를 나타낸 것이다. 관을 회전시키거나 이음쇠를 죄거나 풀 때 사용하는 공구로서, 크기는 사용할 수 있는 최대의 관을 물렸을 때의 전체 지름을 표시한다. 파이프 렌치의 종류는 체인(chain) 파이프 렌치, 스트랩(strap) 파이프 렌치, 스트레이트(straight) 파이프 렌치, 오프셋(offset) 파이프 렌치 등이 있다.

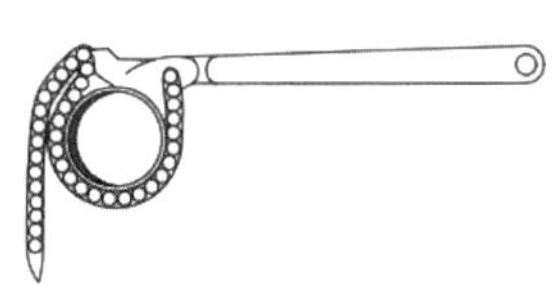

(a) 체인식 파이프 렌치

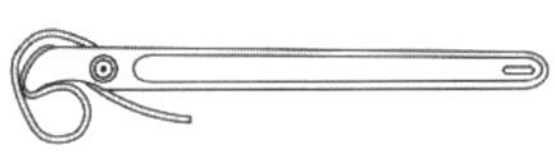

(b) 스트랩 파이프 렌치

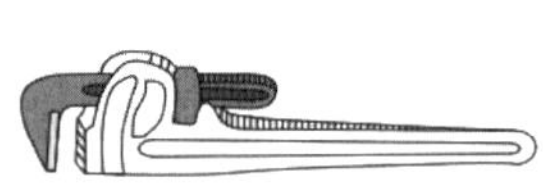

(c) 스트레이트 파이프 렌치

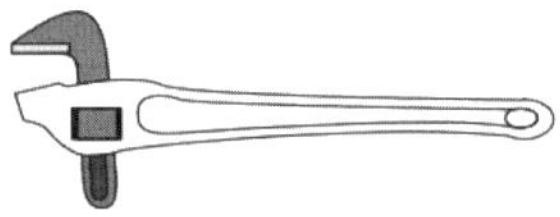

(d) 오프셋 파이프 렌치

▌그림 7-1▐ 파이프 렌치의 종류

(나) 파이프 바이스 (pipe vise)

관의 절단과 나사절삭 및 조립 시 관을 고정하는데 사용되며, 파이프 바이스의 크기는 고정 가능할 수 있는 관의 지름으로 나타낸다. 관을 구부리는 작업을 할 때는 기계 바이스를 사용하고, 대형 관을 고정할 때는 체인을 한쪽 조(jaw) 대신에 이용하여 관을 고정하는 체인 바이스를 사용한다. 체인 바이스는 비교적 큰 지름의 관을 고정할 수 있는 장점이 있으나, 관을 고정하는 힘은 파이프 바이스에 비해 떨어진다. 그림 7-2는 바이스의 구조와 종류를 나타낸 것이다.

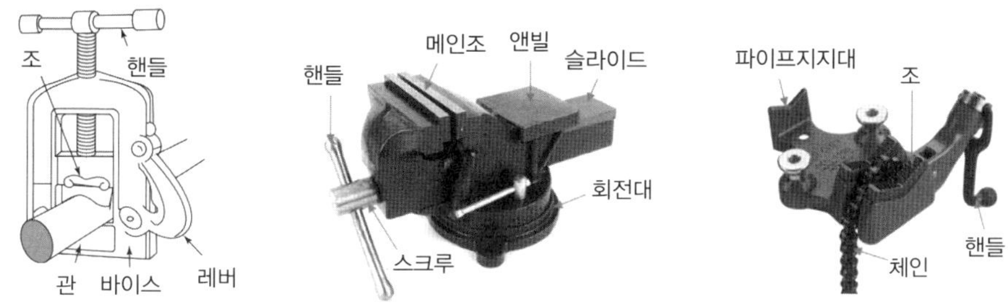

(a) 파이프 바이스 (b) 기계 바이스 (c) 체인 바이스

▮그림 7-2▮ 파이프 바이스

(다) 파이프 커터(pipe cutter)

그림 7-3에서 나타낸 바와 같이 파이프 커터는 관을 절단할 때 사용되며 1개의 날에 2개의 롤러가 장착된 것과 3개의 날로 되어 있는 것이 있다. 크기는 관을 절단할 수 있는 관의 지름으로 표시한다.

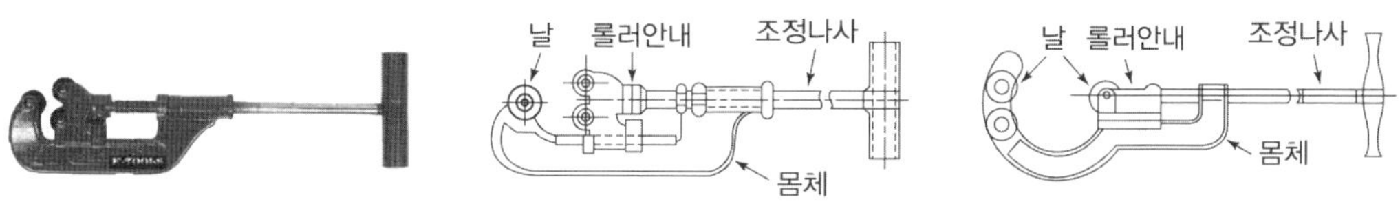

(a) 날 1개 (b) 날 3개

▮그림 7-3▮ 파이프 커터

(라) 쇠톱(hack saw)

쇠톱은 수동으로 관이나 환봉 등을 절단할 때 사용하는 공구로서 그림 7-4와 같이 고정형과 조절형이 있으며, 조절형은 톱날의 길이에 따라 3단계로 조절할 수 있다.

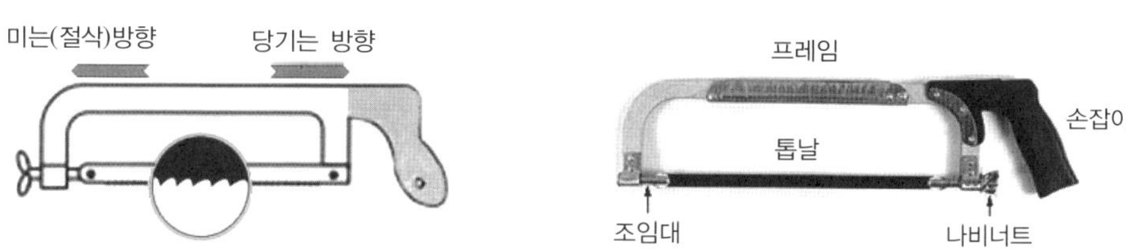

(a) 고정형 (b) 조절형

▮그림 7-4▮ 쇠 톱의 종류

(마) 파이프 리머(pipe reamer)

그림 7-5는 파이프 리머를 나타낸 것으로 이는 관 절단 후 관 단면의 안쪽에 생기는 거스러미(burr)를 제거하는 공구이다.

(파이프 리머 사용법)

▮그림 7-5▮ 파이프 리머 및 사용법

(바) 나사 절삭기(die stock)

수동으로 관에 나사를 낼 때 사용하는 공구로서 오스터 형(oster type), 리드 형(reed type) 등이 있다. 그림 7-6은 수동 파이프 나사 절삭기의 종류를 나타낸 것이다.

① **오스터형 나사 절삭기**(oster type die stock)
오스터형 나사 절삭기는 4개의 날이 1조로 되어 있다. 조절나사 조절로 나사절삭을 하면서 나사부의 지름을 약간 크게 할 수 있다.

② **리드형 나사 절삭기**(reed type die stock)
리드형 나사 절삭기는 2개의 날이 1조로 되어 있는데 날의 뒤쪽에는 4개의 가이드로 파이프의 중심을 맞출 수 있는 스크롤(scroll)이 있다. 비교적 좁은 공간에서 사용할 수 있다.

(a) 오스터 형

(b) 리드 형

▮그림 7-6▮ 수동식 파이프 나사 절삭기의 종류

2. 강관 공작용 기계

(가) 기계톱(hack sawing machine)

쇠톱을 전동기에 장착한 것으로, 일정한 장소에 이동시켜 사용할 수 있는 이동식과 작업장 내에 고정해 지름이 큰 관의 절단이나 관의 대량 절단에 알맞은 고정식이 있다. 그림 7-7은 기계톱의 그림을 나타낸 것이다.

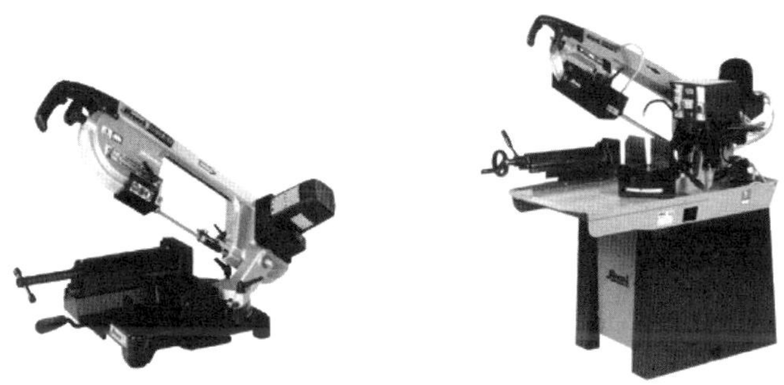

(a) 이동식 (b) 고정식

▮그림 7-7▮ 기계톱

(나) 고속 절단기

그림 7-8은 커팅 휠을 나타낸 것으로 두께 2.5～3.0 mm 정도의 얇고 지름이 큰 원반형 연삭숫돌을 고속 회전시켜 관을 절단하는 데 사용된다. 관의 절단 효율은 높으나 숫돌의 마멸이 심하다.

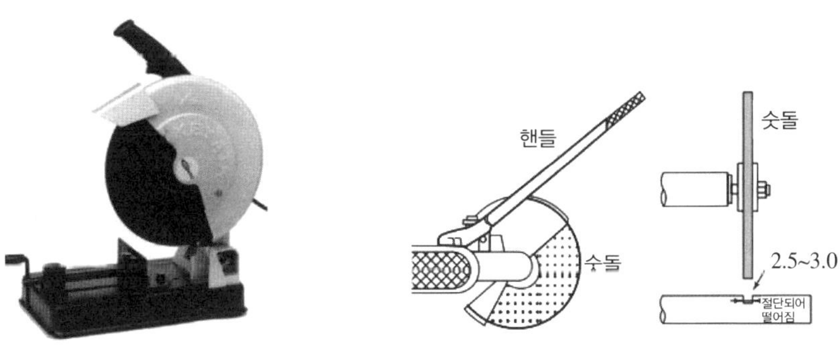

▮그림 7-8▮ 고속 절단기

(다) 동력 나사 절삭기(pipe machine)

동력을 이용하여 나사를 절삭하는 기계로서 오스터(oster)형, 다이헤드(die head)형, 호브(hob)형 등이 있다.

① **오스터 형** : 동력으로 관을 저속 회전시키며 나사 절삭기에 밀어 넣는 방식으로 나사가 절삭되며 50 A 이하 작은 관에 주로 사용한다.

② **다이헤드 형** : 관의 절단, 나사절삭, 거스러미 제거 등의 일을 연속적으로 할 수 있어서 다이헤드를 관에 밀어 넣어 나사를 가공한다. 관지름 15 A～100 A, 25 A～150 A까지의 것도 사용되고 있다. 다이스 날을 다이헤드에 적혀 있는 숫자대로 맞춤 선에 맞춰 조립하고, 레버 조절로 나사절삭을 하면서 나사부의 지름을 조절할 수 있다. 그림 7-9는 다이 헤드형 동력 나사 절삭기를 나타냈다.

③ **호브 형** : 나사절삭 전용 기계로서 호브를 100～180 rpm의 저속으로 회전시키면 관은 어미나사와 척의 연결로 한 번 회전할 때마다 1피치만큼 이동 나사가 절삭된다.

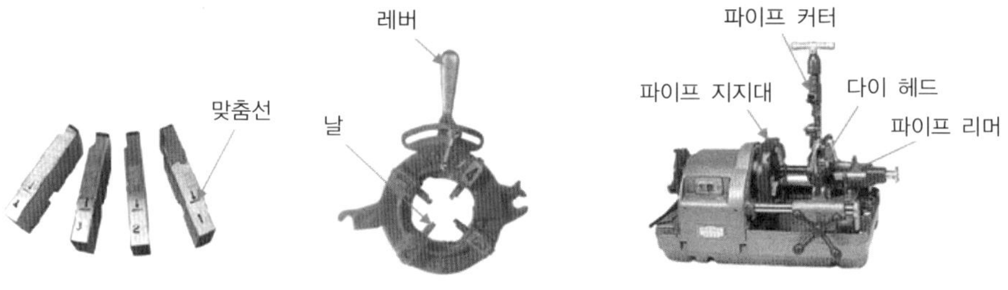

(다이스 날) (다이헤드)

▮그림 7-9▮ 다이헤드 형 동력 나사 절삭기

(라) 파이프 벤딩기(pipe bending machine)

그림 7-10은 파이프 벤딩기를 나타낸 것으로 수동 롤러식(hand roller type), 램식(ram type), 수동 유압식 등이 있다. 수동 롤러식은 32 A 이하의 관을 구부릴 때 사용하며 핸들을 서서히 돌려서 180°까지 자유롭게 굽힐 수 있다. 램식은 현장에서 주로 많이 쓰이며 수동 유압식은 50 A, 모터를 장착한 동력식은 100 A 이하의 관까지 굽힐 수 있다.

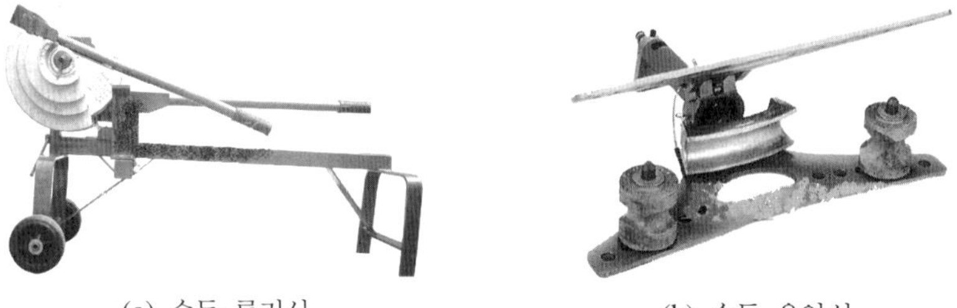

(a) 수동 롤러식 (b) 수동 유압식

▮그림 7-10▮ 파이프 밴딩기의 종류

7.2 손다듬질

손 다듬질은 공작물의 특정 모양, 크기 및 마감을 달성하기 위해 다양한 수공구를 사용하는 수가공 작업이다. 수가공 작업은 세심한 주의와 독특한 장인정신이 필수적인 특정 산업 및 상황에서 관련성이 있다. 공작 기계를 사용하지 않고 정, 줄, 스크래퍼, 망치 등과 같은 수공구를 사용하여 가공하는 작업을 말하며, 핸드 그라인더 가공, 리밍, 드릴링, 태핑 등의 간단한 작업도 손다듬질에 포함된다. 그러나 자동화의 발전은 대규모 생산 공정을 위한 효율적인 솔루션을 제공함으로써 제조 환경 변화로 손다듬질은 점점 감소 추세에 있다.

7.2.1 손다듬질

1. 손다듬질용 공구

(가) 바이스

바이스는 공작물을 작업대(vice)에 고정하여 줄 작업, 쇠톱 작업 등을 할 때 사용된다.

(나) 정반

정반은 금 긋기 작업, 측정 등을 위하여 공작물이나 측정기를 올려놓는 평면대(surface plate)를 말한다. 재료에 따라 주철제와 석제 정반이 있으며, 평면 정밀도는 10 μm 이하이다.

정반

(다) 금 긋기 바늘

금 긋기 바늘은 공작물에 금을 긋는 바늘(scriber)로 끝부분은 담금질하거나 초경합금을 붙여서 만든다. 보통 공작물의 면과 바늘의 각도가 60° 되게 하여 금을 그으며, 바늘 끝이 스케일 면에 닿지 않도록 한다.

(라) 서피스 게이지

서피스 게이지(surface gage)는 공작물의 중심을 잡거나 평행선을 긋는 공구이다.

서피스게이지

(마) 펀치

펀치(punch)는 드릴 작업을 할 부분이나 공작물에 원의 중심을 표시할 때 사용하는 공구이다. 펀치의 종류에는 선을 명확히 나타내기 위하여 선 위에 찍는 프릭 펀치(prick punch), 중심을 나타내는 센터 펀치(center punch), 한 번에 많은 양의 표시를 할 수 있는 자동 펀치가 있다.

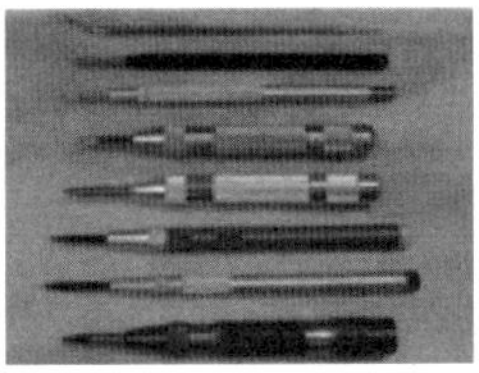

펀치

2. 손다듬질 작업

(가) 쇠톱 작업

쇠톱은 금속을 절단하는 공구로 쇠톱틀에 끼워 사용한다. 쇠톱의 절단 업은 밀 때는 힘을 주고 당길 때는 몸의 상체를 일으키는 기분으로 톱날에 힘을 주지 않는다. 톱날의 왕복 횟수는 1분에 약 50~60회가 알맞으며 절단이 끝날 무렵에는 힘을 빼고 가볍게 절삭하도록 한다. 톱날의 절삭 각도는 보통 수평으로 하나 절단하는 재료에 따라 다르고, 약 3~5° 경사지게 작업을 하는 것이 좋다.

(나) 줄 작업

줄은 탄소 공구강의 면에 작은 돌기를 만들어 이것이 절삭 날이 되어 표면을 깎아 내는 공구이다. 그림 7-11과 같이 좁은 면을 다듬질할 때 사용하는 직진법과 넓은 면을 다듬질할 때 사용하는 사진법이 있다. 줄 작업에서는 손만 움직이면 피로가 빨리 오므로 몸 전체를 움직이면서 해야 하며, 그 방법은 다음과 같다.

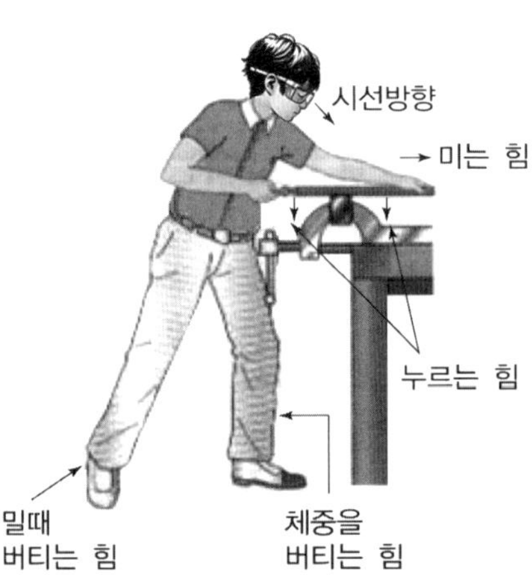

▮그림 7-11▮ 줄 작업 자세

① 줄의 손잡이를 오른손바닥 중앙에 놓고 엄지손가락은 줄의 중심선과 일치하게 한다.
② 왼손은 줄의 균형을 유지하기 위해 손목을 수평으로 하고 손바닥으로 줄 끝을 가볍게 누르거나 손가락으로 싸준다.
③ 줄을 전진시킬 때 체중을 몸에 가하여 줄을 민다.
④ 오른발은 75° 정도, 왼발은 30° 정도로 바이스 중심선을 향해 반 오른쪽 방향으로 한다.
⑤ 오른손 팔꿈치를 옆구리에 밀착시키고 팔꿈치가 줄과 수평이 되게 한다.
⑥ 눈은 항상 공작물을 보며 작업하며 줄을 당길 때는 공작물에 압력을 주지 않는다.
⑦ 보통 줄의 사용 순서는 '황목 → 중목 → 세목' 순서로 작업한다.

3. 조립 작업

조립 작업 기구에는 탭과 다이스, 리머, 키 등이 있다. 이러한 기구의 특징 및 목적, 사용 방법은 다음과 같다.

(가) 탭과 다이스

탭은 드릴 가공된 구멍에 암나사를 깎는 공구이다. 가장 많이 사용하는 핸드 탭(hand tap)은 그림 7-12와 같이 1번탭(황삭), 2번탭(중간탭), 3번탭(다듬질)의 세 개가 1조로 되어 있으며 순서대로 사용하여 탭 작업을 완성한다.
다이스는 그림 7-13과 같은 구조로 되어 있으며, 다듬질된 둥근 막대나 파이프 등에 수나사를 깎는 공구이다. 다이스의 치수는 수나사의 호칭 지름으로 나타내며 재질은 합금 공구강 또는 고속도강으로 되어 있다.

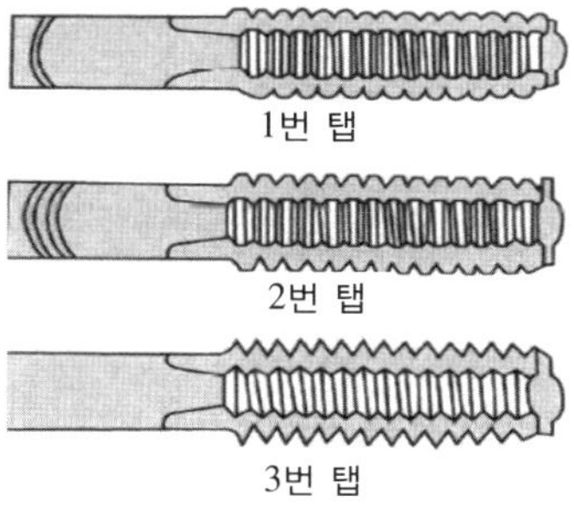

▌그림 7-12▌ 탭과 가공률

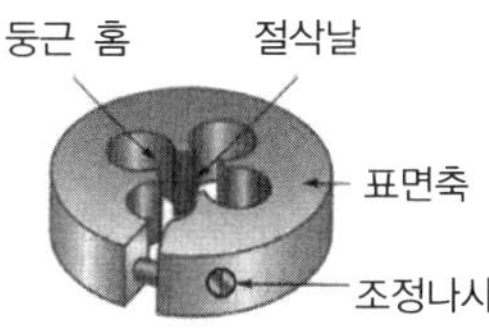

▌그림 7-13▌ 다이스 구조

(나) 리머

드릴로 가공한 구멍을 약간 넓히거나 매끈하게 다듬어 정밀한 치수의 구멍을 가공하는 작업을 리밍(reaming)이라 하고, 이때 사용하는 공구가 리머(reamer)이다.

(a) 평행날　　(b) 비틀림날

▮ 그림 7-14 ▮ 리머

7.2.2 손다듬질 작업 시 주의 사항

손다듬질 할 때 주의해야 할 사항은 다음과 같다. 일반 공구, 드라이버, 해머 가공, 정 가공, 스패너 작업, 줄 작업, 쇠톱 작업, 다듬질용 바이스 취급에 관한 자세한 주의 사항은 다음과 같다.

(가) 일반 공구 취급 및 주의 사항

① 공구는 작업 종류에 적합한 것을 사용하여야 한다.
② 불량 공구는 반납해야 하며, 함부로 수리하여 사용해서는 안 된다.
③ 공구는 항상 일정한 장소에 비치하고 정돈하여 보관하여야 한다.
④ 공구나 손에 기름이 묻어 있을 때는 반드시 깨끗하게 닦아 낸 후에 사용하여야 한다.
⑤ 공구는 기계, 발판, 난간 등 떨어지기 쉬운 곳에 놓지 않아야 한다.
⑥ 공구는 절대로 던져서는 안 되며 무리하게 조작해서도 안 된다.
⑦ 작업을 완료했을 때는 공구의 수량이나 훼손 여부를 확인하여야 한다.

(나) 드라이버 사용 시 주의 사항

① 드라이버의 날 끝이 홈의 폭과 길이에 맞는 것을 사용하도록 한다.
② 드라이버의 날 끝은 편편한 것이어야 한다.
③ 나사를 조일 때 날 끝이 미끄러지지 않도록 주의해서 작업을 한다.
④ 용도 이외의 다른 목적으로 사용하지 않는다.

(다) 해머 가공 시 주의 사항

① 녹이 있는 재료를 가공할 때는 보호 안경을 착용하여야 한다.
② 공동으로 가공을 할 때는 호흡을 잘 맞추고 신호에 유의한다.
③ 기름이 묻은 손이나 장갑을 끼고 가공을 하지 않는다.

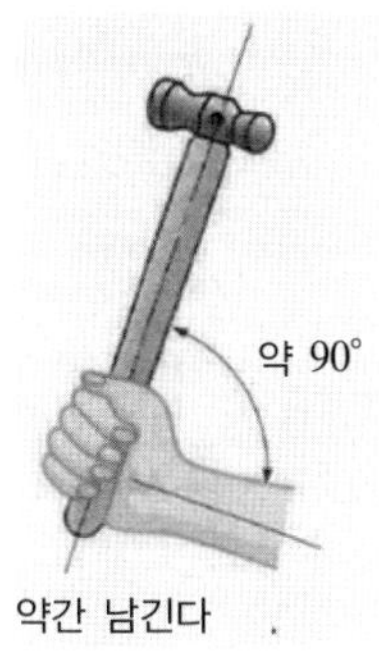

해머작업

(라) 정 가공 시 주의 사항

① 항상 날 끝에 주의하고 정을 잡은 손의 힘을 빼고 작업을 한다.
② 따내기 가공 시 칩이 튀는 가공에는 보호안경을 착용하도록 한다.
③ 처음에는 가볍게 때리고 점차 힘을 가하도록 한다.

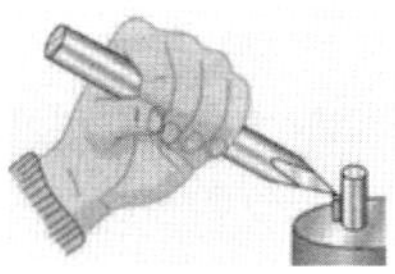
정작업

(마) 스패너 작업 시 주의 사항

① 양발을 적당하게 벌리고 서서 몸의 균형을 잡은 후 작업을 한다.
② 너트에 알맞은 스패너를 사용해야 하며, 너트에 스패너를 깊이 물려서 약간씩 앞으로 당기는 식으로 풀고 조이도록 한다.
③ 스패너는 가급적 손잡이가 긴 것을 사용하는 것이 좋으며, 스패너의 자루에 파이프를 연결하여 사용하거나 발을 사용하여 작업하지 않는다.
④ 스패너를 해머 대신 사용하는 등 용도 이외의 작업에 사용하지 않는다.

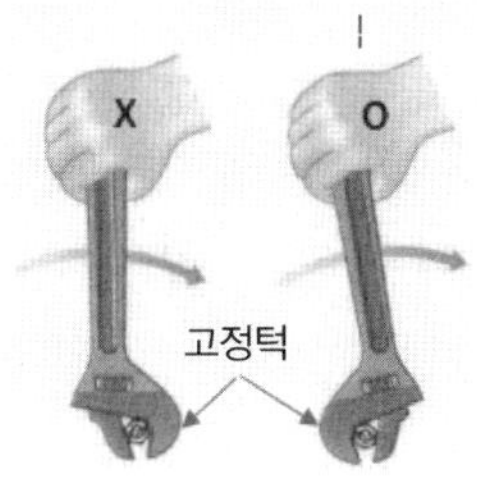

스패너 작업

(바) 줄[1)2)] 작업의 안전

① 줄은 작업 전에 자루 부분을 점검하고 줄의 균열 여부를 확인한다.
② 가능하면 마주 보고 작업하지 않는다.
③ 절삭된 칩은 브러시로 제거하며, 절대 입으로 불어서 제거하지 않는다.
④ 작업 중에 바이스가 풀어지는 경우가 간혹 발생하므로 바이스 고정 상태를 자주 확인한다.

(사) 쇠톱 작업의 안전

① 톱날은 틀에 끼워 두세 번 사용한 후 다시 조정하여 사용한다.
② 쇠톱의 손잡이와 틀의 선단을 손으로 확실하게 잡아 좌우로 흔들리지 않도록 하여 작업한다.
③ 모가 난 재료를 절단할 때는 톱날을 기울여서 모서리부터 절단한다.
④ 절단을 시작할 때와 끝날 무렵에는 힘을 줄여서 작업한다.

(아) 다듬질용 바이스의 취급

① 바이스에 물리는 조(jaw)의 고정 상태를 확인하고, 조에 기름이 묻었다면 닦아 내고 작업을 한다.
② 둥근 봉이나 얇은 판은 알루미늄판 또는 구리판 등을 이용하여 확실하게 고정한다.
③ 가공물을 바이스로부터 분리할 때는 몸을 바이스의 중앙에 두고 왼손으로 가공물을 잡은 후 오른손으로 핸들을 돌린다.

---

1) 날 눈에 따른 줄의 분류
   (1) 단목 : 줄눈을 한 방향으로 낸 줄이며 알루미늄, 주석, 납 등 연하고 점착성이 있는 금속 가공에 사용되며, 주로 얇은 판이나 가장자리 다듬기에 사용된다.
   (2) 복목 : 단눈에 줄분과 교차시켜 추가한 것으로 일반적인 철의 다듬질용으로 많이 사용된다.
   (3) 파목 : 줄눈을 곡선으로 형성시켜서 배출을 향상시킨 줄로 플라스틱, 알루미늄, 납 등의 가공에 쓰인다.
   (4) 귀목 : 날 눈을 하나씩 파내어 만든 것으로 연한 재료나, 가죽, 목재의 황삭 가공용으로 쓰인다.

2) 날 눈 거칠기에 따른 줄의 분류
   (1) 황목 : 거친 절삭에 쓰이는 줄로 날이 거칠다.
   (2) 중목 : 중간 거칠기의 절삭용 줄이다.
   (3) 세목 , 유목: 최종 다듬질용으로 날 간격이 좁고 가공 면이 곱다.

7.3 정밀 측정

정확한 측정은 아파트, 주택, 자동차, 비행기, 선박 등 다양한 분야에서 원하는 결과를 얻는 데 중요한 역할을 한다. 적절한 측정 장비를 사용하고 그 구조와 원리를 이해하면 오차를 최소화하고 정확한 측정을 할 수 있다.

7.3.1 측정 방법

(가) 직접 측정

직접 측정은 자나 줄자 등의 측정 장치를 물체 옆에 놓고 올바르게 정렬하면 변환이나 추정 없이 정확한 길이를 얻을 수 있다. 즉각적으로 정확한 값을 얻을 수 있어 단순성과 신뢰성이라는 이점이 있다. 마이크로미터나 캘리퍼를 사용하여 재료의 두께를 표면에 직접 대고 재료의 두께를 측정할 수 있다. 각도기를 제품에 직접 접촉하여 베벨 각도기에 있는 버니어 스케일을 읽음으로써 측정값을 얻는다.

(나) 간접 측정

간접 측정은 직접 눈금을 읽음으로 측정값을 얻지 못하며, 측정을 통해 얻은 데이터를 가지고 계산으로 측정값을 얻는 방법이다. 그림 7-15는 간접 측정 방법으로 각도를 측정하는 사인 바에 대해서 나타낸 것이다.

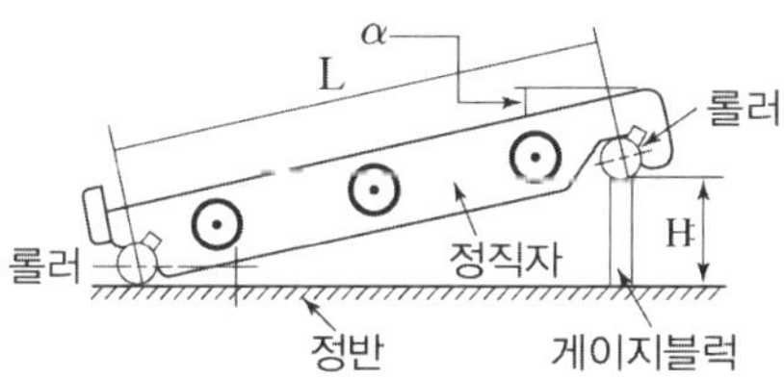

▮그림 7-15▮ 사인 바의 구성과 각도 측정 예

두 개의 원통형 롤러가 있는 정직자로 구성되어 있다. 사인 바(sine bar)는 직각삼각형의 삼각함수 사인(sine)을 이용하여 임의 각도를 설정하거나 측정하는 데 사용한다. 두 개의 원통형 롤러 위에 정직자가 놓여 있다. 정반 면과 사인 바의 측정 면 사이에 각도

α를 설정하려면 롤러 아래에 $\sin\alpha = \dfrac{H}{L}$을 만족시키는 높이 H의 게이지 블록을 넣어야 한다. 측정 시에 피측정면과 사인 바의 측정 면이 평행하도록 게이지 블록을 넣어 각도 α를 구한다.

(다) 비교 측정

비교 측정 역시 직접 눈금을 읽음으로 측정값을 얻을 수 없다. 기준이 되는 표준을 이용하여 그 차이 값을 서로 비교하는 방식으로 측정한다.

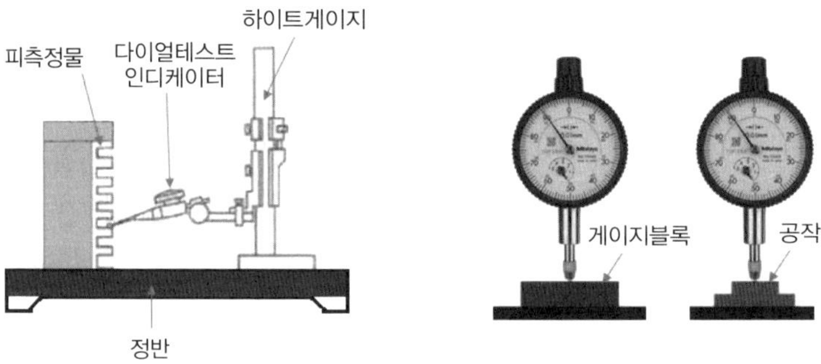

(a) 하이트 마이크로미터 이용한 높이 측정 (b) 다이얼 게이지 이용한 높이 측정

그림 7-16 비교 측정 예

7.3.2 마이크로미터

정밀 측정에 사용되는 마이크로미터(micrometer)는 피치가 정확한 나사를 이용하여 치수를 측정하는 기구이다. 앤빌과 스핀들 면이 제품과 틈새가 없도록 측정기를 좌우로 살짝 흔들며 접촉시킨 후 그림 7-17과 같이 래칫 스톱을 돌려 일정한 측정압력을 가하여 측정한다. 마이크로미터의 주요 부분은 그림과 같이 스핀들 일부분에 피치가 0.5 mm인 정확한 수나사가 있으며, 이 수나사에 프레임과 일체가 되어 있는 암나사가 끼워져 있다. 슬리브 면에는 0.5 mm의 눈금이 새겨져 있으며, 이 눈금으로 읽을 수 없는 0.01 mm까지의 치수는 심블 끝의 눈금에 의하여 읽을 수 있다.

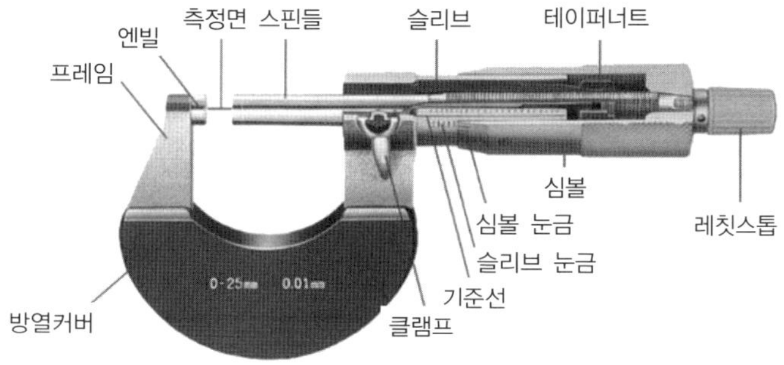

▌그림 7-17▐ 외측 마이크로미터의 구조

스핀들의 나사 피치를 0.5 mm라 하고 심블의 원주를 50등분 하였다면, 스핀들이 1회전 하였을 때 심블은 $\frac{1}{50}$회전 하므로 $0.5 \times \frac{1}{50} = \frac{1}{100}$mm가 되어 심블의 한 눈금은 0.01 mm가 된다. 마이크로미터의 측정 범위는 0∼25 mm, 25∼50 mm, 50∼75 mm, 75∼100 mm와 같이 25 mm의 간격으로 되어 있다.

그림 7-18은 마이크로미터의 치수 읽는 법을 나타낸 것이다.

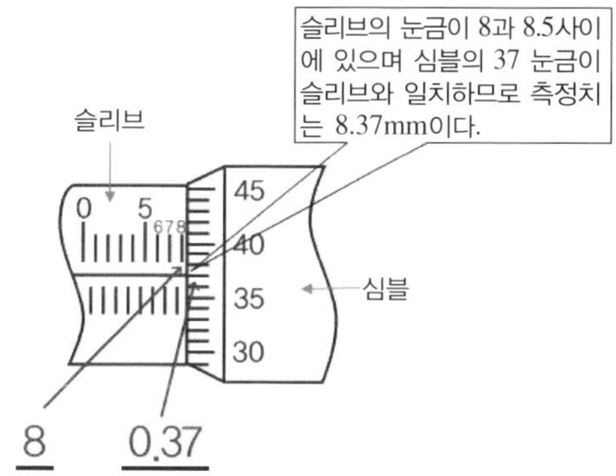

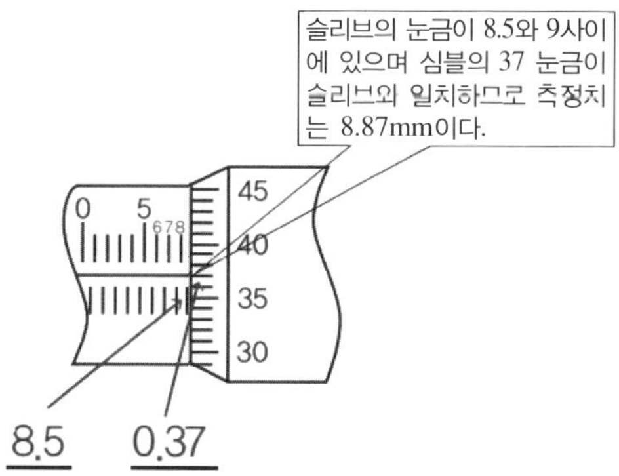

▌그림 7-18▐ 마이크로미터 치수 읽는 법

7.3.3 버니어 캘리퍼스

버니어 캘리퍼스(vernier calipers)는 공업용으로 널리 사용되는 측정기로써 $\frac{1}{20}$mm의 눈금 범위 내에서 읽을 수 있다. 어미자의 눈금보다 작은 치수를 읽기 위하여 아들자를 이용하며, 공작물의 바깥지름, 안지름, 깊이 등을 측정할 수 있다.

그림 7-20은 버니어 캘리퍼스의 눈금 읽는 법을 나타냈다.

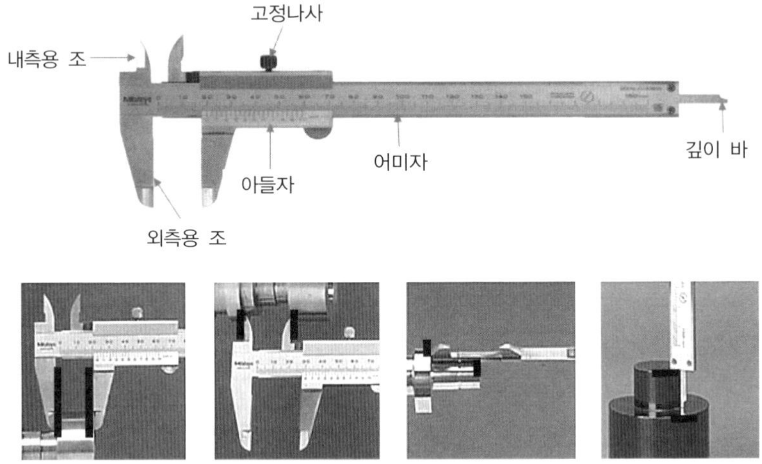

(a) 외측 (b) 내측 (c) 길이 (d) 깊이

▮그림 7-19▮ 버니어 캘리퍼스 구조와 측정 예

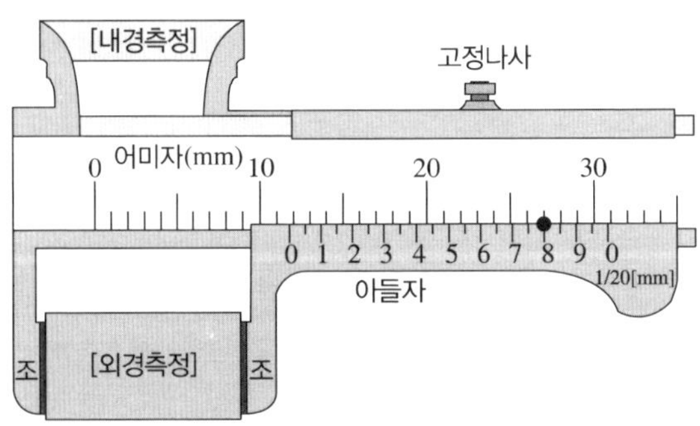

① 아들자의 "0"의 눈금이 어미자의 눈금에 위치한 값이 11보다는 크고 12보다는 작으므로 11로 읽는다.
② 소숫점 이하의 숫자는 어미자와 아들자와의 숫자와 일치하는 곳을 찾아 아들자의 숫자를 읽으면 된다. 그 값은 0.80이다.
③ 측정치는 11+0.80 =11.80mm이다.

▮그림 7-20▮ 버니어 캘리퍼스 치수 읽는 법

7.3.4 다이얼 게이지

그림 7-21에서 나타낸 바와 같이 다이얼 게이지(dial gauge)는 래크와 피니언의 운동을 이용하여 작은 길이의 변화를 확대하여 눈금판에 바늘로 지시 하도록 하는 비교 측정기로서, 용도는 회전체의 흔들림 정도, 원통의 진원도, 일감의 평행도, 평면 측정 및 공작 기계의 정밀도 검사 등에 쓰인다. 최소 측정값은 $\frac{1}{100}$mm, $\frac{1}{1,000}$mm가 있다.

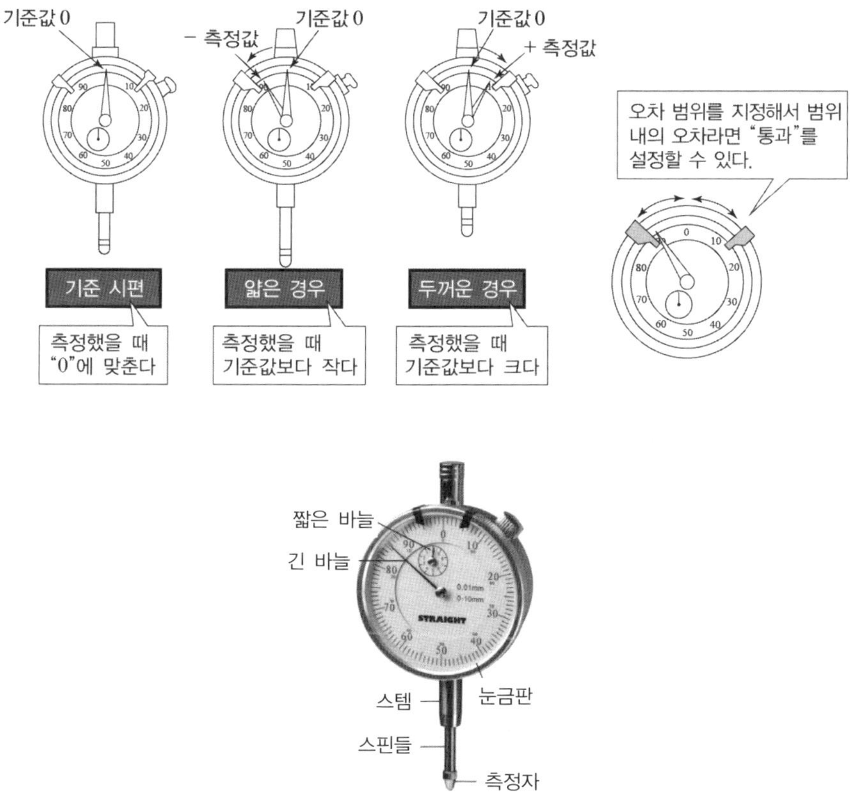

▮그림 7-21▮ 다이얼 게이지 측정 예 및 구성

7.3.5 높이 게이지

그림 7-22는 높이 게이지(height gauge)를 나타낸 것이다. 대형 부품이나 복잡한 모양의 부품 등을 정반 위에 올려놓고 정반면을 기준으로 공작물의 높이를 측정하거나 표면 평행도, 공작물 평탄도 등을 검사하는 데 사용된다. 그림 7-22(a)의 버니어 높이 게이지는 스크라이버가 측정 중인 표면과 접촉하면 높이를 버니어 눈금을 읽어 측정값을 얻고, 그림 7-22(b)의 디지털 높이 게이지는 디지털 판독값을 제공하는 다이얼 모니터가 있어 쉽게 읽고 오류를 방지할 수 있다.

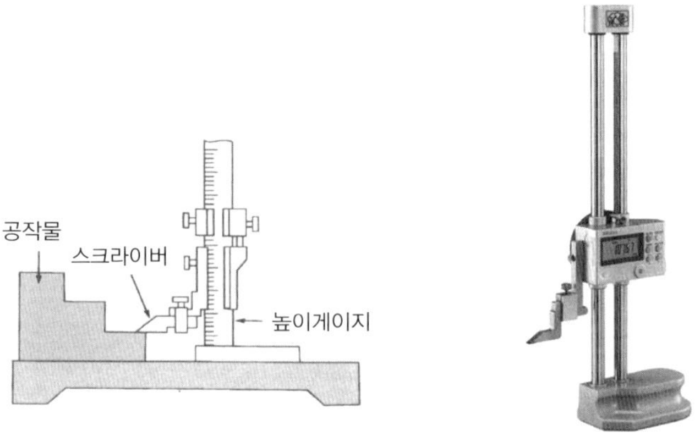

(a) 버니어 높이 게이지 구성　　(b) 디지털 높이 게이지

그림 7-22 높이 게이지

7.3.6 각도 측정기

각도의 실용 단위는 도(°), 분(′), 초(″) 등이 사용되고 있으며, 그 밖에 각의 다른 단위로는 라디안(radian)이 있다. 라디안은 반지름 r인 원에 이어서 호의 길이가 r인 원호의 중심각으로 360°가 2π 라디안이다.

(가) 만능 각도기

각도 측정에는 일반적으로 만능 베벨 각도기(universal bevel protractor)가 많이 사용된다. 만능 각도기는 공작물 두면 간의 각도를 측정하는 가장 간단한 측정기로서 그림 7-23(a)와 같이 2개의 버니어 눈금과 눈금 원판으로 되어 있고, 지지대와 조정 블레이드 사이에서 형성되는 각은 버니어 눈금을 사용하여 보통 5′까지 읽을 수 있게 되어 있다.

(나) 각도 게이지

그림 7-23(b)에 나타낸 것과 같이 각도가 정확한 블록들을 조합하여 여러 가지 각을 만들어 비교 측정하는 데 사용된다.

① **요한슨 식** : 판 게이지 85개 또는 49개를 한 조로 하고 있다. 긴 방향의 양측 면이 서로 평행하여 이 평행한 측면에 대하여 게이지 면은 네 귀퉁이에 기울어진 짧은 다듬질 면으로 되어 있고 각도가 기재되어 있다.

② **NPL 식** : 웨지 블록 게이지라고도 하며 쐐기형의 열처리된 블록으로 게이지를 단독 또는 2개 이상을 조합하여 사용한다. 100 × 15 mm의 강철제 블록으로 되어 있으며 12개 게이지를 한 조로 하고 있고, 2개 이상을 조합해서 0°에서 81°까지 6° 간격으로 임의의 각도를 만들 수 있으며 조립 후의 정밀도는 ± 2∼3°이다.

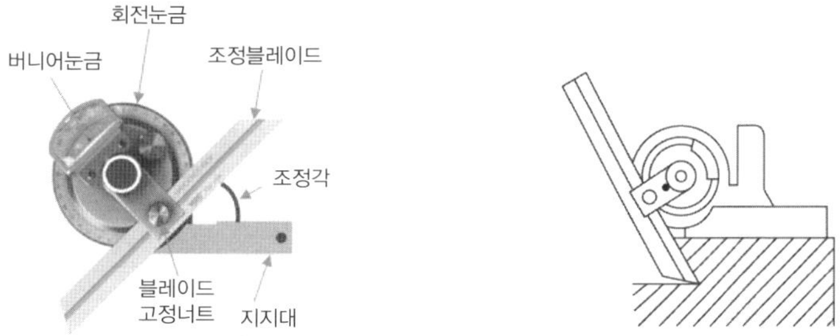

(a) 베벨 각도기 구성 및 사용 예

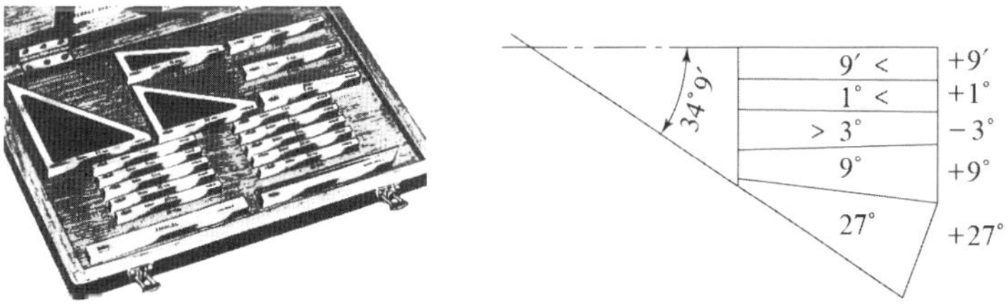

(b) 각도 블록 게이지와 사용 예

그림 7-23 각도 게이지

7.3.7 각종 게이지

1. 게이지 블록

게이지 블록(gauge block)은 기계 공장에서 길이의 기준으로 사용되는 것으로 합금 공구강의 직육면체로 육면 중에서 서로 상대하는 두 면이 정확하게 평행한 평면으로 만들어져 있으며, 두께가 호칭 치수로 되어 있다. 각종 측정 지시 값의 확인과 교정 등의 비교 측정의 기준 게이지로 사용되고 있다. 스틸, 세라믹 두 가지 재료를 사용한 게이지 블록이 있으며, 그림 7-24는 게이지 블록을 나타낸 것이다.

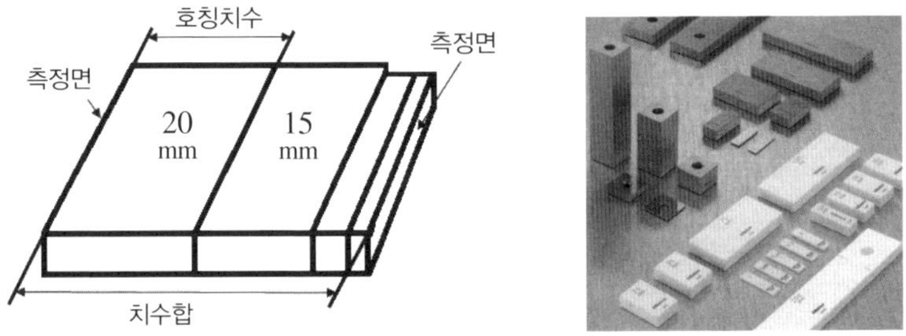

그림 7-24 게이지 블록

2. 기타 표준 게이지

(가) 플러그 게이지(plug gauge), 링 게이지(ring gauge)

바깥지름과 안지름이 표준 치수로 되어 있으며, 캘리퍼스에 게이지의 치수를 옮겨 같은 지름의 축 또는 구멍을 측정하면 비교적 정확한 측정이 된다.

(나) 나사 게이지(screw thread gauge)

수나사용과 암나사용이 있으며, 가공한 수나사와 암나사를 검사할 때 끼워 맞추어 비교 측정한다.

(다) 테이퍼 게이지(taper gauge)

테이퍼로 되어 있는 구멍과 축을 서로 끼워서 맞춤 정도를 측정하는 것으로서, 구멍용과 축용으로 분류된다.

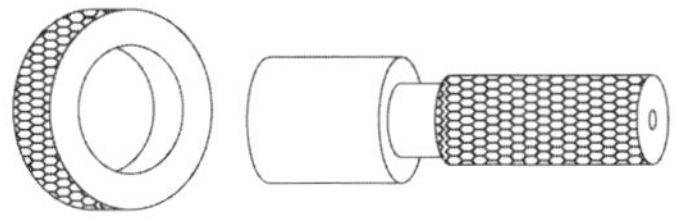

(a) 링 게이지 (b) 플러그 게이지

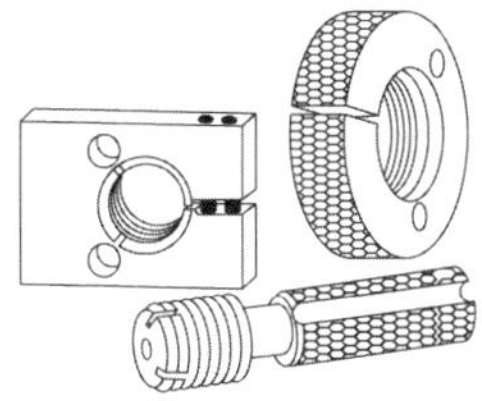

(c) 나사 게이지

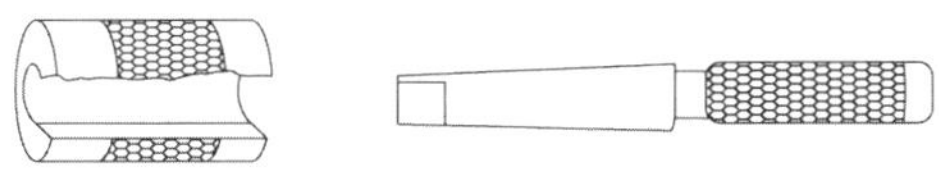

(d) 표준 테이퍼 게이지

▮ 그림 7-25 ▮ 기타 표준 게이지

(라) 한계 게이지 (limit gauge)

기계 부품 제작 시 그 정밀도에 따라 최대 치수와 최소 치수의 범위를 정하고, 그 범위 안에 들도록 가공하기 위하여 쓰이는 측정기로서, 이것을 한계 게이지라 한다. 구멍용인 플러그 게이지와 축용인 스냅 게이지가 있다.

그림 7-26은 한계 게이지의 보기를 나타낸 것으로 구멍용에서는 최대 치수 쪽을 정지 측, 최소 치수 쪽을 통과 측이라 하고, 축용에서는 최대 치수 쪽을 통과 측, 최소 치수 쪽을 정지 측이라 한다.

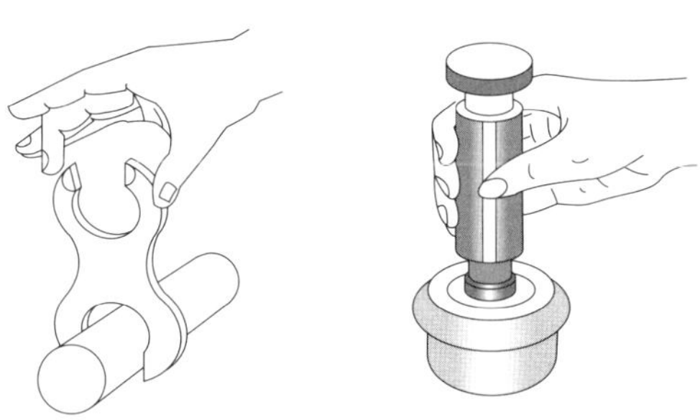

(a) 스냅 게이지 (b) 플러그 게이지

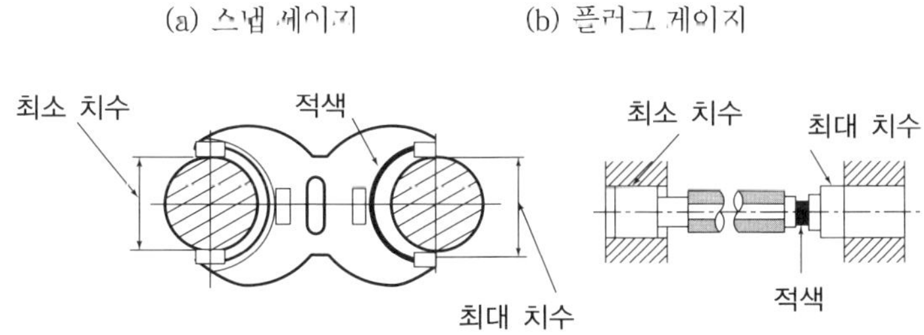

▮ 그림 7-26 ▮ 한계 게이지

7.4 용접

용접은 금속 또는 열가소성 수지와 같은 두 개 이상의 재료를 함께 녹이고 융합하여 결합하는 제조 공정이다. 재료 사이에 강력하고 영구적인 접합을 생성하여 단일 조각으로 기능할 수 있도록 한다. 열원은 재료의 가장자리나 표면을 녹이고 더 강한 접합을 보장하기 위해 용가재(filler metal, 용접봉)를 추가하여 접합하거나, 접합하고자 하는 부분을 적당한 온도로 가열한 후 압력을 가하여 서로 접합시키기도 한다. 기본 원리는 전기 아크, 가스 화염, 레이저 등을 사용하여 재료를 융점 이상으로 가열하는 것이다. 구조물, 기계, 차량, 파이프라인 등 다양한 산업 분야에서 널리 이용되고 있다.

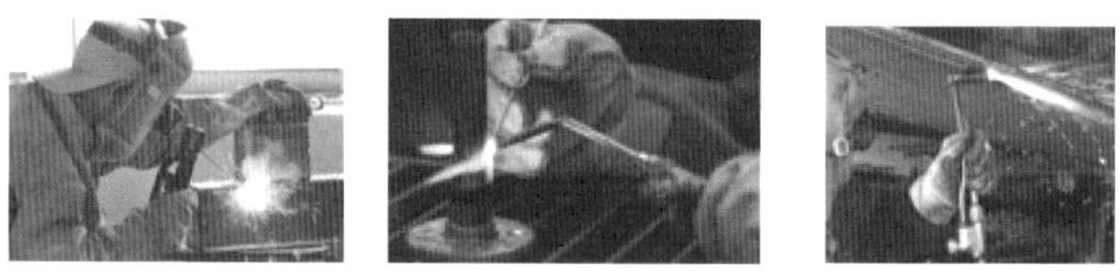

7.4.1 용접의 분류

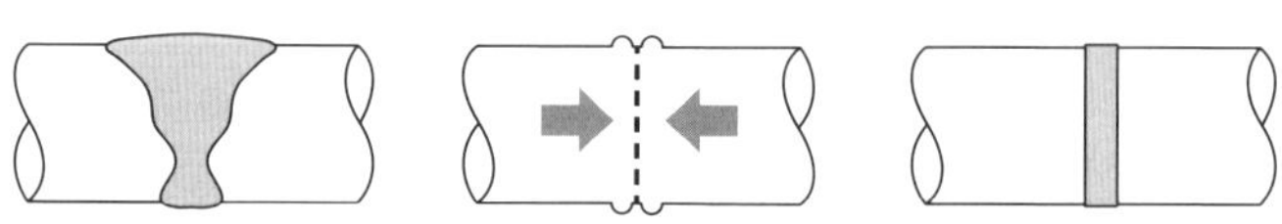

(가) 융접

두 개 이상의 재료를 녹이고 결합하는 용접 방식이다. 접합 부분을 용융 또는 반용융 상태로 만든 후, 모재만으로 또는 모재와 용가재를 융합하여 접합하는 방법을 융접(fusion welding)이라 하며, 표 7-1과 같이 분류할 수 있다.

▌표 7-1▌ 용접의 분류

용접	용접의 분류
아크 용접	피복 아크 용접 서브머지드 아크 용접 불활성 가스[3] 아크 용접 탄산가스 아크 용접 플라스마[4] 아크 용접
가스 용접	산소-아세틸렌 용접 산소-수소 용접
특수 용접	테르밋[5] 용접 전자빔 용접 레이저 용접 일렉트로 슬래그 용접

(나) 압접

두 재료를 녹이지 않고 접합하는 용접 방식이다. 모재의 접합 부분을 열간 또는 냉간 상태에서 압력을 가해 접합하는 방법을 압접(pressure welding)이라 하며, 표 7-2와 같이 분류할 수 있다.

▌표 7-2▌ 압접의 분류

압접	압접의 분류
전기 저항 용접	겹치기 용접 : 스폿 용접, 심 용접, 프로젝션 용접
	맞대기 용접 : 업셋 용접, 플래시 용접
고상 용접	단접, 냉간 압접, 폭발 압접 초음파 용접, 마찰 용접, 확산 접합

3) 불활성 가스 : 보통 상태에서는 다른 원소와 화학 결합을 형성할 가능성이 없어서 불활성 가스라고 하며, 주기율표 18족에 속하며 헬륨(He), 네온(Ne), 아르곤(Ar) 등이 있다.

4) 플라스마(plasma) : 플라스마는 고체, 액체 및 기체와 구별되는 '제4의 물질 상태'이다. 고온, 고주파 방전, 강한 자기장 등 다양한 방법을 통해 가스에 높은 에너지를 가하면 이온화된 입자는 고체나 액체처럼 서로 결합되어 있지 않고 대신 자유롭게 움직이는 대전 입자로 존재한다. 이러한 상태의 물질을 플라스마라고 한다.

5) 테르밋(thermite) : 테르밋은 알루미늄과 같은 금속 분말과 산화철(녹)과 같은 금속 산화물의 혼합물이다. 테르밋 혼합물이 발화되면 알루미늄이 산화철(III)과 반응하여 많은 양의 열을 방출하고 용융철과 산화알루미늄(Al_2O_3)을 생성한다.

$$2\,Al + Fe_2O_3 \rightarrow 2\,Fe + Al_2O_3 + \text{열}$$

2,500℃ 이상의 고온과 강렬한 열 발생으로 인해 용접, 절단 등의 산업 응용 분야에 사용된다.

(다) 납땜

융합 용접과 달리 납땜은 모재를 녹이는 과정을 포함하지 않는다. 땜납을 녹이는 방식으로 연결되는 부품을 접합한다. 접합할 부품인 모재를 녹지 않도록 가열하고 결합되는 금속보다 용융점이 낮은 땜납을 용융시켜 모재와 금속을 접합하는 방법을 납땜(brazing and soldering)이라 한다. 납땜은 땜납의 용융점에 따라 연납땜(용융점 450℃ 이하)과 경납땜(용융점 450℃ 이상)으로 구분하며, 표 7-3과 같이 분류할 수 있다. 전선, 회로 기판 및 전자 부품 간의 연결을 생성하기 위해 전자 및 전기 작업에 일반적으로 사용된다.

▮표 7-3▮ 납땜의 분류

납땜	납땜의 분류
연납땜	
경납땜	저항 납땜, 유도 가열 납땜, 노내 납땜

7.4.2 용접의 장단점

(가) 용접의 장점

① 강도 및 내구성 : 용접은 높은 하중, 진동 및 충격을 견딜 수 있는 강하고 내구성 있는 접합부를 생성한다. 우수한 용접 접합부는 결합되는 기본 재료보다 더 강하여 구조적 무결성과 수명을 제공한다.

② 융통성 : 용접은 금속, 합금 및 열가소성 수지를 포함하여 다양한 재료를 접합하는 데 사용할 수 있다. 서로 다른 재료를 결합할 수 있어 복잡한 구조와 구성요소를 만들 수 있다.

③ 효율성 및 속도 : 용접은 일반적으로 빠른 공정이므로 대규모 생산에 효율적이다. 숙련된 용접공이 신속하게 용접을 수행하여 생산 시간을 단축하고 생산성을 높일 수 있다.

④ 디자인 유연성 : 용접은 디자인 유연성을 제공하여 맞춤형 모양과 구조를 만들 수 있다. 용접 접합부는 특정 하중 요구사항에 맞게 조정될 수 있으므로 설계자는 복잡한 형상을 생성하고 재료 사용을 최적화할 수 있다.

⑤ 고온 저항 : 용접 조인트는 고온을 견딜 수 있으므로 항공우주, 자동차 및 에너지 산업과 같이 고온이 관련된 응용 분야에 적합하다.

(나) 용접의 단점

① 열 및 뒤틀림 : 용접 중에 발생하는 강한 열은 용접된 재료의 국부적인 뒤틀림 및 뒤틀림을 유발할 수 있다. 이로 인해 특히 얇거나 열에 민감한 재료에서 치수 변화가 발생할 수 있으므로 왜곡을 수정하기 위해 추가 용접 후 프로세스가 필요하다.

② 열영향부(HAZ) : 용접 시 발생하는 열이 주변부에 영향을 주어 열영향부(HAZ)가 생긴다. HAZ는 경도의 변화 또는 부식에 대한 민감성과 같은 변경된 재료 특성을 가질 수 있으며, 추가 용접 후 처리 또는 고려 사항이 필요하다.

③ 재료 제한 : 용접은 모든 유형의 재료에 적합하지 않을 수 있다. 특정 플라스틱 또는 세라믹과 같은 일부 재료는 쉽게 용접할 수 없거나 특수 기술이 필요하다. 또한 이종 재료를 용접할 때 열팽창률과 야금학적 호환성의 차이로 인해 문제가 발생할 수 있다.

④ 검사 및 품질 관리 : 용접 품질을 보장하고 결함을 감지하기 위해서는 X선, 초음파 또는 염료 침투 탐상 검사와 같은 비파괴 검사 방법이 필요하다. 비용과 시간이 추가된다.

⑤ 건강 및 안전 위험 : 용접에는 고온, 전류, 잠재적으로 위험한 연기 및 가스를 사용하는 작업이 포함된다. 적절한 안전 조치, 환기 및 개인 보호 장비(PPE)를 사용하지 않을 경우 용접 연기, 자외선(UV) 방사 및 독성 가스에 노출되면 건강에 위험 및 화재를 초래할 수 있다.

7.4.3 용접[6]) 자세

용접 자세는 작업 요소에 따라 가장 편안하고 올바른 자세를 선택해야 한다. 맞대기 이음에서는 아래보기 자세가 기본적인 자세이며, T이음이나 겹치기 이음에서는 수평 자세가 기본이다. 용접 자세는 구조물의 형상과 작업 위치에 따라 표 7-4와 같은 방법들을 사용한다.

---

6) 용접의 역사 : 용접은 1801년 영국의 험프리 데이비(Humphry Davy)에 의해 아크열을 이용한 용접이 시도된 이래, 1885년 탄소 아크에 의한 용접법이 발명된 것이 용접이 본격적으로 발달하게 된 계기라고 할 수 있다. 그 후 새로운 열원에 의한 다양한 용접법이 개발되었고, 오늘날에는 30종이 넘는 용접법이 개발되어 각각의 장점을 이용한 용접 기술이 날로 발전되고 있다.

- 제1기(1885~1902) : 탄소 아크 용접, 전기 저항 용접, 테르밋 용접, 가스 용접 등
- 제2기(1926~1936) : 불활성 가스 아크 용접, 서브머지드 용접, 원자 수소 용접 등
- 제3기(1948~1967) : 이산화탄소 아크 용접, 일렉트로 슬래그 용접, 초음파 용접, 마찰 용접, 전자빔 용접 등

▮ 표 7-4 ▮ 용접 자세의 종류

명 칭	용접 자세	용접 방법
아래 보기 자세 (flat position, F)		모재를 수평으로 놓고, 용접봉을 아래로 향하게 하여 용접한다.
수직 자세 (vertical position, V)	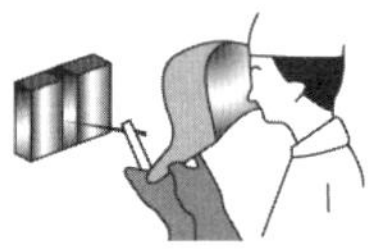	모재를 수평면과 90° 또는 45° 이상으로 경사지게 하여 용접봉을 수직으로 진행하면서 용접한다.
수평 자세 (horizontal position, H)	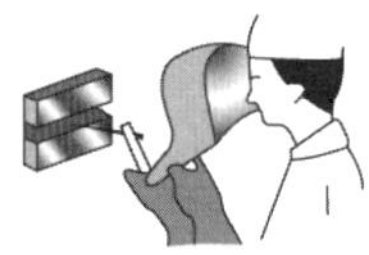	모재를 수평면과 90° 또는 45° 이상으로 경사지게 하여 용접봉을 수평으로 진행하면서 용접한다.
위 보기 자세 (overhead position, O)	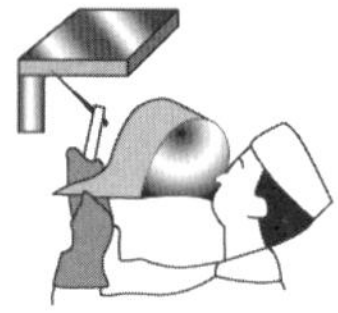	모재가 눈 위로 들려 있는 수평면의 아래쪽에서 용접봉을 위로 향하게 하여 용접한다.

7.4.4 용접 홈 및 이음의 종류

모재가 두꺼운 경우 그대로 용접하면 용입 불량 등의 결함이 발생할 수 있다. 이를 방지하기 위해 접합부에 홈(groove)을 가공하게 되는데, 일반적으로 피복 아크 용접에서 초보자는 홈 각도를 54~70° 정도로 넓게, 숙련자는 이보다 좁게 하여 작업한다. 또한 용접을 설계할 때는 재료의 물리적 성질, 용접 구조물의 변형과 잔류 응력, 구조물이 받는 하중 등을 고려하여 어떤 형태의 용접 이음을 시행할 지를 미리 계획해야 한다.

(가) 용접 홈의 종류

용접 홈은 그림 7-27과 같이 I형, V형, U형, V형, J형 등으로 가공할 수 있다.

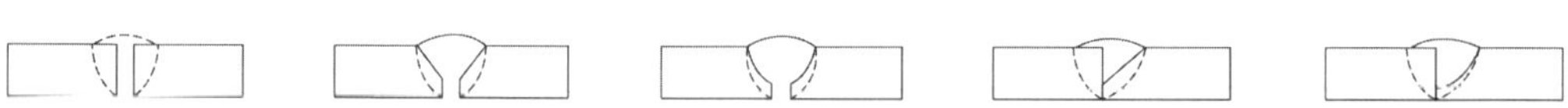

(a) I형 홈 ($t<3$mm)　(b) V형 홈 ($t=6\sim19$mm)　(c) U형 홈 ($t>20$mm)　(d) V형 홈 ($t=6\sim19$mm)　(e) J형 홈 ($t=20\sim40$mm)

▮ 그림 7-27 ▮ 각종 용접 홈

일반적으로 판 두께가 3 mm 이하일 때는 I형, 6∼19 mm에는 V형, ⋁형, 그 이상인 경우에는 U형, J형 등으로 가공한다. U형 홈이나 J형 홈과 같이 홈의 아랫부분, 즉 루트(root)부를 둥글게 가공하는 홈은 주철의 보수 용접 등에 적용된다. 용접 홈은 그라인더에 의한 연삭, 가스 또는 플라즈마 절단 등으로 가공한다.

(나) 용접 이음의 종류

용접 이음은 구조물의 형상에 따라 달라지는 것으로, 대표적 용접 이음에는 맞대기 이음, 겹치기 이음, 필릿 이음(T 이음), 모서리 이음 등이 있다. 그림 7-28은 용접 이음의 종류를 나타낸 것이다.

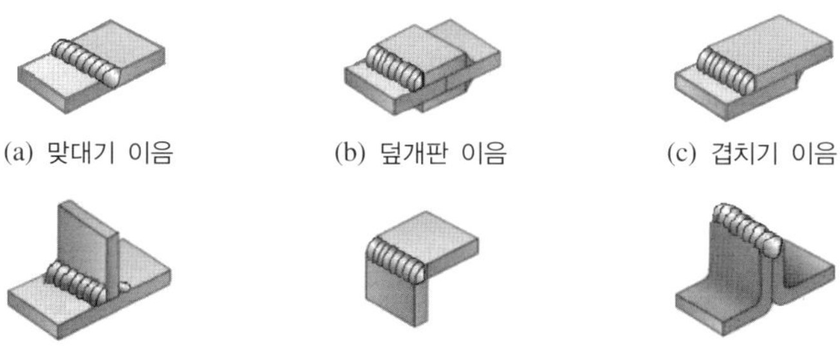

(a) 맞대기 이음 (b) 덮개판 이음 (c) 겹치기 이음
(d) T 이음 (e) 모서리 이음 (f) 가장자리 이음

▮ 그림 7-28 ▮ 각종 용접 이음

7.4.5 용접 기호

▮ 표 7-5 ▮ 용접부 기본 기호

명 칭	도 시	기호
I형(평행) 맞대기 이음	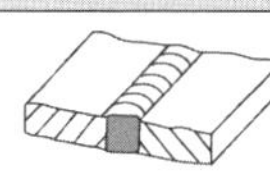	‖
V형 맞대기 이음	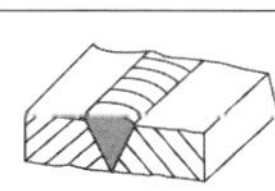	V
U형 맞대기 이음	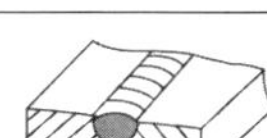	Y
일면 개선형 맞대기 이음	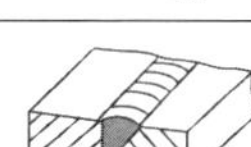	|/
J형 맞대기 이음	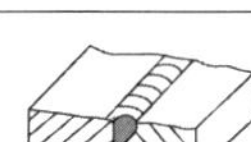	|)

7.4.6 피복 아크 용접(shielded metal arc welding)

양극(+) 전극과 음극(−) 전극, 즉 용접봉과 작업물(모재) 사이에 접촉이 이루어지면 전기 아크가 발생하여 약 5,000℃에 이르는 강한 열과 빛, 소리도 함께 발생한다. 용접봉의 금속 심선과 모재의 일부를 녹여 발생한 용융 금속이 냉각되고 굳어서 접합이 완성된다. 이를 일반적으로 전기 용접이라고 한다.

1. 피복 아크 용접 회로

그림 7-29와 같이 용접 모재와 금속 전극봉(용접봉) 사이에 아크를 발생시켜 전극 자신을 녹이면서 용접하는 방법이다. 용접 회로는 전원으로부터 전류가 공급되어 용접이 진행되는 과정에서 전류가 순환되는 회로이다.

피복 아크 용접 회로는 '용접기(전원) → 전극 케이블 → 용접봉 홀더 → 용접봉 및 모재 → 접지 케이블 → 용접기'로 구성된다.

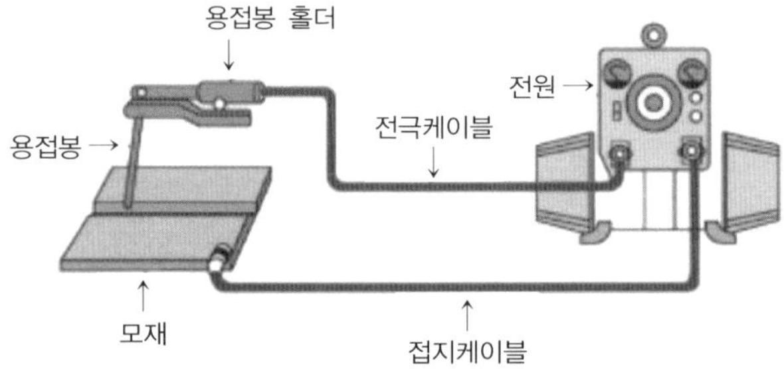

▮그림 7-29▮ 피복 아크 용접 회로

전극봉은 모재와 같은 금속에 용제를 바른 피복 아크 용접봉이 사용된다. 아크 용접기에는 직류 아크 용접기와 교류 아크 용접기가 있으며, 아크의 안전성은 직류 쪽이 좋다. 아크 용접을 할 때에는 높은 열과 강한 자외선을 방사하므로 특히 눈을 주의해야 하며, 몸 전체가 아크에 직접 접촉되지 않도록 보호 헬멧, 앞치마, 가죽 장갑 등으로 보호하여야 한다.

2. 교류 아크 용접기

그림 7-30은 교류 아크 용접기를 나타낸 것이다. 교류 아크 용접은 주변에서 교류 전원을 얻기가 쉬워 현재 많이 이용되고 있다. 대부분의 교류 아크 용접기는 입력 측(1차측)은 220 V에 접속하고, 출력 측(2차측)은 무부하 전압이 70~80 V 정도가 되게 되어 있으며, 아크 전압은 보통 30 V 전후가 된다. 교류 아크 용접기에는 코일의 감긴 수에 따라 전류를 조절하는 탭 전환형, 가동 철심으로 누설 자속을 가감하여 전류를 조절하는 가동 철심형, 가변 저항을 변화시켜 전류를 조절하는 가포화 리액터형 등이 있다.

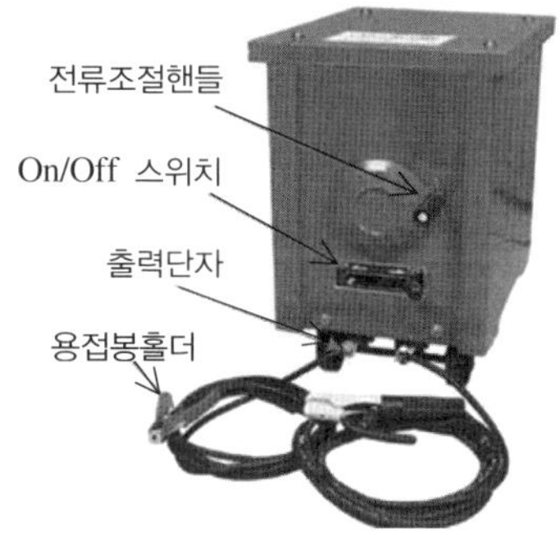

▮그림 7-30▮ 교류 아크 용접기

3. 피복 아크 용접봉

아크 용접에 사용되는 용접봉은 용가재 또는 전극봉이라고도 하며, 용접부의 품질을 좌우하는 중요한 소재이다. 비피복 아크 용접봉과 피복 아크 용접봉이 있으며, 비피복 아크 용접봉은 주로 자동이나 반자동 용접에 사용되고, 피복 아크 용접봉은 수동 용접에 사용된다.

(가) 피복 아크 용접봉의 구성

그림 7-31은 피복 용접봉의 구성을 나타낸 것이다. 피복 용접봉은 금속 심선 겉에 피복제를 발라서 말린 것으로, 한쪽 끝은 홀더에 물려 전류가 흐를 수 있도록 25 mm 정도를, 반대쪽은 아크 발생이 쉽도록 3 mm 정도를 피복하지 않는다.

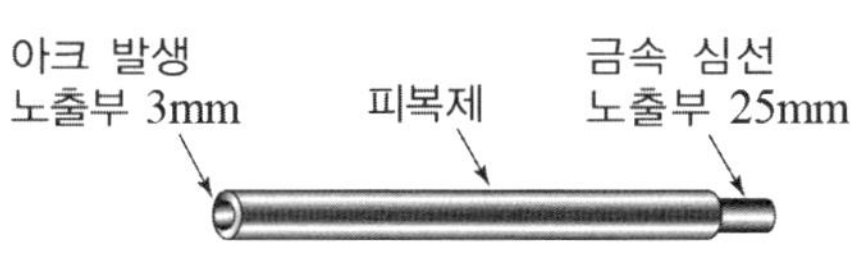

▮그림 7-31▮ 피복 아크 용접봉 구성

(나) 피복제의 역할

① 아크를 안정되게 한다.
② 산화 등을 방지하여 용착 금속을 보호한다.
③ 용접 비드 표면에 슬래그를 형성하여 용착 금속의 급랭을 방지한다.
④ 슬래그를 제거하기 쉽게 하고, 파형이 고운 비드를 만든다.
⑤ 스패터의 발생을 줄이고 전기 절연 작용을 한다.
⑥ 용착 금속에 적당한 합금 성분을 첨가하여 기계적 성질을 개선한다.

(다) 피복 아크 용접봉의 기호

피복 아크 용접봉의 기호는 KS D 7004의 규정에 따라 E4316과 같이 나타내며 그 의미는 다음과 같다.

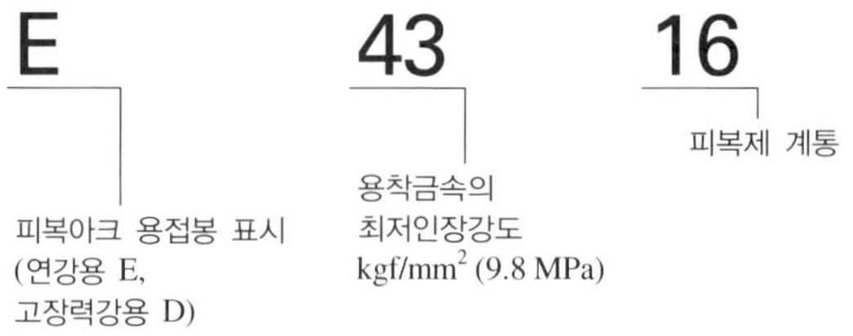

▮그림 7-32▮ 피복 아크 용접봉의 기호

(라) 피복 아크 용접봉의 취급

① 습기가 없는 장소에 보관하고, 진동을 받지 않도록 한다.
② 피복제가 떨어지지 않도록 통에 넣어서 운반한다.
③ 용접 전류, 용접 자세 및 사용 조건 등은 설명서에 따라야 한다.
④ 습기는 기공이나 균열의 원인이 되므로 일반 용접봉은 70～100℃에서 30～60분, 저수소계 용접봉은 300～350℃에서 1～2시간 건조 후 사용한다.

4. 피복 아크 용접 설비

피복 아크 용접에는 전류 순환, 감전사고 예방, 화상 예방, 자외선 차단, 각종 작업 공구 등 다양한 설비를 필요로 한다. 따라서 작업하는 사람들은 이 같은 설비를 적절히 사용할 수 있어야 안전사고를 예방할 수 있다.

(가) 용접 케이블

용접 케이블(cable)은 전원에서 용접기까지 연결하는 1차 케이블, 용접기에서 모재 또는 홀더까지 연결하는 2차 케이블이 있다. 2차 케이블은 용접기와 모재를 연결하는 접지 케이블, 용접기와 홀더를 연결하는 전극 케이블로 나누어진다. 1차 케이블은 고정된 선으로 유동성이 없어야 하므로 단선으로 지름(mm)을 사용하여 크기를 표시하며, 2차 케이블은 유연성이 좋은 캡타이어 전선을 사용한다. 용접 케이블이 너무 가늘면 저항이 높아져 열이 발생하고, 용접기의 전압이 떨어지므로 사용 전류에 적합한 굵기를 사용해야 한다.

용접 케이블

▌표 7-6▌ 사용 전류에 따른 케이블의 굵기

용접 전류[A]	200	300	400
1차 측 지름(mm)	5.5	8	14
2차 측 단면적(mm^2)	38	50	60

(나) 용접봉 홀더

용접봉 홀더(holder)는 용접봉을 물고 용접 전류를 용접 케이블에서 용접봉에 전달하는 기구이다. 무게가 가볍고 전기 절연이 잘 되는 것이 좋으며, 용접봉이나 케이블과 접속되는 부분은 나사 조임 등으로 완전하게 접속하여 용접할 때 홀더가 과열되지 않도록 해야 한다.

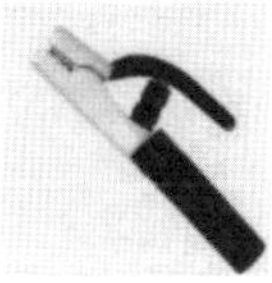

홀더

(다) 헬멧과 핸드 실드

아크에서 발생하는 유해 광선인 자외선과 적외선 및 스패터(spatter)로부터 작업자를 보호하기 위한 기구이다. 머리에 쓰고 작업하는 것을 헬멧(helmet), 손에 들고 작업하는 것을 핸드 실드(hand shield)라 한다.

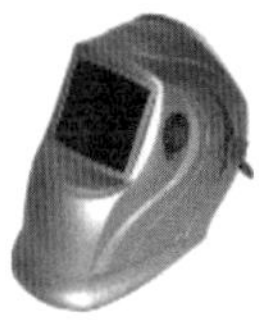

헬멧

핸드 실드

(라) 차광 유리

용접 헬멧과 핸드 실드에는 유해 광선을 차단하여 눈을 보호하기 위해 차광 유리(filter glass)를 끼워서 사용한다. 차광 유리는 전류와 용접봉의 지름이 커질수록 차광도 번호가 높은 것을 사용한다. 일반적으로 피복 아크 용접에서는 차광도 번호 10~11번을 많이 사용한다.

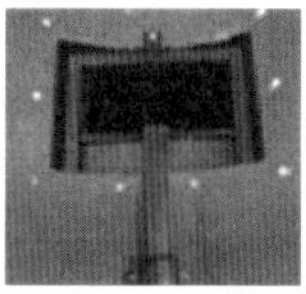

차광 유리

(마) 안전 보호구

용접기를 고정시켜 놓고 용접하는 경우에는 차광막, 환기 시설 등을 갖춘 부스에서 용접 작업을 하여 유해 광선이나 가스에 의한 피해를 다른 사람에게 주지 말아야 한다. 작업자를 보호하기 위한 안전 보호구에는 장갑, 앞치마, 팔 덮개, 각반, 안전화 등이 있다.

(바) 각종 작업용 공구

① 전류계 : 작업 중 전류를 측정할 때 사용한다.
② 슬래그 망치 : 용접부의 슬래그를 제거할 때 사용한다.
③ 접지 클램프 : 모재와 용접기를 케이블에 접속할 때 사용한다.
④ 와이어 브러시 : 비드 표면의 스케일이나 슬래그를 제거할 때 사용한다.

슬래그 망치

접지 클램프

와이어 브러시

7.4.7 피복 아크 용접 작업

피복 아크 용접을 위해서는 앞에서 학습한 여러 가지 설비를 적절히 사용하여 용접에 필요한 기초 작업과 본 작업을 수행해야 한다. 용접 기초 작업에는 전류 조절, 가접, 예열과 후열 등이 포함되고, 본 작업에는 아크 발생, 운봉법, 안전 관리, 용접 결함 방지 등이 포함된다.

1. 용접 전류 조절

용접 전류가 너무 높으면 언더컷과 스패터가 많이 발생하고, 너무 낮으면 용입 불량이나 오버랩 등의 용접 결함이 생길 수 있으므로 항상 적정 전류를 유지해야 한다. 표 7-7은 모재의 두께에 따른 연강용 아크 용접봉의 적정 지름과 전류를 나타낸 것이다.

▮표 7-7▮ 용접 적정 전류

모재의 두께(mm)	4.0		6.0		9.0	
용접봉 지름(mm^2)	2.6	3.2	3.2	4.0	4.0	5.0
용접 전류(A)	60~80	80~100	100~120	120~140	140~160	170~180

2. 가접

용접부의 휨이나 비틀림 등의 변형을 방지하기 위해 본 용접 전에 모재를 일시적으로 고정시키는 용접이다. 가접(tack welding)은 위치나 길이 등이 적절하지 못하면 본 용접에서 치수의 부적당, 변형 및 기타의 결함을 일으켜 작업 능률을 저하시키는 원인이 되므로 실시할 때 주의가 필요하다. 가접의 위치와 크기, 수 등은 용접 제품의 사용 목적과 형상, 판 두께 등에 따라 달라진다.

3 예열과 후열

① **예열** : 예열(preheating)은 용접부의 열팽창과 급냉에 의한 조직 변화, 열응력, 변형, 균열 등을 방지하기 위해 용접 전에 용접부를 가열하는 작업이다. 보통 도시 가스나 산소-아세틸렌가스, 산소-프로판가스 또는 고정식 버너를 이용하여 실시한다.

② **후열** : 용접 후 급냉에 의한 균열을 방지하기 위해 용접 직후에 용접부를 소정의 온도까지 가열한 후, 적절한 시간 동안 유지시키는 작업이다. 후열 온도와 유지 시간은 재료의 종류와 두께, 잔류 응력, 용접부의 형상 등에 따라 달라진다.

4. 아크 용접 기술

(가) 아크 발생

용접봉 끝을 모재의 표면에서 10 mm 정도 되게 가까이 대고 아크 발생 위치를 정한 후, 헬멧 또는 핸드 실드로 얼굴을 가림과 동시에 용접봉을 순간적으로 모재에 접촉시켰다가 3~4 mm 정도 떼면 아크가 발생한다. 이 순간의 동작이 늦으면 용접봉이 모재에 붙어서 쉽게 떨어지지 않는다. 이 동작을 반복해도 아크가 발생하지 않으면 전류를 조금씩 높여 본다. 아크 발생 방법에는 찍기법과 긁기법이 있다.

(나) 아크 길이 유지

용접이 진행되면 용접봉의 길이가 짧아지게 되어 용접봉과 모재 사이의 거리가 멀어져 아크가 끊어질 수 있다. 따라서 용접 작업 중에는 아크 길이를 일정하게 유지하도록 노력해야 한다. 일반적으로 아크 길이는 용접봉의 심선 지름과 비슷하게 하는 것이 좋다.

(다) 비드 만들기

모재와 용접봉이 녹아서 생긴 띠 모양의 길쭉한 파형 용착 자국을 비드(bead)라 한다. 용접 결과는 비드의 형상에 따라 좌우되므로 양호한 비드가 만들어지도록 노력해야 한다. 양호한 비드는 폭과 높이가 일정하며 파형이 아름답다. 양호한 비드를 만들기 위해서는 용접 전류를 알맞게 조정하고, 아크의 길이를 일정하게 유지하며, 운봉 속도가 적당해야 한다.

(라) 운봉법

① **직선 비드 운봉법**

직선 비드 운봉법은 용접봉을 용접 진행 방향으로 70~80°(진행각) 정도 기울이고, 좌우에 대하여 90°(작업각)가 되게 하여 용접하는 방법이다. 주로 박판 용이나 홈 용접의 이면 비드를 형성할 때 사용된다.

② **위빙 비드 운봉법**

폭이 넓은 비드를 만들어야 할 경우 사용하는 운봉법이나. 이 방법은 용섭봉을 용접 진행 방향으로 70~80° 경사지게 하고, 좌우에 대하여 90°가 되게 하여 용접봉의 끝을 여러 가지 모양으로 움직여 비드를 만든다. 위빙 비드 운봉법은 일반적으로 후진법으로 용접하며 모든 운봉법의 기본이 되는 운봉법이다.

▮표 7-8▮ 여러 가지 운봉법

비드의 명칭	운봉법
직선	
소파형	
대파형	
원형	
삼각형	

(마) 변형 방지

아크 용접은 열에 의해 모재가 변형되기 쉽다. 따라서 용접부의 변형을 방지하기 위해 가접을 하거나, 클램프 등으로 모재를 단단하게 고정시켜야 한다. 경우에 따라서는 용접 전에 변형의 크기 및 방향을 예측하여 미리 반대로 변형시키는 역변형법을 활용하기도 한다.

5. 용접 안전 관리

(가) 전격 방지

전격이란 전기적인 충격을 뜻하며, 인체에 누전된 전기가 흘러서 상해를 입거나 충격을 느끼는 사고를 말한다. 용접 작업 중 전격의 위험을 방지하기 위해서는 전격 방지기가 부착된 용접기 및 절연 홀더를 사용해야 한다. 작업 중에는 보호구를 반드시 착용하고, 용접기의 접지 상태를 확인해야 한다.

(나) 유해 가스 중독 방지

용접 작업 중에는 0.1~5 μm 정도의 미세한 유해 가스 입자들이 호흡을 통해 인체에 유입될 수 있다. 이들 유해 가스의 인체 유입을 방지하기 위해서는 호흡 보호구를 착용해야 한다.

(다) 유해 광선에 의한 안염 예방

용접 작업 중에 발생하는 광선은 가시광선, 자외선, 적외선 등으로 구성되어 있다. 이들

중 인체에 가장 유해한 광선은 자외선인데, 자외선에 장시간 노출되면 다량의 눈물과 통증, 안염 등이 생길 수 있다. 유해 광선으로부터 인체를 보호하기 위해서는 보안경 및 보호면을 반드시 착용하고 용접 작업을 진행해야 한다.

6. 용접 결함의 원인과 방지 대책

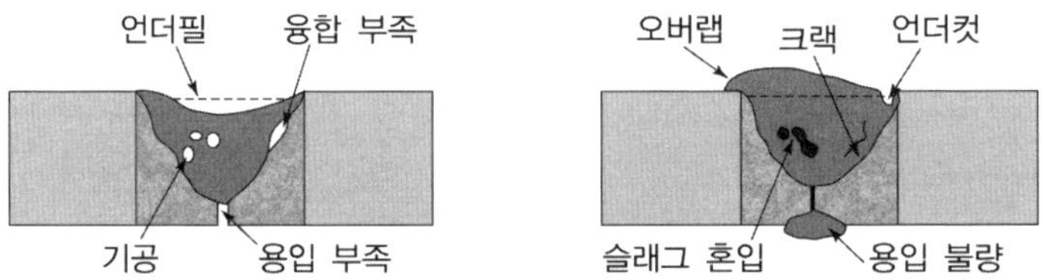

▮그림 7-33▮ 다양한 용접 결함의 형태

▮표 7-9▮ 용접 결함의 원인과 방지 대책

종류	원인	방지 대책
균열	• 이음부의 강성이 너무 크다. • 전류가 너무 높다. • 용접 속도가 빠르다.	• 예열을 한다. • 전류를 낮춘다. • 용접 속도를 줄인다.
용입 불량	• 용접 속도가 너무 빠르다. • 전류가 너무 낮다. • 용접봉 선택이 부적당하다.	• 용접 속도를 줄인다. • 전류를 높인다. • 적정한 용접봉을 선택한다.
언더컷	• 전류가 너무 높다. • 아크 길이가 너무 길다. • 용접 속도가 빠르다.	• 전류를 낮춘다. • 아크 길이를 짧게 유지한다. • 용접 속도를 줄인다.
오버랩	• 전류가 너무 낮다. • 작업각이 부적당하다. • 용접봉 선택이 부적당하다.	• 전류를 높인다. • 작업각을 바르게 한다. • 적정한 용접봉을 선택한다.
기공	• 용접부에 이물질이 있다. • 용접봉 건조가 불량하다. • 전류가 너무 높다. • 아크의 길이가 길다.	• 이물질을 제거한다. • 용접봉을 건조시킨다. • 전류를 낮춘다. • 아크의 길이를 짧게 한다.

7.4.8 가스 용접

가스 용접은 연료 가스와 산소를 혼합하여 생성된 화염을 사용하여 금속 부품을 녹이고 접합하는 용접 기술로서 가장 초기의 용접 방법 중 하나이다. 일반적으로 판금과 같은 얇은 재료를 용접하는 데 사용된다. 전기가 없는 지역에서도 사용할 수 있어 선호도가 높으며. 화염과 열 분포를 정확하게 제어하는 전문 지식이 필요하다.

1. 가스 용접의 원리

아세틸렌, 수소, 프로판, 메탄 등과 같은 가연성 가스와 산소를 혼합하여 태울 때 생기는 불꽃으로부터 높은 열을 얻어 접합부를 용해시키고, 여기에 용접봉을 녹여서 용접하는 방법이다. 그림 7-34는 가스 용접의 방법을 나타낸 것이다. 일반적으로 사용되는 혼합 가스는 아세틸렌과 산소를 혼합시키는 방법이 널리 사용된다. 아세틸렌은 아세톤에 녹여 강철제의 봄베 속에 넣어 사용하는 용해 아세틸렌이 편리하다.

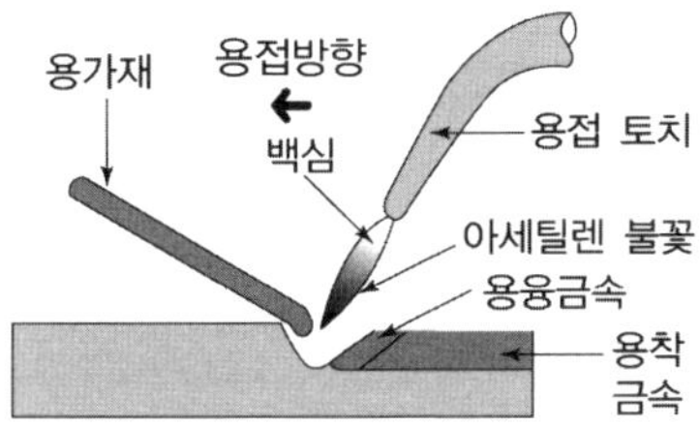

▮그림 7-34▮ 가스 용접법

2. 가스 용접의 장단점

전반적으로 가스 용접은 휴대성, 다용성 및 비용 효율성과 같은 이점을 제공하지만 용접 속도, 접합 강도 등 세밀한 기술 요구 사항에 대응하기에는 한계가 있다.

(가) 장점

① 휴대성 : 휴대성이 뛰어나고 원격 위치나 전기가 없는 지역에서 사용할 수 있어 야외 또는 현장 용접 등이 가능하다.

② 다목적성 : 강철, 스테인리스강, 알루미늄, 구리 및 황동을 포함한 광범위한 금속을 용접하는 데 사용할 수 있다. 얇은 재료에 특히 효과적이다.

③ 비용 효율성 : 가스 용접 장비는 다른 용접 공정에 비해 상대적으로 저렴하여 소규모 작업 및 개인 사용자가 접근할 수 있다. 아세틸렌 또는 프로판과 같은 연료 가스는 일반적으로 비용 효율적이고 쉽게 구할 수 있다.

④ 유연성 및 제어 : 화염 크기와 열 강도를 정밀하게 제어할 수 있어 다양한 재료, 조인트 구성 및 두께로 작업할 때 유용하다.

(나) 단점

① 안전 문제 : 폭발 및 화재의 위험이 있으므로 적절한 환기, 적절한 보관 및 안전 관행 준수를 보장하기 위해 예방 조치를 취해야 한다.

② 느린 용접 속도 : TIG[7] 또는 MIG[8] 용접과 같은 다른 용접 공정에 비해 용접 속도가 느리다. 이로 인해 대규모 프로젝트의 경우 효율성이 떨어지고 시간이 많이 소요된다.

③ 접합 강도 제한 : 용접부의 기계적 강도가 아크 용접보다 약하다.

④ 제한된 응용 분야 : 얇은 재료와 소규모 프로젝트에 더 적합하다. 무거운 구조용 용접이나 높은 생산성이나 정밀도가 요구되는 용도에는 적합하지 않다.

---

7) TIG (Tungsten Inert Gas) 용접 : TIG 용접은 비소모성 텅스텐 전극을 사용하여 아크를 생성하고 모재를 녹이며 필요한 경우 별도의 용가재를 수동으로 추가할 수 있다. 용접 공정에 대한 뛰어난 제어 기능을 제공하므로 고품질 용접이 중요한 항공 우주, 자동차 및 제조와 같은 산업에서 일반적으로 사용되며 예술품 및 보석과 같은 응용 분야에 적합하다. 아르곤과 같은 불활성 가스를 사용하여 대기 오염의 염려가 없다.

8) MIG (Metal Inert Gas) 용접 : MIG 용접은 차폐 가스와 함께 용접 건을 통해 공급되는 소모성 와이어 전극을 사용하여 아크를 생성하고 금속을 결합한다. 높은 용접 속도와 증착 속도로 매우 생산적인 공정이다. 두꺼운 재료와 큰 구조 부품을 용접하는 데 적합하다. 비교적 배우고 조작하기 쉽고 빈번한 전극 교체 없이 연속 용접이 가능하다. 모든 자세 용접이 가능하고, 자동 및 반자동 용접 시스템에 적용할 수 있어 산업 환경에서 효율성이 높다.

7.4.9 가스 용접 설비

가스 용접 설비에는 산소 용기, 아세틸렌가스 용기, 용접 토치, 압력 조정기, 용접용 호스 등이 있다. 이와 같은 설비들은 전기를 사용하지 않으므로 감전의 위험이 없지만, 고압의 가스를 사용하므로 작업할 때 주의가 필요하다.

1. 산소 및 아세틸렌 용기

산소 용기는 산소병 또는 봄베(bombe)라고도 부르며, 진한 녹색으로 칠하여 황색으로 칠한 아세틸렌 용기와 구별한다. 가스 용접에 사용되는 산소는 35℃에서 150 kgf/cm^{2}로 충전한 것을 사용하며, 아세틸렌 용기는 아세틸렌가스(C_2H_2)를 15℃에서 15.5 kgf/cm^{2}로 충전하여 사용한다. 따라서 이들 용기는 취급할 때 다음과 같은 주의가 필요하다.

① 용기는 반드시 세워두고, 충격을 주지 않는다.
② 용기를 운반할 때는 밸브를 닫고 캡을 씌운다.
③ 화기에서 가까운 곳이나, 온도가 높은 곳에 두지 않는다.
④ 밸브 개폐는 가급적 천천히 한다.
⑤ 압력 조정기의 조작은 측면에서 한다.
⑥ 비눗물 등을 사용하여 정기적으로 누설 시험을 한다.

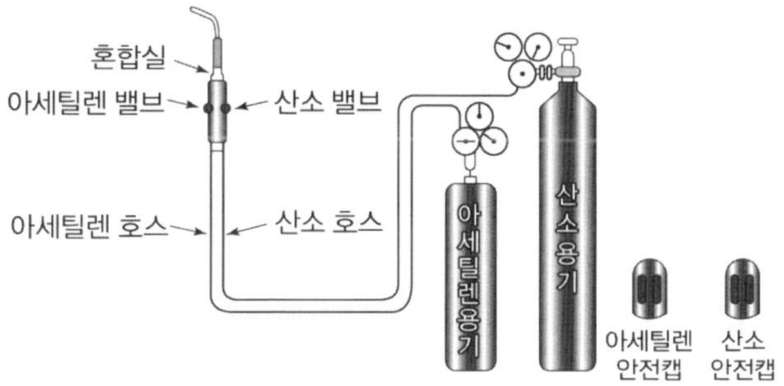

▮그림 7-35▮ 산소-아세틸렌 용접 설비

2. 용접 토치

산소도 강제의 봄베 속에 압축시켜 넣은 것을 사용한다. 아세틸렌과 산소는 고무관으로 그림 7-36과 같은 용접 토치에 보내어 산소와 아세틸렌을 적당히 혼합시켜 점화하면 된다. 아세틸렌가스의 압력에 따라 저압식(0.07 kgf/cm^2 이하), 중압식(0.07~1.3 kgf/cm^2), 고압식(1.3 kgf/cm^2 이상)이 있다.

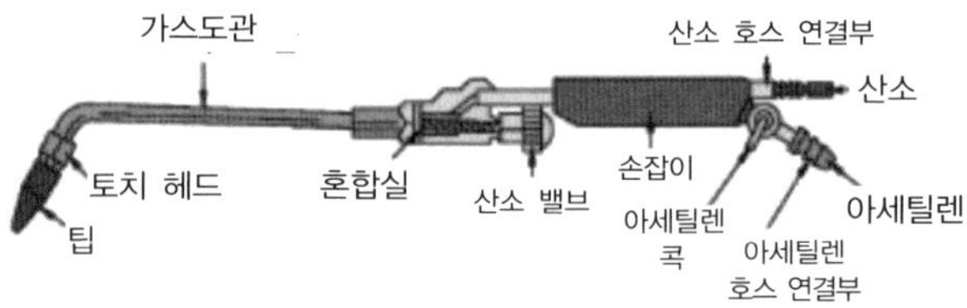

▮그림 7-36▮ 가스 용접 토오치

용접봉은 일반적으로 접합하는 금속과 거의 같은 재질을 사용한다. 그러나 주철이나 특수강을 용접할 때에는 모재의 성분과 다른 특수 용접봉이 필요하다. 용제(flux)는 용접을 할 때 생기는 산화물의 작용으로 용접 부분에 불순물이 들어가거나 재질의 성질이 달라지는 것을 예방하기 위하여 사용한다. 연강을 용접할 때에는 용제를 사용하지 않아도 좋으나 주철, 비철 금속 등을 용접할 때에는 사용해야 한다. 가스 용접은 가열 온도의 조절이 아크 용접보다 쉽고, 또 사용 기구의 운반도 쉬우므로 박판 용접에 많이 사용되지만, 아크 용접에 비하여 용접 속도가 느리고 가열 면적이 넓어져서 용접부에 균열이 생기거나 변형되기 쉬운 결점이 있다.

7.4.10 가스 용접 작업

양호한 가스 용접 작업을 위해서는 적절한 상태의 불꽃을 만들어야 하며, 모재와 용접 환경에 적합한 용접법을 선택해야 한다. 또한 산소 밸브와 아세틸렌 밸브를 잘 조절하여 용접 작업 중에 이상 현상이 나타나지 않도록 해야 한다.

1. 불꽃 조절

(가) 불꽃의 구성

그림 7-37은 산소-아세틸렌 불꽃을 나타낸 것이다. 환원성 백색 불꽃인 백심(불꽃심), 백심부에서 생성된 일산화탄소와 수소가 공기 중의 산소와 결합하여 연소되어 고열을 발생하는 속불꽃, 연소 가스가 공기 중의 산소와 결합하여 완전 연소되는 겉불꽃으로 구성된다. 속불꽃의 온도가 3,200～3,500℃로 가장 높다.

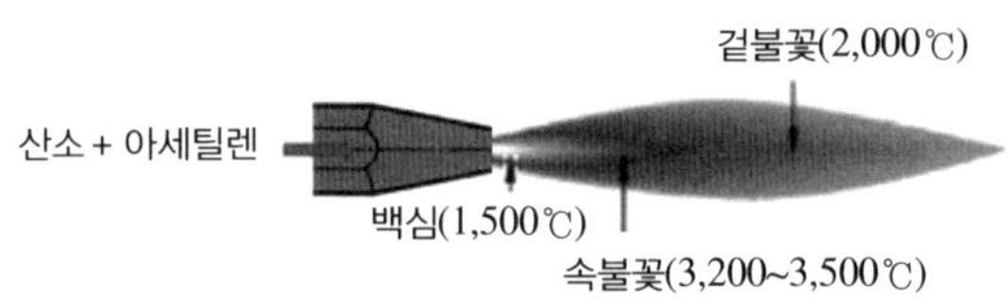

▮그림 7-37▮ 산소-아세틸렌 불꽃

(나) 불꽃의 종류

가스 용접을 위한 불꽃은 산소와 아세틸렌가스의 혼합 비율에 따라서 그 특성이 변하게 되므로, 불꽃의 특징을 충분히 이해하여 적절한 상태의 불꽃을 사용해야 한다.

① 아세틸렌 불꽃

아세틸렌가스만을 분출하면서 점화할 때 생기는 불꽃이다. 황적색을 띠며 힘이 없고 심한 그을음(매연)이 생긴다.

② 탄화 불꽃

아세틸렌 불꽃에서 산소를 점차 증가시킬 때 생기는 불꽃으로 황색 불꽃이다. 화구에서부터 백심, 아세틸렌 페더(feather) 또는 속불꽃, 겉불꽃으로 구분된다.

③ 중성 불꽃

탄화 불꽃에서 산소를 더욱 공급해 줄 때 생기는 불꽃으로 담청색 불꽃이다. 아세틸렌 페더가 사라지고 백심과 겉불꽃만 남게 되며, 가스 용접에서 가장 많이 사용된다. 산소와 아세틸렌의 비율이 1 : 1이다.

④ 산화 불꽃

중성 불꽃에서 산소 공급을 더욱 증가시켜 주거나 아세틸렌을 감소시킬 때 생기는 불꽃으로 백색 또는 자색 불꽃이다. 산소가 너무 많아지면 백색 부분은 보라색으로 되는데, 이 불꽃의 온도가 가장 높다.

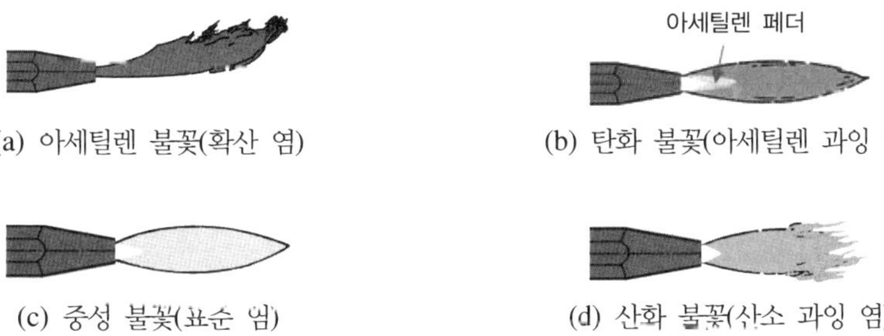

(a) 아세틸렌 불꽃(확산 염)　(b) 탄화 불꽃(아세틸렌 과잉 염)

(c) 중성 불꽃(표준 염)　(d) 산화 불꽃(산소 과잉 염)

▌그림 7-38▌ 산소-아세틸렌 불꽃의 종류

2. 토치의 진행

(가) 전진법

그림 7-39(a)는 전진법(forward method)을 나타낸 것이다. 토치를 오른손에, 용접봉을 왼손에 잡고 오른쪽에서 왼쪽으로 용접해 가는 방법으로, 왼쪽으로 진행한다고 하여 좌진법이라고도 한다. 일반적으로 판 두께 5 mm 이하의 얇은 판 용접에 주로 사용된다.

(나) 후진법

그림 7-39(b)는 후진법(back hand method)을 나타낸 것이다. 토치와 용접봉을 왼쪽에서 오른쪽으로 이동하는 방법으로, 오른쪽으로 진행한다고 하여 우진법이라고도 한다. 이 방법은 용접 속도가 빠르고 용접 변형이 적어지며, 전진법에 비해 기계적 성질이 우수하여 두꺼운 판의 용접에 적합하다.

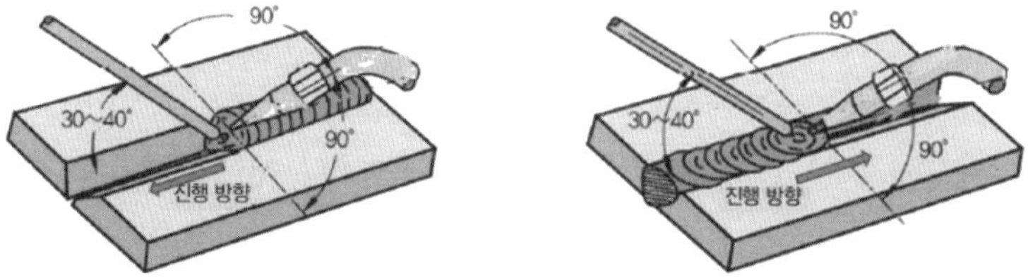

(a) 전진법 (b) 후진법

▮그림 7-39▮ 가스 용접 운봉법

표 7-10은 가스 용접 운봉법인 전진법과 후진법의 특성을 비교한 것이다.

▮표 7-10▮ 가스 용접 운봉법의 특성 비교

구분	전진법	후진법
열 이용률	나쁘다	좋다
용접 속도	느리다	빠르다
홈 각도	크다(80°)	작다(60°)
변형	크다	작다
산화성	크다	작다
비드 모양	좋다	나쁘다
용도	두꺼운 판	얇은 판

3. 역류, 역화 및 인화 방지

(가) 역류 방지

가스 용접에서는 일반적으로 산소의 압력이 아세틸렌가스의 압력보다 높으므로 고압의 산소가 밖으로 배출되지 못하면 압력이 낮은 아세틸렌 통로로 밀리면서 산소가 아세틸렌 호스 쪽으로 흐르게 된다. 이 현상을 역류(contra flow)라 하는데, 역류가 발생하면 폭발의 위험이 있다. 역류의 원인은 산소 압력 과다, 아세틸렌가스 공급 불량 등이 있다. 따라서 역류를 방지하기 위해서는 팁을 깨끗이 청소해야 한다. 만약 역류가 발생하면 토치의 산소와 아세틸렌 밸브를 차례로 잠근 다음에 팁을 정비한다.

(나) 역화 방지

역화 방지기

팁 속에서 폭발음이 나며 불꽃이 꺼졌다가 다시 나타나는 현상을 역화(back fire)라 한다. 역화는 팁 끝이 모재에 닿아 순간적으로 팁 끝이 막히거나, 팁의 과열 또는 사용 가스의 압력이 적당하지 않을 때 발생한다. 불꽃이 꺼지면 산소 밸브를 차단하고, 이어 아세틸렌 밸브를 닫는다. 팁이 가열되었으면 물속에 담가 산소를 약간 누출시키면서 냉각시킨다.

(다) 인화 방지

가스의 분출이 나빠지고, 토치의 가스 혼합실까지 불꽃이 도달되어 토치가 빨갛게 달궈지는 현상을 인화(flash back)라고 한다. 인화는 팁 끝이 순간적으로 막힐 때 발생한다. 인화가 발생하면 위험할 수 있으므로 즉시 산소 밸브와 아세틸렌 밸브를 차례로 닫아 혼합실 내의 불을 꺼야 한다. 인화는 팁 끝의 막힘, 과열, 팁의 죔 불량 등이 원인이므로 팁을 잘 정비하여 사용한다.

7.4.11 가스 절단

연료 가스와 산소의 조합을 사용하여 금속 재료를 절단하거나 성형할 목적으로 고온 불꽃을 생성하는 열 절단 기술이다. 금속 제조, 건설, 조선, 자동차 및 수리/유지보수 작업을 포함한 다양한 산업에서 널리 사용되고 있다. 두꺼운 금속을 절단하는 데 효과적이며 광범위한 철 및 비철 재료에 사용할 수 있다. 일반적으로 사용되는 연료 가스는 아세틸렌, 프로판이다.

1. 가스 절단의 원리

철강의 절단할 부분을 산소와 아세틸렌의 혼합가스 불꽃으로 가열하여 용융 상태에 이르기 직전에 고압의 산소로 불어 내면 재료는 용해함과 동시에 산소의 압력으로 절단된다. 탄소강이나 저합금강에 유효하게 적용할 수 있지만, 주철이나 비철금속 및 10 % 이상의 크롬을 함유한 스테인리스강과 같은 고합금강은 산화물의 용융 온도가 슬래그의 용융점보다 낮아서 일반적인 가스 절단 방법으로는 절단이 곤란하다. 가스 절단에 영향을 끼치는 요소는 팁의 크기와 모양, 산소의 순도와 압력, 절단 속도, 모재의 재질과 두께, 예열 온도 및 예열 불꽃의 세기 등이다. 그림 7-40은 가스 절단의 원리를 나타낸 것이다.

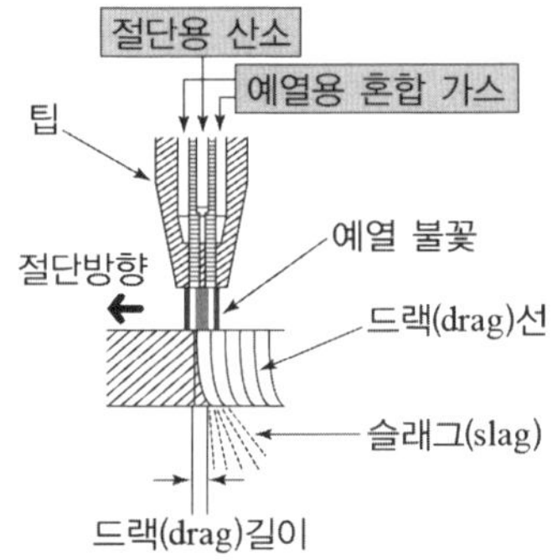

▮ 그림 7-40 ▮ 가스 용접 운봉법

2. 가스 절단용 산소

절단용 산소는 절단부를 연소시켜 그 산화물을 깨끗이 밀어내는 역할을 하므로 압력과 순도가 절단 속도에 큰 영향을 미치게 된다. 일반적으로 산소는 순도가 98% 이상의 것을 사용한다. 산소의 순도가 높으면 절단 속도가 빠르고 절단면이 양호해진다. 그러나 산소의 순도가 낮으면 절단 속도가 느려지고 절단면 거칠어지며, 슬래그의 이탈성이 나빠질 뿐만 아니라 산소 소비량도 많아지게 된다.

3. 가스 절단

(가) 절단 토치의 종류

① 인젝터 토치

범용 절단에 일반적으로 사용되는 기본 유형의 가스 절단 토치이다. 연료 가스의 고속 흐름에 의해 산소가 토치로 유입되는 벤추리 원리로 작동한다.

② 원형 절단 토치

나침반 토치라고도 하는 원형 절단 토치는 특히 원형 절단용으로 설계되었다. 작업자가 다양한 직경의 정확한 원을 절단할 수 있는 원형 가이드가 있다.

③ 멀티 헤드 토치

단일 토치 본체에 부착된 여러 절단 헤드로 구성되어 있다. 이를 통해 여러 평행선을 동시에 절단할 수 있어 생산성과 효율성이 향상된다.

그림 7-41은 수동식 인젝터 토치의 구성을 나타낸 것이다. 산소와 혼합 가스가 동심원의 구멍에서 분출하는 방식으로 프랑스식 토치(동심형 팁)라고도 한다. 사용 압력에 따라 0.07 kgf/cm^2 이하에서 사용되는 저압식 토치, 0.07～0.4 kgf/cm^2 정도에서 사용되는 중압식 토치가 있다.

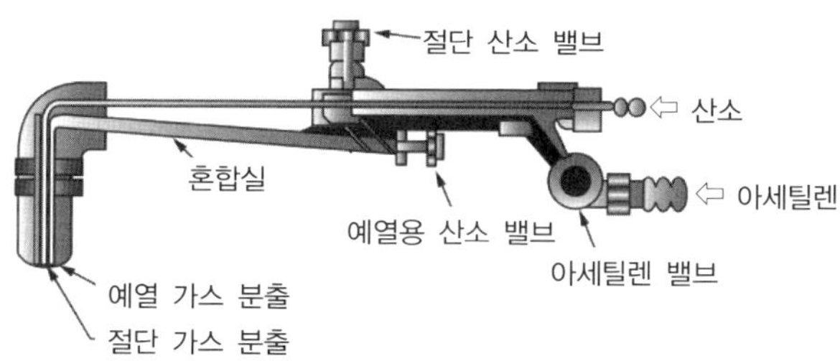

▌그림 7-41▌ 수동식 인젝터 토치의 구성

(나) 수동식 절단 토치의 진행

수동 가스 절단을 할 때 토치의 진행 속도가 너무 빠르면 도중에 절단이 중단될 염려가 있으며, 진행 속도가 너무 늦으면 산소가 낭비될 뿐만 아니라 과열로 인하여 절단면 위 모서리가 녹아내려 절단면이 울퉁불퉁해지기 쉽다. 절단 팁과 모재 사이의 간격은 그림 7-42와 같이 백심에서 1.5～2.0 mm 정도가 적합하다.

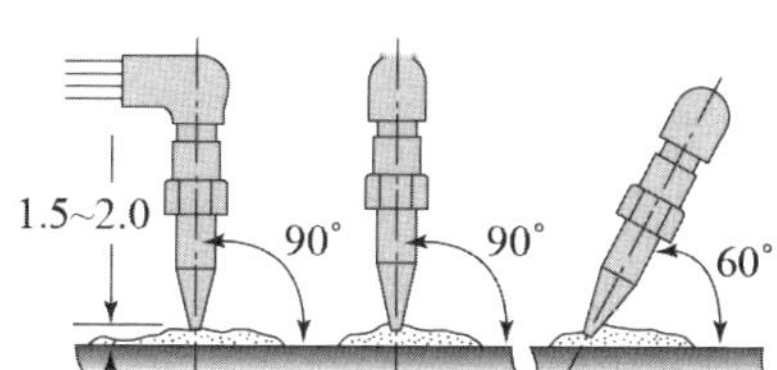

▌그림 7-42▌ 토치 팁의 각도와 간격

7.4.12 저항 용접

용접할 금속을 서로 겹쳐 놓고 용접면에 직각 방향으로 전류를 흐르게 하면 접촉부의 전기 저항으로 그 부위가 가열 되며, 온도가 상승함에 따라 전기 저항이 증가하여 급속히 적열 상태로 가열된다. 이때, 양전극에 압력을 가하면 접착하게 되는데, 이와 같은 원리를 이용한 용접 방법을 저항 용접(resistance welding)이라 한다. 이 방법으로는 강이나 황동 등의 용접은 쉬우나, 구리나 알루미늄은 어렵다. 용접 방법에 따라 맞대기 용접(butt welding), 점 용접(spot welding), 심 용접(seam welding) 등이 있다.

1. 맞대기 용접

그림 7-43과 같이 용접할 2개의 모재를 밀착시킨 다음 전류를 통하게 하면 접합 부분이 전기 저항 열에 의하여 가열되어 용융 상태로 되는데, 이때에 압력을 가하고 전원을 끄면 용접이 된다. 이 용접 방법을 맞대기 용접(butt welding)이라 한다. 이 방법의 용접 공정은 간단하나 가압력 때문에 용접 부위가 어느 정도 굵게 되고, 또 용접 후 용접 모재의 길이가 짧아지므로 길이에 대한 고려가 있어야 한다.

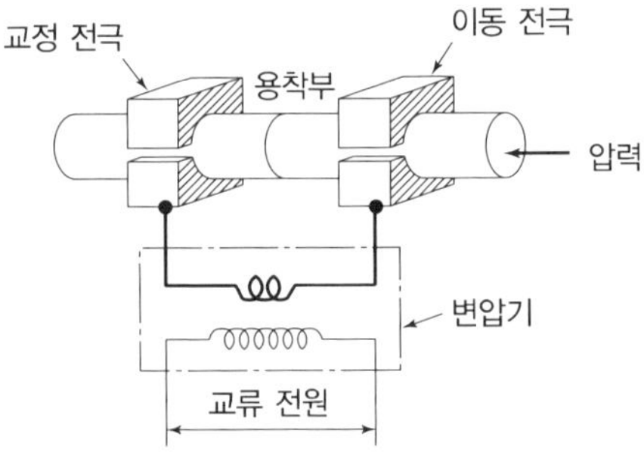

▮그림 7-43▮ 맞대기 용접

2. 점 용접

구리로 된 양 전극 사이에 용접하고자 하는 모재를 겹쳐 놓고 압력을 가하면서 큰 전류를 보내어 접촉 부분을 점 모양으로 용접하는 방법을 점 용접(spot welding)이라 한다. 이 방법은 통전 시간이 재료와 두께에 따라 다르나 1초 이내에 이루어지므로, 작업 속도가 빠르고 대량 생산에 적합하다. 또, 작업이 기계적으로 이루어지므로 작업자의 숙련도나 기량에 좌우되지 않으며, 용접 후 변형이나 잔류 응력이 적은 장점이 있다.

점 용접은 자동차, 항공기, 차량, 가전제품 등 기계 제조 공업의 전 분야에서 광범위하게 이용되고 있다. 특히, 자동차 제조 공업에서 차체 조립 공정은 산업용 로봇을 이용한 점 용접에 의해 자동적으로 이루어지고 있다.

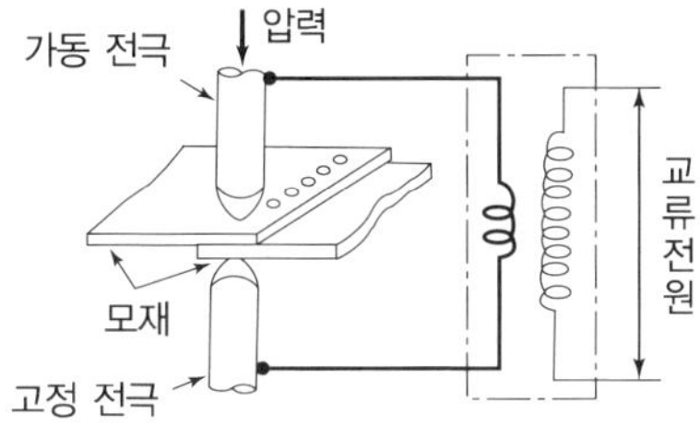

▮그림 7-44▮ 점 용접

3. 심 용접

그림 7-45와 같이 2개의 롤러 전극 사이에 용접할 모재를 겹쳐 놓고, 롤러 전극을 용접선에 따라 회전 이동시키면서 이음부를 연속적으로 용접해 나가는 용접 법을 심 용접(seam welding)이라 한다.

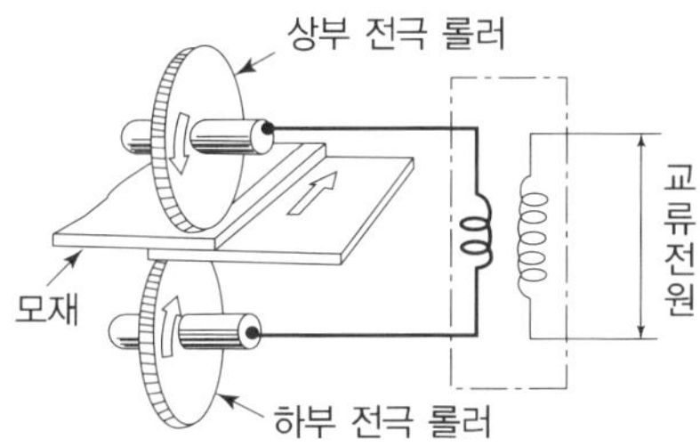

▮그림 7-45▮ 심 용접

7.4.13 특수 용접

1. 불활성 가스 아크 용접

아르곤(Ar), 헬륨(He) 등의 불활성 가스 속에서 아크를 발생시켜 용접부를 공기와 차단된 상태에서 용접하는 방법을 불활성 가스 아크 용접(inert gas arc welding)이라 한다. 텅스텐 전극을 사용하는 TIG 용접법과 금속 전극을 사용하는 MIG 용접법이 있다. 이 용접 법은 열 집중에 의한 균열과 변형이 적고, 기계적 성질이 좋기 때문에 알루미늄, 마그네슘, 구리 합금강, 스테인리스 강 등의 용접에 널리 사용된다.

(가) 불활성 가스 텅스텐 아크(TIG) 용접 법

티그(TIG : Tungsten Inert Gas arc welding) 용접이라고도 하며 이것은 텅스텐 봉을 전극으로 써서 가스 용접과 비슷한 조작 방법으로 용접봉를 아크로 융해하면서 용접한다. 이 방법에서 텅스텐은 거의 소모하지 않으므로 비용극식 아크 용접 또는 비소모식 불활성 가스 아크 용접법이라고도 한다. 또한 헬륨아크 용접 법, 헬리 웰드 법, 아르곤 아크 용접법 등의 상품명으로도 불리어진다. 불활성 가스 텅스텐 아크 용접 법에는 교류나 직류가 사용되며 그 극성은 용접 경과에 큰 영향을 끼친다. 직류 정극성에서는 음전기를 가진 전자가 모재를 세게 충격시키므로 깊은 용입을 일으키며 전극은 그렇게 가열되지 않는다. 그러나 역극성에서는 전극은 적열하게 가열되고 모재의 용입은 넓고 얕아진다. 그림 7-46(a)는 TIG 용접 법을 나타낸 것이다

(나) 불활성 가스 금속 아크(MIG) 용접법

미그(MIG : Metal Inert Gas arc welding) 용접이라고도 불리는 불활성 가스 금속 아크 용접 법은 용접봉인 전극 와이어를 연속적으로 보내어 아크를 발생시키는 방법으로 용극식 아크 용접 법 또는 소모식 불활성 가스 아크 용접 법이라고도 한다. 상품명으로는 에어코우매틱 용접 법, 시그마 용접 법, 필리 아크 용접 법 등으로 불린다. 불활성 가스 금속 아크 용접용 전원은 직류식으로 와이어를 정극으로 하는 역극성이 채용된다. 불활성 가스 금속 아크 용접 법은 전원이 정전압 특성의 직류 아크 용접기로서 가는 와이어를 써서 전류 밀도를 높이고, 와이어 송급은 일정 속도 송급 방식으로 하는 특징이 있다. 그림 7-46(b)는 MIG 용접법의 보기를 나타냈다.

(a) TIG 용접 (b) MIG 용접

▮그림 7-46▮ 불활성 가스 아크 용접

7.5 주조

금속을 가열하여 용해하고 이것을 모래나 금속으로 만든 주형에 주입하여 제품을 만드는 가공법을 주조(casting)라 하며, 이때 만들어진 제품을 주물이라 한다. 주물은 용접, 압출, 단조, 제관, 프레스 가공, 기계 가공 등의 금속 가공법보다 비교적 간단한 설비로 가격이 저렴하고, 쉽게 제작할 수 있으므로, 일상생활과 밀접한 관계가 있는 실내 장식용품, 펌프의 몸체, 자동차 엔진, 농기구, 공작 기계, 차량 등의 몸체 및 부품 등 모든 산업 분야에 걸쳐 그 용도가 다양하다. 주조용 재료는 주철, 구리 합금, 알루미늄 합금 등의 금속 재료가 쓰인다. 그림 7-47은 주조 공정을 나타낸 것이다.

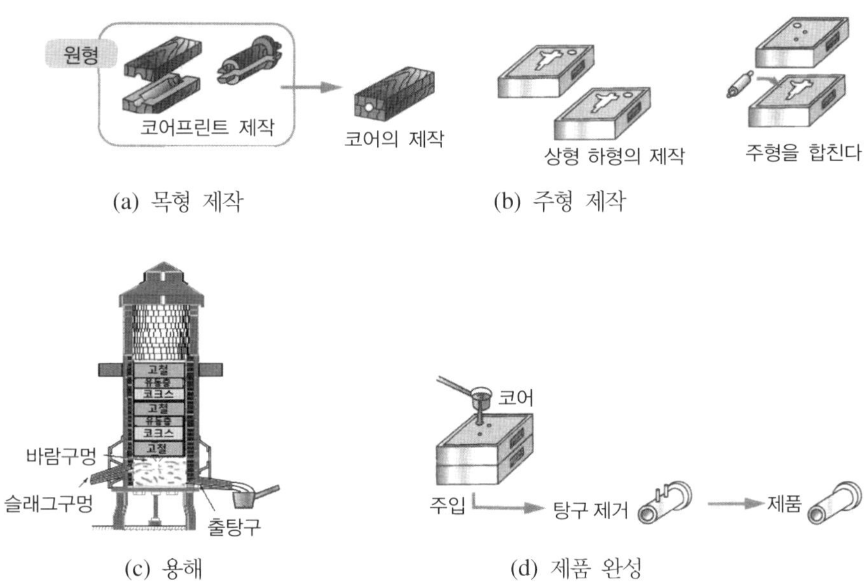

▮그림 7-47▮ 주조 공정

7.5.1 원 형(pattern)

원 형은 모형이라고도 부르며, 여기에 사용되는 재료는 대부분이 목재이고, 그 밖에 금속, 합성수지, 석고 등이 사용된다. 원 형은 주형을 만들기 위한 것으로서 기계 설계가 완성되면 제품의 형상, 두께, 대소, 제조 개수, 가격, 가공의 정밀도 및 난이도 등을 고려하여 만들어야 한다. 목재로 만든 원 형을 목형이라고 하는데, 목재는 가공하기 쉽고 비교적 오랫동안 사용할 수 있으며, 가벼워서 취급하기 쉽고 값이 싸서 널리 사용된다. 그리고 금속으로 만든 원 형은 금형이라고 하는데, 금형은 여러 번 반복하여 사용할 때와 기계 조형 작업에 사용된다. 구조에 따라 분류하면 현 형, 부분 형, 회전 형, 긁기 형, 골격 형, 코어 형, 정반 형이 있다. 원 형의 종류에는 표 7-11과 같은 것들이 있다.

표 7-11 원 형의 분류

원 형(pattern)	특징
현 형 (solid pattern) • 단체 형(one piece pattern) • 분할 형 (split pattern) • 조립형 (built-up pattern)	 간단한 형상 복잡한 형상
부분 형 (section pattern)	기어
골격 형 (skeleton pattern)	대형 곡관
긁기 형 (strickle pattern)	균인 단면 형상
회전 형 (sweeping pattern)	원 형 단면 형상
코어 형 (core box)	

(가) 현 형 (solid pattern)

원 형으로서 가장 기본적이고, 제작할 제품과 거의 같은 모양의 원 형에 주조 재료의 수축 여유, 가공 여유 등을 고려하여 만든 원 형을 말한다. 모형의 일종으로 제품과 거의 유사한 모양의 목형이다. 하나의 재료로 만드는 단체형, 두 조각으로 나눠서 만들어 조립하는 분할형, 여러 조각으로 만들어 조립하는 조립형 등 여러 가지가 있다. 그림 7-48은 현 형의 종류를 나타낸 것이다. 비교적 큰 기어와 같은 원 형 제품은 그림 (b)와 같이 일부분의 목형만 만들어 원 형을 일부분씩 돌리면서 주형을 만드는 부분형이 사용된다.

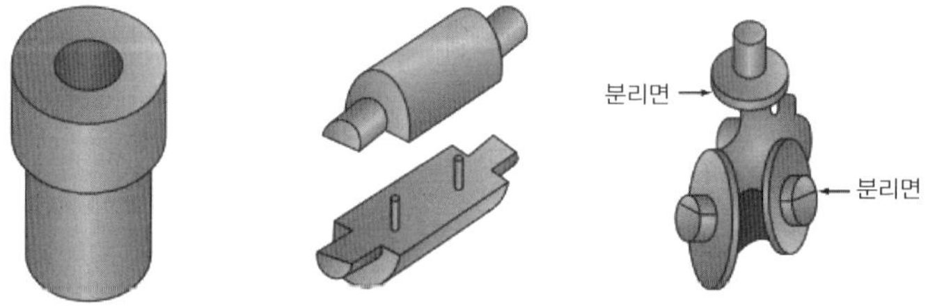

(a) 단체형 (b) 분할형 (c) 조립형

그림 7-48 현 형의 종류

(나) 부분 모형

그림 7-49(a)와 같이 주물의 형상이 대칭이고 부분적으로 같을 때에는 그 일부만을 만들어 차례로 주형을 만들 때 쓰인다. 이것은 대형 기어(gear), 풀리(pulley), 프로펠러 등의 제작에 사용되고 있다.

(다) 회전 형

그림 7-49(b)와 같이 주물의 형상이 한 축을 중심으로 회전 대칭일 때, 주물의 단면을 만들어 회전축에 고정한 다음 회전시켜 주형을 만든다.

(라) 긁기 형

그림 7-49(c)와 같이 주물의 형상이 가늘고 길며 단면이 일정할 경우에는 그 주물의 단면 모양의 판을 안내면에 따라 이동시켜 주형을 만든다.

(마) 코어 형(core box)

코어(core)는 그림 7-49(d)와 같이 구멍 같은 주물의 내부형상을 만들기 위해 주형에 삽입하는 모래 형상을 일컫는다. 코어박스(core box)는 코어를 제작할 때 사용하는 틀이며, 코어 프린트(core print)는 코어를 고정, 지지하기 위해 모형, 코어 혹은 주형에 추가된 돌기 부분을 일컫는다. 코어 시트(core seat)는 코어 프린트를 앉히는 자리이다.

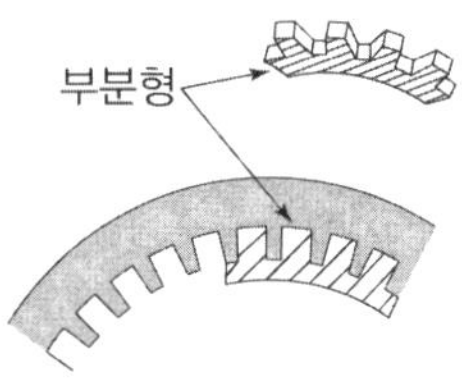

(a) 부분 형

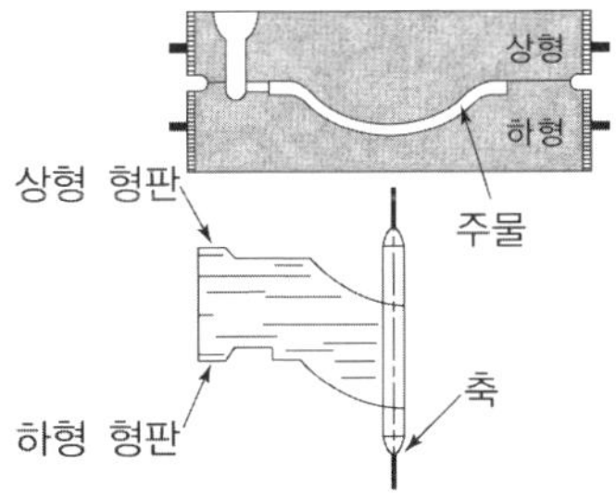

(b) 회전 형

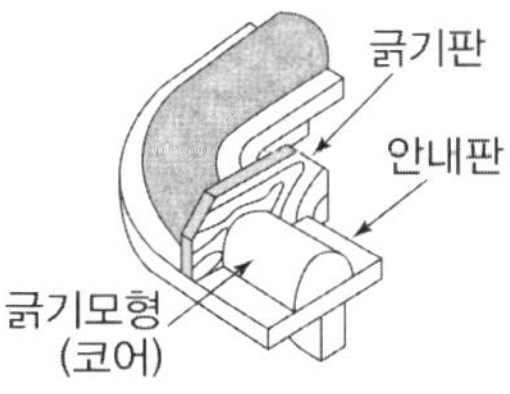

(c) 긁기 형

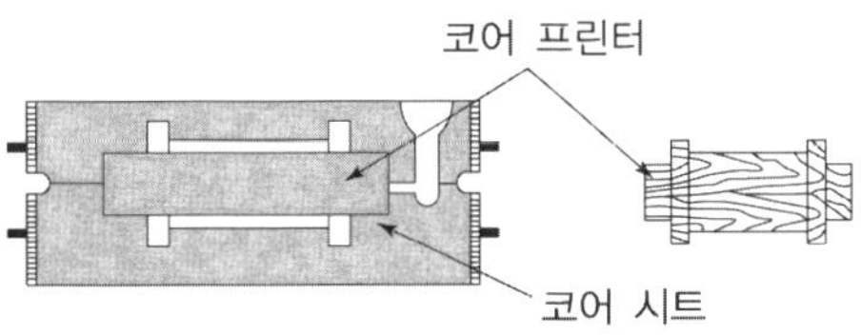

(d) 코어 형

그림 7-49 각종 원 형

7.5.2 주형(mold) 제작

주형은 요구하는 형상과 결함이 없는 주물을 생산하는 데 중요한 역할을 하는 주조 공정 중의 하나이다. 여기에는 주형 안에 쇳물 주입에 필요한 주입컵(pouring cup), 탕구(sprue), 탕도(runner), 주입구(gate) 등으로 구성된 탕구계(sprue system)와 압탕(riser), 플로 오프(flow off) 및 가스 빼기(air venting) 등으로 구성되어 있다. 그림 7-50은 주형의 구성 요소를 나타낸 것이다.

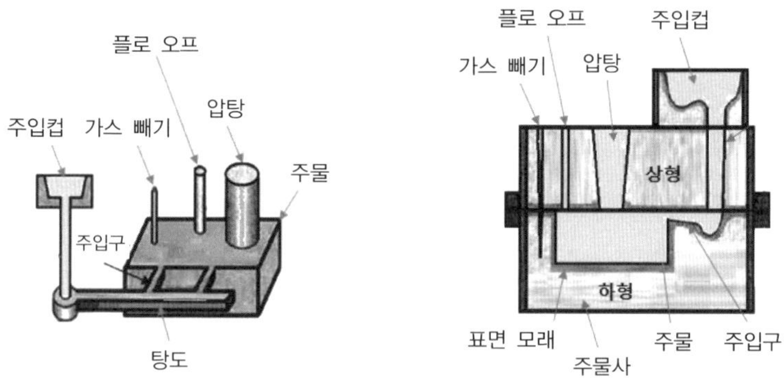

▮그림 7-50▮ 주 형

주형은 제작하는 재료에 따라 모래 주형과 금형이 있다. 주물사로 만든 주형(mould)을 모래 주형이라 하며 가장 많이 사용된다. 주물사는 고온의 쇳물과 접하게 되고 계속 사용할 수 있어야 하므로, 주형 제작에 사용되는 주물사는 주조품의 크기, 모양, 재질 등에 알맞는 점결성, 동기성, 내화성, 보온성, 복용성 등을 고루 갖추고 있어야 한다. 주형 제작에는 조립 주형법, 개방 주형법, 혼성 주형법 등이 있으나, 가장 기본적이면서 기계 조형이 가능한 주형 제작 방법은 조립 주형법이다.

(가) 조립 주형법 (turn over moulding)

조립 주형법은 대형 부품이나 긴 형태의 부품을 생산하는 데 사용되는 방법이다. 이 방법은 주조 형상을 뒤집어서 사용하여 긴 부품이나 대형 부품을 주조하는 데 유용하다. 배관, 철근, 기둥과 같은 긴 형태의 부품이나 대형 부품을 생산하는 데 활용된다. 긴 부품이나 대형 부품을 위 아래로 2개 또는 여러 개의 주형틀을 사용하여 주형을 만든다. 조립 주형법의 순서를 요약하면 그림 7-51과 같다.

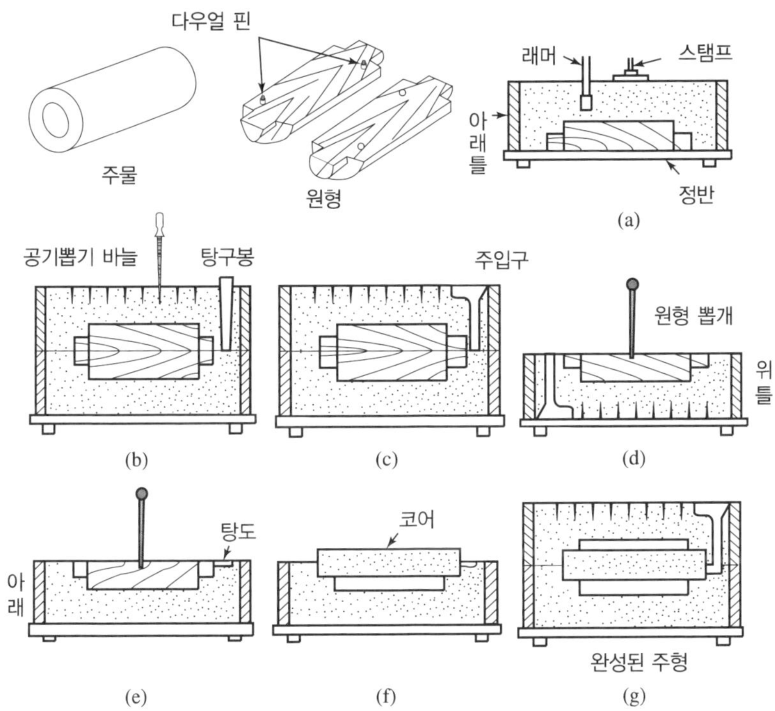

▌그림 7-51▌ 조립 주형법

(나) 혼성 주형법(bed - in moulding)

혼성 주형법은 규모가 크고 비교적 단순한 형상의 금속 부품을 생산하는데 사용되는 방법이다. 금속 주조용 형틀(주형)을 사용하지 않고 부품의 형상을 만들기 위해 흙이나 모래와 같은 혼합물을 바닥에 눌러 하형을 만들고 상형에만 주형틀을 사용한다. 그림 7-52는 무게 43.5톤, 지름 5.68 m, 높이 2.2 m의 초대형 가마솥을 혼성주형법으로 제작한 것이다.

▌그림 7-52▌ 혼성 주형법

(다) 기계 조형법

기계조형법은 금형을 이용하여 다양한 형태의 물체를 만들기 위해 기계적인 힘을 이용하는 방법이다. 금속, 플라스틱, 유리 등 다양한 재료들로 제품을 생산하는 데 활용된다. 다음과 같은 방식으로 이루어진다.

① 사출성형(injection molding)
플라스틱, 고무 등의 열가소성 고분자를 열과 압력을 가하여 주형 내에 사출하여 형태를 만드는 방법이다. 주로 대량 생산에 사용되며, 다양한 제품들을 만들 수 있다.

② 압출성형(extrusion molding)
플라스틱, 금속 등을 원하는 형태로 압출하여 만드는 방법으로, 기계로 주입하고 압력을 가하여 길쭉한 형태의 제품을 만드는 데 이용된다.

③ 주조법(casting)
금속, 유리 등의 녹은 재료를 주형 내에 주입하여 형태를 만드는 방법으로, 다양한 크기와 형태의 제품을 생산할 수 있다.

④ 성형가공(forming)
재료를 압력 또는 열을 가하여 주형에 맞게 형태를 부여하는 방법으로, 주로 금속 시트를 가공하여 제품을 만든다.

7.5.3 용해와 주입

1. 용해로

주물을 제조하려면 사용 재료인 금속을 용해하여야 한다. 즉, 고체 상태인 원료 금속을 녹여 주물의 성질에 맞는 재질이 되도록 화학 조성을 조정하거나 불순물을 제거한 다음 주형의 각 부분에 쇳물이 잘 주입될 수 있는 온도로 올려야 한다. 이렇게 금속을 녹이는 데 사용되는 노(furnace)를 용해로라 한다.

용해로는 일반적으로 주철에는 큐폴라(cupola)와 전기로, 비철 합금에는 도가니로, 전기로 등이 사용되는데, 용융 금속의 용융점, 용해량, 주물의 성질 등에 따라 적합한 용해로를 선택하여야 한다.

(가) 큐폴라 (cupola)

큐폴라는 철광석과 석탄을 사용하여 철 주조를 위해 설계된 대형 용해로로써 석탄과 철광석을 혼합하여 연소시키는 방식으로 작동한다. 석탄의 연소로 생성되는 열은 용해로 내부에 있는 철광석을 용해시켜 주조용 철을 만든다.

주철을 용해할 때 많이 사용되며, 장입과 용해 작업이 연속적으로 이루어진다. 큐폴라의 구조는 그림 7-53과 같이 외부는 연강판으로 만들고 내부는 내화 벽돌로 쌓은 다음,

내화 점토를 바른다. 연료는 코크스(cokes)를 사용하며, 장입구(裝入口)에서 코크스, 석회석, 지금(선철, 고철) 등을 교대로 반복하여 장입한다. 송풍기에서 보내진 공기는 바람구멍을 통하여 노 안으로 들어가 연소하여 장입된 재료가 용해하도록 한다. 용해된 금속은 노 밑의 출탕구에서 받아낸다.

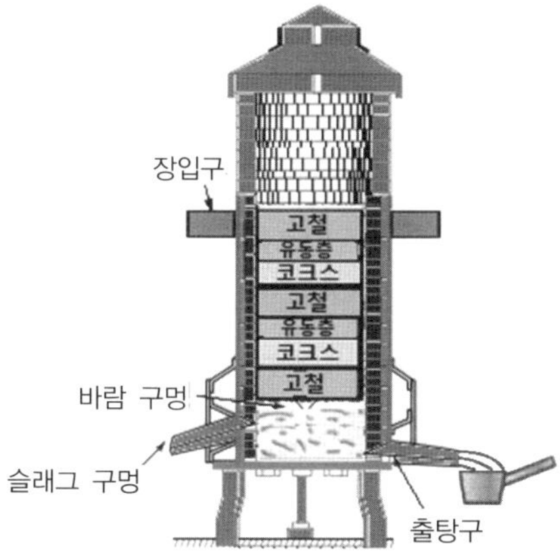

▮그림 7-53▮ 큐폴라

(나) 도가니로 (crucible furnace)

도가니로는 비교적 작은 규모의 용해로로, 주로 금속 주조와 유리 제조와 같은 작은 규모의 생산에 사용되는 열처리 장치이다. 도가니라는 용기 안에 재료를 넣고 가열하여 용해하는 방식으로 작동한다. 흑연과 내화 점토로 만들어진 도가니 안에 원료 금속을 넣고 외부로부터 코크스, 중유, 가스 등의 열원을 가하여 용해하는 노를 도가니로라고 한다. 원료 금속이 연소 가스에 직접 접촉되지 않으므로 구리 합금, 경합금, 합금강과 같이 정확한 성분이 있어야 하는 금속을 용해하는 데 적합하다. 그러나 도가니는 비싸고 수명이 짧으며, 열효율이 낮다. 또, 용해량이 도가니의 크기와 수에 따라 제한되므

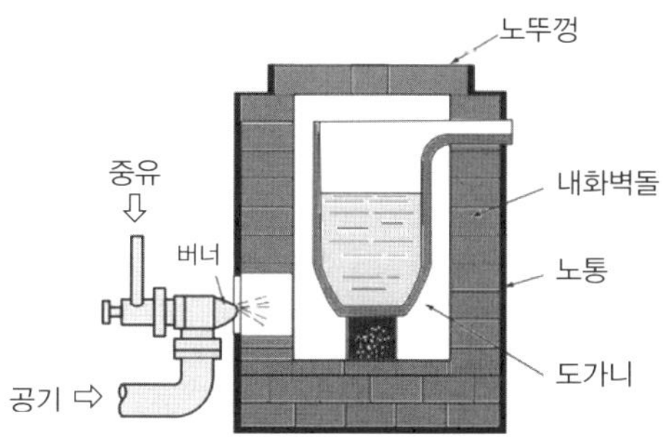

▮그림 7-54▮ 도가니로

로 소용량의 용해에 사용된다. 금속 주조, 금속 열처리, 유리 제조, 도자기 제작 등 다양한 용도로 사용된다. 특히 작은 부품 또는 특수한 소재를 다루는 데 적합하다. 그림 7-54는 도가니로를 나타낸 것이다.

(다) 전기로 (electric furnace)

전기로는 전기 저항을 이용하여 내부를 가열하는 원리로 작동한다. 전기로 내부에 있는 발열체(히터, 전극 등)에서 발생하는 열로 재료를 가열하거나 용해시킨다. 전기 에너지를 열로 바꾸는 방법에 따라 직접 아크로, 간접 아크로, 유도로 등이 있다. 전기 유도로는 아크로와 같은 전극을 사용하지 않고, 전류에 의하여 발생하는 유도 작용을 응용하여 장입 금속자체에 유도 전류를 흐르게 하여 가열 용해하는 노로써, 저주파로와 고주파로가 있다. 가열과 냉각을 정밀하게 제어할 수 있어 다양한 열처리 작업에 적합하며 연소 가스의 영향을 받지 않는 등 많은 이점이 있다. 컴퓨터 제어 시스템과 연결하여 자동화된 운영 및 열처리 과정을 관리할 수 있으므로 정확한 온도, 시간 및 프로세스 조건을 제어할 수 있다. 금속 주조, 열처리, 금속 제련, 유리 제조, 도자기 제작 등 다양한 용도로 사용된다. 다양한 소재의 가열, 용해, 재료의 특성 변경 등을 수행할 수 있다. 그림 7-55는 전기로를 나타낸 것이다.

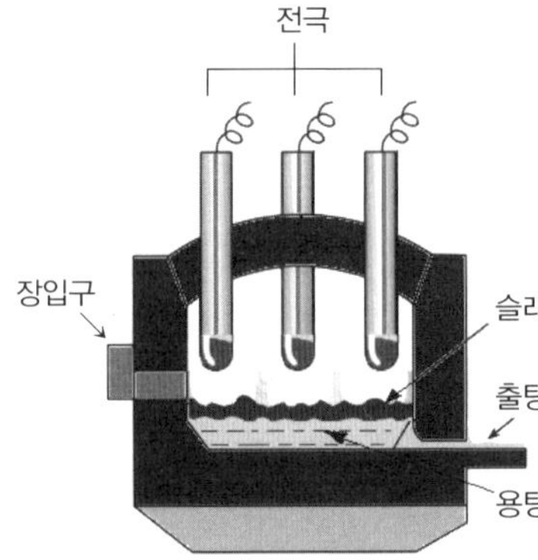

▌그림 7-55▌ 전기로

2. 주입과 후처리 작업

(가) 주입

용해로에서 용융된 쇳물을 쇳물 받개인 레이들(ladle)로 받아 온도가 약간 내려갈 때까지 방치하여 쇳물 속의 가스가 반출되도록 하고 쇳물 속에 녹아 있는 스케일 등이 떠오르도록 한다. 그리고 쇳물이 주형에 빨리 차도록 일시에 아궁이로부터 주입한다. 이때 쇳물이 주형으로부터 새는 일이 없도록 주의해야 한다.

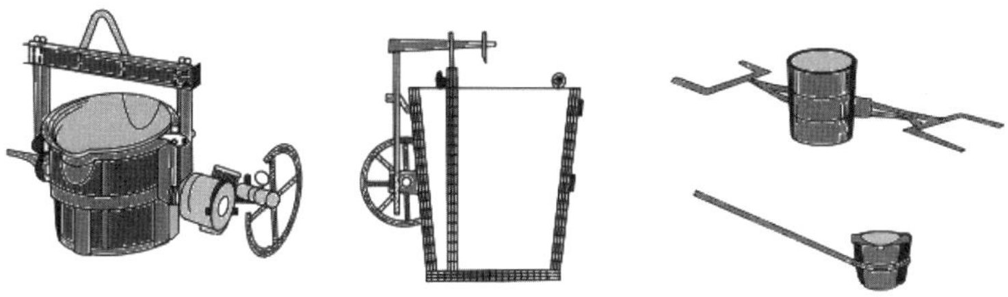

(a) 경동식 레이들　　(b) 저주식 레이들　　(c) 손 레이들

▮그림 7-56▮ 레이들의 종류

(나) 주형 해체

쇳물을 주형에 주입한 후 주물이 냉각되면 주형을 해체하며, 수축하기 어려운 모양을 한 주물은 주형이나 코어를 빨리 해체하여야 한다.

(다) 후처리 작업

주물 표면에 묻은 모래를 떨고 탕도와 거스러미를 따내고, 세이크 아웃머신(shake out machine)과 같은 기계나 화학적인 방법을 이용하여 청소한다. 모래 떨기는 쇠솔을 사용하거나, 압축 공기로 불어서 떨어내는 탈사기, 미소 강구를 분사하는 쇼트 블라스트(short blast), 대형 주물의 경우 고압수를 노즐을 통해 분사하는 하이드로 블라스트(hydraulic blast) 등을 사용하여 주물 표면을 깨끗하게 한다.

주물은 외관, 모양, 치수, 무게 등을 검사하지만, 필요에 따라서는 시험편에 의하여 강도의 검사나 화학 분석시험 또는 조직 검사 등을 하기도 한다.

7.5.4 특수 주조법

1. 원심 주조법

원심 주조법(centrifugal casting)은 금속이나 비금속 재료를 원심력을 이용하여 회전하는 형틀에서 주조하는 제조 공정이다. 중력을 이용하여 불순물을 효과적으로 제거하고 금속이나 비금속 재료가 형틀 벽면을 따라 고르게 분포될 수 있도록 한다.

그림 7-57과 같이 원통의 주형을 적당한 회전속도로 회전시키면서 내부에 쇳물을 적당량 주입하여, 원심력에 의해 쇳물이 주형 내면에 균일하게 압착 되도록 하여 응고시켜 주조하는 방법이다.

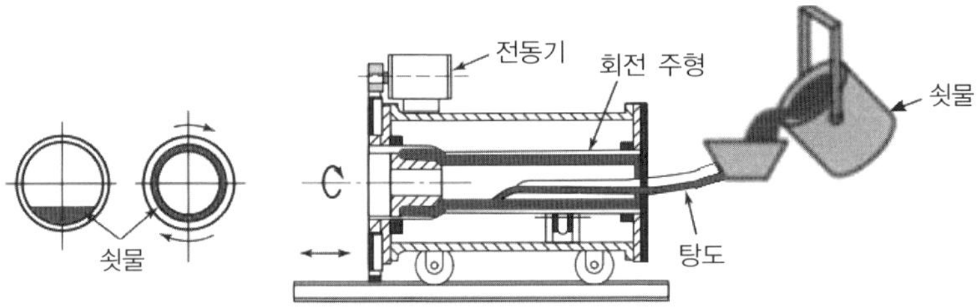

(a) 원리 (b) 원심 주조기

▮그림 7-57▮ 원심 주조법

일반 보통 주물과 비교해 주물의 조직이 치밀하고 균일하며 강도가 높다. 기포 또는 용재의 개입이 적으며 가스의 배출이 쉽다. 코어, 탕구, 압탕, 라이저 등이 불필요하므로 재료가 절약된다. 내압 주조 및 다량 생산에 적합하다. 회전속도가 너무 클 때는 냉각속도가 빨라져 균열의 원인이 된다.

주형의 종류에는 금형과 모래형의 종류가 있고, 주조방식은 치차, 차륜, 피스톤 링과 같이 지름과 비교해 길이가 짧은 환상형 주물에 적용되는 수직축 회전형이 있으며 관류나 실린더 라이너와 같이 지름과 비교해 길이가 긴 원통형 줄에 적용되는 수평축 회전형, 그리고 길이가 긴 제품에 적용되는 경사축 회전형 등이 있다.

2. 칠드 주조법

칠드 주조법(chilled casting)은 부분적으로 냉각된 형틀(주조금속에 직접 접촉되는 부분)을 사용하여 주조하는 방법이다. 이 기술은 부품의 특정 부분의 내마모성과 내식성을 강화하는 데 사용되며, 특히 부품의 표면 경도를 향상시키는데 주로 적용된다. 주물은 내마멸성이 부족하기 쉽다. 특히 주물의 표면에 내마멸성을 높이기 위해 주형을 주물의 표면이 접한 곳은 금형으로 만들고 나머지 부분은 모래형으로 만들어 주형에 쇳물을 주입하면 금형에 접한 부분의 주물 표면은 급랭되어 대단히 단단한 조직이 되고, 내부는 천천히 냉각되어 본래의 연한 주물이 된다. 이와 같은 방법으로 단단해진 표면을 칠드층이라 하고, 이러한 방법을 이용하여 주조한 주물을 칠드 주물이라 한다. 압연 롤러, 차바퀴 등을 만들 때 사용된다.

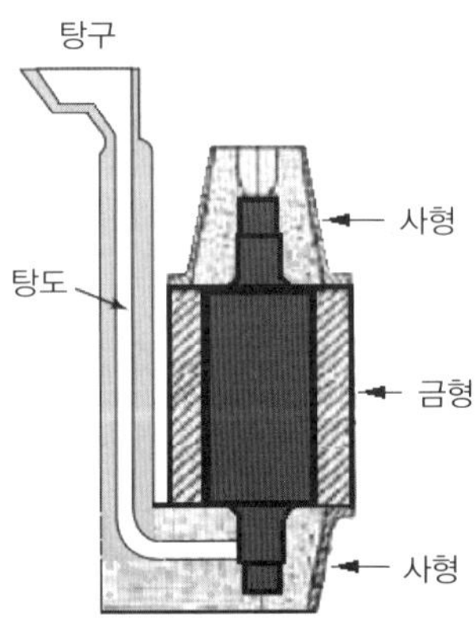

▮그림 7-58▮ 칠드 주조법

3. 정밀 주조법(precision casting)

(가) 다이 캐스트법(die casting)

다이 캐스트 법은 금속을 고압 하에서 다이(금형) 안에 주조하여 정밀한 금속 부품을 만드는 제조 공정이다. 주로 알루미늄, 아연, 구리, 마그네슘과 같은 비철금속 또는 비철금속 합금을 사용하여 부품을 생산하는 데 사용되며 고속으로 대량의 정밀한 금속 부품을 생산하는 데 특히 효과적이다.

그림 7-59와 같이 기계가공에 의하여 극히 정확한 치수로 제작된 견고한 금형에 쇳물을 고압, 고속으로 주입하여, 정밀하고 표면이 깨끗한 주물을 짧은 시간에 대량으로 얻는 주조 방법이다. 장점으로는 주형 치수와 거의 일치하는 고정밀도의 제품을 얻을 수 있으며, 인장강도, 경도, 연신율이 증가하고, 표면이 깨끗하여 기계가공이 생략되고, 압탕 등 가공 여유가 필요 없으므로 재료가 절약되고, 균일한 연속 주조가 가능하여 다량 생산에 적합하다는 점이다. 그리고 복잡하고 얇은 주물의 주조가 가능하다. 단점으로는 금형 제작비가 고가이므로 소량 주조는 부적당하다는 점이다. 그리고 금형의 내열성 때문에 저용융점 재료에 한정된다. 또, 금형 구조상 제품 치수에 한계가 있으므로 적용 범위가 제한된다.

주조방식으로는 기계 내부에 용해로가 있고, 그 용해로 내부에 가압실이 잠겨져 있어 플런저를 유압 또는 수압으로 가압하여 쇳물을 노즐을 통해 금형 속으로 압입시키는 열 가압실식이 있고, 금속의 용해로가 기계 본체와 분리되어 있으며 매회 쇳물을 일정량씩 퍼서 가압실에 넣고 플런저에 의해 금형 내부에 가압시키는 방법인 냉 가압실 식이 있다. 주로 자동차 부품, 전기 및 통신 관계 부품 등 소형제품 제조에 널리 사용된다.

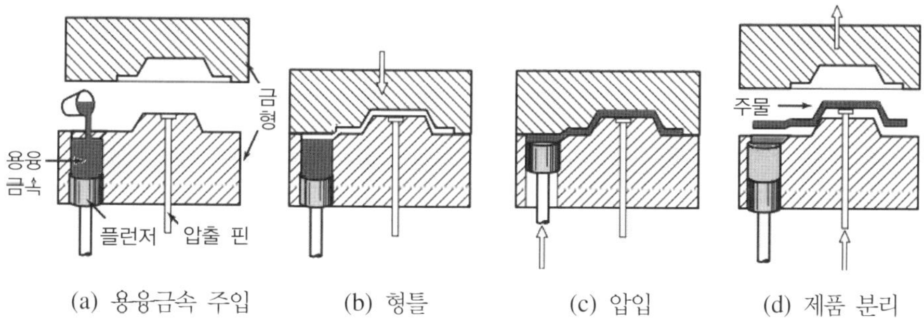

(a) 용융금속 주입　(b) 형틀　(c) 압입　(d) 제품 분리

▮그림 7-59▮ 다이캐스트 주조법

(나) 셸 몰드법(shell moulding process)

셸 몰드법은 금속 주조를 위해 사용되는 형상 제조 기술로, 정밀 주조 공정 중 하나이다. 정밀하고 복잡한 형태를 가진 금속 부품을 생산하는데 효과적이며, 높은 품질과 정확성을 제공하며, 대량 생산보다는 소량 생산에 주로 사용된다.

셸 주형법은 금형 가열실에 넣고 약 200~300℃로 가열한 후 금형 표면에 규사와 열경화성인 석탄산계 합성수지의 혼합물인 주형 재료를 덮으면 주형 재료가 소결되어 원형 둘레에 약 4 mm 정도의 층이 생긴다. 그다음 300℃에서 2~3분 동안 가열하면 수지는 경화되어 얇은 두께의 형을 만들게 된다. 이것을 셸이라 하며, 이 셸을 맞추어 접착시켜 주형을 만들어 주조하는 방법을 셸 몰드법 또는 크로닝법(croning process)이라 한다. 기계화에 의한 대량 생산이 가능하고 주물의 표면이 미려하며, 정밀도가 높고 기계가공이 불필요하고, 통기 불량에 의한 주물 결함이 없다. 자동차, 재봉틀, 계측기 등의 얇고 작은 부품의 주조에 이용된다.

그림 7-60은 셸 몰드법에 대해서 나타낸 것이다.

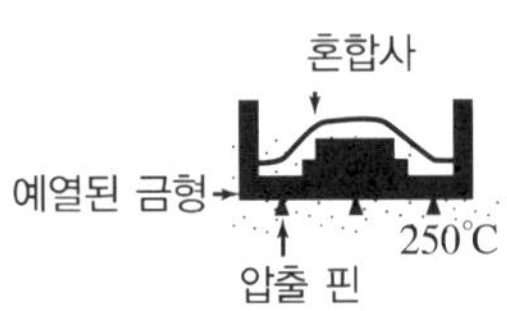

(a) 예열된 금형에 셸모래를 채운다.

(b) 경화되지 않은 모래를 털어낸다.

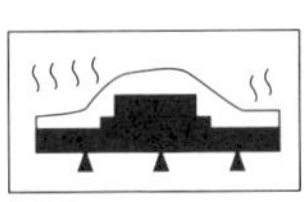
(c) 굽는다.

(d) 금형으로부터 주형을 분리한다.

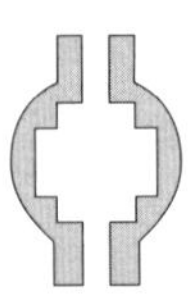
(e) 주형을 조립한다.

그림 7-60 셸 몰드법

(다) 인베스트먼트법(investment casting)

인베스트먼트법은 정밀 주조 기술로, 복잡한 형상을 가진 금속 부품을 생산하는 데 사용되는 제조 공정이다. 점결제와 미세한 내화물을 배합한 인베스트먼트 주형 재료를 사용한다. 왁스(wax) 또는 합성수지 등 가용성 물질을 모형에 사용하므로 "로스트 왁스 주조(lost wax casting)" 또는 "실리콘 왁스 주조(silicon wax casting)"로도 알려져 있다. 기계가공이 어려운 경질의 합금이나 내열 합금 등을 주조하는 데 많이 활용되고 있다. 예를 들어, 가스 터빈의 블레이드, 항공기나 선박 용품, 계기 부품 등을 만드는 데 이용되고 있다.

조형 방법은 그림 7-61과 같이 우선 왁스나 가용성 합성수지로 제품과 똑같은 원형을 만들고, 여기에 필요한 주입구, 탕도 등을 만들어 붙인 다음 인베스트먼트에 담가 왁스형 표면에 피막을 형성시킨다. 이것을 인베스트먼트에 매몰시키거나 일정한 두께의 주형층을 만들어 건조한다. 주형이 경화되면 100~350℃로 가열하여 왁스를 녹여 낸 다음 650~900℃ 정도로 가열, 연소시키면 왁스가 있던 곳에 공간이 되어 주형을 형성하고, 여기에 쇳물을 주입한다.

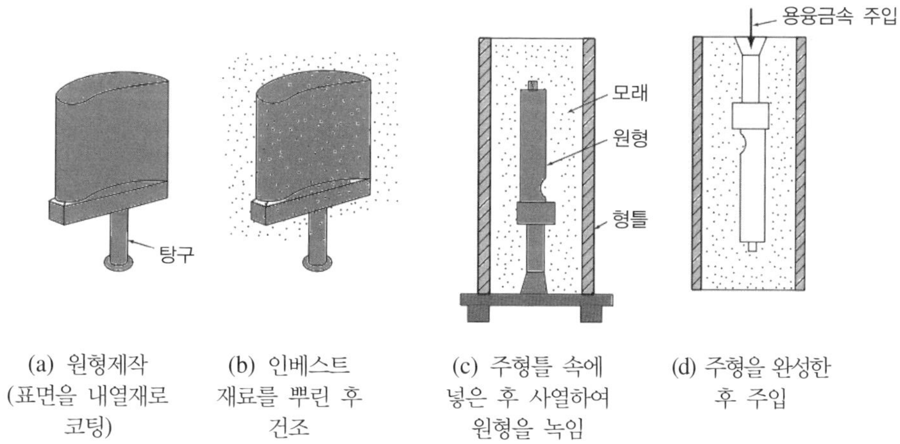

그림 7-61 인베스트먼트 주조법

(라) 연속 주조 (continuous casting)

연속 주조는 금속이나 합금을 연속적으로 주조하여 긴 형태의 바 또는 판을 생산하는 제조 공정이다. 일정한 속도로 주조 형태로 만들어 연속적으로 냉각시키는 방식으로 이루어진다. 주괴는 보통 쇳물을 잉곳 케이스(ingot case)에 부어 넣어 만들고 있으나, 연속 주조는 그림 7-62와 같이 저탕로에서 유입되는 쇳불이 냉삭수가 시나가는 주형을 통과하면서 급속도로 냉각, 응고되어 연속적으로 주괴(ingot)를 주조하는 방법이다. 높은 생산성과 일관된 품질을 가지며, 비교적 높은 속도로 대량의 금속 제품을 생산하는 데 적합하다. 긴 길이의 형태를 필요로 하는 제품을 효율적으로 생산하는 데 도움이 된다.

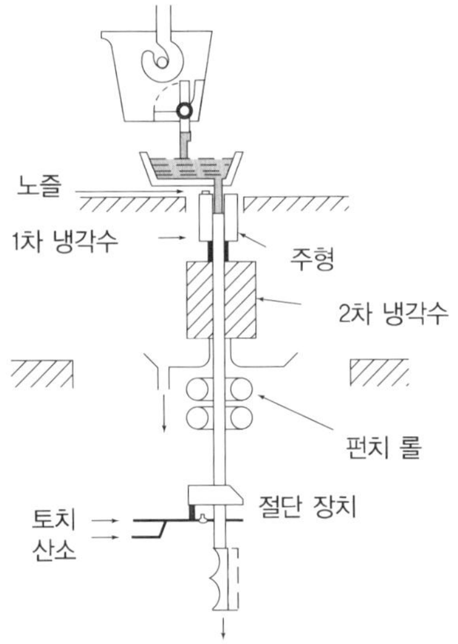

▮그림 7-62▮ 연속 주조법

(마) 진공 주조법(vacuum sealed moulding process)

주형을 만들 때 주물 상자에 먼지나 이물질이 거의 없는 주물사를 충진 완료와 동시에 진공압 −150∼400 mmHg로 진공 처리하여 이 진공의 힘으로 성형하는 것이다. 이때 주형 내부에 형성된 진공과 외부 대기압과의 압력 차를 이용하여 공기를 흡수하고 쇳물을 주형 내부로 흡인하여 주조하는 방식으로 불필요한 기포를 제거하여 부품의 내부 결함을 최소화할 수 있다.

진공 주조법은 주물의 표면이 미려하고 가스 결함이 적고 미세한 무늬나 요철 부위도 선명하게 재현되는 특징 때문에, 후처리 비용이 적고 나쁜 표면거칠기 등의 결함이 거의 없다.

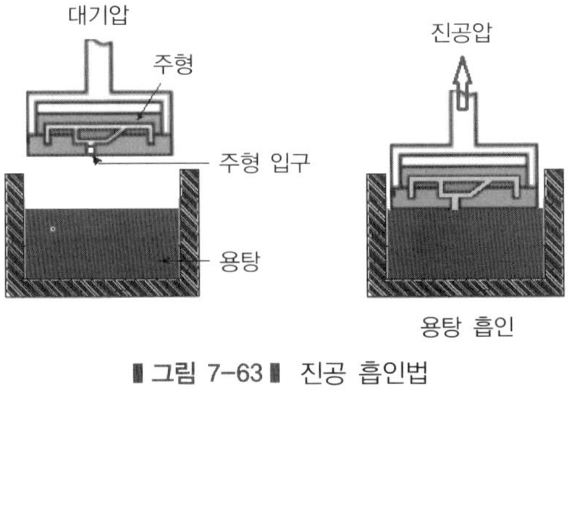

▮그림 7-63▮ 진공 흡인법

7.6 소성 가공

가공을 위해 사용되는 재료들은 외부에서 힘을 가하면 변형되었다가 그 힘을 제거하면 원래의 모양으로 돌아가려는 성질과 이와 반대로 변형된 상태로 그대로 유지하려는 성질이 있다. 전자와 같이 원래 모양으로 되돌아가려는 성질을 탄성(elasticity)이라 하고, 후자와 같은 성질을 소성(plasticity)이라 한다. 소성을 이용하여 재료에 힘을 가하여 원하는 형태로 성형하거나, 분리 결합하여 제품으로 가공하는 공작법을 소성 가공(plastic working)이라 한다.

7.6.1 판금 가공

판금 가공(sheet metal working)이란 얇은 판재, 관재, 선재 등을 전단, 굽힘, 절곡 등의 작업을 통하여 여러 가지 모양의 제품을 만드는 가공법을 말한다. 판금 가공법에는 주로 손으로 하는 수공 판금 가공과 기계를 사용하는 기계 판금 가공이 있다. 또, 두꺼운 강판을 이용하여 교량이나 각종 용기 등을 만드는 제관 작업(pipe making) 등이 있다.

1. 판금 공구

수작업용 판금 공구에는 판금 가위, 곧은 자, 금긋기 바늘, 직각자, 컴퍼스, 나무 해머, 펀금정, 고정구, 받침쇠 등의 공구가 있다.

2. 판금 가공용 기계

(가) 전단기 (shearing machine)

그림 7-64는 전동기로 윗날을 눌러서 판재를 직선으로 절단하는 유압식 직선 전단기(straight shear)이다. 사용 재료의 누께에 따른 경사각을 조성할 수 있도록 버튼이 부착되어 있으며, 손가락 절단 등의 안전사고 예방을 위한 3중 안전장치(광전식, 안전 가드, 비상정지)가 갖춰져 있다.

▮그림 7-64▮ 유압식 전단기

(나) 굽힘용 기계 (folding machine)

절곡기(press brake) 또는 롤러 밴딩 머신(roller banding machine)이라고도 하며 판재를 굽힘 가공하는데 사용된다. 그림 7-65와 같이 긴 판재를 굽히는 데 쓰이는 전용기계로 작업면이 길므로 굽힘형태와 절곡길이에 알맞은 볼트를 바꾸면서 둔각 예각 직각 등 원하는 각도로 조절할 수 있으며 여러 가지 소재를 동시에 가공할 수 있다. 기계의 크기는 전체의 나비와 굽힐 수 있는 판의 두께와 톤수로 나타내며 강한 압력이 작용하므로 굽힘 정도가 좋아 대량 생산용으로 굽힘 정도가 좋아 대량 생산용으로 적합하다. 유압식은 행정의 조정이 가능하고 적은 동력원으로 높은 효율을 낼 수 있으며, 유압회로의 배관이 간단하여 고장이 적어 널리 사용되고 있다.

(a) 롤러 밴딩 머신

(c) 제품 생산 과정

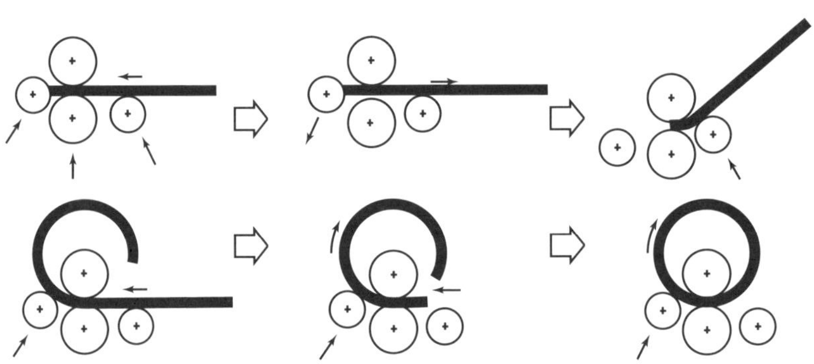

(b) 가공 과정

▮그림 7-65▮ 롤러 밴딩 머신

(다) 스피닝 (spinning) 가공

스피닝은 금속을 원형 또는 중공체로 가공하는 선반 기반의 금속 가공 기술이다. 주로 알루미늄, 구리, 스틸, 스테인리스 스틸과 같은 금속 시트를 사용하여 부품을 생산하는데 사용된다.

그림 7-66과 같이 선반 주축에 제품의 금형을 고정하고, 이 금형과 심압대 사이에 소재판을 끼워서 주축과 함께 회전시키고, 작업자의 인력이나 기계적인 힘으로 막대 등과

같은 스피닝 공구를 이용해 소재 판을 금형의 면에 밑바닥 부분으로부터 눌러 대면서 금형과 같은 형상의 제품을 성형하는 가공법을 스피닝 가공이라 한다.

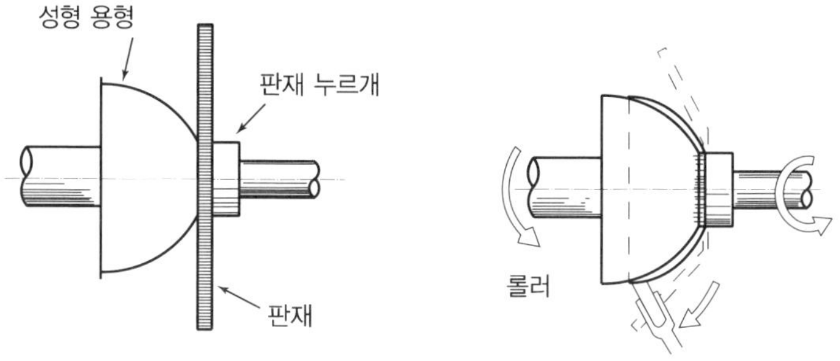

▮그림 7-66▮ 스피닝 가공

7.6.2 단조

단조(forging)는 금형과 단조 기계로 금속 재료에 압축 하중을 가하여 성형하는 가공법으로 가장 오래된 금속 가공 공정의 하나이다. 간단한 단조 공정은 대장간에서 전통적으로 행해온 것처럼 무거운 손 해머를 사용하여 작업 되지만, 대부분의 단조는 금형 세트, 단조용 프레스나 기계 해머와 관련 설비를 이용하여 이루어진다. 단조 작업을 통하여 금속 재료의 유동과 입자 구조가 조절될 수 있으며, 단조품은 우수한 강도와 인성을 갖게 된다. 따라서 단조품은 응력을 심하게 받는 중요한 용도, 예를 들면 항공기의 착륙용 기어나 제트 엔진의 부품에 신뢰성 있게 사용된다. 일반적인 단조품에는 볼트와 리벳, 커넥팅 로드, 터어빈의 축, 기어, 공구 등의 기계 부품과 기계, 철도 수송 기계의 구조용 부품을 들 수 있다.

1. 단조 설비

(가) 가열로 (heating furnace)

단조용 가열로에는 개방형인 화덕이 있으며, 이것은 주로 코크스나 석탄을 사용하며 작은 소재를 가열할 때 사용된다. 이 밖에 단조용 노에는 중유로, 가스로 등이 있으며, 이들은 일반적으로 가공물이 크거나 많은 양을 가열할 때 쓰인다. 그림 7-67은 대장간에 사용되는 화덕의 구조를 나타낸 것이다.

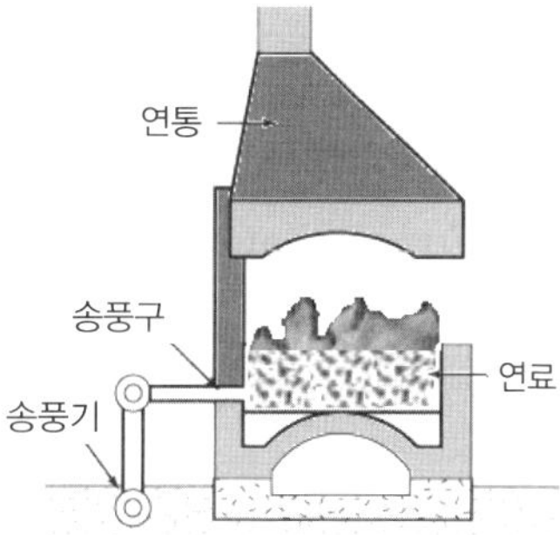

▮그림 7-67▮ 화덕

(나) 단조 작업

단조 작업은 작업 방법에 따라 자유 단조와 형 단조로 크게 나누어진다.

① **자유 단조**(free forging)

금속을 가열하고 다양한 형태로 성형하는 공정 중 하나로, 금속 가공 및 제조 공정 중 가장 오래된 방법의 하나다. 이 공정은 다양한 금속 소재를 다양한 형태로 만들거나 성형하는 데 사용되며, 다른 공정과 비교했을 때 비교적 단순하고 직접적인 방법으로 금속을 가공한다.

주로 사람의 손과 일부 도구를 사용하여 금속을 성형한다. 작업자는 가열된 금속 조각을 망치, 철판, 망치 및 다른 도구를 사용하여 원하는 형태로 성형하고 가공한다. 이로써 다양한 금속 제품이나 부품을 만들 수 있다.

단조용 기계로 타격을 가하는 기계 해머 단조와 큰 압력이 천천히 가해지는 형 단조로 크게 분류된다. 기계 해머에는 스프링 해머, 공기 해머, 증기 해머 등이 있으며, 이들은 주로 중·소형물의 단조에 사용된다. 그림 7-68(a)와 (b)는 자유 단조를 나타낸 것이다.

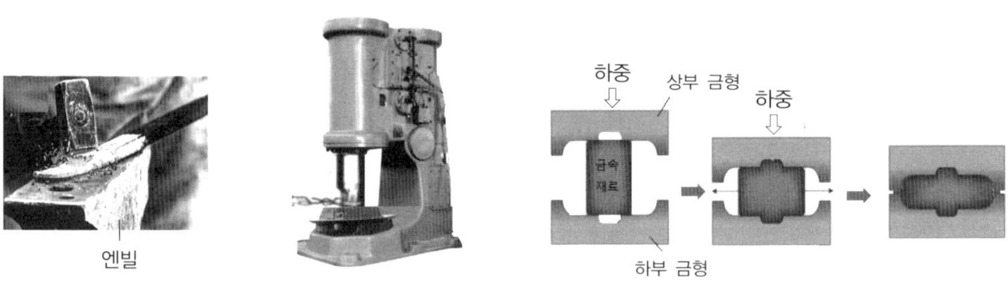

(a) 인력 단조 (b) 기계 해머 단조 (c) 형 단조

▌그림 7-68▌ 단조 작업 형태

② **형 단조**(die forging)

금속을 고온에서 특정 형태로 성형하는 제조 공정 중 하나로, 금속 가공과 성형에 사용되는 중요한 방법의 하나다. 금속 소재를 주로 고온 상태에서 특수한 금형(또는 다이, die) 내에서 압력을 가하여 금속을 원하는 형태로 성형한다. 그림 7-68(c)은 형 단조에 대해서 나타낸 것이다. 상하 2개의 밀폐된 단조 금형 사이에 가열한 재료를 끼우고 높은 압력으로 가압 성형시키게 된다. 따라서 정밀하게 가공한 잘 짜 맞추어진 상하 금형에 의해서 정밀한 단조품 생산에 이용된다. 형 단조에서 단조 공정을 성공적으로 최적 설계하기 위해서는 재료의 흐름 응력, 마찰 조건, 재료의 유동

등을 잘 이해하여야 한다.

모양이 복잡한 것은 1개의 공정만으로 제품을 만들기가 어려우므로 여러 공정으로 나누어 작업하는 경우가 대부분이다. 형 단조는 금형 값이 비싸지만, 균일한 제품을 능률적으로 가공할 수 있으므로 대량 생산에 적합하다.

7.6.3 프레스 가공

여러 가지 금형(또는 다이, die)을 설치하여 금속판을 원하는 치수와 모양으로 자르거나 가공하는데 사용되는 판금용 기계를 프레스(press)라 하며, 프레스를 사용하는 작업을 프레스 가공(press forming)이라 한다. 프레스 가공으로 만들어지는 것은 시계, 사진기 등의 소형 부품으로부터 자동차, 항공기 등의 대형 부품까지 다양한 제품을 생산하는 산업에서 널리 사용되고 있다. 프레스 가공의 주요 장점은 다음과 같다.

① 효율성 : 대량 생산에 적합하며 부품을 신속하게 제작할 수 있다.
② 정밀도 : 정확한 치수와 모양을 보장하여 높은 품질과 일관성을 제공한다.
③ 강도 : 강하고 내구성이 뛰어나 다양한 응용 분야에 적합하다.
④ 가벼움 : 강도에도 불구하고 프레스로 제작된 제품은 가벼운 경향이 있어 자동차 및 항공 우주 산업과 같은 여러 응용 분야에서 원하는 특성을 가진다.
⑤ 호환성 : 다양한 재료와 높은 제조 요구 사항에 맞게 적응할 수 있다. 가공 시간이 짧을 뿐만 아니라 제품이 가볍고 강하며, 치수와 모양이 정확하고 호환성이 좋아서 대량 생산에 적합하다. 프레스 가공에는 전단 가공(shearing), 굽힘 가공(bending), 드로잉 가공(deep drawing) 등이 있다.

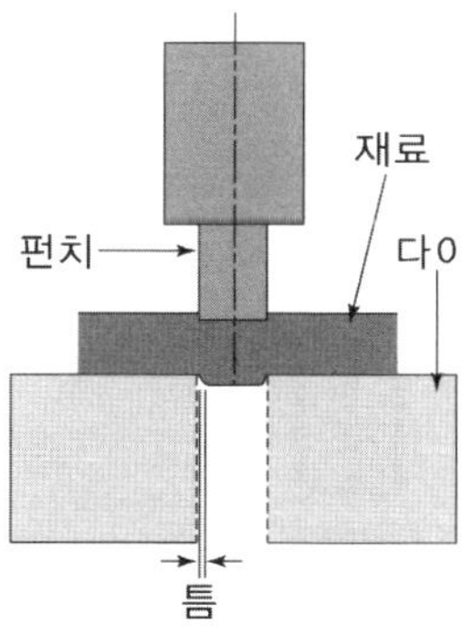

▮그림 7-69▮ 프레스 가공

프레스 가공에는 다음과 같은 가공 기술이 있다.

(가) 전단 가공 (shearing)

금속 시트나 다른 평평한 소재를 원하는 모양과 크기로 자르는 프레스 가공 기술 중 하나이다. 전단 프레스를 사용하여 이루어진다. 전단 가공에는 블랭킹(blanking), 펀칭(punching), 트리밍(trimming), 세이빙(shaving), 브로칭(broaching) 등이 있다.

(나) 굽힘 가공 (bending)

금속 시트를 곡선이나 각도로 굽히거나 접는데 사용되는 프레스 가공 기술 중 하나로써 냉간 가공과 열간 가공이 있다. 가공품의 모양에 따라 가장자리가 직선인 경우의 직선 굽힘과 곡선인 경우의 곡선 굽힘으로 나눈다. 일반적으로 굽힘 작업은 판을 굽힐 때 바깥쪽에는 인장응력이 생기고 안쪽에는 압축응력이 생기기 때문에 어려운 점이 많으며, 가공 방법에 따라 소재의 응력 상태와 변형이 다른 특징을 갖고 있다. 판, 봉, 관 등 재료의 두께, 재질, 모양 등에 따라 열간 가공도 하지만 일반적으로 상온 가공을 많이 한다.

(다) 디프 드로잉 (deep drawing)

디프 드로잉은 편평한 금속 시트를 사용하여, 이음매 없는 다양한 형태와 크기의 용기를 형성하는 가공 기술을 말한다. 정밀한 금형과 스테인리스 스틸, 알루미늄 또는 기타 가공이 쉬운 금속으로 수행된다. 일상생활에 쓰이고 있는 식기, 세면기 등 일용품으로부터 가전제품, 자동차, 항공기 등에 이르기까지 광범위하게 이용되고 있다. 그림 7-70은 원통형 용기의 디프 드로잉 과정을 나타낸 것이다.

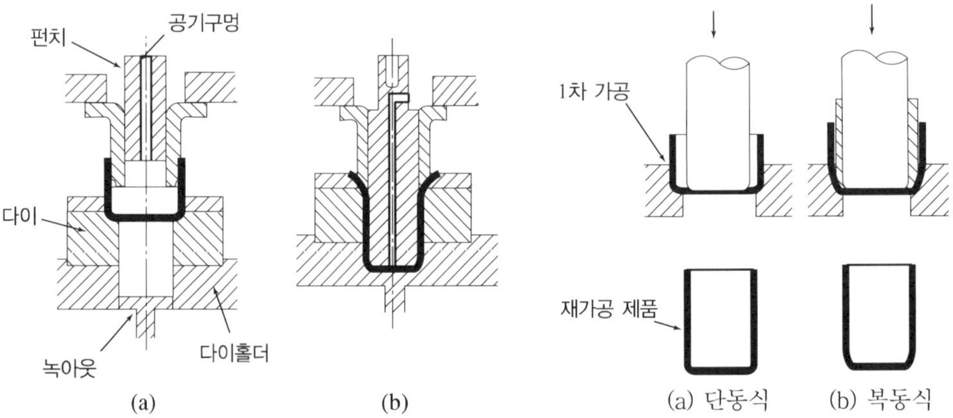

▮그림 7-70▮ 원통형 용기의 디프 드로잉

7.6.4 압연

압연(rolling)은 주로 금속 시트, 판재, 강철, 알루미늄 등의 재료를 가공하는 데 사용하며 주로 평평한 형태로 압연 되지만, 다양한 형상으로 가공할 수도 있다. 압연은 고온이나 상온의 재료를 회전하는 2개 또는 여러 개의 롤러 사이로 통과시켜 재료의 소성을 이용하여 판 및 형재를 만드는 가공법이다. 그림 7-71은 압연기 유형별로 분류하여 나타낸 보기이다. 압연에는 압연 온도에 따라 열간 압연과 냉간 압연이 있다.

열간 압연은 고온에서 수행되는 압연 공정으로, 재료를 가열하여 높은 온도에서 가공하므로 재료의 플라스틱 성을 증가시키고 가공 효율을 높이는 데 사용된다.

냉간 압연은 상온 또는 약간의 낮은 온도에서 수행되는 압연 공정으로, 주로 압연된 재료의 강도와 표면 품질을 높이는 데 사용된다. 높은 정밀도와 기계적 성질도 개선할 수 있고 정교한 금속 시트를 만들기에 적합하여, 제품의 최종 완성 작업으로 활용된다.

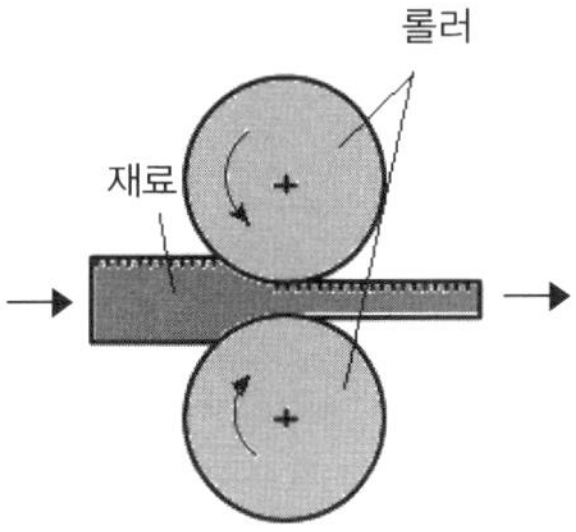

(a) 압연기

(b) 열간 압연 강판

(c) 냉간 압연 강판

그림 7-71 압연기와 강판

7.6.5 인발

인발(drawing) 가공은 시트 금속을 금형을 통해 인발하여 원하는 형상을 만들어 내는 기술이다. 그림 7-72(a)와 같이 소재를 다이(die)의 구멍을 통과시켜 잡아당김으로써 소재의 단면을 감소 변형시키는 가공법으로 동일 단면의 봉, 관, 선 등을 연속 제조하는 가공법이다. 소재는 압출이나 압연에서 어느 정도 가공된 소재를 사용한다. 가는 선재의 가공은 드로잉 가공법으로 만들어지며, 지름이 작은 와이어의 드로잉을 일컬어, 와이어 드로잉(wire drawing)이라 한다.

7.6.6 압출

압출(extruding) 가공은 고분자 또는 금속과 같은 재료를 가열하여 가공하기 위해 사용되는 기술이다. 금형을 사용하여 원하는 형상의 제품을 만드는 것으로, 주로 긴 형태의 단면을 가진 연속적인 제품을 생산하는 데 사용된다. 연속적인 생산이 가능하며, 단기간에 많은 수량의 제품을 생산할 수 있어 생산성이 높다. 금형을 교체함으로써 다양한 형상의 제품을 생산할 수 있어 원료의 낭비를 줄일 수 있다. 그림 7-72(b)는 직접 압출로서, 금속 빌릿(billet)을 압출 컨테이너 속에 넣고 이것을 램으로 다이를 통하여 밀어낸다. 직접 압출은 소재를 가압하는 램의 방향과 제품이 압출되어 나오는 방향이 같기 때문에 전방 압출(forward extrusion)이라고도 한다.

그림 7-72(c)와 같은 여러 가지 모양의 단면재와 관재 등을 제조할 때에는 알루미늄, 구리, 아연 합금 등과 같이 소성이 큰 재료를 압출 컨테이너에 넣고 램(ram)으로 압력을 가하여 다이의 구멍으로 밀어내어 일정한 단면의 제품을 만드는데, 이 가공법을 압출 가공(extruding)이라 한다. 압출 방법은 직접 압출과 간접 압출이 있다. 그림 7-72(b)는 직접 압출로서, 금속 빌릿(billet)을 압출 컨테이너 속에 넣고 이것을 램으로 다이를 통하여 밀어낸다. 직접 압출은 소재를 가압하는 램의 방향과 제품이 압출되어 나오는 방향이 같아서 전방 압출(forward extrusion)이라고도 한다.

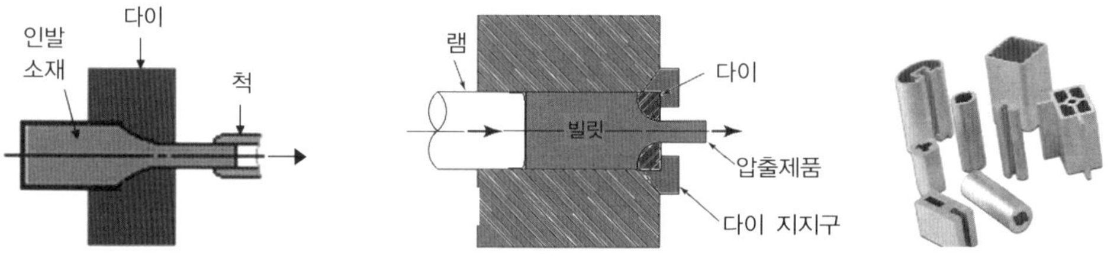

(a) 인발기 (b) 압출기 (c) 인발 및 압출 제품

▮그림 7-72▮ 인발 및 압출기

7.6.7 전조

전조(forming)는 원료 소재를 특수한 도구(roll)를 사용하여 원하는 형태로 가공하는 공정이다. 소재나 전조 다이를 회전시키든지 2개 모두를 회전시켜 소재에 도구의 표면 형상을 새기는 일종의 특수 압연 가공이라 볼 수 있다.

그림 7-73은 나사 전조(thread form rolling)와 기어 전조(gear form rolling) 가공을 나타낸 것이다.

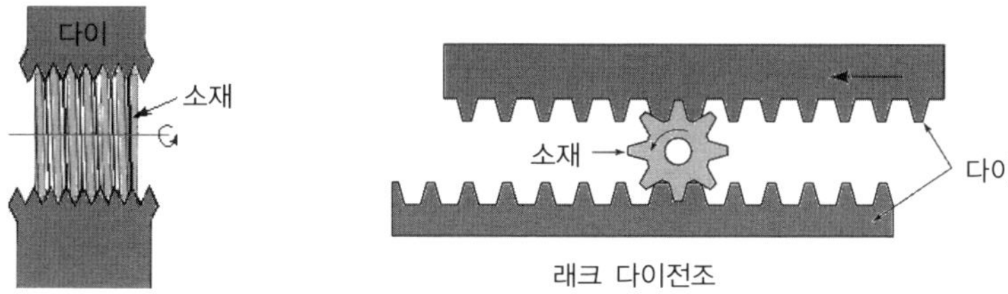

(a) 나사 전조 (b) 기어 전조

▮그림 7-73▮ 전조 가공

회전하는 다이 표면에 필요한 요철부를 만들어 놓고, 이것을 재료에 강하게 누르면서 굴리면 소재 표면이 다이의 표면과 같이 변형된다. 이와 같은 방법을 이용하여 소재에 국부적인 압력을 가하여 부품을 만드는 가공법을 전조라고 한다. 나사 전조는 원형 소재를 나사가 공 기계에 넣고 롤러나 다이를 사용하여 소재 표면을 압력을 가하여 원하는 나사 형태로 압연하는 방식으로 이루어지고, 기어 전조는 원형 소재를 기어 전조 기계에 넣고, 롤러나 다이를 사용하여 기어의 표면을 압력을 가하는 방식이다. 이 방법은 작은 나사, 기어 등을 만들 때 응용되고 있다. 이것은 특수 압연의 일종이다. 종래에는 나사와 기어를 절삭 가공으로 만들었으나 근래에는 크기가 작은 것은 대부분 전조 가공법에 따라 만들고 있다. 이 방법에 따르면 쇳밥이 생기지 않으므로 소재가 경제적일 뿐만 아니라 나사 면도 깨끗하고 강하며, 정도가 높은 제품을 만들 수 있다. 또, 가공 시간이 짧아지므로 대량 생산에 적합하다.

연습문제 exercise

1. 마이크로미터와 버니어 캘리퍼스에 대해서 설명하세요.
2. 금속 아크 용접법의 원리를 설명하세요.
3. 가스 용접법에 대해서 설명하세요.
4. TIG 용접법이란?
5. 저항용접법의 종류를 나열하고, 설명하세요.
6. 특수주조법의 종류를 나열하고, 간단히 설명하세요.
7. 소성가공이란?
8. 단조 가공이란?
9. 전단 가공(shearing)의 종류를 그림으로 나타내어라.
10. 디프 드로잉(deep drawing)이란?

기계 재료 8

Chapter

인류의 문명은 석기 시대, 청동기 시대, 철기 시대 등으로 재료(material)의 발달사를 기준으로 나눈다. 즉, 재료는 인류 문명의 발달과 불가분의 관계가 있다. 이러한 재료의 발달은 기술과 산업의 진보로 이어졌다. 특히 현대 산업 발전의 바탕을 이루고 있는 현대화된 기계 공업은 전자 기술의 급속한 발전과 함께 기계에 의한 제조 공업이 더욱 발달하게 되었고, 기계 부품의 소형 정밀화, 공작 기계 및 생산 설비의 자동화, 로봇을 이용한 생산의 자동화로 생산 체제가 크게 달라지면서 공장 자동화가 보편화되어 이에 따른 기계 재료의 중요성이 더욱 주목받고 있다.

8.1 기계와 기계 재료

기계와 기계 설비는 현대 산업의 핵심 요소로서 제품 생산과 공정의 효율성을 향상시키고, 정밀한 생산과 대량 생산을 가능케 하는 역할을 한다. 기계는 다양한 산업 분야에서 사용되며, 그 발달은 기계 재료의 개선과 새로운 재료의 개발에 따라 이루어지고 있다.

기계 재료의 발전은 산업의 발전과 직결되어 있다. 철강을 비롯한 다양한 재료들은 기계 부품의 내구성, 강도, 내열성, 가공성 등 다양한 요구 사항을 충족시키기 위해 사용된다. 또한, 기계 재료의 선택은 제조 과정의 경제성과 생산 효율성에도 영향을 미친다.

자동차와 선박 등 대규모 제조 산업에서 철강 재료의 중요성은 더욱 두드러진다. 철강은 강도와 내구성이 뛰어나며, 대량 생산과 다양한 형태의 가공이 가능한 특성으로 인해 이러한 산업에서 주로 사용되는 재료이다. 경합금과 플라스틱과 같은 재료도 기계 재료로 사용되며, 제품의 특정한 요구사항을 충족시키기 위해 선택될 것이다. 기계 재료는 기계 부품의 기능뿐만 아니라 가공성, 생산성, 경제성 등의 다양한 측면을 고려하여 선택되어야 한다. 현대 산업은 더욱 정밀하고 효율적인 생산을 목표로 하므로, 기계 재료의 선정은 기계의 성능과 제조 과정 전반을 고려하여 이루어져야 한다.

새로운 산업 분야의 등장과 기존 산업의 변화에 따라 더욱 높은 효율성과 성능을 갖는 새로운 기계 재료에 대한 다양한 요구사항이 제기될 것이고, 이에 부응하는 새로운 재료의 연구와 개발이 필요할 것이다.

8.2 기계 재료가 갖추어야 할 성질

8.2.1 기능에 관한 성질

(가) 하중에 견디는 강도

기계나 구조물이 받는 하중에 대해 파괴나 변형 없이 유지될 수 있는 능력이다. 이는 정적 강도, 피로 강도, 충격 강도와 같은 여러 가지 성질을 포함한다. 정적 강도는 정적인 하중에 대한 재료의 저항력을 나타내며, 피로 강도는 반복적인 하중이 가해졌을 때 재료가 얼마나 지속될 수 있는지를 나타낸 것이다. 충격 강도는 갑작스러운 부하나 충격에 대한 재료의 저항력을 의미한다.

(나) 사용 조건과 환경에 견디는 성질

기계 재료는 기계 부품이 사용되는 조건과 환경에도 기능을 발휘할 수 있는 성질을 가지고 있어야 한다. 기계에는 운동을 전달하는데 필요한 베어링과 미끄럼 부분이 많은데, 이들 기계요소에는 마찰에 견디는 내 마멸 성이 요구된다. 열기관, 열간 가공기 등의 기계 부품과 절삭 공구, 그리고 열간 성형 기계 기구 등은 고온 상태에 있게 되므로 고온에서의 내식성, 내산화성, 고온 강도 등이 우수하여야 한다. 또한 저온 지역이나 저온 상태에서 사용되는 기계나 설비들은 연성이 풍부하여야 한다. 그리고 물, 산, 알칼리 등에 접해 사용되는 기계와 장비는 내식성이 요구된다.

▮표 8-1▮ 사용 환경에 따른 기계 재료의 성질

사용환경	성질	종류
1. 외력	기계적 성질 또는 강도	• 탄성률, 정적강도, 충격강도, 경도, 내구강도
2. 마찰, 마멸	내마멸성	• 내마모성, 마멸과 관련된 경도
3. 부식	내식성	• 내습성, 내후성
4. 변질	안전성	• 내열성, 방사선 등

이러한 성질들을 고려하여 재료를 선택하고 설계하면 기계나 구조물의 안전성과 성능을 보장할 수 있다. 기능에 관한 성질은 기계 재료의 개발과 사용에서 핵심적인 역할을 하며, 다양한 환경과 조건에서의 성능을 고려하여 재료를 선택하는 것이 중요하다.

8.2.2 가공에 관한 성질

기계 부품이나 설비는 기계 재료를 기계공작에 의하여 필요한 모양과 알맞은 크기로 가공하여 사용되게 된다. 기계 재료의 가공성[1]은 가공 비용과 생산 효율성에 직접적인 영향을 미치는 중요한 성질이다. 기계 재료는 아무리 좋은 기계적 성질을 가지고 있어도 가공성이 나빠 가공비용이 많이 들게 되면 그 사용에 제한을 받게 된다. 일반적으로 강도가 큰 재료는 성형 가공이 어렵다. 기계 재료의 가공에는 주조성, 소성가공성, 용접성, 절삭성 등의 여러 가지 가공성이 우수한 재료를 사용하여 생산 공정을 단축하고, 대량 생산함으로써 생산 단가를 낮추어야 한다.

또한, 가공성을 고려하여 설계된 부품은 정확한 치수와 모양을 유지할 수 있으므로 제품의 품질을 보장하는 데도 도움이 된다. 기술의 발전과 함께 다양한 가공 기술도 개발되고 있으며, 이를 통해 기계 재료의 가공성을 더욱 향상시키고 생산 프로세스를 효율적으로 관리할 수 있다.

▮표 8-2▮ 가공에 관한 기계 재료의 성질

가공종류	성질	관계성질 또는 현상
1. 주조	주조성	• 융점, 유동성, 체적 변화, 화학반응성 등
2. 소성가공	열간가공성	• 고온 강도, 고온 연성, 조직 변화, 재결정
	냉간가공성	• 강도, 가공 경화, 연성
3. 용접	용접성	• 고온 강도, 융점, 가스 흡수량 등
4. 절삭가공	피삭성	• 전단 강도, 경도, 내마멸성, 열전도율
5. 열처리	열처리성	• 조직 변화, 금속학적 변화, 내열성, 고온 강도

1) 재료의 가공성

성 질	설 명
주조성 (Casting Property)	주조 공정을 통해 복잡한 형태의 부품을 생산할 수 있는 성질. 주조는 금속을 녹여 부품의 형태를 만드는 과정으로, 다양한 형태의 부품을 비교적 빠르게 생산할 수 있다.
소성가공성 (Formability)	기계 재료의 가공성 중 가장 일반적으로 사용되는 형태. 소성가공성은 재료가 압력을 받으면 변형되어 원하는 형태로 가공될 수 있는 능력을 의미한다.
용접성 (Weldability)	부품을 결합하거나 구조물을 만들 때 사용되는 성질. 용접은 다양한 부품을 녹여 결합시키는 과정으로, 기계 부품의 조립 및 구조물의 제작에 중요한 역할을 한다.
절삭성 (Machinability)	재료를 자르거나 가공하는 과정에서 필요한 성질로서 고강도 재료의 가공에 특히 중요한 역할을 한다.
열처리성 (Heat Treatment Property)	열처리 공정을 통해 재료의 성질이 변경될 수 있는 능력. 재료의 강도, 경도, 내마모성 등을 개선하거나 조절하는 데 사용되며 원하는 물리적 성질을 부여할 수도 있다.

8.2.3 재료의 경량화

재료의 경량화는 기계나 장비의 크기와 무게를 줄여 에너지 효율성을 향상시키고 환경적 영향을 최소화하는 데 중요한 역할을 한다. 경량화를 통해 제품의 성능, 효율성, 내구성 등을 향상시키면서도 자원 소비와 환경 부담을 줄일 수 있다.

재료의 경량화 조건으로 나타낸 사항들은 다음과 같다.

① **비중이 작은 재료 사용** : 물질의 비중이 작을수록 동일한 부피에 더 적은 무게를 가진다. 따라서 경량화를 위해 무게 감소를 목표로 하는 제품에는 비중이 작은 재료를 사용하여 무게를 줄일 수 있다.

② **단순한 구조 설계** : 더 단순한 구조를 가진 제품은 적은 양의 재료를 필요로 하므로 무게를 감소시킬 수 있다. 불필요한 복잡성을 줄이고, 구조적인 효율성을 높이는 설계 원칙이 경량화를 도와준다.

③ **얇은 두께의 성능 우수 재료 사용** : 얇은 두께의 재료도 충분한 강도와 내구성을 유지하면서 경량화를 실현할 수 있다. 현대 재료 과학과 공학 기술의 발전으로 인해 얇은 두께의 재료로도 탁월한 성능을 얻을 수 있는 재료가 다양하게 개발되고 있다.

이러한 경량화 조건을 만족하면서도 기능과 성능을 유지하거나 향상시키는 것이 중요하다. 재료의 경량화는 자동차, 항공기, 건축물 등 다양한 분야에서 적용되며, 미래에는 더욱 경량화된 재료의 개발과 활용이 더욱 중요해질 것으로 예상된다.

8.2.4 제품의 외형 디자인

현대의 제조산업에서는 제품의 외형 디자인이 제품의 성공과 경쟁력에 큰 영향을 미치는 중요한 요소로 간주된다. 제품의 외형은 소비자들의 눈에 띄는 첫인상을 형성하며, 브랜드 이미지와 사용자 경험을 결정하는 데 큰 역할을 한다. 특히, 아름다운 외관이 중요시되는 자동차, 냉장고, TV, 가전제품 등은 새로운 디자인에 알맞은 재료의 선택으로 외관 디자인이 좋아야 한다.

제품의 외형 디자인이 중요한 이유는 다음과 같다.

① **경쟁력 강화** : 경쟁이 치열한 시장에서는 제품의 성능 뿐만 아니라 시각적으로 매력적인 디자인이 있어야 경쟁에서 이길 수 있다. 디자인은 브랜드의 고유성과 독창성을 표현하는 수단이 된다.

② **소비자 만족도 증가** : 사용자들은 제품을 구매할 때 미적 감각과 시각적으로 만족할

수 있는 요소를 중요하게 여긴다. 아름다운 디자인은 제품 사용 시 더욱 즐거운 경험을 제공할 수 있다.

③ **다양한 요구에 대응** : 소비자들의 다양한 취향과 요구를 반영하는 디자인은 시장에서 더 넓은 범위의 소비자들을 대상으로 할 수 있는 기회를 제공한다.

④ **브랜드 이미지 구축** : 디자인은 브랜드의 고유한 스타일을 전달하는데 도움을 주며, 소비자들이 브랜드와의 연관성을 느낄 기회를 제공한다.

⑤ **다양한 생산 방식과 재료 활용** : 현대의 생산 기술과 다양한 재료의 개발로 인해 복잡하고 독창적인 디자인이 가능해졌다. 디자이너들은 다양한 재료와 생산 기술을 활용하여 창의적인 디자인을 구현할 수 있다.

이러한 이유로 제품의 외형 디자인은 제품 개발 과정에서 핵심적인 부분으로 간주하며, 제품의 성공을 위해 디자인과 공학적 요소를 조화롭게 결합하는 것이 중요하다.

8.2.5 기계 재료의 시험 및 검사와 관련되는 성질

기계 재료의 사용 목적에 대한 적합성 여부와 조성 및 조직 등을 판별하는 것은 여러 가지 시험 및 검사의 결과를 기초로 한다. 여기에는 재료의 물리적, 화학적 특성이 응용된다. 최근에는 신속하고 정확한 결과를 얻을 수 있는 기기분석과 비파괴검사 등의 시험법이 널리 적용되고 있다.

표 8-3 기계 재료의 시험과 검사에 관련된 성질

검사법 및 시험법	종류	물리 현상, 관련 성질
열분석	냉각 곡선 열팽창 시험 열측정	융점, 변태점, 비열, 열팽창률 등
조직 검사	마크로(macro) 검사 또는 육안 검사 마이크로(micro) 검사	금속 조직, 반사 광선 투과성, 전자빔, 결정 입자, 기공, 균열
미세 구조의 측정	X선 결정 해석 전자선 결정 해석	X선, 전자선의 반사
비파괴 검사	초음파 탐상(ultrasonic flaw test) 자분 탐상(magnetic dust test) 방사선 탐상(radio graphic test) 침투 탐상(penetrant detecting test) 음향 탐상(acoustic emission test)	초음파의 반사 및 투과성 누설 자속, 자화 방사선의 투과성 침투액, 형광 물질, 자외선 쌍정 변형, 응력파

8.3 기계 재료의 분류

기계 재료는 다양한 특성과 용도에 따라 다양한 방식으로 분류될 수 있다. 주로 재질적 분류, 용도 및 특성에 따른 분류의 두 가지 큰 범주로 나누어진다. 물성과 용도에 따라 더 세분화될 수 있으며, 제조 산업의 요구에 따라 새로운 재료도 개발되고 있다. 제품 설계 및 제조에 필요한 적절한 재료를 선택하는 데 도움을 준다.

8.3.1 재질적 분류

(가) 금속 재료

금속 재료는 금속 원소로 구성되어 있으며, 전기 및 열 전도성이 뛰어나고 기계적 강도와 가공성이 좋다. 금속 재료는 철 금속과 비철금속으로 분류된다.

① **철 금속 재료**

철을 기반으로 하는 재료로, 순철(전해철), 강(탄소강, 합금강, 주강), 주철(보통 주철, 특수 주철) 등이 있고,

② **비철 금속 재료**

철을 제외한 금속으로, 비철금속재료에는 알루미늄, 구리, 마그네슘, 티탄, 니켈, 아연, 납, 주석 등과 그 합금 등이 속한다.

(나) 비금속 재료 및 복합 재료

비금속 재료는 금속이 아닌 물질로, 세라믹, 고분자, 복합 재료 등이 있다.
기계 재료로 사용되고 있는 것은 금속 재료가 대표적이며, 그중에서도 철강 재료가 대부분을 차지하고 있다. 최근에는 비철 금속 재료, 세라믹스 그리고 고분자 재료 등의 비금속 재료 및 복합 재료의 사용도 점점 증가하고 있다.

(다) 복합 재료

복합재료는 성능을 향상시키기 위해 서로 다른 특성을 가진 두 가지 이상의 구성 재료를 결합하여 만든다. 다양한 특성과 장점을 제공하므로 경량, 고강도 및 맞춤형 재료가 필요한 다양한 산업 및 응용 분야에서 사용된다.

▮표 8-4▮ 기계 재료의 분류

<table>
<tr><td rowspan="12">기계 재료</td><td rowspan="9">금속 재료</td><td rowspan="3">철강 재료</td><td>순철</td></tr>
<tr><td>강</td></tr>
<tr><td>주철</td></tr>
<tr><td rowspan="6">비철 금속 재료</td><td>구리와 구리 합금</td></tr>
<tr><td>니켈과 니켈 합금</td></tr>
<tr><td>알루미늄과 알루미늄 합금</td></tr>
<tr><td>마그네슘과 마그네슘 합금</td></tr>
<tr><td>티탄과 티탄 합금</td></tr>
<tr><td>기타</td></tr>
<tr><td rowspan="2">비금속 재료</td><td>무기질 재료</td><td>파인세라믹, 유리, 시멘트</td></tr>
<tr><td>유기질 재료</td><td>플라스틱, 직물</td></tr>
<tr><td>복합 재료</td><td colspan="2">섬유 강화 복합재료, 입자 강화 복합재료, 층상 강화 복합재료</td></tr>
</table>

8.3.2 용도 및 특성에 따른 분류

(가) 구조용 재료

기계나 구조물의 골격을 형성하며, 강도와 내구성이 중요한 재료이다. 일반 구조용과 기계 구조용으로 나뉘며, 강철, 알루미늄, 구리 등이 사용된다.

(나) 특수 용도용 재료

특정한 용도나 환경에서 사용되는 재료로, 내열성, 내식성, 내마모성 등 특수한 특성을 갖는 재료이다. 예를 들어, 열처리 강재, 내식성 스테인리스 강, 열전도성이 좋은 구리 등이 있다.

8.4 기계 재료의 결합 구조

재료의 기계적 강도, 전·자기적 성질, 화학적 특성을 결정하는 가장 기본적인 요인은 원자의 결합 방식이다. 원자의 결합 방식에는 금속 결합, 이온 결합 및 공유 결합 등이 있으며, 재료에 따라서 이러한 결합 방식이 하나 또는 그 이상으로 이루어져 있다.

8.4.1 금속 결합

금속 재료라고 하면 철, 구리, 알루미늄 그리고 스테인리스강과 같은 재료를 말한다. 이러한 재료는 무기질 재료인 유리나 도자기 그리고 고분자 재료(유기질 재료)인 플라스틱 등에 비해 전기나 열을 잘 통하게 하고 상온에서는 잘 깨지지 않는다. 이러한 특성은 금속 결합이라는 결합 방식에 의하여 나타나는 특징들이다. 금속 결합은 원자의 최외각 전자(자유 전자)를 채우기보다는 버리기 쉬운 원소들이 취하는 결합 방식이다. 따라서 철이나 비철 금속을 구성하고 있는 원자들은 전자를 방출한 양이온 상태로 안정하게 존재하며, 전자들은 금속 이온 사이로 자유롭게 움직일 수 있는 상태로 되어 있다. 금속이 전기가 잘 통하며 열을 잘 전달하게 하는 것은 이 자유 전자에 의한 것이다.

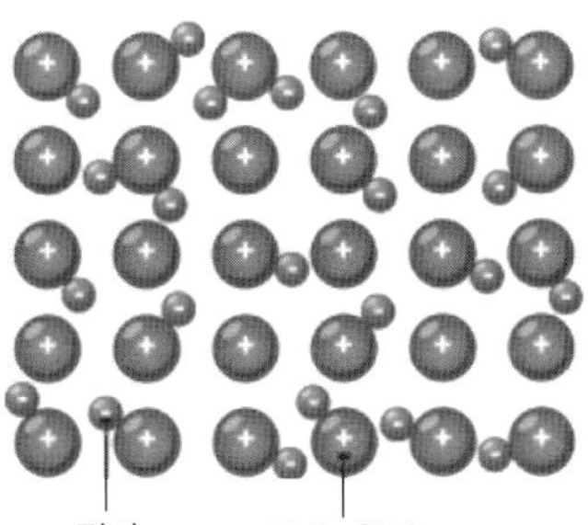

▮그림 8-1▮ 금속 결합

8.4.2 이온 결합

최외각의 모자라는 전자 수를 채우려고 하는 비금속 원자와 최외각의 전자를 버리려고 하는 금속 원자가 만나서 취하는 원자 결합 방식이다.

예를 들면, Cl 원소는 최외각 궤도에 7개의 전자를 가지고 있으므로 안정된 전자수인 8개가 되기 위해서는 주변의 원소로부터 1개를 취하면 된다. 한편 Na 원소는 최외각의 전자가 1개이므로 안정된 전자수를 취하기 위해서는 7개의 전자를 가져오기보다는 1개의 전자를 버리는 것이 쉽다. 따라서 Cl 원소는 전자를 얻게 되어 Cl^- 가 되고 Na 원소는 전자를 잃어 Na^+가 된다. 이로 인하여 두 이온 사이에 강한 전기적 인력이 작용하게 되어 결합을 하게 되는 원자 결합 방식이다. 이러한 재료들은 고온에서 잘 견디며, 경도도 매우 높아 금속 가공용 절삭 공구나 내 마모 재료로 사용되기도 한다. 또한 화학적으로도 안정하여 각종 부식 환경에서도 우수한 내식 특성을 보이지만, 충격에 약하며 가공이 힘들다는 단점도 가지고 있다.

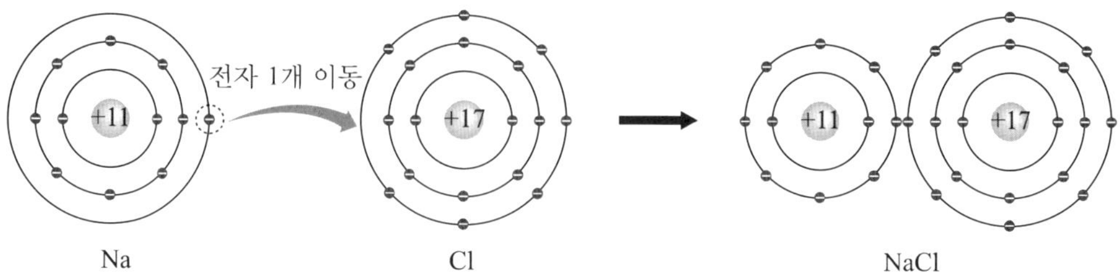

▮그림 8-2▮ NaCl 이온 결합

8.4.3 공유 결합

비금속 원소 사이에 화학결합이 형성될 때는 최외각전자는 이동하지 않고 공유된다. 수소 원소의 경우 2개의 전자를 공유함으로써 안정된 형태를 갖는다(수소는 *s* 전자껍질만 있으므로 2개의 전자만을 공유한다).

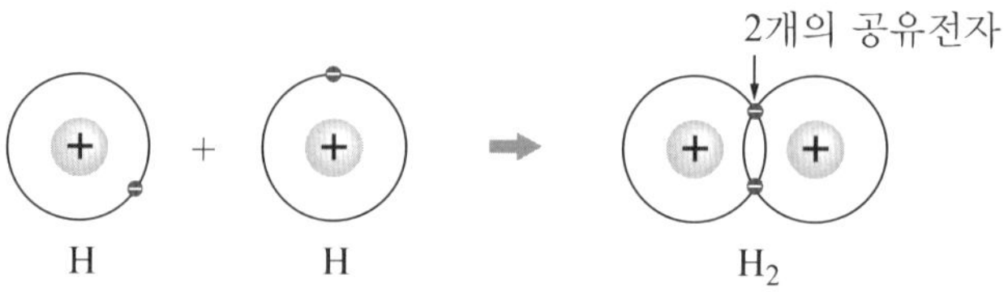

▮그림 8-3▮ 수소의 공유 결합

Si 원소의 경우 최외각에 4개의 전자가 존재한다. 안정적인 8개의 전자 수를 가지기 위해서는 4개의 전자를 필요로 하므로, 최외각에 4개의 전자를 가지고 있는 Si 원소 혹은 C 원소들과 최외각 전자를 공유하여 안정되려고 한다. 공유 결합을 한 재료들도 이온 결합과 같이 자유 전자가 없다. 따라서 기본적으로는 전류가 흐르지 않는 절연체이다(Si 반도체는 특별한 조건에서 전류의 흐름이 발생함). 이러한 공유 결합성 물질로는 탄소, 다이아몬드, 그리고 비산화물계 세라믹스인 SiC, Si_3N_4 등이 있다. 공유 결합 물질도 원자간 결합 에너지가 크기 때문에 고온 강도가 뛰어나며, 내화학성, 내마모성도 매우 우수한 특성을 보인다. 재료의 많은 특징은 기본적으로 재료의 결합 방식의 차이에 기인하고 있지만 모든 물질의 결합 성격이 반드시 금속 결합, 이온 결합 그리고 공유 결합으로 명확히 구분되어 결합되는 것은 아니고 공유 결합과 이온 결합 혹은 금속 결합과 공유 결합 등이 부분적으로 혼합된 경우가 많다.

8.5 철강 재료

철강 재료는 다른 금속에 비하여 기계적 성질이 우수하며, 열처리하면 이들이 가지고 있는 성질을 적당하게 변화시킬 수 있고, 값도 싸다. 또 대량 생산이 가능하므로 기계 재료로써 가장 많이 사용되고 있다. 철강 재료는 크게 강과 주철로 나누고, 강은 압연 및 단조 등으로 소성 변형을 시켜 사용하며, 주철은 주물용 재료로 사용된다.

철은 그림 8-4와 같은 용광로(blast furnace)에 철분이 55～60% 포함된 철광석과 석회석, 그리고 코크스를 번갈아 넣고 열풍을 보내어 연소시키고, 이 연소열에 의하여 철광석을 용해 환원하여 선철을 생산한다. 이와 같이 하여 선철을 만드는 공정을 제선이라 한다. 철강 재료에서 가장 중요한 원소는 탄소(C)이다. 탄소함유량에 따라 철강 재료를 강인지 주철인지 구별하며 보통 탄소량 2% 이상을 주철, 그 이하를 강이라 한다. 그리고 강은 탄소함유량에 따라 세분화해서 분류한다.

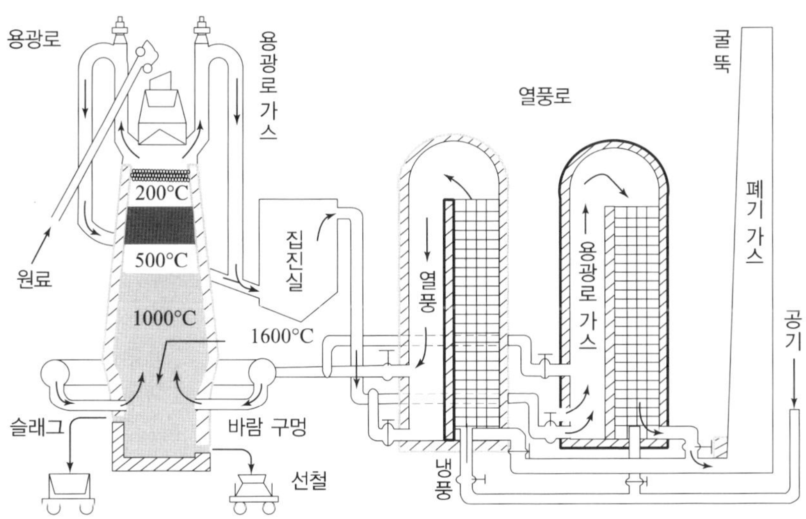

▮그림 8-4▮ 용광로

8.5.1 강철의 제조 방법

용광로에서 생산된 선철은 불순물과 탄소가 많아 경도가 높고 여리기 때문에 소성 가공할 수 없다. 따라서 선철이나 고철을 전로(converter), 전기로(electric arc furnace) 또는 평로(open hearth furnace) 등의 제강로에 넣고, 용해하여 산화제와 용제를 사용하여 불순물을 제거하고, 탄소를 알맞게 감소시켜 소성 가공할 수 있도록 만든 것을 강(steel)이라 한다.

이와 같이 불순물을 산화시켜 순도가 높은 금속을 만드는 공정을 정련(smelting)이라 하며, 강을 만드는 공정을 제강(steel making)이라 한다. 제강 공정을 거친 용해된 강의 일부는 주물(주강)로도 사용되지만, 대부분은 강괴(steel ingot)로 만들어진다.

그림 8-5는 강재의 제조 공정을 나타낸 것이다.

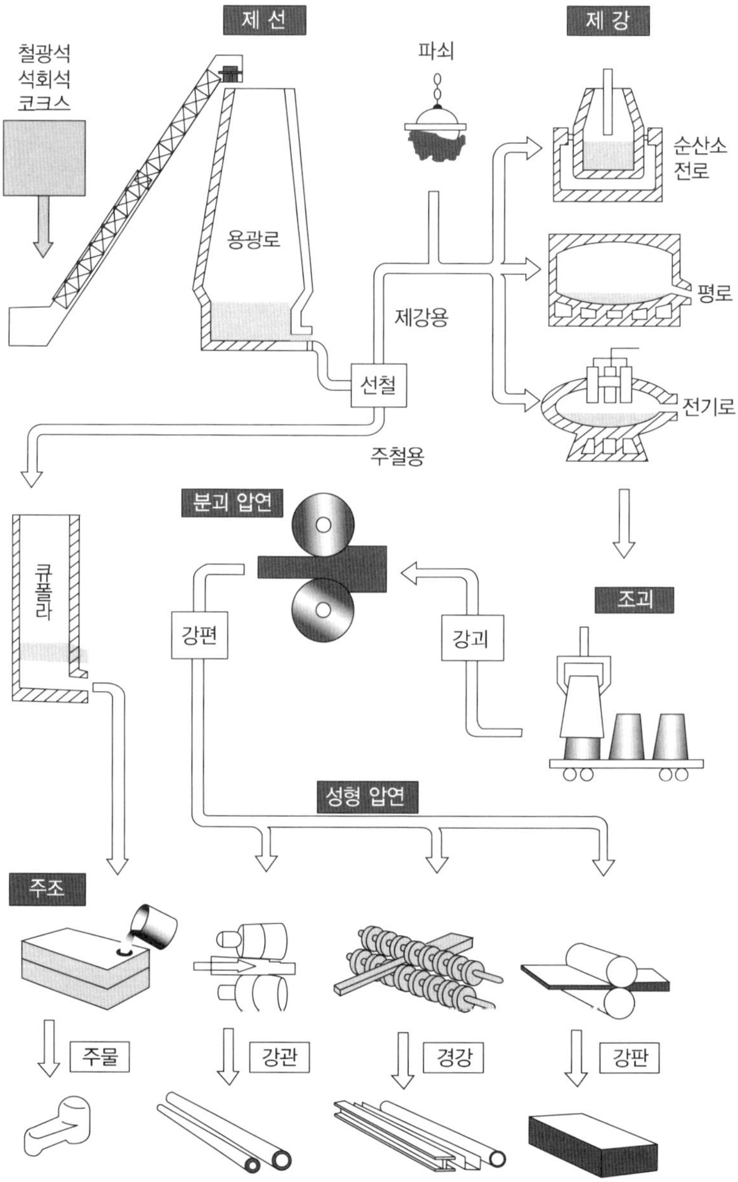

▌그림 8-5▐ 강재의 제조 공정

① **용광로**(blast furnace) : 철석과 석회암 등의 원료를 사용하여 선철을 생산한다. 선철은 불순물과 탄소가 많아서 경도가 높고 여리기 때문에 직접적인 가공이 어려운 상태이다.

② **전로**(converter)2) : 용광로에서 나온 선철을 전로에 넣어 정련한다. 산소를 이용하여 불순물을 산화시키고 철을 정제하는 과정을 거쳐 순수한 철을 얻는다.

③ **강괴 제조** : 전로에서 나온 정제된 철을 대형 강괴로 만든다. 이 강괴는 이후 다양한 강재 형태로 가공될 준비단계이다.

④ **압연 가공** : 강괴를 성형 및 압연기에서 가공하여 다양한 강재 제품을 만든다. 강봉, 강관, 형강, 강판 등의 다양한 형태의 강재가 생산된다.

⑤ **일괄 제철 공정** : 위의 과정을 통해 만들어진 다양한 강재 제품을 포함하는 제조 과정을 일괄 제철 공정이라고 한다. 이 과정에서 강재의 형태와 특성을 조절하여 다양한 산업 분야에 필요한 강재를 생산한다.

이러한 현대 제철 공정은 다양한 산업 분야에서 필요한 강재를 생산하기 위해 사용되며, 제품의 품질과 성능을 보장하는 데 중요한 역할을 한다.

8.5.2 금속 재료의 성질과 열처리

1. 금속 재료의 성질

(가) 금속의 결정 구조

① **입자의 형성**

녹았던 금속이 다시 응고할 때, 입자는 기하학적으로 배열된다. 응고하고 있는 용액 안에서 초기의 격자 형성은 질서 있게 성장하는 결정체의 핵을 형성한다. 1개의 결정이 다른 방향을 가진 다른 결정과 접촉할 때, 이 두 결정의 성장은 정지하고, 서로

2) 전로와 전기로의 차이

항 목	전로 (Converter)	전기로 (Electric Arc Furnace)
제련 및 정제 과정	철석을 환원하여 철 주물생산	스크랩 강을 녹여서 다양한 금속 재료를 생산
원료	철석 및 주철 등 철을 함유한 원료	다양한 금속 재료, 합금 등
열원	고온 연소로 나오는 가스(화석 연료 사용)	전기 아크로 발생한 열 이용
효율성 및 생산성	대량 생산에 적합하며 대형 설비가 필요	유연한 작동이 가능하며 빠른 생산성
환경적 영향	CO_2와 같은 온실 가스 방출	상대적으로 환경적 영향 적음

접한 표면의 모양은 불규칙적이며, 입계(입자의 경계)를 형성한다. 대부분의 결정은 같은 모양으로 발달하지 않지만 한 방향으로 빠른 속도로 발달한다. 결정의 성장이 진행되면, 결정은 나무처럼 가지를 뻗어낸다.

② 입자의 크기와 재료의 성질

금속 입자의 크기는 냉각 속도의 범위, 열간 작업 또는 냉간 작업의 성질에 따라 다르다. 일반적으로 작은 입자를 가진 금속은 큰 입자를 가진 금속에 비하여 우수한 강도와 강성을 가진다. 입자가 큰 재료는 기계 가공이 용이하고, 열처리 효과가 크며, 전기 전도율과 열전도율이 우수한 특징이 있다.

③ 금속 원자의 배열과 결정 구조

물질을 형성하고 있는 원자들의 배열 형태는 크게 두 가지로 분류된다. 하나는 원자(또는 분자)가 불규칙적으로 배열되어 있는 비정질(비결정질)이고, 다른 하나는 원자가 규칙적으로 배열되어 있는 결정질이다. 또 결정은 결합 방법에 따라 이온 결합, 공유 결합, 금속 결합 등으로 분류된다. 특히, 금속 결합에서는 자유 전자로 인해 금속의 특색인 전기나 열의 전도성, 기계적 강도나 광택 등이 나타나게 된다. 금속은 결정체이므로 원자를 3 차원적으로 규칙적인 배열을 할 수 있는데, 일반적으로 체심 입방 격자(body-centered lattice), 면심 입방 격자(face-centered lattice), 조밀 육방 격자(close-packed hexagonallattice)의 3종류로 구분할 수 있다.

④ 금속 조직의 관찰

때때로 우리는 재료의 성질에 영향을 주는 결정 구조와 결함을 관찰할 필요가 있다. 대부분의 재료에서 결정립은 미시적이며, 그 결정립의 지름은 대체로 수 내지 수십 마이크로미터(μm) 정도의 지름을 가지고 있다.

따라서 결정립의 자세한 구조는 적당한 현미경을 이용하여 관찰해야 한다. 금속 조직의 관찰에는 광학 금속 현미경과 전자 현미경이 주로 쓰이고 있다.

광학 금속 현미경으로 조직을 관찰하려면 먼저 시료를 잘 연마하고, 질산 등의 부식액으로 표면을 부식시킨 후에 20~2,000배의 배율로 조직을 관찰하면 된다. 또 전자 현미경으로는 2,000~40,000배 또는 그 이상의 배율로도 관찰이 가능하다. 전자 현미경에는 주사형 전자 현미경(SEM: Scanning Electron Microscopy)과 투과형 전자 현미경(TEM: Transmission Electron Microscopy)이 주로 사용되고 있다.

(나) 금속의 기계적 성질

재료에 힘이 가해졌을 경우 외력에 대응해서 나타나게 되는 그 재료 고유의 역학적 성질이다. 기본적으로는 응력과 변형의 관계로 표시되나, 일반적으로는 이런 관계에서 얻어지는 탄성율, 항복점, 내력, 인장 강도, 압축 강도, 연신율, 굽힘 강도, 항절력, 휨, 피로 한도, 경도 등의 값을 알아내어 이의 성질을 논하고 있다.

① **강도(strength)**

재료에 하중이 걸린 경우, 재료가 파괴되기까지의 변형 저항을 그 재료의 강도라고 한다. SI 단위는 Pa 또는 N/mm^2이며, 물체에 작용하는 외력을 그 방향의 단면적으로 나누어서 구한다.

② **강성(stiffness)**

재료가 탄성 변형을 할 때 재료는 그 변형에 저항하는 성질이 있는데, 이 변형에 저항하는 정도를 말한다(예를 들어, 잡아 늘임, 굽힘 또는 비틀림에 대한 저항 능력). SI단위는 N/m로 나타낸다.

③ **경도(hardness)**

경도란 긁힘(scratching)이나 압입(indentation)에 대한 저항을 나타낸다. 기준에 따라 여러 측정 방법이 있으며 측정 방법마다 고유의 단위를 가진다.

④ **충격(impact)**

어떤 하중이 아주 짧은 시간에 갑자기 가해지는 현상을 말한다. 경도와 마찬가지로 시험 방법에 따라 여러 가지 측정 방법이 있다.

⑤ **피로(fatigue)**

외력이 인장 또는 압축 강도보다 낮더라도 외력의 주기적인 반복으로 재료의 강도를 저하시켜 파괴가 용이해지는 것을 말한다. 일상생활에서 소모품 등의 하중 지지 부품에서 공통적으로 발생하는 현상이다.

⑥ **마모(wear)**

기계적인 반복 운동에 의한 마찰로 인해 물질의 표면이 문질러지거나 깎이거나 소모되는 현상을 말한다. 물품에서는 바람직하지 않은 성질이다.

2. 금속 재료의 열처리

금속이나 합금은 보통 고체 상태에 있으면서 어느 일정한 온도에 도달하면 갑자기 성질이나 조직이 변하게 된다. 특히, 강은 가열하여 일정한 온도로 유지하였다가 냉각하는 방법에 따라 여러 가지 성질을 가지게 할 수 있다.즉, 강은 가열과 냉각의 조건에 따라 목적하는 성질을 가지게 할 수 있는데, 이 조작을 열처리라 한다. 강은 열처리함으로써 기계적 성질의 개선이 뚜렷하여진다. 강의 열처리에는 그 목적에 따라 풀림(annealing), 노멀라이징(normalizing), 담금질(quenching), 뜨임(tempering), 표면 경화(surface hardening) 등이 있다. 그림 8-3은 탄소강의 열처리 온도 범위를 나타낸 것이다.

(가) 금속 재료의 기본 열처리 방법

① **풀림**(annealing)

강은 어느 온도 이하에서 소성 가공을 하면 가공 경화가 되어, 그 이상의 가공이 어렵게 되거나 절삭성이 나빠질 때도 있다. 풀림은 이와 같은 상태를 제거하여 연하게 하거나 전성 및 연성을 높이기 위하여 강을 어느 일정한 온도까지 가열한 후 천천히 식히는 열처리 조작이다.

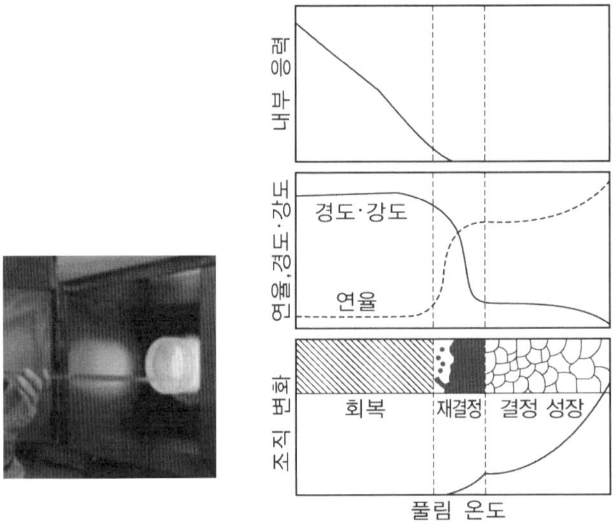

▮ 그림 8-6 ▮ 풀림 온도와 기계적 성질

② **불림**(normalizing)

압연, 난소, 주소 등으로 만들어진 금속 재료 내부에 생긴 내부응력을 제거하거나, 결정 조직을 균일화시키는 조작이다. 더 높은 강도와 경도를 얻을 수 있으며, 일부 내구성도 향상될 수 있다. 이 조작은 강을 오스테나이트 조직까지 가열한 후 공기 중에서 냉각시키는 열처리 방법이다.

③ **담금질**(quenching)

담금질은 강을 강하게 하거나 경도를 높이기 위하여 어느 일정한 온도까지 가열한 후 물 또는 기름 등에 담가 급랭시키는 조작이다. 내식성은 일부 손실될 수 있다.

담금질

④ **뜨임**(tempering)

담금질한 강은 경도는 높으나 내부응력이 생겨 여리기 때문에 그대로는 사용할 수가 없다. 뜨임은 열처리 때문에 생긴 결점을 제거하고 강인한 성질로 개선하기 위하여 일정한 온도로 가열한 후 냉각시키는 조작이다. 담금질한 강은 반드시 뜨임한 후 사용하여야 한다.

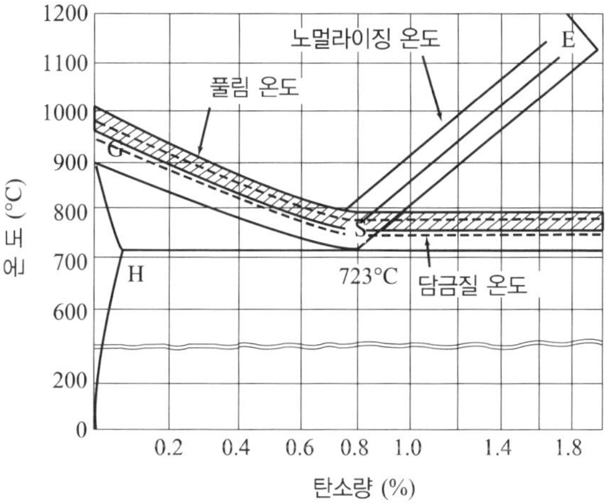

▮그림 8-7▮ 탄소강의 열처리 온도 범위

▮표 8-5▮ 열처리 방법에 따른 효과

열처리 방법	효과	방법
풀림(annealing)	외부 응력 제거, 절삭성, 가공성 향상	가열 후 로냉 냉각
불림(normalizing)	결정립 미세화, 기계적 성질 향상, 표준화된 조직	가열 후 공랭
담금질(quenching)	경도는 높으나 취성이 큼	가열 후 급랭
뜨임(tempering)	고온 템퍼링으로서 높은 인성	유냉 또는 급랭 (기계 구조용 강에서 쓰임)

(나) 금속 재료의 표면 경화(surface harding) 열처리 방법

기계의 축 또는 기어 등은 충격에 대하여 강인한 성질을 가지고 있어야 하고, 베어링부에서는 마멸에 견딜 수 있어야 하므로 표면만을 단단하게 하고 내부는 강인한 성질을 가지도록 열처리를 해야 하는데, 이것을 표면 경화라 한다.

① 화염 경화법

산소-아세틸렌가스 불꽃을 사용하여 강의 표면을 담금질 온도로 가열한 다음 급냉시켜 재료의 표면만을 담금질하는 방법이다. 주로 큰 제품의 표면 경화에 사용된다.

② 고주파 경화법

고주파 전류를 이용하여 일정한 두께의 표면만을 가열한 후 급냉시켜서 표피층을 담금질하는 방법으로 기어 또는 복잡한 모양의 부품들을 부분적으로 경화시킬 수 있으며, 주로 대량 생산에 많이 이용하고 있다.

③ 침탄 담금질법

탄소량이 적은 강으로 만든 제품의 표면에 탄소를 침투시켜 탄소량을 높이는 침탄처리를 한 후 담금질을 하여 표면을 경화시키는 방법이다. 침탄을 하면 표면은 검고 탄소량이 많은 상태로 되며, 내부는 흰 부분이 많고 탄소량이 적은 상태로 된다. 이처럼, 표면층은 고탄소이므로 담금질에 의하여 단단해지고, 내부는 담금질 효과가 적으므로 강인한 상태로 된다. 침탄에는 목탄, 코크스를 사용한 고체 침탄법과 메탄가스 또는 프로판가스를 사용한 가스 침탄법이 있다. 자동차 엔진 부품, 기계 부품, 기어 등과 같은 제품에 널리 적용되고 있다.

④ 질화법

강재의 표면 특성을 개선하기 위해 질소를 이용하여 표면을 단단하게 만드는 과정이다. 암모니아 가스와 같은 질소원을 사용하여 강재를 고온으로 가열하여 질소와 철이 화합하는 과정을 통해 표면에 단단한 질화층을 형성한다. 질화법은 저온 질화와 고온 질화로 나뉜다. 저온 질화는 상대적으로 낮은 온도에서 진행되며, 질소와 철의 화합을 통해 주로 강재의 표면을 단단하게 만든다. 고온 질화는 더 높은 온도에서 이루어지며, 질화층의 깊이가 더 깊어지고 내마모성을 강화하는 데 초점을 둔다. 자동차 엔진 부품, 금형, 기계 부품, 기어 등 표면 경화가 필요한 부품이나 마모에 강한 제품에 널리 활용된다.

⑥ **고주파 경화법**

고주파 전류로 재료의 표면층만 가열하고 물을 분사하여 급랭시켜서 표피층을 담금질하는 방법으로, 담금질 시간이 짧고, 복잡한 형상에도 이용하기 좋다.

⑦ **용착법**

금속 재료의 표면에 초경 합금(매우 경도가 높은 합금), 스텔라이트(약 30% 크롬, 20% 텅스텐, 0.1～0.3% 탄소, 나머지는 코발트의 합금) 등 특수 합금을 용착(용융하여 압착)시켜 경화층을 만드는 방법이다.

⑧ **쇼트피닝**

일반적으로 금속은 가공하여 변형시키면 단단해지는데, 재료의 표면에 강으로 된 작 은 구를 분사 충돌시켜 피닝(peening: 금속 표면을 망치로 두드리는 가공법) 효과를 주어 재료 표면을 단련시키는 방법이다.

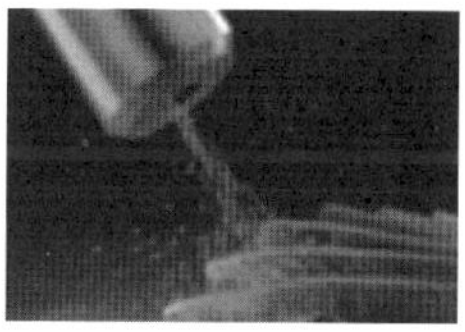

쇼트피닝

8.5.3 탄소강과 합금강

불순물이 전혀 섞이지 않은 철을 순철이라 하고, 탄소를 0.03～2.0%까지 포함한 철을 강이라 한다. 그러나 보통 1.7% 이하를 사용한다. 공업적으로 생산되는 순철은 다소의 불순물이 포함되어 있으나 철강의 성질을 이해하는데 기본이 되는 것이므로, 순철의 성질에 대해 잘 알아 두는 것이 필요하다.

(가) 탄소강(carbon steel)

탄소강은 대량 생산이 가능하고, 가격이 비교적 저렴하며, 기계적 성질이 우수하므로 현재 사용되고 있는 철강 재료의 대부분을 차지하고 있다. 또한 상온 및 고온에서 가공성이 좋고, 탄소 함유량에 따라 성질 변화가 많다. 특히 여러 가지 열처리 방법에 따라 기계적 성질을 다양하게 변화시킬 수 있는 장점이 있기 때문에 그 용도가 매우 광범위하다.

탄소강은 철(Fe)과 탄소(C)의 합금이다. 탄소강은 탄소 함유량에 따라 기계적 성질이 다르며, 일반적으로 탄소량이 많은 강철일수록 인장 강도와 경도가 크고 연신율이 낮다. 표 8-6은 탄소강의 종류와 기계적 성질을 나타낸 것이다.

표 8-6 탄소강의 종류와 기계적 성질

종류	탄소의 양(%)	인장 강도(kg/mm^2)	연신율(%)	브리넬 경도(H_B)
특별 극연강	0.08 이하	32~36	38~40	95~100
극연강	0.08~0.12	36~42	30~40	80~120
연강	0.12~0.20	38~48	24~36	100~130
반연강	0.20~0.30	44~55	22~32	120~145
반경강	0.30~0.40	50~60	17~30	140~170
경강	0.40~0.50	58~70	14~26	160~200
극경강	0.50~0.80	65~100	11~20	180~235
특별 극경강	0.80~1.70	98~100	4~18	180~320

(나) 합금강 (alloy steel)

합금강은 탄소 이외의 합금 원소를 철과 함께 혼합하여 만든 강재이다. 합금 원소의 첨가로 기계적 성질이 개선되어 탄소강보다 더 우수한 특성을 가지게 한다. 합금강은 다양한 목적에 따라 다양한 종류로 나뉘며, 목적에 따라 다양한 종류로 제조된다. 예를 들어 스테인리스강은 크롬과 니켈 등의 합금 원소를 넣어 내식성을 향상시킨 합금강의 일종이다. 탄소 공구강은 탄소강 중에서 강도와 경도가 높은 성질을 가진 탄소강의 하나이다. 그리고 기계 구조용 합금강은 합금 원소의 양이 비교적 적고, 일반적으로 강도, 경도 등을 개선한 강이다. 공구로 사용되는 합금강은 상온 및 고온에서 경도가 높고 내마멸성이 있으며, 탄소량과 합금 원소가 비교적 많다. 또 내식성을 가진 합금강은 부식을 방지하고, 내열성을 가진 합금강은 고온에서 산화에 잘 견디며, 우수한 기계적 성질을 가지고 있다. 표 8-7은 합금강의 종류를 나타낸 것이다.

표 8-7 합금강의 분류

분류	합금강의 종류	용도
기계구조용 합금강	• 강인강 • 고장력 저합금강 • 표면 경화용강	• 크랭크 축, 기어, 볼트, 너트, 키, 축 등의 재료 • 선박, 건설용 등의 재료 • 기어, 축, 피스톤 핀, 스플라인축 등의 재료
공구용 합금강	• 탄소 공구강 • 합금 공구강 • 고속도 공구강	• 절삭 공구, 다이, 정, 펀치 등의 재료
내식, 내열용 합금강	• 스테인리스강 • 내열강	• 칼, 식기, 부엌 기구, 화학 공업 장치 등의 재료 • 내열 기관의 흡기 밸브, 배기 밸브, 터빈 날개, 고온 용기, 고압 용기 등의 재료
특수용 합금강	• 쾌삭강 • 스프링 강	• 볼트, 너트 기어, 축 등의 재료 • 각종 스프링의 재료

8.5.4 구조용 강

구조용 강재(structural steel)는 건축, 차량, 선박, 기계 구조물 등 다양한 분야에서 사용되는 중요한 재료이다. 다양한 응용 분야에서 요구되는 강도와 내구성을 충족시키기 위해 특수하게 제조되는 강재로서, 일반적으로 기계구조용 탄소강과 기계구조용 합금강으로 나뉜다. 일반 강재보다 인장 강도나 항복점이 높으며, 외력에 잘 견딜 수 있어야 한다.

1. 구조용 탄소강

(가) 일반 구조용 압연강

구조용 강재 중에서 용접성을 중시하여 만든 재료이다. 건축, 교량, 선박, 철도, 차량 등에 사용되는 강판, 평강, 형강 및 봉강 등이 있다.

(나) 기계 구조용 탄소강

기계 구조용 탄소강은 탄소, 규소, 망간을 함유하며 다른 합금 원소를 함유하지 않은 고급 탄소강으로 주로 절삭 등의 가공과 열처리 후 기계 구조용으로 사용된다. 그러나 이 강재는 그대로 최종제품으로 사용되는 경우가 없고, 다시 단조, 절삭 등의 가공과 열처리를 해서 기계 구조용으로 사용된다. 일반 구조용 압연강보다 신뢰도가 높고 자동차 부품, 기계 부품 등을 제작하는 데 사용된다.

2. 구조용 합금강

구조용 합금강은 탄소강의 기본성분에 마그네슘, 크롬, 니켈 등의 합금 원소를 첨가하여 구조용 탄소강의 기계적 성질을 개량한 것을 말하며, 강인성이 뛰어나 기계의 중요 부품으로 사용된다.

(가) 강인강

강인강은 담금질 성질이 좋고 담금질에 의하여 강도와 경도가 높아진다. 또, 뜨임을 함으로써 강인한 성질을 가지게 된다. 강인강에는 크롬강, 크롬-몰리브덴강, 니켈-크롬강, 니켈-크롬-몰리브덴강 등이 있으며, 샤프트, 볼트, 너트, 치차, 핀, 크랭크축 및 산업기계 구조부품 등에 쓰인다.

(나) 침탄강

구조용 강 중에는 고주파 소입, 침탄소입 등의 방법에 의해 표면만 경화하여 사용하는 것이 있다. 이들 중 저탄소함유강의 표면에 탄소를 확산 등의 방법으로 침투시켜 표면만 고탄소화하여 처리하는 것을 침탄강이라 한다. 침탄강은 캠축, 스터드, 링기어, 스프라인 축 등 자동차 및 산업용 기계 부품 중에 강인성과 내마모성이 요구되는 부품에 쓰인다.

8.5.5 공구용 강재

공구용 강재는 고강도, 내마모성, 내열성 등의 특성을 유지하는 것이 중요하며, 이러한 특징을 강화하기 위해 열처리와 다양한 합금화 과정을 거친다. 쇠톱, 전기 드릴, 절삭공구 등을 만드는 데 사용되며 우리 생활 주변에서 쉽게 찾아볼 수 있다. 공구강은 일반적으로 화학성분 및 성능을 고려해 탄소 공구강, 합금 공구강, 고속도 공구강, 초경합금 등으로 구분된다. 공구강은 마멸이 잘되지 않고, 고온에도 경도가 낮아지지 않으며, 온도 차에 따라 변형하지 않는 큰 특징을 지니고 있다.

(가) 탄소 공구강과 합금 공구강

탄소 공구강은 0.65~1.5 %의 탄소를 함유하고, 특별하게 합금원소를 첨가하지 않은 것으로 보통 칼날, 각종 드릴, 쇠톱, 스프링 등의 절삭 공구 또는 수작업용 공구 등에 많이 사용된다. 탄소 공구강은 탄소 함량이 높아 경도와 강도가 높지만, 내열성은 상대적으로 낮다. 합금 공구강은 탄소 공구강의 결점을 개선하기 위하여 탄소강에 망간, 니켈, 크롬, 몰리브덴, 텅스텐, 바나듐 등의 원소를 1종 이상 첨가하여 공구강에 필요한 여러 가지 성질을 향상시킨 것이다. 잘 깨지지 않고, 수명이 길어 공업용 절삭공구, 가공 다이스, 금형 재료 등에 사용된다.

(나) 고속도 공구강

고속도 공구강은 고속절삭 작업에 사용되는 공구를 만들기 위해 개발된 강재로서, 고속 회전 속도와 높은 절삭 압력을 견딜 수 있는 특성을 갖추고 있다. 절삭 작업 중에 발생하는 열 및 마찰력을 효과적으로 관리하며 내마모성과 내열성을 강화하여 오랫동안 사용될 수 있도록 설계되어 있다. 크롬, 몰리브덴, 텅스텐, 바나듐, 코발트 등의 원소를 비교적 다량으로 첨가해 고속절삭에 적합하며, 마찰열에 의한 고온에 잘 견뎌 고속절삭 공구, 아주 단단한 것을 자르거나 깎는 난삭 절삭공구 등에 사용된다. 고속도 공구강이 다른 제품을 깎거나 자르기 위해서는 다른 제품보다 마찰에 2~3배는 더 잘 견뎌야 하므로 크롬 및 카본 등을 많이 넣어 내마모성을 크게 하고, 500℃, 600℃ 부근에서 뜨임을 하여 경도를 높인다. 또한 공구강을 만들 때는 몰리브덴과 바나듐을 첨가해 충격으로 잘 깨지지 않도록 하고 있다.

(다) 초경합금

초경합금은 고속도 절삭공구와 같은 고난도 절삭 작업에 사용되는 중요한 재료이다. 초경합금은 고속도 공구강보다 더 높은 경도와 내마모성을 가지고 있으며, 특히 고온에서의 성능이 우수하다. 이러한 특성으로 인해 초경합금은 다양한 절삭 작업에서 매우 효과적이다. 특히 내구성이 높지만 동시에 어느 정도의 유연성을 가지는 여린 성질을 갖고 있어 잘 깨지지 않는다. 탄화텅스텐(tungsten carbide, W_c)의 작은 분말과 코발트 분말을 섞어서 성형한 후 고온에서 가열하여 만든 소경 합금으로, 강은 아니다[3].

---

3) 강재 구성 원소들의 역할

원 소	역할
크롬 (Chrome)	내마모성과 내식성을 증가시키고, 열처리를 통해 강재의 경도를 높이는 데에 기여함.
니켈 (Nickel)	니켈은 크롬과 함께 스테인리스강의 핵심 원소로서 인장강도를 높이고 고온에서의 안정성을 향상시킴.
몰리브덴 (Molybdenum)	고온에서의 강도와 내열성을 향상시키는 데 도움을 주며, 고속절삭 작업 시 발생하는 열에 대한 내성을 강화함.
텅스텐 (Tungsten)	경도와 내열성을 향상시키고, 특히 절삭공구의 날카로운 부분을 만들 때 효과적으로 사용됨.
바나듐 (Vanadium)	경도를 높이는 역할을 하며, 내마모성과 내화학성(화학적 부식이나 변형에 견디는 성질)을 향상시키고, 충격에 대한 내성을 강화함.
코발트 (Cobalt)	고속절삭 작업에 필요한 내열성과 내마모성을 향상시키고, 절삭공구의 내구성을 높이는 데에 기여함.

8.5.6 내식 및 내열성 강

철과 강은 우수한 성질을 가진 금속이지만, 부식이 잘 되는 결점을 가지고 있다. 그 밖에도 고온에서 산화되기가 쉽고 인장 강도와 경도가 감소한다. 이와 같은 결점을 보완하고 내식성과 내열성을 높이기 위하여 크롬 또는 니켈 등의 원소를 비교적 많이 첨가하여 합금한 강으로서 스테인리스강과 내열강이 있다.

(가) 스테인리스강

크롬(Cr), 니켈(Ni)을 다량 첨가하여 내식성을 현저히 향상시킨 강으로서 녹이 슬지 않는다. 일반적으로 Cr의 함량이 12% 이상인 강을 스테인리스 강(stainless steel)이라고 하고, 그 이하의 강은 그대로 내식강이라 하며, 금속 조직학 상 마아텐자이트계와 페라이트계 및 오오스테나이트계로 분류되는데, 그 대표적인 것은 18-8형 스테인리스 강인 오오스테나이트계 스테인리스강이다. 탄소강에 12% 이상의 크롬을 넣은 스테인리스강은 질산에 대해서는 녹이 생기지 않으나 황산이나 염산에는 약하다. 그러나 여기에 니켈을 더 넣으면 어떠한 산에도 강한 성질을 가지게 된다. 크롬 13%를 포함한 스테인리스강은 내식성 뿐만 아니라 우수한 기계적 성질을 가지고 있으므로 터빈의 날개, 기계 부품, 의료 기기 등에 사용된다. 크롬 18%와 니켈 8%를 넣은 스테인리스강은 내식성도 좋고 질이 연하고 연성이 많아 용접성과 기계적 성질이 매우 좋으므로, 화학 공업 장치, 가정용품, 내식 강판 등으로 많이 사용하고 있다. 스테인리스를 풀어 써보면 스테인(stain), 즉 흠, 녹 등을 의미하고, 리스(less)의 없다는 의미로 녹이 잘 슬지 않는 금속을 의미한다.

(나) 내열강

공업의 발달과 함께 각종 기계 부품이 고온에서 사용되는 경우가 많아지고 있다. 따라서 그 재료 또한 고온에서 잘 견딜 수 있어야 하는데, 이러한 강을 내열강(heat-resistant steel)이라 한다. 강에 크롬이나 니켈을 합금하여 고온에서도 산화하지 않고 충분한 강도를 유지하는 내열강을 만들 수 있으며, 크롬을 넣어 합금한 내열강은 내연 기관의 밸브나 내산성 재료로써 사용하며, 여기에 니켈을 첨가하여 보일러, 열처리로, 고온 화학 반응기 등의 고온에서 사용되며, 고온에서의 안정성과 내구성을 유지하는 데에 적합하다.

8.5.7 특수 용도용 특수강

(가) 쾌삭강

쾌삭강((free cutting steel)은 탄소강에 황(S), 납(Pb), 흑연을 첨가시켜 절삭성을 향상시킨 것을 말하며, 황(S)을 0.16% 정도 첨가시킨 황쾌삭강, 0.10~0.30%의 납(Pb)을 첨가시킨 납쾌삭강, 탄화물을 흑연화시킨 흑연쾌삭강 등이 있다. 황(S)을 첨가한 쾌삭강은 쇳밥이 짧게 잘리므로, 일반적으로 작은 부품을 만드는 데 사용한다. 또, 납을 첨가한 납 쾌삭강은 절삭성이 좋고 열처리 효과도 변하지 않으므로 자동차 부품이나 정밀 기계 부품 등에 많이 사용한다.

(나) 스프링강

스프링 제작에 사용되는 강재로서, 인장강도, 탄성한계, 충격 및 피로에 대한 저항력이 필요한 특성을 가지고 있다. 냉간 가공용 스프링강과 열간 가공용 스프링강(spring steel)이 있으며, 각각의 제작 과정에 맞게 선택된다. 철사, 스프링, 얇은 판스프링 등은 냉간 가공, 판스프링, 코일 스프링은 열간 가공에 속하는데, 열간 가공용의 스프링으로서는 0.5~1.0% C의 고탄소강이 사용되며 이 밖에 규소-망간(Si-Mn)강, 규소-크롬(Si-Cr)강, 크롬-바나듐(Cr-V)강 등의 합금강이 사용된다.

8.5.8 주철과 주강

주철은 용융점이 낮아 모양이 복잡한 것이라도 주조하기 쉽고, 또 값이 싸기 때문에 일반 기계 재료로 널리 사용되고 있다. 그러나 깨어지기 쉬운 성질이 있고 강도가 약한 것이 결점이다. 근래에 들어와서는 기계적 성질이 강과 비슷한 주철을 만들 수 있게 되어 일부 단조품을 대신할 수 있는 특수 주조품을 생산하여 사용하게 되었다. 모양이 복잡하거나 주철로서 강도가 부족할 경우에는 탄소강을 용해하여 주조한 주강품을 사용한다. 주강은 대형의 부품을 생산할 수 있는 이점이 있으나, 주철과 비교해 용융점이 높아서 주조하기 어렵고 비용이 많이 든다.

(가) 보통 주철

보통 주철(common grade cast iron)은 회 주철을 대표하는 주철로, 강도나 불순물의 양을 엄밀하게 제한하지 않는 주철을 말한다. 회 주철은 주로 탄소와 규소의 함량으로 특징되며 보통 주철의 주된 조성은 탄소 3.2~3.8%, 규소 1.4~2.5% 정도이다. 또 보통 주철은 강인성이 적고 단조가 되지 않으나, 용융점이 낮고 유동성이 좋으므로 주조하기가 쉬우며, 인장 강도는 10～25 kg/mm^2 정도로 비교적 낮다. 보통 주철은 기계 가공성이 좋고 값이 싼 것이 특징으로서 용도는 일반 기계 부품, 수도관, 난방 용품, 가정용품, 농기구 등에 사용되며, 특히 공작 기계의 베드, 프레임 및 기계 구조물의 몸체 등에 널리 사용되고 있다.

(나) 고급 주철

보통 주철을 개선하여 인장강도를 높인 주철로서 고급 주철 또는 강인 주철이라 한다. 미하나이트 주철(meehanite cast iron)이라고도 하며 회주철에 강재를 혼합하여 탄소 함량을 낮추고, 특정한 접종 공정을 통해 미세 흑연을 균일하게 분포시켜 제조되는 주철이다. 이로 인해 강인성이 향상되고 더 높은 인장강도를 가진다. 브레이크 실린더, 기어 등과 같은 기계 부품에 사용된다.

(다) 합금 주철

합금 주철(alloy cast)은 주철의 특성을 개선하거나 특정한 용도에 맞게 다양한 합금 원소를 첨가하여 강도, 내마멸성, 내식성, 내열성 등의 특성을 향상시켜 만들어진 주철을 가리킨다. 크롬과 니켈은 주철에 첨가되어 내마모성, 내식성 및 기계적 성질을 향상시키는 데에 사용되는 흔한 합금 원소이다. 작은 양의 크롬 또는 니켈을 첨가하면 내마멸성과 내구성이 개선되며, 더 많은 양의 크롬, 니켈, 구리 등을 첨가하면 내식성이 향상된다. 이러한 합금 주철은 가열로, 화학 공업용 노 등의 환경에서 내식성과 내마멸성이 필요한 부품에 사용된다.

(라) 가단주철

주철은 일반적으로 단단하고 깨어지기 쉬운 성질을 가지고 있으나, 백주철을 열처리하여 강에 가까운 기계적 성질을 갖은 주철을 가단주철(malleable cast iron)이라 한다. 열처리로 인해 높은 인성과 인장강도를 가지며, 주철과 비교해 깨어짐이 적어져 기계적 특성이 개선된다. 열처리의 차이에 의해 흑심 가단주철, 백심 가단주철, 펄라이트 가단주철로 나누어진다. 가단주철은 주조하기 쉽고 절삭성이 좋으며, 다량 생산이 가능하다. 또, 강과 비슷한 정도의 강도를 가지고 있어서 자동차 부품 등에 많이 사용하고 있다. 특히 부분적인 강도가 필요한 부품에 적합하다.

(마) 구상 흑연 주철

구상 흑연 주철(spheroidal graphite cast iron)은 흑연 결정의 편상 문제를 개선하기 위한 주철의 특별한 형태이다. 흑연은 원래 편상되어 있으면 주철의 강도와 연성을 약화시키는데, 구상 흑연 주철은 이 문제를 해결하기 위해 마그네슘, 세륨(Ce), 칼슘 등을 첨가하여 흑연 결정을 구상화한 것이다. 노듈라 주철(nodular cast iron) 또는 덕타일 주철(ductile cast iron)로도 불리며, 주조 과정에서 구상화된 흑연 결정이 주요한 특징이다. 이러한 구상 흑연 주철은 기계적 성질이 강인하며, 주조 상태에서 구조용 강이나 주강에 가까운 기계적 성질을 나타낸다.
구상 흑연 주철의 특징과 용도는 다음과 같다.

① **기계적 성질 개선** : 구상 흑연 주철은 편상 흑연 주철과 비교해 강도, 내마모성, 내열성, 내식성 등의 기계적 성질이 우수하다.
② **용도** : 구상 흑연 주철은 자동차 부품, 기계 부품 등에 널리 사용된다. 특히 자동차의 크랭크축, 캠축, 브레이크 드럼과 같은 중요한 부품 재료로 많이 활용되고 있다.
③ **조직에 따른 성질 변화** : 펄라이트 조직과 페라이트 조직에 따라 구상 흑연 주철의 기계적 성질이 다를 수 있다. 펄라이트 조직은 강도를 향상시키며, 페라이트 조직은 인성과 연성을 개선할 수 있다.
④ **합금 첨가** : 구상 흑연 주철의 성능을 향상시키기 위해 니켈, 크롬, 몰리브덴, 구리 등과 같은 합금 원소를 첨가할 수 있다. 이러한 합금 원소는 주철의 특성을 개선하고 특정한 요구 사항을 충족시키는 역할을 한다.

(바) 칠드 주철

칠드 주철(chilled metal)은 주조 과정에서 모래 주형이 아닌 금형을 사용하고, 금형과 접한 부분을 급냉각하여 표면을 경도 높이는 방식으로 제조되는 주철의 한 종류이다. 이러한 공정으로 내부와 표면의 특성이 다르게 만들어지며, 주로 표면이 경도가 높은 상태를 가지고 내부는 비교적 연한 상태를 가진다.
칠드 주철의 특징과 사용 방법은 다음과 같다.

① **경도 높임** : 칠드 주철은 표면을 급냉각하여 경도를 높이는 과정을 거치므로, 주로 표면이 단단하고 경도가 높다. 이러한 표면 특성은 주로 마모에 강한 부품을 만들기 위해 활용된다.
② **내부 연성** : 칠드 주철의 내부는 주로 연성이 더 높은 특성을 가진다. 이는 내부의 충격 흡수 및 변형에 더 용이한 성질로, 부품의 내부 구조에서 중요한 역할을 할 수 있다.

③ **용도** : 칠드 주철은 표면의 경도와 내부의 연성을 조합하여 다양한 부품에 사용된다. 특히 롤러, 차바퀴, 기어와 같은 부품에서 많이 활용됩니다. 경도 높은 표면은 마모에 강하며, 내부 연성은 충격에 대한 저항성을 제공하여 부품의 수명과 성능을 향상시킨다.

(사) 주강

주강(cast steel)[4]은 주조 방법을 통해 탄소강을 용해하여 만든 제품을 말하며, 이러한 주강 제품을 주강품(steel castings) 또는 강 주물이라고 부른다. 주강은 주로 주조 공정을 통해 생산되며, 주강의 재질을 주강이라고 한다. 주강은 기계적 성질이 압연재나 단조품과 유사한 수준을 가지고 있으면서도 주물과 같은 주조 방법을 통해 제품을 얻을

---

4) 강의 변태 : 순철의 경우 특정한 온도에 따라 결정 구조가 변화하는 동소 변태를 한다. 강의 경우 온도와 조성에 따라 다양한 변태를 하는데, 그 변태를 나타낸 곡선을 Fe-Fe_3C 상태도라고 한다.

① 페라이트 : 900℃ 이하에서 안정한 체심입방(BCC, Body-Centered Cubic) 결정구조를 나타내며, α철이라고도 한다.

② 오스테나이트 : 철에 탄소가 용해되어 형성되며 체심입방(BCC, Body-Centered Cubic) 결정 구조를 가지고 있다. 이는 일반적으로 일반 탄소강의 상한 임계온도인 727℃ 이상으로 강철을 가열할 때 형성된다. 담금질을 통해 오스테나이트는 빠르게 냉각되어 경화된 마르텐사이트 구조로 변형될 수 있으며, 이는 철강 부품 및 제품에서 원하는 특정 특성을 달성하는 데 중요하다.

③ 델타(δ) 철 : 체심입방(BCC, Body-Centered Cubic) 결정 구조를 나타내는 순철이다. 약 1,392℃부터 녹는점인 1,538℃까지의 온도 범위에서 안정적이다.

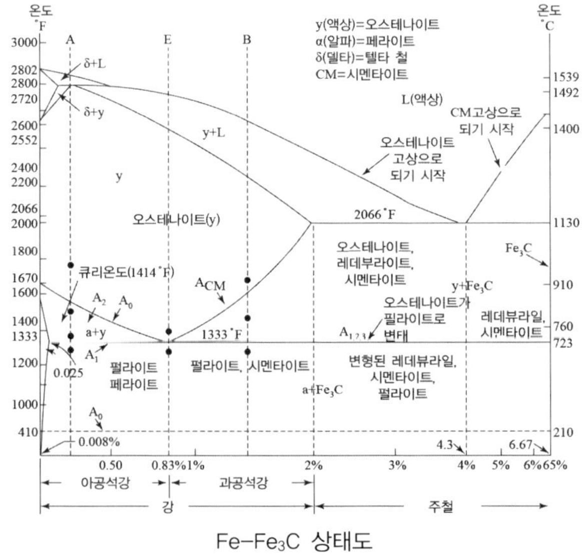

Fe–Fe_3C 상태도

수 있어서 유리한 특징을 가지고 있다.

주강의 특징과 분류는 다음과 같다.

① **기계적 성질** : 주철과 비교하여 기계적 성질이 뛰어나며, 압연재나 단조품과 유사한 성능을 제공한다.

② **제조 특징** : 주조 공정을 통해 제조되기 때문에 복잡한 형상의 부품도 상대적으로 쉽게 생산할 수 있다.

③ **용접 및 보수 용이성** : 용접에 의한 보수 및 수정이 쉬우며, 필요에 따라 제품을 수정하거나 용접으로 연결하는 작업이 가능하다.

④ **분류** : 일반적으로 탄소 주강과 합금 주강으로 분류됩니다. 탄소 주강은 주로 탄소와 간단한 합금 원소로 구성되어 있으며, 합금 주강은 추가적인 합금 원소를 포함하여 특정한 성질을 제공하도록 설계된 주강이다.

8.6 비철금속 재료

8.6.1 구리와 구리 합금

1. 구리 (copper, Cu)

구리는 용광로에서 제련한 조동을 다시 정련하여 만든다. 전기 분해에 의해 정제되며, 순도 99.99 %를 얻을 수 있다. 구리의 특징은 아래와 같다.

① 열과 전기의 전도도가 크다.

② 질이 연하고 전연성, 가공성이 풍부하다.

③ 대기 중에서 내식성이 좋고 색깔과 광택이 아름답다.

④ 내식성, 내산성이 좋다.

구리의 기계적 성질은 불순물의 함유량, 열처리 등에 의하여 크게 변하지만, 전연성이 크고 냉간 가공이 매우 쉽다. 그러나 연하고 강도가 약하므로 가공 경화시켜 강도를 높여 사용한다. 용도는 전기용으로 많이 이용되며, 또 기계 부품에서는 유체 배관용으로도 쓰인다. 주로 합금으로 쓰인다.

2. 황동(brass)

황동은 순수 구리와 비교해 화학적 부식에 대한 저항이 크며, 고온으로 가열하더라도 별로 산화되지 않는다. 황동은 놋쇠라고도 하며, 구리(Cu)와 아연(Zn)을 주성분으로 하는 구리-아연(Cu-Zn)합금이다. 강도는 그리 높지 않으나 점도가 크고, 주조나 가공이 쉬우며, 내식성이 좋다. 각종 기계의 구조용으로부터 일용품에 이르기까지 그 용도가 매우 넓다. 황동의 기계적 성질의 특징은 인장강도, 경도, 연신율, 항복점은 대체로 30～60% 아연(Zn) 사이에서 극대치를 나타내고, 아연이 증가함에 따라 급속하게 감소한다. 따라서 아연 20～35%의 것을 7-3 황동, 아연 35～45%의 것을 6-4 황동이라 한다. 7-3 황동은 연신율이 크고 인장 강도가 높아 관, 봉재, 선 등으로 만들어 사용한다. 이 밖에 계기 부품, 전구의 소켓, 장식품 등에 사용된다. 6-4 황동은 강도를 필요로 할 때 사용하며, 7-3 황동보다 아연이 많이 들어있어 값이 싸므로 황동 중에서 가장 많이 사용되고 있다.

3. 청동(bronze)

넓은 의미의 청동은 황동 이외의 모든 구리 합금을 말하는 것이지만, 좁은 의미의 청동은 구리에 주석(Sn)을 넣어 합금한 것으로서 내식성이 좋고 주조하기 쉽다. 주석 청동(tin bronze)이라고도 한다. 청동은 오랜 역사를 가지고 있으며, 고대의 가구, 무기, 불상 등에 많이 사용되었다.

주석의 첨가로 인해 다음과 같은 물리적 및 화학적 특성을 갖는다.

① **내식성** : 구리 합금 중에서 내식성이 우수한 편이다. 따라서 습기나 환경적인 조건에 노출되어도 산화와 부식이 일어나지 않아 내구성이 뛰어나다.

② **주조 용이성** : 주조 공정에서의 가공이 쉬우며, 복잡한 형상의 부품도 상대적으로 쉽게 주조할 수 있다.

③ **기계적 성질** : 강도는 그리 높지 않지만, 다른 물질과의 마찰이나 부딪힘에 대한 내성이 좋다.

④ **용도** : 주로 베어링, 슬리브, 밸브, 기어, 미술 작품 등 다양한 분야에서 사용된다. 내식성과 내구성이 요구되는 환경에서 활용되며, 주조나 가공이 필요한 부품의 제작에 이용되고 있다.

주석 청동은 주석의 첨가량에 따라 다양한 종류로 분류될 수 있으며, 주석 함량의 조절을 통해 원하는 성질과 용도에 맞게 사용된다.

8.6.2 알루미늄과 그 합금

1. 알루미늄(aluminium, Al)

알루미늄은 지구상에서 가장 풍부한 금속 중 하나이며 철 다음으로 많은 약 8%를 차지하고 있는 원소로서, 다양한 산업 분야에서 널리 활용되는 중요한 원소이다.
그 성질은 다음과 같다.

① **비중 및 경량성** : 비중이 2.7이며, 철과 비교해 매우 가벼운 금속이다. 경량성을 가지고 있어 자동차, 항공기, 우주선 등과 같은 분야에서 무게를 줄이는 데 사용된다.
② **열 및 전기 전도도** : 구리에 이어 열과 전기를 효율적으로 전도할 수 있는 성질을 가지고 있다. 전기선, 열 교환기, 냉각기 등에 널리 사용된다.
③ **내식성 및 산화 피막** : 공기 중에서 자체적으로 산화 피막을 형성하여 내식성을 제공한다. 이 산화 피막은 알루미늄을 산화로부터 보호하며, 환경 영향을 받지 않는 데 유용하다.
④ **산 및 알칼리에 대한 반응** : 강한 산과 알칼리에 침식될 수 있다. 그러나 산화 피막이 형성되면 침식이 방지된다.
⑤ **기계적 성질** : 기계적 강도가 상대적으로 낮지만 다양한 합금화와 열처리 공정을 통해 기계적 성질을 향상시킬 수 있다.
⑥ **가공성 및 형태 변형성** : 가공성이 뛰어나며, 다양한 형태로 가공되거나 성형될 수 있다. 판재, 선, 파이프 등 다양한 형태로 활용된다.
⑦ **활용 분야** : 알루미늄은 고속열차, 항공기, 자동차, 건축물, 가전제품, 은박 포장재 등 다양한 분야에서 사용된다. 그리고 알루미늄 합금은 강도와 내식성을 향상시키기 위해 다양한 용도로 개발되어 사용되고 있다.

2. 알루미늄 합금

(가) 내식 알루미늄 합금

알루미늄은 자체적으로 경량이며 내식성이 뛰어난 재료이다. 그러나 특정 환경에서는 내식성이 부족할 수 있다. 이러한 한계를 극복하기 위해 알루미늄 합금이 개발되었다. 이 합금은 알루미늄에 다양한 합금 원소를 첨가하여 내식성을 향상시키고 동시에 강도를 높일 수 있도록 설계되었다.
알루미늄 합금에 널리 사용되는 합금 원소의 특징은 다음과 같다.

① **망간**(manganese) : 망간은 알루미늄 합금에서 강도를 높이는 역할을 하며, 미세 구조를 개선하여 내식성을 향상시킨다.
② **마그네슘**(magnesium) : 알루미늄 합금에 첨가되면 강도를 높이고 가공 가능성을 향상시키는 데 도움이 된다. 또한 내식성을 개선하는 데도 일부 기여할 수 있다.
③ **규소**(silicon) : 강도와 경도를 증가시키는 역할을 하며 열처리 과정에서 합금의 미세 구조를 조절하여 기계적 특성을 최적화하는 데 도움이 된다.
④ **구리**(copper) : 일부 알루미늄 합금에서 사용되며, 강도와 내식성을 향상시키는 역할을 한다.

이렇게 개선된 알루미늄 합금은 차량의 경량화, 선박의 내식성 향상, 건물 재료의 내구성 향상 등 다양한 산업 분야에서 사용된다.

(나) 고력 알루미늄 합금

강도를 높이기 위해 구리, 마그네슘 등을 첨가한 것으로 열처리하여 사용하는 합금이며, 두랄루민(duralumin)이 대표적이다. 이 합금은 담금질을 한 후 시효 경화를 거쳐 사용하는데 차량, 항공기, 그 밖의 구조용 재료로 이용한다.

(다) 내열 알루미늄 합금

구리, 니켈, 마그네슘 등의 합금 원소를 넣어 내열성을 개선한 것으로, 비교적 고온에서 사용하는 합금이다. 주로 피스톤, 공랭식 실린더 등 자동차용 기관의 부품에 사용된다.

(라) 주조용 알루미늄 합금

규소, 구리, 마그네슘, 니켈 등의 합금 원소를 넣은 것으로 주조성, 기계적 성질, 내식성, 내열성 등이 우수한 특징을 가지고 있으며, 주로 자동차용 기관의 부품으로 사용된다.

(마) 다이 캐스트용 알루미늄 합금

가볍고 내식성이 좋으며, 저온 강도가 크고 도전율이 높은 성질 등의 우수한 특성을 가지고 있어 가전제품, 카메라, 자동차 등의 부품에 많이 사용된다.

8.6.3 니켈과 니켈 합금

1. 니켈(nickel, Ni)

니켈은 철과 성질이 비슷한 은백색의 금속으로, 니켈 도금 외에 스테인리스강, 구조용강, 내열 재료, 내식 재료 등의 합금 원소로 널리 쓰인다. 그 성질은 다음과 같다.

① 강도와 경도가 높으며 강자성체이다.
② 연성과 전성이 뛰어나며 용접할 수 있다.
③ 공기와 해수 중에서 내식성이 좋다.

2. 니켈 합금

(가) 니켈-구리(Ni-Cu) 합금

니켈-구리 합금은 일반적으로 전연성이 풍부하고, 냉간 및 열간 가공이 쉽다. 또 주조성이 좋고, 기계적 성질이 우수하며, 내식성이 뛰어나다. 니켈의 함유량과 기계적 성질은 니켈 함유량이 증가할수록 브리넬 경도가 증가하고, 연신율은 감소한다. 니켈의 비율이 높아질수록 인장강도가 증가한다. 파이프, 열교환기, 콘덴서 등의 열전달 장치, 화학 기계, 광산 기계 등의 재료, 열기관 등의 고온 환경에서 내식성이 필요한 부품에 사용된다.

(나) 니켈-크롬(Ni-Cr) 합금

니켈-크롬 합금은 전기 저항, 내열성 및 내산화성이 크고, 고온에서 경도와 인성의 저하가 적으므로 전열선, 내열 및 내식 합금으로 쓰인다. 주요 특성은 다음과 같다.

① **전기 저항** : 합금 내에서 크롬의 비율이 높아질수록 전기 저항이 증가한다.
② **내열성** : 고온에서의 안정성이 높아 강도와 성질 변화가 적다.
③ **내산화성** : 합금은 산화에 대한 내성이 뛰어나며, 고온에서의 산화에 잘 견디고 부식이 잘되지 않는다.

용도는 다음과 같다.

① **인코넬**(Inconel) : 12～14 % 크롬 함유량을 가진 합금으로, 내열성과 내식성이 뛰어나 염류 용액에서도 부식에 잘 견딘다. 기계적 성질이 우수하여 전열기 부품, 열선쌍 등의 재료로 사용된다.
② **니크롬**(Nichrome) : 20 % 크롬 함유량을 가진 합금으로, 전기 저항이 크고 고온에서의 산화가 거의 없고, 고온에서 강도를 유지하며 내산성과 내알칼리성이 우수하여 전열선으로 널리 사용된다.

8.6.4 티탄과 그 합금

1. 티탄(Titanium, Ti)

티탄은 가볍고 강한 금속으로, 그 특성 때문에 다양한 산업 분야에서 널리 사용되고 있다. 티탄과 티탄 합금의 특징은 다음과 같다.

(가) 티탄의 특징

① **비중** : 비중이 4.5로 철과 알루미늄의 중간 정도이다. 이로 인해 경량화에 기여하며, 항공기와 우주 탐사선 등에서 중요한 특성이다.

② **인장강도** : 강도는 30～50 kg/mm^2 정도로 철보다는 낮지만 비교적 높은 편이어서 구조재료로 사용될 수 있다.

③ **열팽창 계수** : 열팽창 계수는 낮다. 온도 변화에 따른 길이 변화가 작아 열 확장으로 인한 변형을 줄여준다.

④ **내식성** : 내식성이 뛰어나다. 대부분 환경에서 부식에 저항하며, 염화물이나 바닷물에 노출되는 상황에서도 잘 부식되지 않는다.

⑤ **가공 경화율** : 가공 후 경화되는 속도가 빨라서 가공 이후에도 강도가 향상될 수 있다.

⑥ **다양한 용도** : 항공기, 우주선, 해양 기기, 의료용 인공관절, 스포츠용품 등 다양한 분야에서 사용된다.

(나) 티탄 합금(Titanium Alloy)의 특징

티탄 합금은 티탄과 다른 금속 또는 비금속 원소의 혼합물로서, 티탄의 특성을 보완하거나 특정 용도에 맞게 조절된 소재이다.
티탄 합금의 예는 다음과 같다.

① **티탄-알루미늄 합금**(Ti-Al Alloy) : 고온 강도가 높고 경량성을 유지하는 데 사용된다. 가스 터빈 엔진의 날개와 같은 고온 환경에서 사용되는 부품에 적합하다.

② **티탄-망간 합금**(Ti-Mn Alloy) : 저온에서의 강도와 가공성이 향상되며, 비행기의 구조용 부품이나 의료용 장치에 사용된다.

③ **티탄-크롬 합금**(Ti-Cr Alloy) : 고온 내식성이 뛰어나며, 항공기 엔진 부품이나 화학 공정에서 사용되는 부품 등에 활용된다.

8.6.5 그 밖의 비철 금속 재료

1. 마그네슘과 그 합금

(가) 마그네슘(Magnesium, Mg)

① 자연 상태에서는 은백색의 금속이며 두 번째로 가벼운 구조용 금속으로, 비중이 작아서 경량화에 매우 적합하다.

② 비중 대비 인장강도는 구리나 알루미늄에 비해 높아서, 경량화와 동시에 충분한 강도를 유지할 수 있다.

③ 열전도율과 전기 전도율은 알루미늄이나 구리에 비해 낮다.

④ 순도가 높은 마그네슘은 내식성 면에서 알루미늄과 비슷한 특성을 가진다.

⑤ 탄성한계와 연성이 낮아, 구조용으로 사용하려면 합금을 통해 기계적 성질을 향상시켜야 한다.

(나) 마그네슘 합금

① 인장강도는 15～35 kg/mm^2 정도로 낮지만, 비중이 1.75 정도로 낮아서 비강도가 크다.

② 주물 형태로는 알루미늄 합금과 유사한 인장강도, 연신율, 충격 특성을 가진다.

③ 해수에 노출되면 침식되는 경향이 있다.

④ 두랄루민(알루미늄 합금)에 비해 강도와 충격에 약하다.

⑤ 냉간 가공이 어려우므로 주로 열간 가공을 통해 형태를 만들어야 한다.

2. 베어링 합금

베어링 합금은 베어링 제작에 사용되는 특수한 소재로, 베어링의 움직임을 원활하게 하기 위한 역할을 한다. 다양한 특성을 가지며, 각각의 용도에 따라 선택되어야 한다. 다음은 주요한 베어링 합금에 대한 설명이다.

① **화이트 메탈(white metal)** : 부드러운 바탕에 단단한 결정이 섞여 있는 조직으로, 윤활 특성이 뛰어나 베어링 용도로 많이 사용된다. 주석, 납, 아연 등이 주성분으로 사용되며, 다양한 조성과 처리로 필요한 특성을 얻을 수 있다.

② **브론즈(bronze) 합금** : 구리와 다른 금속들의 합금으로 만들어지며, 베어링 용도에 많이 사용된다. 구리의 높은 열전도성과 내식성을 활용하며, 다른 금속들의 추가로 강도와 내마멸성을 개선할 수 있다.

③ **베빗 메탈(babbitt metal)** : 주로 주석 주성분의 화이트 메탈로 사용되며, 주조가

쉽고 필요한 윤활 특성을 가진다. 베어링 면에 침식을 방지하고 움직임을 부드럽게 한다.

④ **소결 합금**(sintered alloys) : 금속 분말을 고온에서 압력과 열로 압축하여 만든 소재로, 베어링 용도에서도 사용된다. 다공질 구조로 기름을 스며들 이게 하여 오일리스 베어링(oilless bearing)으로 사용되기도 한다.

⑤ **플라스틱 베어링 합금**(plastic bearing alloys) : 특정 용도에 맞추어 플라스틱과 금속을 혼합하여 만든 베어링 소재이다. 경량성과 내식성을 갖고 있으며, 일부는 자윤활 특성을 가지기도 한다.

8.7 비금속 재료

비금속 재료(non-metallic materials)는 금속 이외의 재료를 말하는 것으로서, 인류가 처음으로 사용한 재료는 모두가 비금속 재료였다. 이후 산업의 발달과 함께 금속을 구조물이나 기기의 재료로 많이 사용하였지만 비금속 재료의 사용량은 대단히 적었다. 그러나 최근에는 무기 재료인 세라믹 재료와 복합 재료 등이 개발되어 기계, 항공기, 자동차, 선박, 전자, 생체 등의 산업에 이에 대한 사용이 확대되고 있다. 공업에 널리 이용되고 있는 비금속 재료는 무기 재료, 고분자 재료, 복합 재료, 신금속 재료 등으로 나눌 수 있다.

비금속 재료는 금속 이외의 다양한 재료를 포괄하는 용어로, 역사적으로 인류가 사용한 초기 재료들은 모두 비금속 재료였습니다. 금속의 발견과 금속 가공 기술의 발전 이후에는 금속이 구조물 및 도구의 주요 재료로 사용되었지만, 최근에는 다양한 비금속 재료가 새로운 기술과 연구의 결과로 활용되고 있습니다.

8.7.1 무기재료

1. 파인세라믹스(fine ceramics)

파인세라믹스 또는 고급 세라믹스(advanced ceramics)는 높은 순도와 정교한 제조 공정을 통해 만들어진 고성능의 세라믹 재료를 의미한다. 금속이 아닌 물질로서 뛰어난 열, 전기, 기계적 특성을 가지며, 다양한 극한 환경에서 사용될 수 있다. 기술적, 과학적, 의학적 등 다양한 분야에서 사용되고 있다.

파인세라믹스의 주요 특징과 응용 분야는 다음과 같다:

(가) 주요 특징

① 뛰어난 열 및 전기 절연성 : 열 및 전기를 효과적으로 차단하며, 고온 환경에서도 안정한 절연성을 유지할 수 있다.
② 높은 강도와 경도 : 금속보다 높은 강도와 경도를 가지며, 내구성이 뛰어나다.
③ 내부식성과 화학 안정성 : 화학적으로 안정하며, 부식에 대한 저항성이 있어 다양한 환경에서 사용된다.
④ 내열성 : 고온에서도 안정한 물리적 특성을 유지하여 고온 환경에서 사용할 수 있다.

(나) 응용 분야

① 전자 제품 : 반도체 제조 공정, LED, 커패시터, 센서, RF 안테나 등의 전자 제품에 사용된다.
② 의료 분야 : 치과 재료, 인공관절, 의료 장비의 내부 부품 등에서 사용되며, 생체 재질과의 호환성이 뛰어나다.
③ 자동차 및 항공우주 분야 : 엔진 부품, 방열판, 내연 기관 부품, 내부 구조물 등에서 고온 및 고압 환경에서 사용된다.
④ 산업 분야 : 화학 공정의 내식성 부품, 분리 막, 고열용 단열재 등에서 사용된다.
⑤ 소재 연구 및 실험 기기 : 실험실 등 특수한 환경에서 사용되는 소재 및 기기의 부품으로 활용된다.

2. 광섬유 (optical fiber)

광섬유는 빛을 전달하는 매체로서, 매우 얇고 유연한 유리 섬유로 구성되어 있다. 섬유 안을 빛이 진행하면서 정보를 전송하는 원리를 이용하여 데이터를 빠르고 멀리 전송할 수 있다. 전자 통신 및 네트워킹 분야에서 중요한 역할을 하며, 대용량 데이터 전송과 높은 속도의 통신을 가능하게 한다.
광섬유의 주요 특징과 응용 분야는 다음과 같다.

(가) 주요 특징

① 대역폭 확보 : 넓은 대역폭을 가지고 있어 많은 양의 데이터를 동시에 전송할 수 있다.
② 저손실 전달 : 빛이 유리섬유를 통과할 때의 손실이 매우 적어 멀리 떨어진 거리에도 높은 품질로 신호를 전달할 수 있다.

③ 전기적 간섭 없음 : 전기적인 간섭이 없으므로 전자기파에 민감한 환경에서도 안정적으로 작동한다.
④ 보안성 : 외부에서 어렵게 감지하기 어렵고 무력화시킬 수 있으므로 정보의 보안성이 높다.
⑤ 경량 및 유연성 : 유리나 플라스틱 소재를 사용하여 제작되며, 유연성을 가지고 다양한 형태로 구성할 수 있다.

(나) 응용 분야

① 통신 네트워크 : 전화, 인터넷, 케이블 TV 등의 통신 서비스에서 데이터를 빠르게 전달하는 역할을 한다.
② 데이터 센터 : 대용량의 데이터를 빠르게 전송하는 데 광섬유가 활용되어 서버 간 연결 및 데이터 저장소와의 통신에 사용된다.
③ 의료 분야 : 의료 영상 데이터, 원격 진료 및 수술 분야에서 광섬유가 활용된다.
④ 측정 및 제어 : 고온, 고압, 방사선 등 위험한 환경에서의 측정 및 제어 시스템에 광섬유가 사용된다.
⑤ 센서 및 광섬유 케이블 : 광섬유를 이용한 광센서와 광섬유 케이블은 다양한 응용 분야에서 사용된다.

3. 결정화 유리 (crystallized glass)

결정화 유리는 유리와 세라믹스의 특성을 결합한 고급 재료로서, 유리에 결정화 과정을 통해 특별한 물리적 및 화학적 특성을 부여한 제품을 의미한다. 뛰어난 내구성, 내열성, 화학적 안정성을 가지면서도 아름다운 외관을 가지고 있어 다양한 응용 분야에서 사용된다.
결정화 유리의 주요 특징과 응용 분야는 다음과 같다.

(가) 주요 특징

① 고온 안정성 : 고온에서도 안정한 구조와 물리적 특성을 유지한다.
② 내구성 : 뛰어난 내구성과 강도를 가지고 있어 화학적, 기계적인 변형 및 파손에 저항성 좋다.
③ 아름다운 외관 : 결정화 과정을 통해 다채로운 색상, 무늬, 반사율 등의 특별한 디자인이 가능하며, 고급스러운 외관을 가진다.
④ 저투과율 : 높은 불투과율을 가지므로 열 및 소리 전달을 효과적으로 차단한다.

(나) 응용 분야

① 건축 및 인테리어 : 창문, 문, 벽 판, 바닥재, 싱크대 등의 건축 요소 및 인테리어 재료로 사용되며, 높은 내구성과 아름다운 디자인을 제공한다.
② 가구 및 소품 : 테이블 톱, 샤워룸, 선반, 조명 등 가구 및 소품으로도 사용된다.
③ 주방 용품 : 싱크대, 카운터톱, 조리기구 등의 주방용품으로 사용되어 높은 내열성과 위생적인 특성을 제공한다.
④ 유리 조각품 : 예술 작품, 조각품, 장식품 등에 사용되어 다양한 색상과 모양을 표현할 수 있다.
⑤ 반도체 산업 : 높은 순도와 내화성으로 인해 반도체 제조 분야에서 원적외선 가열로 사용된다.

8.7.2 복합 재료

1. 바이오센서 (biosensor)

생체 신호나 생물학적 분자 등을 감지하고 측정하는데 사용되는 장치로서, 생체에 적합한 신소재와 기술을 활용하여 제작된다. 신체 내의 화학 물질, 생체 신호, 생물학적 분자 등을 감지하여 정보를 얻고 분석하는 역할을 수행한다. 의료 분야를 비롯하여 다양한 분야에서 활용되며, 환경 모니터링, 식품 안전 검사, 생명 과학 연구 등에 중요한 도구로 사용된다.
바이오센서의 주요 특징과 응용 분야는 다음과 같다.

(가) 주요 특징

① 고 민감도 및 선택성 : 특정 생체 분자나 신호를 높은 감도와 선택성으로 감지할 수 있다.
② 빠른 응답 속도 : 실시간으로 데이터를 수집하고 분석할 수 있어 긴급한 상황에서도 유용하게 사용된다.
③ 비침투적 측정 : 혈액, 소변 등을 채취하지 않고도 피부나 체액 표면에서 정보를 얻을 수 있다.

(나) 응용 분야

① 의료 진단 및 모니터링 : 혈당 측정, 혈액 내의 바이오마커 감지 등의 의료 진단과

환자 모니터링에 활용된다.

② 환경 모니터링 : 수질, 대기 중의 오염물질 감지 등의 환경 모니터링에 사용되며, 환경 오염 감시에 도움을 준다.

③ 식품 안전 : 식품 내의 유해 물질 감지 및 식품 품질 평가에 활용된다.

④ 생명 과학 연구 : 생물학 연구에서 단백질, DNA, RNA 등의 생체 분자를 감지하고 분석하는 데 사용된다.

⑤ 약물 개발 : 신약 개발 과정에서 약물의 효과와 부작용을 평가하는 데 활용된다.

2. 복합 재료(composite material)

두 종류 이상의 다른 소재를 조합하여 새로운 소재를 형성하는 과정을 통해 다양한 특성을 결합시킨 재료를 의미한다. 각각의 소재의 장점을 활용하면서 단점을 보완하여 고성능 및 특수한 특성을 가질 수 있도록 설계된다.

복합 재료의 특징과 주요 소재는 다음과 같다.

(가) 주요 특징

① 고강도 및 경량성 : 강화 소재와 연결 소재를 조합하여 높은 강도를 유지하면서도 상대적으로 가벼운 무게를 가질 수 있다.

② 고인성 및 내구성 : 강화 소재가 피로나 파손에 대한 저항성을 높여 내구성을 향상시킨다.

③ 내열성 및 내부식성 : 특정 종류의 복합 재료는 고온 및 부식 환경에서도 안정성을 유지할 수 있다.

④ 설계 가능성 : 다양한 소재의 조합과 형태로 설계할 수 있어 원하는 특성에 맞춘 제품을 개발할 수 있다.

(나) 주요 소재

① 유리섬유 강화 플라스틱(Glass Fiber Reinforced Plastic, GFRP)
유리섬유와 플라스틱 사이의 조합으로, 경량성과 내부식성을 가지며 자동차 부품, 배수로, 운동용 장비 등에 사용된다.

② 탄소섬유 강화 플라스틱(Carbon Fiber Reinforced Plastic, CFRP)
탄소섬유와 플라스틱으로 구성되어 높은 강도, 경량성, 내부식성을 가지며 항공기 부품, 자동차 구조물, 스포츠 장비 등에 사용된다.

③ 아라미드섬유 강화 플라스틱(Aramid Fiber Reinforced Plastic, AFRP)
아라미드섬유와 플라스틱으로 구성되어 고인성과 내부식성을 가지며 방탄복, 스포츠 장비, 항공기 내부 부품 등에 사용된다.

8.7.3 신금속 재료

1. 형상기억합금(shape memory alloy)

특정 온도 범위에서 형상 변화를 나타내는 특성을 갖는 금속 합금이다. 이러한 합금은 특정 온도 이상에서 변형되면 원래의 형상으로 돌아가려는 성질을 가지고 있으며, "형상 기억 효과" 또는 "형상 기억 메모리"라고 한다. 이 특성은 다양한 공학 및 산업 분야에서 활용되며, 다양한 형태의 기계적 변환과 동작을 가능하게 한다.
형상기억합금의 작동 원리, 주요 특징, 응용 분야는 다음과 같다.

(가) 형상기억합금의 작동 원리

① Austenite 상태(high-temperature phase)
형상기억합금의 원래 형상은 주로 Austenite 상태에서 나타난다. Austenite 상태에서는 재료가 기본적인 형태를 가지며, 이때 재료를 변형해도 원래의 형상으로 돌아가려는 성질이 미미하다.

② Martensite 상태(low-temperature phase)
Martensite 상태는 특정 온도 이하에서 형상 변화가 일어나며, 재료가 원래 형상에서 벗어나 형태가 변형된다. 이때 재료를 특정 온도로 가열하면 Austenite 상태로 돌아가면서 원래 형상으로 변환된다.

(나) 주요 특징

① 형상 기억 효과 : 특정 온도 범위에서 형상 변화를 나타내는 능력으로, 변형된 형상을 가열하여 원래의 형상으로 복원된다.
② 슈퍼탄성 특성 : 형상 변화에 따라 슈퍼탄성 효과를 나타내어 기계적 에너지를 저장 및 방출할 수 있다.
③ 높은 내구성 : 수천 번의 형상 변화를 견딜 수 있어 장기간의 사용에도 안정성을 유지한다.

(다) 응용 분야

① 의료 분야 : 형상기억합금은 치과 교정기, 혈관 스텐트, 의료 로봇 등에서 사용되어 형태 변화와 동작을 가능하게 한다.
② 자동차 및 항공기 엔진 : 열팽창을 이용하여 엔진 부품의 자동 조절 및 진동 감소에 활용된다.
③ 전자 제품 : 형상기억합금은 스피커, 카메라 모듈 등에서 작은 공간에서 형상 변화를 통한 동작을 가능하게 한다.
④ 건축 및 구조 분야 : 지진으로 인한 건물 변형을 보정하는 건축 구조물 등에 사용된다.

2. 비결정질 금속 재료(amorphous metal)

비결정질 금속 재료는 뛰어난 물리적 특성을 갖고 있어 다양한 기술 및 산업 분야에서 활용되고 있으며, 더욱 높은 성능을 위한 연구 및 개발이 계속 진행되고 있다.
주요 특성과 응용 분야는 다음과 같다.

(가) 주요 특성

① 높은 강도와 경도 : 결정구조가 없어서 결정 내부의 결함이 적어 높은 강도와 경도를 가진다.
② 자성 특성 : 일부 비결정질 금속 재료는 강한 자성 특성을 가진다.
③ 내마모성 : 내마모성이 뛰어나기 때문에 마모나 마모로 인한 손상에 잘 견딘다.
④ 내부식성 : 내부식성이 우수하여 부식에 대한 저항성이 크다.
⑤ 고온 안정성 : 일부 비결정질 금속 재료는 고온에서도 안정한 물리적 특성을 유지할 수 있다.

(나) 응용 분야

① 녹화 헤드(recording heads) : 녹화 헤드와 같은 자기 저장 장치의 핵심 부품으로 사용되어 데이터 저장 및 읽기 성능을 향상시킨다.
② 변압기(transformers) : 변압기의 코어 소재로 사용되어 전력 변환 효율을 향상시킨다.
③ 센서 및 액추에이터(sensors and actuators) : 센서와 액추에이터의 빠른 응답과 정확한 동작을 지원한다.
④ 자기 봉인 (hermetic sealing) : 높은 밀폐성과 내부식성을 활용하여 전자 및 광학 기기의 봉인에 사용된다.

⑤ 시계 및 시계 용품 : 세밀한 부품 제작과 내구성을 향상시켜 시계 및 시계 용품에 사용된다.

3. 초전도 재료(super conducting material)

특정 온도에서 전기 저항이 사실상 없는 상태인 "초전도 상태"를 나타내는 재료[5)]이다. 이 상태에서는 전기 전류가 효율적으로 흐를 수 있어, 에너지 손실이 거의 없이 전기를 전달할 수 있다. 이러한 특성은 다양한 기술 및 응용 분야에서 혁신적인 방식으로 사용되며, 다양한 장치와 시스템의 성능을 향상시키는 역할을 한다. 초전도 재료의 중요한 특징은 임계 온도 이하에서만 초전도 상태가 나타난다는 것이다. 이 임계 온도를 "초전도 전이 온도"라고 하며, 이 온도보다 높은 온도에서는 재료가 일반적인 전도체로 작동한다. 초전도 상태는 다양한 재료에 의해 나타날 수 있으며, 각각의 재료는 자신만의 특성과 임계 온도를 가진다.
초전도 재료의 응용 분야에는 다음과 같은 것들이 있다.

① 자기 부상 열차(maglev trains) : 초전도 자기 부상 기술을 이용하여 열차를 부상시켜 마찰을 줄이고 고속 운전이 가능한 고속열차 시스템이다.
② 전력 전송 및 분배(power transmission and distribution) : 초전도 전선을 사용하여 전력을 손실 없이 전송하고 분배하는 시스템이다.
③ 과학 실험 및 가속기(scientific experiments and particle accelerators) : 초전도 마

5) 기계 재료의 재료역학적 성질

원소	역할
강도 (strength)	재료의 내구성과 파괴 저항력을 평가하는 중요한 특성 중 하나이다. 강도를 나타내는 대표적인 기계적 성질에는 인장 강도, 압축 강도, 굽힘 강도, 비틀림 강도, 전단강도, 항복점, 외력 또는 탄성한계, 피로 강도, 크리프 강도 등이 있다.
연성 (ductility)	재료가 얼마나 큰 변형을 견딜 수 있는지를 나타내는 속성이다. 일반적으로 인장 변형에 대한 속성으로 측정되며, 전 연신율(total elongation) 또는 단면 수축률(reduction of area)로 나타낸다.
인성 (toughness)	재료가 충격이나 응력과 같은 외부 힘에 노출되었을 때, 그런 힘이 발생하는 동안에도 파손되지 않고 변형을 흡수할 수 있는 능력 (J/m^2)을 나타낸다.
취성 (brittleness)	충격이나 응력과 같은 빠른 변형에 대해 얼마나 쉽게 파괴되는지를 나타낸 것이다. 취성 재료는 상대적으로 낮은 연성과 높은 강도를 가지며, 작은 변형이나 응력에도 비교적 빠르게 파괴될 수 있다.
경도 (hardness)	재료의 표면이 얼마나 단단한지, 즉 외부의 힘에 얼마나 잘 저항하는지를 측정하여 나타낸 것이다. 재료의 표면에 정해진 부하를 가하고, 이로 인해 생기는 자국의 크기나 깊이를 측정하여 경도를 평가한다.

그넷을 이용하여 입자 가속기 및 핵실험 장치에서 강력한 자기장을 생성하며 실험을 진행한다.

④ 의료 분야(medical field) : MRI (magnetic resonance imaging) 장비 등에서 초전도 기술이 사용되어 높은 자기장을 생성하여 영상을 얻는다.

⑤ 에너지 저장 시스템(energy storage systems) : 초전도 기술을 활용하여 높은 에너지 밀도를 갖는 에너지 저장 시스템이다.

초전도 재료는 높은 전기 전도성과 에너지 효율성을 가지므로, 미래의 다양한 산업 및 기술 발전에서 큰 역할을 할 것으로 기대된다.

8.8 재료의 시험과 검사

8.8.1 인장 시험

인장 시험(tensile strength test)은 기계적 시험 중에서 가장 기본이 되는 것이다. 인장 시험은 그림 8-8과 같이 시험편의 양 끝을 시험기에 고정시키고, 시험편의 축 방향으로 인장시켜 파괴되기까지의 변형과 주어진 힘을 측정하여 그 재료의 변형에 대한 저항성의 크기를 알아보는 시험 방법이다. 인장시험에서는 인장강도, 연신율, 단면 수축률 등이 있으며 이 밖에도 항복점, 비례 한도, 탄성한도, 내력, 응력 변형 곡선을 구할 수 있다. 여기서, 최대 하중을 시험편 원래의 단면적으로 나눈 값을 인장 강도(tensile strength)라 하는데, 이것은 재료의 강도를 나타내는 기초적인 값이다.

또, 이 시험에서 연신율(elongation)과 단면 수축률(reduction of area)도 구할 수 있다. 연신율은 끊어질 때 늘어난 양, 즉 끊어진 후의 표점 거리와 원래의 표점 거리의 차를 원래의 표점 거리로 나눈 값을 백분율로 나타낸 것이다. 이와 같은 값에서 재료의 연성과 전성의 크고 작은 것을 알 수 있다.

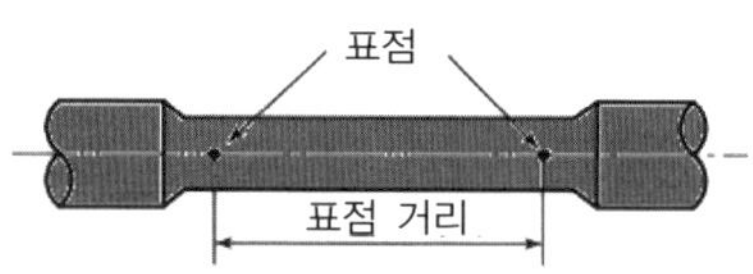

▮그림 8-8▮ 인장 시험편

그림 8-9는 연강의 하중-변형 곡선을 나타낸 것이다.

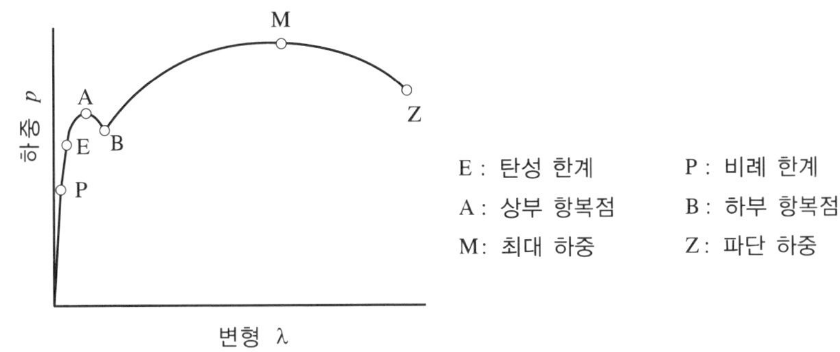

▮ 그림 8-9 ▮ 연강의 하중-변형 곡선

그림 8-10과 그림 8-11은 만능 재료시험기의 시험내용과 만능 재료시험기를 나타낸 것이다.

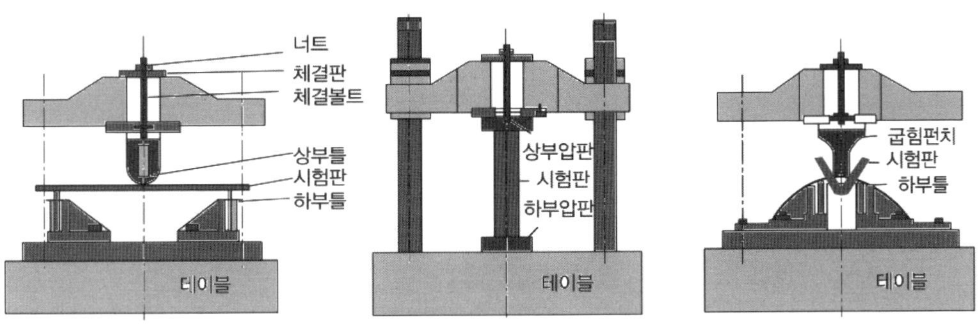

(a) 항절시험　　(b) 압축시험　　(c) 굽힘시험

▮ 그림 8-10 ▮ 만능 재료 시험기의 시험법

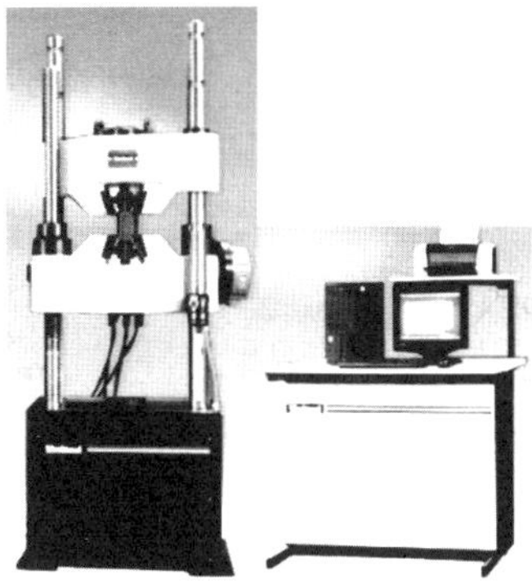

▮ 그림 8-11 ▮ 컴퓨터 만능 재료 시험기

8.8.2 경도 시험

경도(hardness)란 재료의 표면에 가해진 외력에 대한 단단한 정도를 나타내는 척도로서, 인장강도와 함께 널리 사용된다. 경도 시험은 간단하고 단시간 내에 측정과 동시에 결과를 얻을 수 있으므로 열처리에 따른 금속 재료의 성질 변화를 판단하는 수단으로 이용되고 있다.

(가) 브리넬 경도시험 (Brinell hardness test, HB)

브리넬 경도시험은 그림 8-12에서 나타낸 바와 같이 일정한 지름 D(mm)의 강구(steel ball) 압입체에 일정한 하중 P(kgf)를 가하여 시험편 표면에 압입한 다음, 그 때 생긴 압입 자국의 접촉 면적, 즉 압자와 시험재료의 접촉 면적을 구면의 일부로 보고, 이면적 A(mm^2)로 하중을 나눈 값을 경도로 한다. 브리넬 경도 값은 kgf/mm^2 또는 HB 단위로 표시된다. 브리넬 경도 시험은 비교적 큰 자국을 만들어 내므로, 시편의 표면이 깨끗하고 평평해야 정확한 결과를 얻을 수 있다. 금속 재료의 경도를 비교적 빠르게 평가할 수 있어 널리 사용되고 있다.

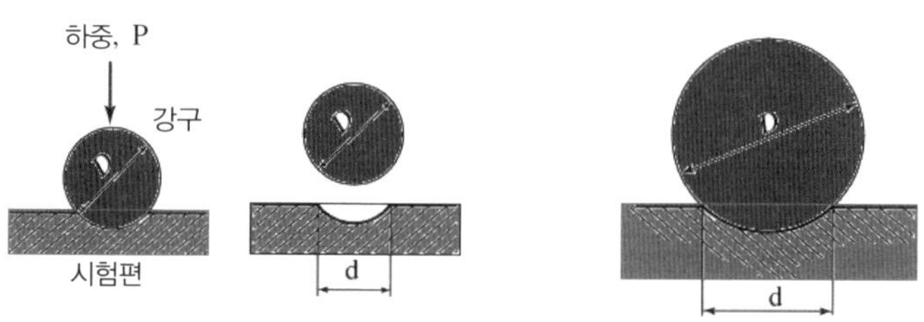

(a) 제1 조작 (b) 제2 조작 (c) 볼과 자국과의 관계

▌그림 8-12▐ 브리넬 경도 시험법

(나) 로크웰 경도 시험 (Rockwell hardness test, HR)

로크웰 경도시험은 단단한 재료에는 다이아몬드 원뿔을, 연한 재료에는 강구를 사용해서 눌러 압입된 깊이로 경도를 구한다. 브리넬 식에 비해 압입 자국이 작고, 시험편이 얇은 것 또는 작은 것 등에도 다양하게 적용할 수 있는 시험 방법이며, 무른 연납에서부터 경화된 강철이나 탄화물 등의 경도 측정에 사용되고 있다. 그림 8-13은 로크웰 경도시험의 측정 원리를 나타낸 것이다. 시험하중은 강구 또는 원뿔형의 다이아몬드 콘(diamond cone)을 사용한다. 로크웰 경도 시험은 압입체의 종류, 하중의 크기 등에 따라 여러 가지 스케일(scales) 중에서 선택하여 시험을 수행하는데, 일반적으로 많이 사용되는 것은 "B" 스케일과 "C" 스케일이다. "B" 스케일은 연한 금속의 경도시험에 사

용되며, "C" 스케일은 단단한 재료의 경도시험에 사용된다. 로크웰 경도값은 지시계(dial gauge)로부터 직접 읽을 수 있으며, 측정 방법이 간단하므로 금속과 비금속 재료의 경도를 평가하는 데에 널리 활용된다.

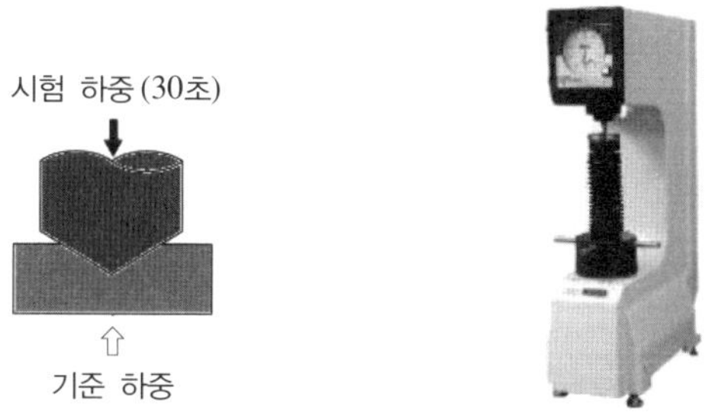

(a) 측정 원리 (b) 로크웰 경도기

▮그림 8-13▮ 로크웰 경도 시험기 및 시험 방법

(다) 비커스 경도 시험(Vickers hardness test, HV)

브리넬 경도와 같은 원리이지만 강구 대신 사각뿔(cone)을 사용하며, 브리넬 경도 시험법으로는 측정 불가능한 매우 단단한 재료 또는 정밀 가공 부품, 얇은 판 등의 경도 측정에 유리하다. 그림 8-14에서와 같이 비커스 경도 시험은 꼭지각 $\theta = 136^{\circ}$의 다이아몬드 피라미드 압자를 시험편의 표면에 압입하였을 때, 시험편에 작용한 하중 P(kgf)를 그림 8-14(c)와 같이 피라미드형 압입자국의 대각선의 길이로부터 얻은 표면적 A (mm^2)로 나눈 값을 경도 값으로 한다. 비커스 경도는 재료의 단단한 정도에 따라 1~120 kgf의 하중으로 시험할 수 있다. 비커스 경도 시험은 매우 정밀한 측정이 가능한 시험 방법으로, 금속 및 비금속 재료의 경도 측정에 사용된다. 특히 작은 표면 영역에서도 정확한 결과를 얻을 수 있다.

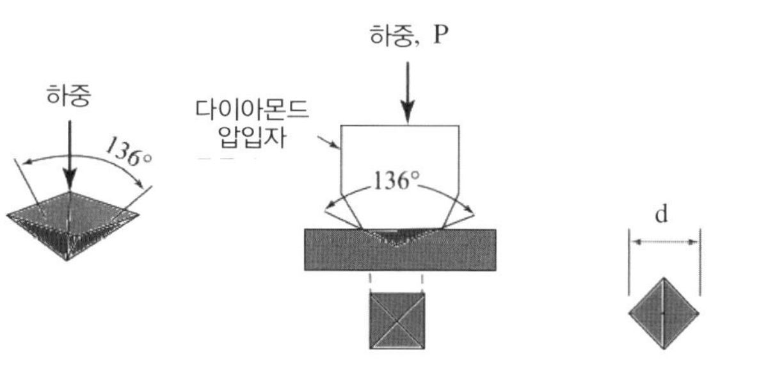

(a) 압자 (b) 압입 자국 (c) 대각선 길이 측정

▮그림 8-14▮ 비커스 경도의 측정

(라) 쇼어 경도 시험(Shore hardness test, HS)

쇼어 경도 시험은 끝에 다이아몬드 구를 부착한 추를 일정한 높이에서 떨어뜨렸을 때 그 튀어 오르는 높이에 따라 경도를 측정하는 것이다. 일반적으로 여러 번의 평균값으로 정한다. 이 시험기는 시험하기 쉽고 제품에 남는 흠집이 작다. 그림 8-15에서 나타낸 것과 같이 해머를 유리관 속에서 일정한 높이 h_0(mm)로 시험편 위에 낙하시켜, 반발하여 올라간 높이 h(mm)에 비례하는 수를 쇼어의 경도 "HS"로 나타낸 값이다. 재료의 경도를 다양한 하드네스 스케일(Shore scales)을 사용하여 측정하며, 가장 널리 사용되는 두 가지 스케일은 "A 스케일"과 "D 스케일"이다. A 스케일은 더 부드러운 엘라스토머 재료에 사용되며, D 스케일은 더 경직된 엘라스토머와 비금속 재료에 사용된다. 쇼어 경도 시험은 유연하고 부드러운 재료의 경도를 평가하는 데에 유용하며 시험 중 표면에 남는 흠집이 작아서 제품에 미치는 영향이 적다. 플라스틱, 고무, 실리콘, 특정 유연 재료 등의 품질 관리, 제품 품질 평가, 연구 및 개발 등에 활용된다. 주의해야 할 점은 이 시험은 표면 경도를 측정하는 것이므로, 내부 또는 깊은 부분의 경도를 평가하는 데에는 적합하지 않을 수 있다.

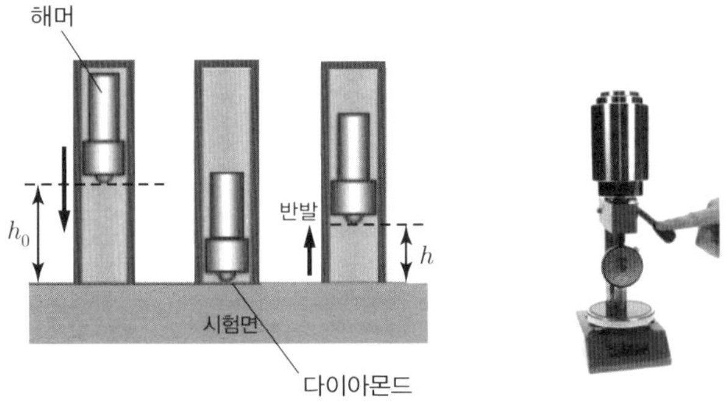

(a) 측정 원리 (b) 휴대형 측정기

▮그림 8-15▮ 쇼어 경도기

8.8.3 충격 시험

충격 시험(impact test)은 인장 시험과 경도 시험은 재료에 가해지는 하중이 작고 속도가 느릴 때 외력에 대한 저항을 시험하는 정적인 시험이다. 그러나 급격히 하중이 작용했을 때 충격적인 힘에 대한 재료의 성질은 정적인 시험의 결과만으로 판단하기 어려운 때가 많다. 즉, 기계 재료는 일반적으로 정적인 하중을 받았을 때와 충격적인 힘을 받았을 때는 성질이 다르게 나타난다. 충격 시험은 충격력에 대한 재료의 저항력을 알아보는 시험이다. 충격적인 힘이 작용하였을 때 파괴가 잘 되지 않는 질긴 성질을 인성, 파괴되기 쉬운 여린 성질을 취성(brittleness)이라 한다. 그림 8-16은 샤르피 충격 시험기(Charpy impact test)를 나타낸 것으로 단순보(simple beam)의 상태에서 시험편의 양끝을 지지하여 그 중앙부를 해머로 충격적인 외력을 가하여 파괴시켜 시험하는 형식의 시험법이다. 그 외에는 외팔보(cantilever)의 상태에서 시험하는 아이조드 충격 시험기(Izod impact tester) 등이 있다.

▮그림 8-16▮ 샤르피 충격 시험기

8.8.4 피로 시험

피로 시험(fatigue test)은 재료나 제품의 피로 파단 특성을 평가하기 위해 사용되는 시험 방법이다. 피로 파단은 반복적인 응력을 가하면 재료나 제품이 얼마나 오래 버틸 수 있는지를 나타낸다. 재료의 한계 인장 강도나 항복점보다 낮은 안전 하중 상태 또는 상온에서 탄성한도보다 작은 응력에서 작은 힘이 계속적으로 오랫동안 반복하여 작용하면 재료에 파괴를 일으키는 경우가 있는데, 이러한 파괴를 피로 파괴(fatigue fracture)라 한다. 재료가 영구히 파괴되지 않는 응력 중에서 가장 큰 것을 피로 한도(fatigue limit)라 하고, 이것을 피로 시험이라 한다. 항공기 부품, 자동차 부품, 철도 차량 부품, 구조물 등의 제품에서 피로 파단은 치명적인 결함을 초래할 수 있으므로 이를 사전에 예측하고 예방하기 위해 중요한 시험 방법이다. 피로 시험을 통해 제품의 안전성과 내구성을 보장하며, 제품 개발과 품질 관리에 필수적인 정보를 제공한다.

8.8.5 크리프 시험

크리프(creep)는 재료가 일정한 응력 하에서 시간이 지남에 따라 천천히 변형되거나 파괴되는 현상이다. 상온에서의 철강 재료는 일정한 하중을 걸어 장시간 방치하여도, 그 하중에 대한 응력이 그 재료의 인장강도에 접근할 만큼 크지 않은 한 시간에 따라 변형되는 경우는 없다. 그러나 고온에서는 시간에 따라 변화가 커진다. 크리프는 금속 이외의 재료에도 일어난다. 특히 플라스틱 재료는 상온에서 크리프가 일어나는 사례가 많이 있다.

크리프 시험은 고온에서 작동하는 부품 또는 재료의 신뢰성을 평가하는 데에 사용된다. 항공기 엔진 부품, 원자력 발전소 부품, 보일러 등 고온과 고응력 환경에서 사용되는 재료의 신뢰성을 보장하기 위해 중요한 시험 방법이다.

8.8.6 마멸 시험

물체의 운동에는 반드시 마찰(friction)이 수반되므로 회전 또는 왕복 등의 반복 운동이 행하여지는 기계의 운동 부분에는 열이 발생하고 그 결과 마멸(wear)이 일어난다. 마멸은 기계 부품이 사용 중에 파괴되는 중요한 원인 중 하나이다.

2개 이상의 물체가 접촉하면서 상대 운동을 할 때 그 면이 감소되는 현상을 마멸 또는 마모(wearing)라 하며, 마멸에 대한 강도를 내마멸성 또는 내마모성이라 한다. 마멸시험은 마멸에 대한 강도, 즉 내마멸성(또는 내마모성)을 시험하는 것이며, 마멸은 접촉하는 상대 재료의 재질 및 표면상태 등에 따라 영향을 받는다.

연습문제 exercise

1. 기계 재료의 성질 중 사용 환경에 따른 기계적 성질을 분류하고, 간단히 설명하세요.
2. 기계 재료의 시험과 검사에 관련된 성질에 대해서 설명하세요.
3. 기계 재료의 선정시 반영하여야 할 사항을 설명하세요.
4. 탄소강에 대해서 설명하세요.
5. 강의 열처리의 종류를 쓰고, 설명하세요.
6. 표면 경화법이란?
7. 구리의 특징에 대해서 기술하세요.
8. 황동과 청동을 비교 설명하세요.
9. Al의 성질에 대해서 기술하세요.
10. 기계 재료의 기계직 성질에 대해서 논하세요.
11. 크리프(creep) 시험이란?

Chapter 9 재료역학

9.1 재료역학이란?

재료의 내구성, 강도, 변형 등 기계적 특성을 이해하고 분석하는 공학 분야이다. 구조물 및 부품의 설계, 제조, 품질 평가, 내구성 평가 등에서 중요한 역할을 한다. 공학 전공 학생들에게 가장 기본적인 기계공학 지식 중 하나로 간주되며, 다양한 응용 분야에서 활용된다. 재료역학은 주로 다음과 같은 주제들을 다룬다.

① **응력과 변형** : 재료가 외부 하중에 어떻게 반응하며, 응력(stress)과 변형(strain)이 어떻게 분포되는지 분석한다.

② **응력-변형 관계** : 응력과 변형 간의 관계를 나타내는 특성 곡선인 응력-변형 곡선을 분석하여 재료의 기계적 특성을 파악한다.

③ **파괴 기준** : 재료의 파괴가 어떤 응력 상태에서 발생하는지를 연구하고, 재료의 파괴 메커니즘을 분석한다.

④ **강도와 경도** : 재료의 강도, 경도, 인성 등의 물리적 특성을 평가하고 다양한 재료 간의 비교 분석한다.

⑤ **부재 디자인** : 재료의 특성을 이용하여 구조물이나 부품의 안전한 디자인을 수행하고, 하중에 따른 변형 및 응력을 예측한다.

⑥ **파괴 분석** : 재료가 어떤 하중 조건에서 파괴되는지를 예측하고 파괴가 어떤 형태로 진행되는지를 연구한다.

재료역학은 구조물의 안전성과 신뢰성을 보장하기 위한 기초적인 역할을 한다. 항공기, 자동차, 건축물, 다리, 기계 부품 등 다양한 분야에서 구조물의 설계 및 제조에 활용되며, 재료의 특성을 이해하고 최적의 설계를 수행하는 데에 필수적이다. 이론적인 개념과 실험적인 결과를 통해 재료의 행동을 예측하고 분석함으로써 제품의 내구성과 안전성을 확보하는 데에 큰 역할을 한다.

9.2 하중의 종류

기계나 구조물을 구성하고 있는 각 부분은 외부에서 작용하는 힘, 즉 외력을 받고 있으며 이를 하중(load)이라 한다. 즉 힘(force), 무게(weight), 부하(load)는 모두 같은 개념이다. 하중이 작용하면 물체에는 변형이 생기며 그 하중을 견디기 위해 물체 내부에 저항이 생긴다. 재료역학에서는 변형과 응력을 주로 다룬다.

9.2.1 하중의 작용 상태에 따른 분류

(가) 인장 하중

인장 하중(tensile load)은 물체나 재료에 축 방향으로 작용하여 물체를 늘리거나 끌어당기는 힘을 의미한다. 이 힘은 물체의 두 끝을 당겨 물체를 길게 늘이는 방향으로 작용한다. 재료의 강도 및 연신율 등의 물성을 측정하고 이해하는 데 중요한 역할을 한다.

(나) 압축 하중

압축 하중(compressive load)은 물체나 구조물에 대해 축 방향으로 가해지는 힘을 말한다. 이 힘은 물체를 압축하여 물체의 부피를 감소시키거나, 물체 내부의 입자들을 밀어내어 물체를 압축시키는 방향으로 작용한다.

(다) 전단 하중

전단 하중(shearing load)은 물체의 구조를 가로 방향으로 미끄러뜨려서 자르거나 변형시키는 힘을 나타낸다. 이 하중은 일반적으로 물체의 서로 다른 부분이 상대적으로 수평 방향으로 움직이려고 할 때 발생하며, 물체를 자르거나 변형시키는 데 영향을 미친다.

(라) 굽힘 하중

굽힘 하중(bending load)은 물체에 힘이 가해져 그 구조를 굽히거나 휘게 하는 힘을 나타낸다. 이 하중은 일반적으로 물체의 양 끝에 힘이 가해져 물체를 굽히려고 할 때 발생하며, 물체를 휘거나 굽히게 하는 힘을 의미한다. 구조물이나 부품이 허용 가능한 굽힘응력 내에서 안전하게 동작할 수 있는지를 평가하는 데 사용된다.

(마) 비틀림 하중

비틀림 하중(twisting load)은 물체에 회전력이나 비틀림 힘이 가해져서 물체를 회전시키거나 비틀리게 하는 힘을 나타낸다. 이 하중은 물체를 그 축 주위로 회전시키려고 할 때 발생하며, 물체를 비틀어서 변형시키는 힘을 의미한다. 비틀림 하중은 주로 원형의 구조물이나 부품에 영향을 미친다. 예를 들어, 실린더형 구조물에 회전력을 가하면 구조물이 비틀리게 되고, 이는 재료의 비틀림 강도와 관련이 있다.

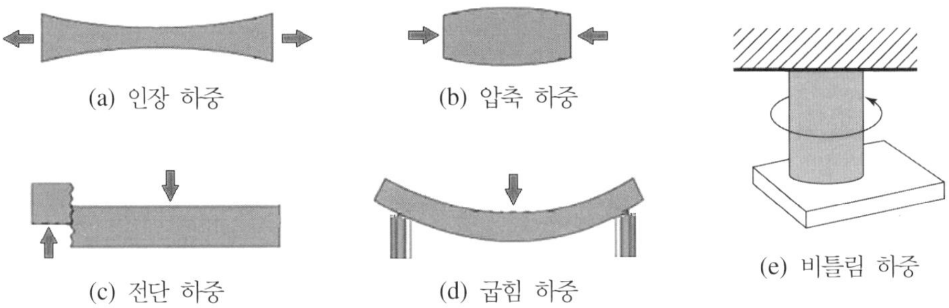

▮그림 9-1▮ 하중의 작용 상태에 따른 분류

9.2.2 하중의 작용 형태에 따른 분류

(가) 정 하중(static load)

정 하중은 일정한 무게의 물체를 올려놓거나 매달았을 때와 같이 정지하고 변화하지 않는 하중, 또는 무게가 아주 조금씩 증가하면서 작용하는 하중을 말한다. 예를 들어, 물체를 올려놓거나 특정 위치에 고정했을 때 중력이 작용하는 무게는 정하중의 예이다. 물체가 움직이지 않고 균형을 유지하는 동안 중력은 일정한 크기와 방향으로 작용하게 된다.

(나) 동 하중(dynamic load)

동 하중은 비교적 짧은 시간 내에 변화하면서 작용하는 하중을 의미한다. 이러한 하중은 시간에 따라 크기, 방향 또는 응력이 변하며, 구조물이나 물체에 작용할 때 비교적 짧은 시간 내에 변화하면서 작용하는 하중으로서 그 작용 방법에 따라 다음과 같이 나누어진다.

① **반복 하중**(wave load)

물체에 파동 형태로 작용하는 하중으로, 파동의 형태로 발생하는 힘이 물체에 작용하는 것을 의미한다. 파동의 크기와 주기에 따라 작용하는 힘이 변할 수 있다. 차축을 지지하고 있는 압축 코일 스프링에 작용하는 하중과 같이 그 크기는 변화하나 같은 방향에서 반복하여 작용하는 하중이다.

② **교번 하중**(vibration load)

주기적으로 변하는 하중으로, 일정한 주기나 주파수로 물체에 작용하는 하중을 의미한다. 이러한 하중은 구조물이나 장치의 진동에 영향을 미친다. 엔진의 피스톤 로드에 작용하는 하중과 같이 인장 하중과 압축 하중이 교대로 반복하여 작용하는 하중으로 크기 및 방향이 동시에 변화하는 하중이다.

③ **충격 하중**(impact load)

급격하게 가해지는 하중으로, 갑작스럽게 물체에 충격을 주어 발생하는 하중이다. 예를 들어 망치로 못을 박을 때 못이 받는 하중과 같이 비교적 짧은 시간 내에 급격히 작용하는 하중이다.

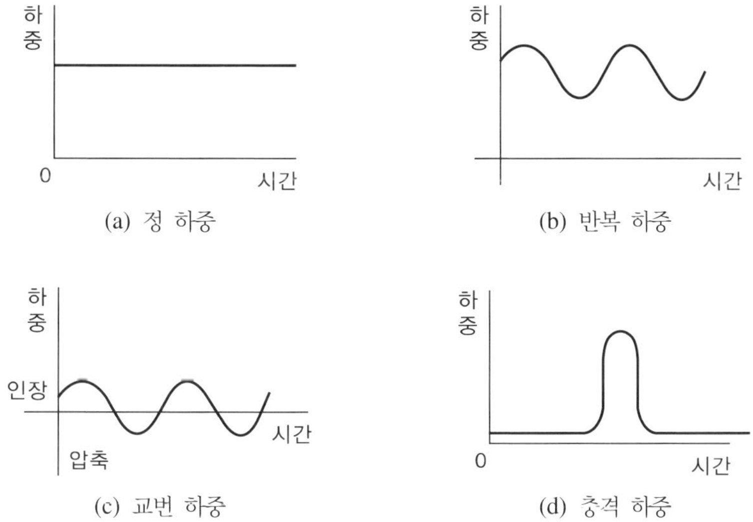

(a) 정 하중 (b) 반복 하중 (c) 교번 하중 (d) 충격 하중

▮ 그림 9-2 ▮ 하중의 작용 형태에 따른 분류

9.3 응력과 변형률

힘이 작용했을 때의 물체 내의 힘의 상태와 변형을 해석하는 재료역학에서 가장 중요한 요소는 응력(stress)과 변형률(strain)이다. 물체에 작용하는 힘을 대표하는 응력 σ는 하중 P와 힘이 작용하는 물체의 단면적 S를 사용하여

$$\sigma = \frac{P}{S} \tag{9-1}$$

와 같이 정의되며, 이 응력값은 주어지는 하중의 크기와 대상 물체의 기하학적 형상이 결정되면 물체의 재료 특성에는 관계없이 하나의 값으로 얻을 수 있다. 즉, 재료가 철강이든 알루미늄 또는 나무이든 간에 하중이 같고 형상이 같으면, 응력의 크기는 모든 재료에 대해 동일하다. 그리고 힘(하중)에 의해 물체에 발생하는 변형을 대표하는 변형률 ϵ는 물체의 단위 길이에 대한 변형의 크기로서,

$$\epsilon = \frac{\Delta l}{l} \tag{9-2}$$

와 같이 정의되는 값으로, 응력과 같이 힘과 물체의 기하학적 형상이 결정되면 응력과 달리 물체의 재료 특성에 따라 값이 크게 달라진다. 같은 하중과 형상이라 할지라도 철강 재료와 알루미늄 재료와는 변형률의 크기가 달라진다는 것이다. 따라서 힘을 받는 물체의 변형을 해석하기 위해서는, 힘이 작용했을 때 물체에 발생하는 변형의 정도가 물체의 재료 특성에 따라 어떻게 다른가 하는 것을 정량적으로 알아두어야 한다.

9.3.1 응력

응력은 어떤 물체가 외부에서 힘이 가해졌을 때, 그 힘에 저항하여 물체의 모양을 그대로 유지하기 위해 물체 내에 생기는 내부의 힘이다. 외부에서 작용하는 힘에 따라 응력은 수직 응력(인장 응력, 압축 응력)과 전단 응력으로 나누어진다. 응력을 알고자 하는 목적은 가해진 하중의 영향으로 물체에서 파손이 일어나는지를 알기 위해서이다. 같은 물체의 같은 점이라도 응력은 면의 방향에 따라 종류와 크기가 달라진다.

9.3.2 응력의 종류

1. 수직 응력

봉의 축 방향으로 하중이 작용할 때 축과 수직인 단면상에 생기는 응력을 수직 응력(normal stress)이라 한다. 축 하중은 하중의 작용 방향에 따라 재료를 당겨서 늘이는 인장 하중과 압축하여 길이를 줄이는 압축 하중으로 나누어진다. 인장 하중에 의해 생기는 응력을 인장 응력(tensile stress)이라 하고, 압축 하중에 의해 생기는 응력을 압축 응력(compressive stress)이라 한다. 그림 9-3과 같이 봉의 양 끝에 힘 F(kgf)를 가했을 경우, 임의의 횡단면 X-X를 생각하여 봉을 2개의 부분으로 나누었다면, 양 끝의 외력 F와 평형인 힘이 이 횡단면상에 작용하지 않으면 봉은 끝없이 움직이게 된다. 즉, 횡단면상에는 외력과 평형을 이루는 내력이 작용하게 되는데, 이 횡단면상의 단위 면적당의 내력을 응력이라 하며, σ(sigma)로 표시한다. 봉의 단면적을 A(mm^2)라 하고 힘의 분포가 단면상에서 일정하다고 가정하면, 응력 σ는 다음과 같다.

$$\sigma = \frac{F}{A}\ (\text{kgf/mm}^2) \tag{9-3}$$

외력 F가 단면 X-X에 수직인 방향으로 작용할 때, 이 단면에서 응력도 수직으로 작용하는데, 이것을 수직 응력이라 한다. 외력 P가 그림 9-3과 같이 바깥쪽으로 작용할 때는 인장 응력이라 하고, (+)의 부호를 갖는 $\sigma = \frac{F}{A}$로 표기하고, 외력 F가 반대 방향으로 작용할 때는 압축응력이라 하고, (−) 부호를 갖는 $\sigma = -\frac{F}{A}$로 표기한다.

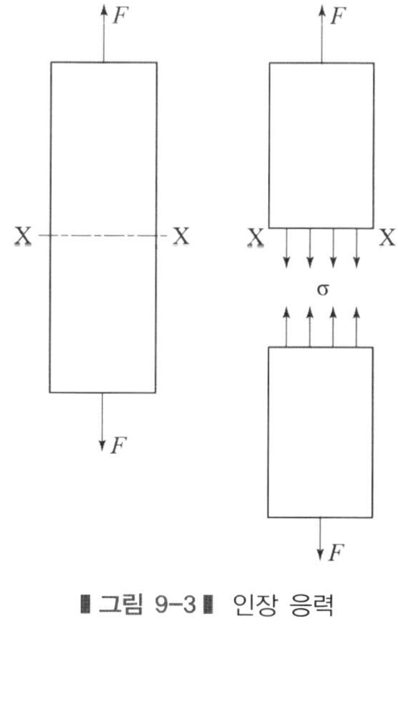

▮그림 9-3▮ 인장 응력

2. 전단 응력

전단 응력(shearing stress)은 표면에 평행하게 작용하여 재료 또는 유체의 한 층(layer)이 다른 층(layer)을 지나 미끄러지게 하는 단위 면적당 힘을 설명하는 물리학 및 유체역학의 개념이다. 힘이 가해지면 재료나 유체가 변형될 때 내부 힘의 강도를 측정한 것이다. 서로 위에 쌓인 두 장의 종이가 있다고 가정하고 두 장의 종이 표면에 평행하지만 반대 방향으로 힘을 가하면 각 층(layers)이 서로 지나쳐 미끄러지게 된다. 그림 9-4와 같이 리벳 이음이 외력 F에 의해 당겨질 때, 리벳의 상반부에는 외력 F는 왼쪽으로, 리벳의 하반부는 외력 F가 오른쪽으로 작용하여 리벳의 X-X 단면에서 전단되려는 힘이 생긴다. 이때 단면의 양쪽에서도 외력 F에 저항하는 내력이 생기는데, 이 단면상의 단위 면적당의 내력을 전단 응력(shearing stress)이라 하며, τ (tau)로 표시한다. 리벳의 단면적을 $A\,(\mathrm{mm}^2)$라 하면, 전단 응력(τ)은 다음과 같다.

$$\tau = \frac{F}{A}\ (\mathrm{kgf/mm^2}) \tag{9-4}$$

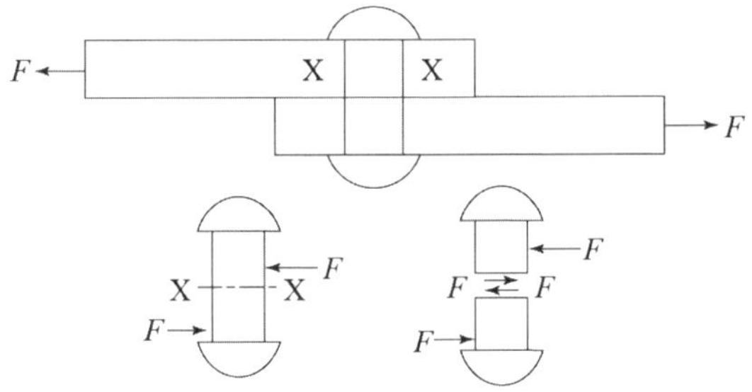

▮그림 9-4▮ 전단 응력

3. 압력 탱크에 작용하는 응력

압력 탱크에 작용하는 응력은 탱크 내부의 유체 또는 가스에 의해 가해지는 압력으로 인해 탱크 벽 내에서 발생하는 내부 힘을 의미한다. 압력 탱크는 압력 하에서 액체 또는 가스를 저장하기 위해 다양한 산업, 상업 및 주거용 응용 분야에서 일반적으로 사용된다. 압력 탱크 설계 시에 다양한 작동 조건에서 탱크의 장기적인 무결성과 안전성을 보장하기 위해 피로, 재료 특성 및 잠재적인 응력집중 원인(예 : 용접 또는 조인트) 등을 고려해야 한다.

(가) 축방향 응력(longitudinal stress)

압력 탱크는 탱크 길이를 따라 작용하는 응력인 축 방향 응력을 받는다. 축 응력은 다음 공식을 사용하여 계산할 수 있다.

$$\text{축방향 응력}(\sigma_1 \text{ axial}) = \frac{PD}{4t} \qquad (9\text{-}5)$$

여기서, P는 탱크 내부 압력, D는 탱크의 내경, t는 탱크 벽의 두께이다. 이 공식은 탱크의 벽 재료가 균일하고 등방성(모든 방향에서 동일한 속성을 가짐)이라고 가정한다는 점에 유의해야 한다. 탱크가 고장 없이 안전하게 압력을 수용할 수 있도록 적절한 재료, 두께 및 모양으로 압력 용기를 설계해야 한다.
그림 9-5(a)에 나타낸 임의의 단면 xy를 경계로 해서 이것을 긴 쪽으로 잡아당기려고 하는 힘이 작용하고, 이 때 xy 단면에는 인장 응력이 생기는데 이를 세로 응력이라 한다.

(나) 원주 응력(circumferential stress)

압력 탱크에 작용하는 응력은 주로 탱크 내부와 외부의 압력 차이로 인해 발생하며, 이는 원주 방향 응력으로 후프 응력으로도 알려져 있으며 다음과 같이 정의된다.

$$\text{후프 응력}(\sigma_2 \text{ hoop}) = \frac{PD}{2t} \qquad (9\text{-}6)$$

여기서, P는 탱크 내부 압력, D는 탱크의 내경, t는 탱크 벽의 두께이다. 이 공식을 이용해서 탱크 둘레에 평행하게 작용하는 응력인 원주 방향 응력을 구할 수 있다. 탱크의 원통형 벽을 후프와 같은 방식으로 늘리려는 응력이기 때문에 "후프 응력"이라고 한다.

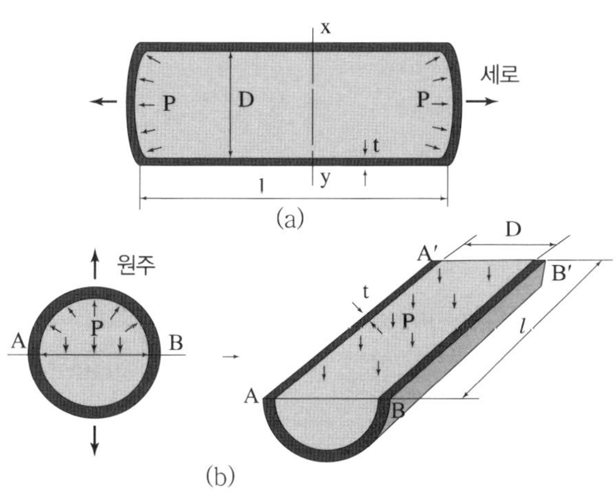

P : 내압(kgf/cm^2)
D : 원통의 내경(cm)
t : 원통의 두께(cm)
l : 원통의 길이(cm)
σ_1 : 축방향 인상응력(kgt/cm^2)
σ_2 : 원주방향 인장응력(kgf/cm^2)

▮그림 9-5▮ 압력 탱크에 작용하는 응력

그림 9-5(b)에 나타낸 임의의 단면 AB를 경계로 해서 원주 방향으로 파열시키려는 힘이 작용하는데, 이를 원주 응력이라 한다. 여기서 축방향 응력 σ_1과 원주 응력 σ_2을 비교하면 σ_2는 σ_1는 2배이다. 즉, 원통을 세로로 파열시키려고 하는 힘의 작용에 생기는 인장 응력 σ_2는, 원통의 축에 직각의 면으로 파열시키려는 힘에 의해서 생기는 인장 응력 σ_1의 2배가 된다.

9.3.3 변형률

물체에 힘이 가해지면 내부응력이 발생하여 형태나 크기가 변화한다. 이렇게 외부 힘으로 인해 물체가 크기나 형태를 바꾸는 현상을 변형이라고 하며 그 변형의 정도를 변형률(strain)이라고 한다. 변형률의 종류에는 각 변형률 또는 전단 변형률(shear strain), 선 변형률 또는 수직 변형률(normal strain), 그리고 체적 변형률(volumetric strain)이 있다.

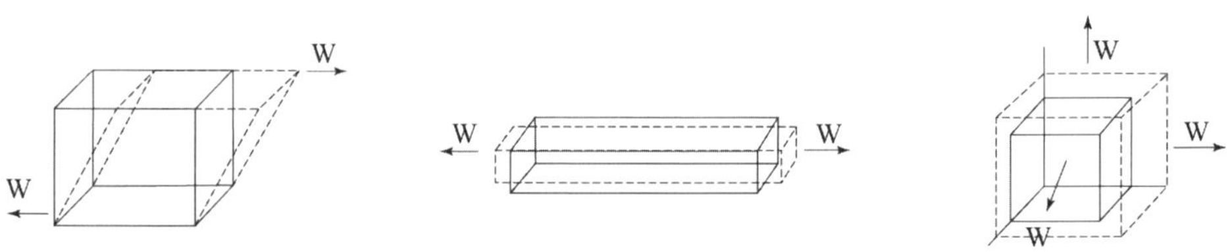

$$\text{각 변형률} = \frac{\text{각의 변형량}}{\text{원래의 각}} \qquad \text{선 변형률} = \frac{\text{길이의 변형량}}{\text{원래의 길이}} \qquad \text{체적 변형률} = \frac{\text{체적의 변형량}}{\text{원래의 체적}}$$

▮그림 9-6▮ 변형률의 종류

1. 전단 변형률

전단 변형은 힘이 서로 평행하지만 반대 방향으로 작용할 때 발생하며, 재료의 한 층(layer)이 다른 층(layer)을 지나쳐 미끄러지게 되며, 재료 내에서 수직인 두 선 사이의 각도 변화(ϕ)로 표현된다.

그림 9-7과 같이 재료 내부의 l 만큼 떨어진 평행한 두 평면이 전단 하중을 받아서 λ_s 만큼 미끄러져 나갔다고 할 때, 이 변형을 미끄럼 변형이라 하고 λ_s는 l에 대한 변형량이 된다. 단위 길이마다의 미끄럼 변형량을 전단 변형률(shearing strain)이라 하고, 이것을 γ로 나타내면 식 (9-7)과 같다.

$$\gamma = \frac{\lambda_s}{l} \tag{9-7}$$

하중에 수직한 면이 각 ϕ만큼 기울어질 때의 전단각 ϕ를 라디안(rad)으로 나타낸다.

$$\gamma = \frac{\lambda_s}{l} = \tan\phi \doteq \phi \tag{9-8}$$

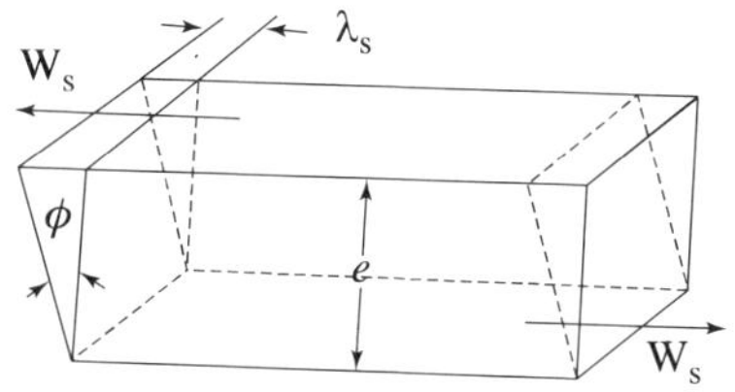

▮ 그림 9-7 ▮ 전단 변형률

2. 세로 변형률 (longitudinal strain)

그림 9-8(a)와 같이 봉(rod)에 인장 하중이 가해지면 세로 방향의 봉의 길이는 늘어난다. 여기서 인장 하중 W가 가해지기 전의 봉의 길이를 l, 변형 후의 길이를 l', 그리고 길이의 변형량을 λ(lambda)라 하면, 세로 변형률 ϵ(epsilon)은 식으로 구해지며, 인장 변형률(tensile strain)이라고도 한다.

$$\epsilon = \frac{l' - l}{l} = \frac{\lambda}{l} \tag{9-9}$$

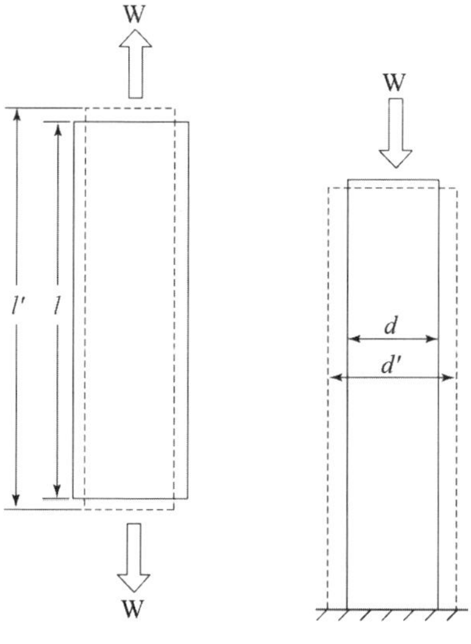

(a) 세로 변형률 (b) 가로 변형률

▮ 그림 9-8 ▮ 수직 변형률

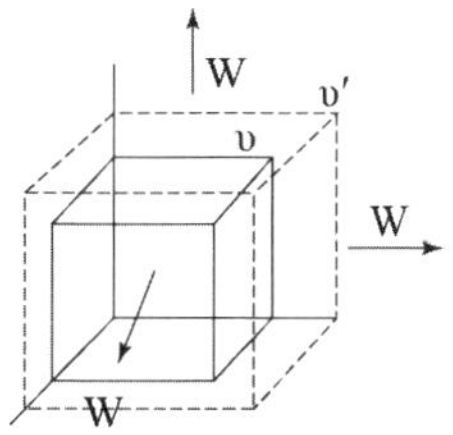

▮ 그림 9-9 ▮ 체적 변형률

3. 가로 변형률 (lateral strain)

그림 9-8(b)와 같이 봉(rod)에 압축 하중이 가해지면 가로 방향의 봉의 직경은 늘어난다. 여기서 압축 하중 W가 가해지기 전의 봉의 직경을 d, 변형 후의 직경을 d', 그리고 직경의 변형량을 δ(delta)라 하면, 가로 변형률 ϵ'은 다음과 같으며, 압축 변형률(compressive strain)이라고도 한다.

$$\epsilon' = \frac{d' - d}{d} = \frac{\delta}{d} \tag{9-10}$$

4. 체적 변형률 (volumetric strain)

그림 9-9와 같이 물체가 외력을 받아 체적에 변화가 일어났을 때 그 변형 정도를 체적 변형률이라고 한다. 원래의 체적을 v, 변형 후의 체적을 v', 그리고 이때 물체의 원래 부피에서 변형된 부피의 차이를 Δv라 하면, 외력에 의해 생긴 체적 변형률 ϵ_v는 아래와 같다.

$$\epsilon_v = \frac{v' - v}{v} = \frac{\Delta v}{v} \tag{9-11}$$

9.3.4 열 변형률과 열응력

온도가 변하면 물체는 늘어나거나 수축하게 된다. 즉, 변형률이 발생한다. 온도의 변화에 따라 나타나는 변형률을 열 변형률(thermal strain)이라 한다. 열 변형률 ϵ_T는 온도의 변화 ΔT에 비례하며, 다음과 같이 나타내어진다.

$$\epsilon_T = \alpha \Delta T \ (\alpha\text{: 열팽창 계수}) \tag{9-12}$$

물체가 자유로운 상태에 놓여 있을 때 온도 변화가 있으면, 물체의 변형은 일어나지만, 응력은 발생하지 않는다. 구속이 없으므로 자유로이 변형할 수 있기 때문이다.

열응력(thermal stress)은 온도 변화로 인해 재료에 유발되는 응력이다. 재료 온도가 변하면 재료의 여러 부분이 서로 다른 속도로 팽창하거나 수축할 수 있나. 이러한 불균일한 팽창 또는 수축은 재료 내에 내부응력을 초래할 수 있고, 응력이 너무 높으면 변형, 뒤틀림 또는 균열로 이어질 수 있다. 보일러 튜브, 터빈 등 고온 상태에서 사용되는 중요 기기에서는 이러한 열응력에 의해 파손되는 경우가 많으므로 열응력을 파악하는 것은 강도 설계에서 매우 중요하다.

9.3.5 후크의 법칙

후크의 법칙(Hooke's law)과 탄성 계수(modulus of elasticity)는 재료 과학 및 역학, 특히 적용된 힘의 영향으로 재료가 어떻게 변형되는지 이해하는 데 있어 기본 개념이다. 물체에 가해진 하중과 그로 인해 발생하는 변형량과의 관계를 나타내는 법칙으로, 어떤 임의의 물체에 하중이 가해지면 탄성 한도 범위 내에서 변형량이 하중에 선형적으로 비례한다는 것을 1678년에 영국의 로버트 훅[1])이 발견하였다.

탄성 한도 내에서 발생하는 늘어나는 양, 즉 신장량 δ는 하중 P와 길이 l에 비례하고 단면적 A에 반비례한다는 것을 실험으로 증명한 것이다.

$$\delta \propto \frac{P\,l}{A} \tag{9-13}$$

이때 발생한 응력 σ는 다음과 같이 나타낼 수 있다.

$$\sigma = E\,\epsilon \tag{9-14}$$

여기서 $\epsilon\,(\epsilon = \delta/l)$는 변형률이라고 하고, E는 탄성 계수라고 하는데 탄성 계수는 탄성 한도 내에서 정해지는 값으로서 재료마다 종탄성 계수, 횡탄성 계수, 체적 탄성 계수 등이 있으며 상수값이다.

9.3.6 프와송 비

어떤 재료의 탄성 한도 내에서 축 방향으로 인장 또는 압축 하중이 작용하면 축 방향으로 신장 또는 수축이 일어나는 동시에 축 방향과 수직인 방향으로는 수축 또는 신장이 발생한다. 이때 발생한 세로 변형률과 가로 변형률의 비를 프와송 비(Poisson’s ratio) ν라고 한다. 이것의 역수를 프와송 수(Poisson's number) m이라고 한다. 이를 수식으로 나타내면 아래와 같다.

$$\nu = \frac{1}{m} = \frac{\epsilon'}{\epsilon} \tag{9-15}$$

여기서, ϵ는 변형 중 늘어나는 것이고, ϵ'는 수축하는 것을 의미한다.

---

1) 로버트 후크(Robert Hooke, 1635~1703) : 1635년 영국의 자연 철학자이다. 현대 현미경학의 기본이 되는 마이크로 그라피아(Micrographia)를 출판했으며 세포(cell)란 용어를 최초로 사용한 사람이다. 1660년 용수철을 이용한 탄성법칙을 발견했다. 그 외에도 천문학, 생물학, 건축 등에서 업적을 남겼으며 런던의 레오나르도 다빈치라 불렸다. 일반 생활에서 볼 수 있는 번지 점프, 탄성률을 사용한 시계 등은 후크의 법칙을 이용한 것이다.

프와송 비(Poisson's ratio)를 알면 그 재료의 체적에 대한 변화를 쉽게 알 수 있으므로 재료의 성질을 파악하는 데 매우 중요하고, 무차원 값이며 주로 −1과 0.5 사이 값을 형성한다, 일반적인 엔지니어링 재료의 값은 0~0.5이다.

축 방향 하중(인장) 하에서는 재료가 측면(세로 방향)으로 수축하는 경향이 있고, 압축하중 하에서는 측면으로 팽창하는 경향이 있으므로 부호는 음수(−)를 나타낸다. 즉 축 방향과 세로 방향의 변형률은 부호가 서로 다르다는 사실을 보정하기 위해 음의 기호가 삽입된다.

프아송 비의 크기는 재료가 축방향 하중을 받을 때 재료의 모양이 얼마나 변하는지를 예측할 수 있다. 낮은 프아송 비(0에 가까움)를 갖는 재료는 측면 변형이 최소화되고 상대적으로 비압축성이지만, 비율이 더 높은(0.5에 가까움) 재료는 늘어나거나 압축될 때 상당한 측면 변형이 나타난다.

프아송[2] 비는 구조, 재료, 부품 설계와 같이 하중으로 인한 모양 변화가 중요한 응용 분야에서 특히 관련성이 높다. 이는 엔지니어가 재료가 다양한 힘을 받을 때 어떻게 동작하는지, 그리고 재료가 다양한 방향의 변형에 어떻게 반응하는지 이해하는 데 도움을 준다.

9.3.7 응력-변형률 선도

응력-변형률 선도는 엔지니어가 재료 특성을 분석하고, 다양한 하중 하에서 재료 거동을 예측하며, 예상되는 응력과 변형을 실패 없이 견딜 수 있는 구조를 설계하는 데 중요한 도구이다. 재료가 기계적 부하에 반응하는 양상를 요약한 강력한 시각적 표현이므로 재료과학 및 엔지니어링의 기본 개념으로 사용하고 있다.

인장 시험, 압축시험, 비틀림 시험, 충격 시험 등의 재료시험이 재료의 기계적 성질을 조사하기 위하여 사용되고 있다. 이 중에서 인장 시험이 가장 많이 사용되고 있다. 인장 시험 방법은 KSB 0801에 규정되어 있는 표준 시험편을 시험기에 고정하여 하중을 0(zero)부터 천천히 증가하면 시험편은 축 방향으로 늘어나면서 단면은 줄어든다. 이때 시험편의 길이와 단면에 대한 변화량을 측정하여 Y축에 응력(α), X축에 변형률(ϵ)을 나타낸 곡선을 응력-변형률 선도(stress-strain diagram)라 한다.

---

2) 프아송(Siméon Poisson, 1781~1840) : 1781년 프랑스의 피티비에서 태어났다. 수학자이자 과학자이다. 유체와 탄성 역학에 대한 프아송의 방정식, 프아송의 법칙, 탄성 물질에 관한 프아송의 비율 등으로 크게 이바지하였다. 또한 순수 수학의 분야에서도 정적분, 푸리에 급수, 변분법, 확률론 등에 중요한 업적을 남겼다.

그림 9-10은 연강(mild steel)의 응력-변형률 선도의 모양을 나타낸 것으로서, 하중이 작은 구간은 응력과 변형률이 비례하며, 하중이 증가함에 따라 선도는 직선 OA가 된다. 여기서 A점은 비례 한도를 나타낸다. 계속 하중이 증가하면, 변형률의 증가 비율이 응력의 증가 비율보다 높게 되고, 선도는 곡선 ABC를 그리며 C점에 도달한다. 탄성 한도에 도달하는 점이 B점이며, C점은 응력이 증가하지 않아도 변형률이 증가하는 최대 하중인 상항복점(upper yield point)을 나타낸다.

상항복점 이후, 하중은 감소하나 변형이 증가하는 최소 하중인 하항복점 D점을 넘어서 하중이 증가하면 다시 응력과 변형률이 증가하여 DHE의 곡선을 나타낸다. 도중의 H점에서 하중을 제거하면 응력과 변형률은 비례 한도 이하의 직선 OA에 거의 평행한 직선 HN에 따라 감소하고, N점에 도달한다. H점으로부터 가로축에 내린 수선을 M이라 하면, H점에 해당하는 변형률 OM 중에서 하중을 제거함에 따라 회복되는 변형률은 NM으로서, ON으로 나타내는 변형률이 남는다. 여기서 NM은 탄성적으로 회복되는 변형률이므로 탄성 변형률이라 하고, ON은 탄성적으로 회복되지 않는 영구 변형률이다.

N점에서 다시 하중이 가해지면 응력과 변형률은 직선 NH을 따라 H점에 도달하고, 더욱 하중이 가해지면 E점에 도달하고, 응력은 최대가 된다. 이 E점을 인장 강도(tensile strength) 또는 극한 강도(ultimate strength)라 하며, 그 재료가 견딜 수 있는 하중의 최댓값이다. E점에 도달하기까지는 시험편은 일정하게 늘어나며, 또한 각 횡단면은 모두 일정하게 줄어들지만, E점에 도달하면 시험편 단면이 국부적인 수축을 일으키는 부분이 생기며, 이 부분의 면적이 급격히 감소하면서 F점에서 파단 된다.

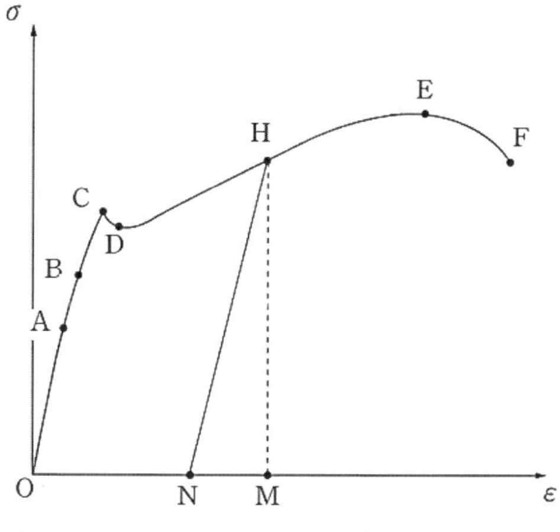

A: 비례 한도, B: 탄성 한도, C: 상항복점, D: 하항복점
E: 극한 강도, F: 파괴 강도, ON: 잔류 변형, NM: 탄성 변형

▌그림 9-10▌ 연강의 응력-변형률 곡선

9.3.8 탄성 계수

비례 한도 내에서는 '응력은 변형률에 정비례한다'는 후크의 법칙(Hooke's law)즉, 응력/변형률 = k (여기서, k = 일정)의 관계가 성립한다. 이 비례 상수를 탄성 계수(elastic modulus)라 한다. 탄성 계수는 재료에 따라 그 값이 각각 다르다.

(가) 세로 탄성 계수

수직 응력을 σ(kgf/mm^2), 세로 변형률을 ϵ이라 하면 후크의 법칙으로부터

$$\frac{\sigma}{\epsilon} = E \quad \text{또는} \quad \sigma = E\,\epsilon \tag{9-16}$$

식이 성립한다. 여기서 탄성 계수 E(kgf/mm^2)를 세로 탄성 계수 또는 영률(Young's modulus)이라 한다. 일반적으로 강(steel)의 세로 탄성 계수는 E=21,000 kgf/mm^{2}이고, 프아송 비는 ν = 0.28~0.3이다.

(나) 가로 탄성 계수

전단 응력을 τ(kgf/mm^2), 전단 변형률을 γ라 할 때,

$$\frac{\tau}{\gamma} = G \quad \text{또는} \quad \tau = G\,\gamma \tag{9-17}$$

가 되는데 이 G(kgf/mm^2)를 가로 탄성 계수 또는 전단 계수(shear modulus)라 한다. 가로 탄성 계수는 앞에서 설명한 E, ν와 함께 재료의 탄성적 성질을 나타내는 중요한 상수이다.

(다) 가로 탄성 계수와 탄성 계수들 사이의 관계

탄성 계수들의 사이는 다음과 같은 일정한 관계

$$G = \frac{E}{2(1+\nu)} \tag{9-18}$$

식이 성립한다. 위의 관계식은 세로 탄성 계수 E, 가로 탄성 계수 G 및 프아송 비 ν 사이의 관계를 나타내는 것으로, 어느 두 가지 값을 주면 다른 하나의 값이 구해진다.

9.3.9 허용 응력과 안전율

기계나 구조물의 각 부재가 오랜 사용 기간 중 고장이나 파손 없이 그 목적을 달성하기 위해서는 각 부재에 작용하는 응력을 어느 값 이하로 제한하여 영구 변형이 생긴다든가 파괴되지 않도록 하여야 한다. 부재에 실제로 작용하는 응력을 사용 응력(working stress)이라 하고, 기계나 구조물이 안전하게 지탱할 수 있는 최대의 응력을 허용 응력(allowable stress)이라 한다. 파괴나 파손에 안전하게 대비하기 위해서는 사용 응력이 허용 응력보다 작아야 한다. 따라서 허용 응력 σ_a값은 재료의 기준 강도에 대해서 안전율을 고려하여 다음의 관계식에서 구한다.

$$\sigma_a = \frac{\sigma_s}{N} \tag{9-19}$$

여기서 σ_s는 기준 강도이고 N은 안전율(safety factor)이다.

기준 강도는 일반적으로 극한 강도(인장 강도)를 사용한다. 안전율은 항상 1보다 큰 값이며, 재료의 성질, 하중의 종류 및 사용 장소 등에 따라 다르다. 허용응력의 지정이 없는 경우에는 기준 강도나 사용 응력을 고려하여 안전율을 선택하여야 한다.

9.4 재료의 파괴

9.4.1 응력 집중

응력 집중은 가공 결함, 핀 구멍, 키 홈 등과 같이 단면이 급격히 변화하는 부분을 기점으로 발생하며 큰 구조물의 부재를 순간적으로 파괴해 버린다. 단면이 급격히 변화하는 부분을 제외한 전단면적에 작용하는 응력을 공칭 응력(nominal stress) σ_n 또는 응력 집중을 고려하지 않는 평균 응력(average stress)이라 하고, 결함 등의 주위에서 발생하는 국부 응력을 최대 응력(maximum stress) $\sigma_{\max}$라고 한다.

그림 9-11(a)와 같이 균일한 단면에서는 평균 응력 σ_n이 고르게 분포하지만, 그림 9-11(b)에서의 홈과 그림 9-11(c)에서의 구멍이 있으면 대단히 큰 응력이 발생한다. 이 현상을 응력 집중(stress concentration)이라 하며, 파단의 원인이 되는 경우가 많으므로 충분히 주의해야 한다. 응력 집중의 정도는 $\sigma_{\max}$와 σ_n으로 나눈 값을 응력 집중 계수라 하

고, 이것을 α_k로 표시하면

$$\alpha_k = \frac{\sigma_{\max}}{\sigma_n} \quad \text{또는} \quad \sigma_{\max} = \alpha_k \, \sigma_{\max} \tag{9-20}$$

식이 성립한다. 이 응력 집중 계수는 재료의 치수와 크기는 관계없고 다만 형상으로만 결정된다.

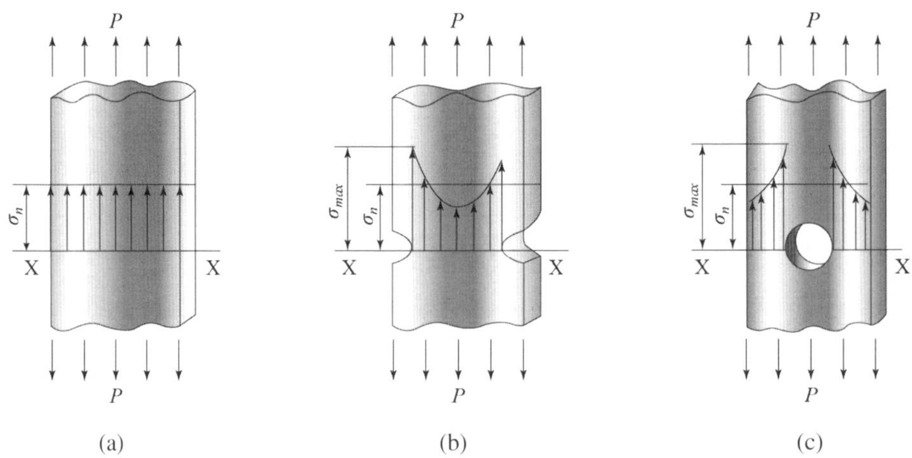

그림 9-11 응력 집중 상태

9.4.2 연성 파괴

연성 파괴(ductile fracture)는 재료가 인장력이 작용했을 때, 점성이 많은 연성 재료가 파괴되는 현상을 나타낸다. 이러한 파괴 현상은 재료가 소성변형을 겪으면서 단면적이 작아지고 최종적으로는 끊어지게 된다.

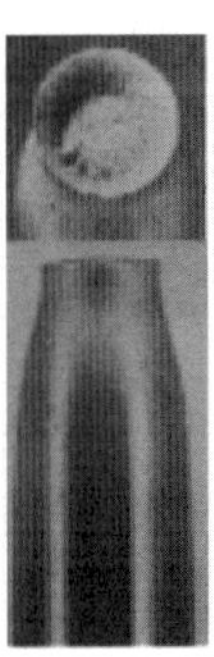

① **변형의 증대** : 연성 파괴에서는 재료가 인장력에 의해 변형이 증대된다. 이 과정에서 재료는 소성변형을 겪으며, 붕괴 전까지 계속해서 변형된다.

② **단면적의 감소** : 재료가 변형됨에 따라 단면적이 점차 작아지게 된다. 이는 재료 내부의 응력 분포와 관련이 있으며, 변형이 진행될수록 단면적이 감소한다.

③ **파괴** : 최종적으로 재료는 파괴 하중 한도에 도달하게 되어 끊어지게 된다. 이때 단면적이 작아진 상태에서 하중이 파괴 한도에 도달하면 파괴가 발생하게 된다.

연성 파괴는 금속, 합금, 비금속 재료 등 다양한 재료에서 나타난다. 연성 파괴 현상을 이해하여 재료의 선택과 구조 설계에 반영함으로써 구조물이나 부품의 파괴를 방지하고 안전성을 확보하는 데 기여할 수 있다.

9.4.3 취성(메짐) 파괴

취성 파괴(brittle fracture)는 재료가 부서지기 쉬운 메짐(脆性) 재료일 때 나타나는 파괴 현상을 나타낸다. 이러한 파괴는 파괴 한도를 초과하는 하중이 작용할 때 발생하며, 소성변형이나 단면적의 변화 없이 균열이 먼저 발생하고 급속하게 확산하여 메짐 파괴로 이어진다.

① **균열 발생과 확산** : 취성 파괴는 하중이 파괴 한도를 초과할 때, 균열이 재료 내에서 발생하고 급속하게 확산한다. 이 균열은 일반적으로 인장 응력이 가장 큰 지점에서 발생하며, 그 후 빠른 속도로 재료 내에서 확산한다.
② **소성변형의 부족** : 연성 재료와 달리, 취성 재료는 파괴 전에 소성변형이 거의 일어나지 않는다. 이는 재료가 매우 부서지기 쉽고, 인장에 의한 변형이 거의 없기 때문이다.
③ **저온 환경의 영향** : 특히 저온 상태에서는 취성 재료도 파괴 한도 이하에서도 균열이 발생할 수 있다. 저온에서는 재료의 파괴 저항력이 감소하여 파괴가 빠르게 확산한다.

취성 파괴의 발생 가능성을 평가하고 예방하기 위해 재료의 특성을 정확히 이해하고 이를 고려한 설계가 필요하다.

9.4.4 피로 파괴

피로 파괴(fatigue fracture)는 재료에 지속적인 반복 하중이나 교번 하중이 파괴 한도 이하에서 가해지다가 특정 지점에서 균열이 발생하고, 이 균열이 천천히 커져서 피로 파괴로 이어지는 현상을 나타낸다.

① **반복 또는 교번 하중** : 피로 파괴는 재료에 지속해서 반복되는 하중 또는 교번 하중이 작용할 때 발생한다. 이러한 하중은 파괴 한도 이하에 있으나, 반복적으로 작용하면서 균열을 유발할 수 있다.

② **균열 발생과 성장** : 피로 파괴의 특징은 균열이 먼저 발생하고 이후에 그 균열이 천천히 성장하여 파괴로 이어진다는 점이다. 균열은 초기에는 미시적이지만, 시간이 지남에 따라 점차 커지며 재료의 파괴로 이어진다.

③ **균열 전파와 진전** : 균열이 발생한 후에는 그 균열이 미세하게 확대되면서 파괴로 이어진다. 이 과정에서 균열의 전파와 진전이 아주 천천히 진행되며, 최종적으로 재료의 파괴로 이어진다.

피로 파괴는 일반적으로 금속 및 합금 재료에서 발생하며, 구조물이나 부품의 수명과 신뢰성에 영향을 미친다. 이를 효과적으로 관리하기 위해서는 피로 수명 평가, 적절한 재료 선택, 디자인 및 사용 조건의 최적화 등이 필요하다. 또한, 예방적인 점검 및 유지보수도 피로 파괴 방지에 중요한 역할을 한다.

연습문제 exercise

1. 전단 응력에 대해서 설명하세요.
2. 압력 탱크에 작용하는 응력에 대해서 기술하세요.
3. 열응력에 대해서 설명하세요.
4. 프와송비에 대해서 기술하세요.
5. 응력-변형률 선로를 그리고 설명하세요.

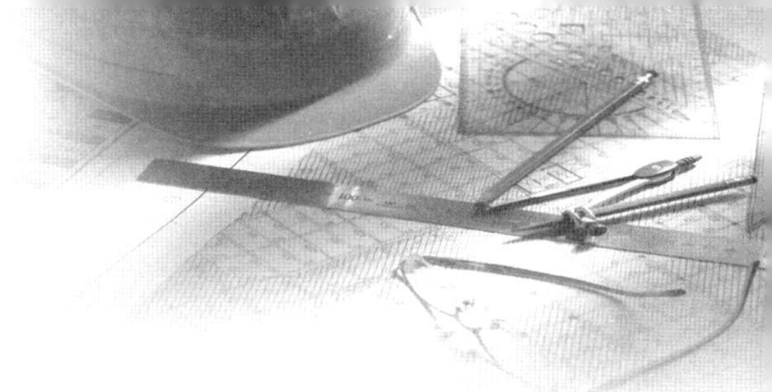

에너지 변환

Chapter 10

10.1 열기관

열기관은 순환 과정을 통해 열 에너지(열)를 기계적 에너지(일)로 변환하는 특정 유형의 원동기이다. 자동차에 사용되는 내연 기관은 연소를 통해 연료(가솔린, 디젤 등)의 화학 에너지를 열 에너지로 변환한다. 이 열 에너지는 엔진의 피스톤이 움직일 때 부분적으로 기계적 일로 변환된다.

열기관은 열역학 법칙을 기반으로 작동한다. 기본 개념은 고온 저장소(열원, 에너지가 공급되는 곳)와 저온 저장소(열을 방출하는 곳, 에너지가 방출되는 곳) 간의 온도 차이를 이용하여 기계적 작동을 수행하는 것이다. 이 작업은 다양한 기계와 장치를 구동하는 데 사용될 수 있다.

열기관에는 다음과 같은 다양한 유형이 있다.

① **내연 기관** : 제한된 공간 내에서 연료-공기 혼합물을 점화시켜 가스를 빠르게 팽창시키고 피스톤이나 터빈을 구동시키는 방식으로 작동한다.

② **증기기관** : 이 엔진은 수증기(증기)를 작동 유체로 사용한다. 외부 열원을 사용하여 물을 가열하여 증기를 생성한 다음, 증기가 피스톤이나 터빈에서 팽창하여 기계적 일로 변환된다.

③ **가스 터빈** : 연소 터빈 또는 제트 엔진으로도 알려진 이 엔진은 공기를 압축하여 연료와 혼합하고 혼합물을 점화한 다음, 생성된 고속 배기가스를 사용하여 터빈을 회전시키고 기계적 일로 변환된다.

④ **스털링 기관** : 주로 기체로 이루어진 작동 유체가 주기적으로 팽창되고 압축되는 폐쇄 루프 사이클(closed-loop cycle)에서 작동하는 열기관이다. 높은 효율성과 태양 에너지를 포함한 다양한 열원과 함께 작동할 수 있는 능력이 있는 것으로 알려져 있다.

10.1.1 열과 일

1. 온도와 열량

온도는 물체나 시스템의 분자 운동의 평균적인 에너지 수준을 나타내는 물리적인 양이다. 일반적으로 높은 온도는 분자들이 활발하게 움직이며 빠르게 진동하는 것을 의미하며, 낮은 온도는 분자 운동이 둔화하고 더 느리게 진동하는 것을 나타낸 것이다. 온도는 섭씨(℃)나 화씨(°F)와 같은 체계로 측정되며, 켈빈(K) 체계는 절대온도를 나타낸 것이다.

온도가 서로 다른 두 물체를 접촉시켜 놓으면 두 물체 온도는 같아진다. 이것은 고온의 물체로부터 저온의 물체로 열이 이동되었기 때문이고, 이 열의 이동된 양을 열량이라고 한다. 열량의 단위에는 킬로칼로리(kcal)가 쓰이고, 1 kcal는 1 kg의 물의 온도를 1℃ 상승시키는데 필요한 열량이다.

2. 열과 일

열과 일은 에너지의 전달과 변환에 관련된 중요한 개념이다. 열역학에서는 열과 일은 시스템의 에너지 상태를 변경하고 엔트로피(무질서도)를 포함한 여러 열역학적 속성을 이해하는 데 사용되며, 열기관과 같은 시스템에서의 에너지 전달과 변환을 이해하는 데 핵심적인 개념이다.

열은 에너지의 전달을 의미한다. 물체 사이에서 온도 차이가 있을 때, 높은 온도에서 낮은 온도로 열이 전달된다. 고온 쪽의 분자들은 더 빠르게 움직이며 낮은 온도 쪽의 분자들을 충돌하고 에너지를 전달한다. 열은 시스템 내부의 분자 운동을 촉진하거나 에너지 상태를 변경하는 데 사용될 수 있고, 열역학적인 작용을 통해 일이나 다른 에너지 형태로 변환될 수 있다. 일을 열로, 또 열을 일로 바꿀 수 있고, 이들 사이에는 다음과 같은 관계가 있다.

$$1\ \text{kcal} = 427\ \text{kg} \cdot \text{m} \tag{10-1}$$

일은 물체에 힘을 가하여 이동시키거나 변형시키는 과정에서 발생하는 에너지 변환을 의미한다. 불체에 힘을 가하고 그것을 이동시키는 경우뿐반 아니라, 물체를 압축하거나 늘리는 등의 형태 변화도 일의 일부이다. 일은 보통 힘과 거리의 곱으로 표현되며, 에너지의 형태가 변하는 것을 나타낸다.

일반적으로, Q(kcal)의 열량에 상당하는 일량을 W(kg · m)라고 하면, 다음의 비례 관계가 성립한다.

$$Q = AW \tag{10-2}$$

그리고

$$W = JQ$$

이 식에서의 비례 상수 A를 일의 열당량(thermal equivalent of work), J을 열의 일당량(mechanical equivalent of heat)이라 하면, 그 값은 다음과 같다.

$$A = \frac{1}{427}\ \text{kcal/kg}\cdot\text{m} \quad 그리고 \quad J = 427\ \text{kg}\cdot\text{m/kcal} \tag{10-3}$$

따라서 1시간당의 일량을 PSh을 kWh로 나타내면

1 PS = 75 kg · m/s

1 kW = 102 kg · m/s

1 PSh = 75 × 3600 kg · m

1 kWh = 102 × 3600 kg · m 이므로,

다음과 같이 환산된다.

$$1\ \text{PSh} = 75 \times 3600 \times \frac{1}{427} \fallingdotseq 632\ \text{kcal} \tag{10-4}$$

$$1\ \text{kWh} = 102 \times 3600 \times \frac{1}{427} \fallingdotseq 860\ \text{kcal} \tag{10-5}$$

10.1.2 동력 발생 원리

1. 연료와 발열량

(가) 연료 (fuel)

연료는 에너지를 제공하기 위해 연소되거나 소비되는 물질이다. 일반적으로 연소와 같은 화학 반응을 거쳐 에너지를 열 형태로 방출한다. 난방, 운송, 발전 등 다양한 응용 분야에 매우 중요하며, 가용성, 에너지 함량, 환경 영향에 따라 다양한 유형의 연료가 사용된다. 일반적인 유형의 연료에는 화석 연료(석탄, 원유, 천연 가스), 바이오매스, 핵연료 및 수소와 같은 재생 가능 에너지원이 포함된다. 석탄, 석유, 천연 가스 등 연료는 탄소와 수소가 화학적으로 결합된 탄화수소로 되어 있다. 원유로부터는 가솔린, 등유, 경유, 중유 등이 만들어져서 자동차나 항공기, 선박 등의 연료로 이용되며, 석유는 윤활유나 합성수지, 나일론 등 석유 화학 제품의 원료로 널리 쓰인다.

(나) 발열량(calorific value)

발열량은 연료가 완전히 연소될 때 방출되는 에너지의 양을 측정한 것이다. 이는 일반적으로 단위 질량당 에너지(J/g) 또는 단위 부피당 에너지(J/m^3)로 표시된다. 연료의 에너지 함량을 나타내며 다양한 응용 분야에서 효율성을 결정하는 데 필수요소이다.
발열량에는 두 가지 주요 유형이 있습니다.

① **총발열량**(Gross Calorific Value)

고발열량(Higher Heating Value)이라고도 알려진 총 발열량은 연료의 총 에너지 함량을 측정한 것이다. 연료의 주요 성분이 연소되면서 방출되는 열뿐만 아니라 연소 중에 생성된 수증기가 다시 액체 물로 응축될 때 흡수되는 열도 포함된다. 기화열은 연소 과정에서 방출되는 에너지의 상당 부분을 차지하므로 중요한 요소이다. 총 발열량은 연료의 잠재적 에너지 출력에 대한 포괄적인 측정값을 제공하므로 연소 과정의 효율성과 성능을 평가하는 데 필수적인 매개변수이다.

② **순 발열량**(Net Calorific Value)

저 발열량(Lower Heating Value)이라고도 알려진 순 발열량은 연료의 에너지 함량을 측정하는 또 다른 측정값이다. 연소 시 생성된 수증기가 다시 액체 물로 응축될 때 흡수되는 열량을 고려하지 않고 연료가 완전 연소될 때 방출되는 열량만을 나타낸 것이다. 연소 중에 형성된 물의 기화열을 포함하는 총 발열량(GCV)과 달리 순 발열량(NCV)은 이러한 열 손실을 포함하지 않고 연소 중에 생성된 수증기가 기체 상태로 유지되고 연소 과정에서 에너지 일부를 빼앗는다고 가정한다.

수학적으로 순 발열량(NCV)은 총 발열량(GCV)에서 물의 기화열을 빼서 계산 (NCV = GCV − 물의 기화열) 할 수 있다. 순 발열량은 많은 산업 공정 및 연소 시스템과 같이 연소 중에 생성된 수증기가 액체 물로 다시 응축되지 않는 실제 응용 분야에 사용된다. 이는 물의 기화로 인해 회수할 수 없는 에너지가 되는 경우를 설명하므로 사용할 수 있는 에너지에 대한 보다 현실적인 추정치를 제공한다.
순 발열량(NCV)와 총 발열량(GCV) 중 어느 것이 더 적절한지는 특정 연소 과정, 사용된 기술, 에너지 함량 정보의 의도된 용도와 같은 요소에 따라 달라진다. 분석 목표에 부합하고 해당 응용 분야에 사용 가능한 에너지를 가장 정확하게 표현하는 값을 선택하는 것이 중요하다.

2. 에너지 변환

에너지 변환은 한 형태의 에너지를 다른 형태로 변화시키는 과정을 의미한다. 우리의 일상생활과 산업 과정에서 에너지는 다양한 작업과 활동을 수행하기 위해 한 유형에서 다른 유형으로 지속해서 변환된다. 에너지 변환은 에너지가 다양한 시스템을 통해 어떻게 흐르는지, 그리고 이를 실제 목적으로 활용할 수 있는 방법을 이해하는 데 필수적이다. 여기서는 열에서 기계로의 에너지 변환에 관해서 설명한다.

증기 터빈과 내연 기관을 포함한 열 엔진은 연료 연소에서 발생하는 열 에너지를 기계적 작업으로 변환한다. 그림 10-1에서와 같이 가솔린 기관의 실린더 안에서 혼합기가 연소하게 되면 가솔린의 화학에너지가 열 에너지로 바뀐다.

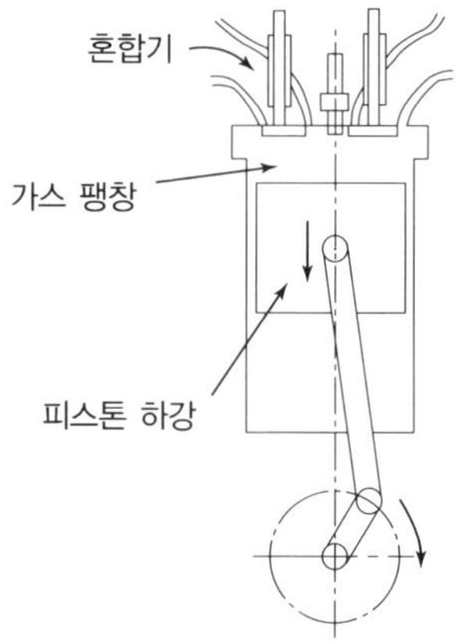

▮그림 10-1▮ 에너지 변환 기구

연소에 의하여 가스 온도와 압력이 상승되고 고온, 고압의 가스가 팽창하여 피스톤을 내려 밀어서 기계적인 일을 하게 되며, 이때 피스톤의 운동은 커넥팅 로드를 거쳐서 크랭크축의 회전 운동으로 변화된다. 그리고 온도가 높아질수록 분자의 운동이 왕성하게 되어 분자의 운동 에너지가 증가한다. 이처럼, 분자가 가지고 있는 에너지를 내부에너지라 하고, 가스의 온도 상승은 내부 에너지의 증가이다.

이와 같은 경로로 실린더 내에서의 에너지의 변환이 이루어지나, 실제 기관에서는 열의 일부가 실린더나 피스톤에 전달되고 나머지는 배기와 함께 대기 중에 방출된다. 따라서 기계 에너지로 바뀌는 것은 발생된 전체 에너지의 30~40% 정도뿐이다. 또, 기계 에너지의 일부는 실린더와 피스톤 사이의 마찰이나 흡·배기 밸브의 개폐 작용, 냉각수의 순환 등의 일에 소비되어 실제는 이들을 뺀 일이 유효한 일로 쓰이게 된다.

3. 사이클

열역학적 사이클은 작동 유체가 일련의 상태 변화를 겪고 사이클이 완료된 후 결국 초기 상태로 돌아가는 일련의 과정이다. 이러한 사이클은 서로 다른 형태 사이의 에너지 변환을 허용하므로 다양한 열 엔진 및 냉동 시스템 작동의 기본이 된다.
증기 터빈이나 내연 기관과 같은 열 엔진의 맥락에서 열역학적 사이클은 열 에너지를 기계 작업으로 변환할 때 엔진 내에서 발생하는 일련의 과정을 나타낸 것이다. 이 사이클은 일반적으로 네 가지 주요 단계로 구성된다.

① **등엔트로피 압축** : 작동 유체는 일반적으로 기계식 압축기나 펌프를 사용하여 압축된다. 이로 인해 압력과 온도가 증가한다.
② **열 추가** : 고압, 고온 작동 유체에는 외부 원인(점화플러그, 압축열 등)으로 열이 가해진다.
③ **등엔트로피 팽창** : 가해진 열로 인해 유체가 팽창하고 터빈이나 피스톤을 회전시키는 것과 같은 작업을 수행한다.
④ **열 방출** : 팽창된 유체는 터빈이나 피스톤을 회전시키는 과정에서 압력과 온도이 낮아진다. 열을 방출한다.

이러한 일련의 과정을 통해 사이클이 완료되고 작동 유체는 원래 상태로 돌아가 사이클을 다시 시작할 준비가 된다. 열기관의 효율성과 성능은 그것이 작동하는 특정 열역학적 사이클에 따라 달라진다. 열역학 사이클로는 랭킨 사이클(증기 발전소), 오토 사이클(가솔린 엔진), 브레이튼 사이클(가스터빈) 등이 있다.

4. 전기자동차

전기 자동차는 화석 연료를 사용하지 않고 외부로 충전된 배터리에서 얻은 에너지만을 이용하여 주행하는 배출가스 교통수단을 의미한다. 전기 자동차와 휘발유 자동차의 가장 큰 차이점은 사용되는 에너지와 배출되는 오염 물질이 크게 다르다는 것이다. 동력 전달 장치인 파워트레인은 모터, 인버터, 및 컨버터로 구성되어 있다. 모터는 차량을 구동하는 엔진의 역할을 대신하며, 하이브리드 차량에서는 엔진과 함께 설치되어 엔진 보조 역할을 한다. 인버터는 직류를 교류로 변환하는 역할을 하며, 컨버터는 교류를 직류로 변환하는 역할을 담당한다.

(가) 배터리

배터리는 전기차에서 매우 중요한 부품 중 하나로, 내연기관을 갖춘 일반 자동차에서의 엔진의 열 에너지 대신에 전기 에너지를 저장하는 역할을 한다. 전기차에서는 배터리와 전기모터가 주요 구성요소로 작용하며, 이들은 자동차의 성능과 가격에 큰 영향을 미친다. 배터리는 1차 전지와 2차 전지로 나눈다. 1차 전지는 일상생활에서 많이 쓰이는 건전지 같은 1회 용 배터리를 말한다. 2차 전지는 충전이 가능한 전지를 말하는데, 다양한 2차 전지 중 전기차에는 리튬이온 배터리가 주로 쓰이며 국내 차의 경우 리튬폴리머 배터리가 주로 쓰이고 있다. 배터리의 구성요소로는 배터리 셀, 모듈, 배터리 관리시스템(BMS), 냉각장치 등을 들 수 있다.

(나) 모터

전기차에서는 내연기관 차량에 있는 엔진 대신에 전기모터가 사용된다. 엔진은 열 에너지를 기계적 에너지로 변환하는 장치로 정의되어 있다. 전기모터는 전기 에너지를 활용하지만, 엔진과 유사하게 전기 에너지를 기계적 동력으로 전환하여 자동차를 구동한다. 즉 전기모터는 주로 구동 모터로 사용되며, 전기를 이용하여 회전 운동의 힘을 생성하는 기계이다. 구동 모터는 모터 축에 감속기를 연결하여 적절한 회전력을 바퀴에 전달하여 자동차를 움직이게 한다. 자동차용 전기모터는 사용 전원 및 브러시의 유무에 따라 DC모터와 AC 모터, 브러시가 없는 BLDC (Brushless DC) 모터 등으로 크게 3가지가 사용된다.

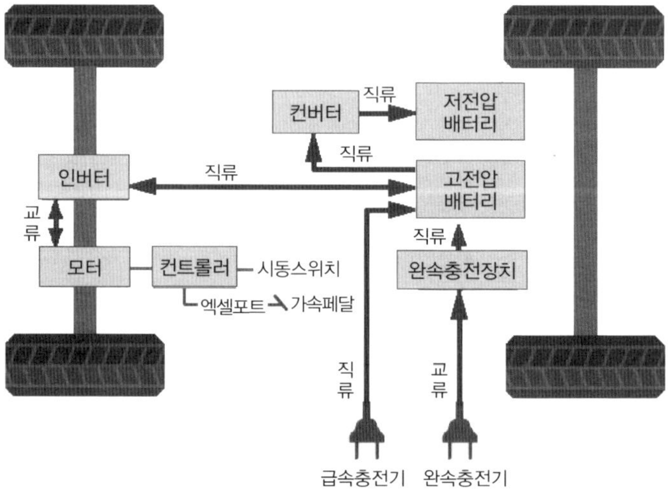

▮그림 10-2▮ 전기자동차 구성

10.1.3 내연 기관

내연 기관은 기계공학의 경이로움으로 전 세계적으로 운송 및 산업을 주도하고 있다. 여기서는 이러한 엔진의 작동, 구성요소 등을 살펴보고, 연료를 운동 에너지로 바꾸는 연소 과정, 환경에 미치는 영향을 최소화하면서 엔진의 성능 향상 등에 관해 탐구한다.

1. 가솔린 기관

불꽃 점화 엔진이라고도 알려진 가솔린 엔진은 다양한 차량, 특히 승용차, 소형 트럭 및 오토바이에 일반적으로 사용된다. 다음은 가솔린 기관의 장점에 관해 설명하였다.

① 높은 중량 대비 출력 비율 : 크기와 무게에 비해 상대적으로 높은 출력을 제공한다. 승용차나 오토바이처럼 공간과 무게 제약이 중요한 고려 사항인 차량에 유용하다.
② 부드럽고 조용한 작동 : 일반적으로 다른 유형의 엔진보다 더 부드럽고 조용하게 작동한다. 특히 승용차에서 바람직한 편안한 운전 경험에 기여한다.
③ 반응형 가속 : 빠르게 회전 속도를 높이고 낮추는 능력으로 인해 빠르고 반응성이 뛰어난 가속 성능을 제공한다. 스포츠카나 오토바이 같은 차량에서 중요한 요소로 작용한다.
④ 낮은 초기 비용 : 다른 유형의 엔진에 비해 초기 비용이 낮아 소비자에게 경제적으로 매력적이다.
⑤ 시동 용이성 : 다른 유형의 엔진에 비해 추운 날씨에 더 쉽게 시동된다.
⑥ 폭넓은 연료 가용성 : 휘발유는 전 세계 주유소에서 널리 사용 가능하므로 가솔린 엔진을 일상적으로 편리하게 사용할 수 있다.
⑦ 매연 배출 저감 : 기술 발전으로 최신 가솔린 엔진은 엄격한 매연 배출 기준을 충족하도록 설계되어 오염 물질 배출이 상대적으로 낮다.
⑧ 경부하 및 중부하용에 적합 : 승용차 및 소형 트럭과 같이 경부하 및 중부하 조건에서 작동하는 차량에 매우 적합하다.

가솔린 엔진의 경우 몇 가지 제한 사항과 고려 사항이 있다는 점에 유의해야한다. 고부하 조건에서는 디젤 엔진에 비해 연료 효율성이 떨어지는 경향이 있다. 또한 가솔린 연료는 일반적으로 디젤 연료에 비해 에너지 밀도가 낮아 전반적인 연료 효율과 주행 거리에 영향을 미칠 수 있다.

(가) 가솔린 기관의 작동

① 4행정 사이클 가솔린 기관

그림 10-3은 4행정 사이클 가솔린 기관의 작동을 나타낸 것으로, 피스톤이 2회의 왕복 운동을 하는 사이에 혼합기의 흡입으로부터 동력을 발생, 배기가스를 배출하는 데까지 일련의 작동을 하여 한 사이클을 완료한다.

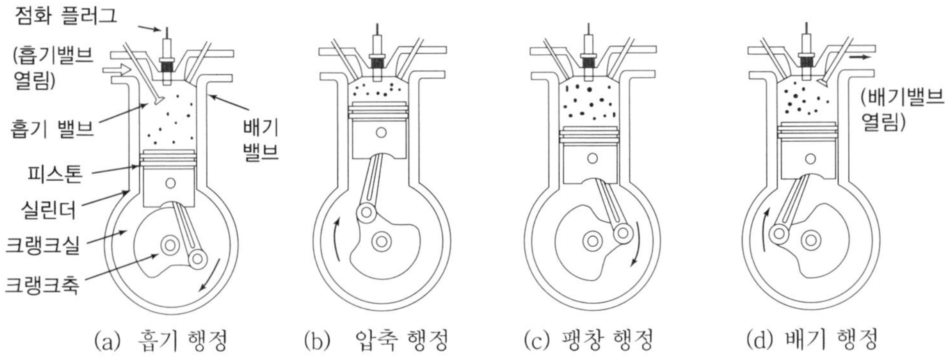

▮그림 10-3▮ 4 사이클 가솔린 기관의 작동

그림 10-4에서와 같이 피스톤이 크랭크축으로부터 가장 떨어진 위치에 있을 때 그 위치를 상사점(TDC)이라 하고, 크랭크축에 가장 가까운 위치에 있을 때 그 위치를 하사점(BDC)이라 하며, 그 거리를 행정(stroke)이라 한다.

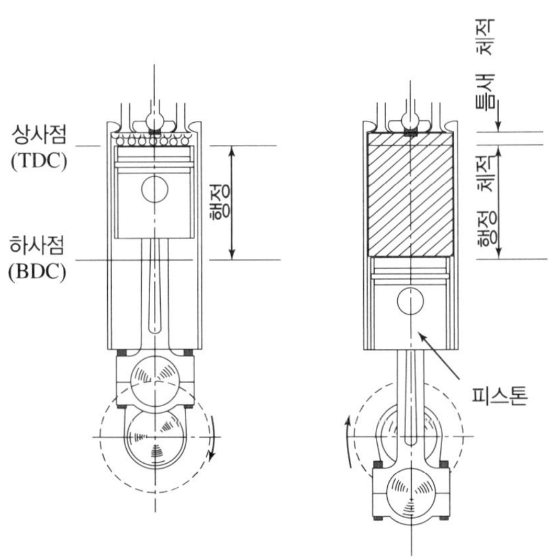

▮그림 10-4▮ 피스톤의 TDC/BDC, 행정, 행정 체적

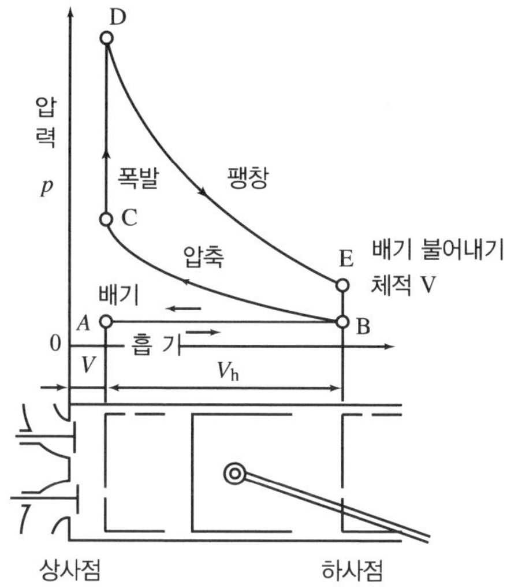

그림 10-5 4 행정 사이클 가솔린 기관의 PV 선도

4행정 사이클 가솔린 기관이 작동하고 있을 때 실린더 내의 압력(P)과 피스톤의 움직임에 대응하는 실린더 내의 체적(V)의 변화를 나타내는 선도를 PV 선도라 하고, 이론적으로는 그림 10-5와 같이 상태 A로부터 흡기가 시작되어 흡기, 압축, 폭발 및 팽창, 배기 등의 상태 변화를 거쳐서 처음의 상태로 되돌아간다. 이와 같은 사이클을 반복함으로써 기관의 작동이 계속된다. 크랭크축이 2회전 하는 사이에 피스톤은 4행정을 하여 1사이클을 완료하는 기관이 4행정 사이클 기관이고, 보통 4사이클 기관이라고도 한다.

② 2행정 사이클 가솔린 기관

2행정 사이클 가솔린 엔진은 소형 차량, 전동 공구 및 특정 레저용 차량을 비롯한 다양한 응용 분야에 일반적으로 사용된다. 4행정 엔진의 4행정과 달리 피스톤의 단 2행정으로 하나의 완전 연소 사이클을 완료하기 때문에 “2행정” 엔진이라고 한다. 2행정 사이클 가솔린 엔진의 작동 방식은 다음과 같다.

ⓐ 흡입 및 압축(첫 번째 행정)

피스톤은 실린더 상단에서 시작하여 아래쪽으로 이동하면서 부피 팽창으로 인해 실린더 내에 부분적인 진공이 발생한다. 저압 형성으로 소기구를 통해 흡기가 이루어진다. 흡기구를 통해 공기와 가솔린의 혼합기가 기화기에서 실린더로 흡입된다. 기화기는 들어오는 공기와 적절한 양의 연료를 혼합하는 역할을 한다. 피스톤이 다시 위쪽으로 움직이기 시작하면 실린더 내의 공기-연료 혼합기가 압축된다. 압축은 혼합물의 온도와 압력을 높여 연소에 더 유리하게 만듭니다.

ⓑ 연소 및 배기(두 번째 행정)

압축행정 상단 부근에서는 실린더 헤드에 위치한 스파크 플러그가 전기 스파크를 발생시킨다. 이 불꽃은 고도로 압축된 공기-연료 혼합기를 점화시킨다. 혼합기의 점화로 인해 급속 연소가 발생하여 고압가스를 생성하는 화염면이 생성된다. 이 고압가스는 피스톤을 아래쪽으로 밀어낸다. 피스톤이 아래쪽으로 이동하면서 배기구가 드러나는 지점에 도달한다. 배기구가 열리면 고압 배기가스가 실린더에서 빠져나간다. 배기가스 배출은 고압가스의 압력과 피스톤이 실린더를 열 때 흡기구를 통해 실린더로 들어온 신선한 공기-연료 혼합기 압력의 영향을 받는다.

4행정 엔진과 달리 2행정 엔진에는 사이클의 각 단계에 대해 별도의 전용 행정이 없다. 대신, 피스톤의 단 두 번의 행정으로 흡기, 압축, 연소 및 배기 과정을 완성한다. 다음과 같은 몇 가지 장·단점이 있다.

2행정 엔진의 장점	2행정 엔진의 단점
① **단순성** : 움직이는 부품이 적고 작동 단계가 더 적기 때문에 기계적으로 더 단순하다.	① **낮은 연료 효율성** : 일반적으로 2행정 엔진은 공기-연료 혼합기의 일부와 연소된 가스가 배기구를 통해 빠져나가 불완전 연소를 일으키기 때문에 연료 효율성이 낮다.
② **더 높은 출력** : 더 빈번한 파워 스트로크로 인해 2행정 엔진은 주어진 엔진 크기에 대해 더 높은 출력을 생성할 수 있다.	② **더 높은 오염** : 불완전 연소 및 배기가스와 들어오는 공기-연료 혼합기의 직접적인 혼합으로 인해 배출량이 더 많아질 수 있다.
③ **경량** : 단순한 디자인으로 인해 엔진이 더 가벼워지는 경우가 많으며 이는 무게가 중요한 응용 분야에 유리다.	③ **오일 요구 사항** : 부품에 윤활유를 공급하기 위해 연료와 오일을 혼합해야 하므로 오일 소비 및 배출이 증가한다.

그림 10-6과 같이 피스톤이 1왕복(2행정)하는 사이에 1사이클을 완료하는 기관을 2행정 사이클 기관 또는 보통 2사이클 기관이라고도 하며, PV 선도는 그림 10-7과 같이 된다.

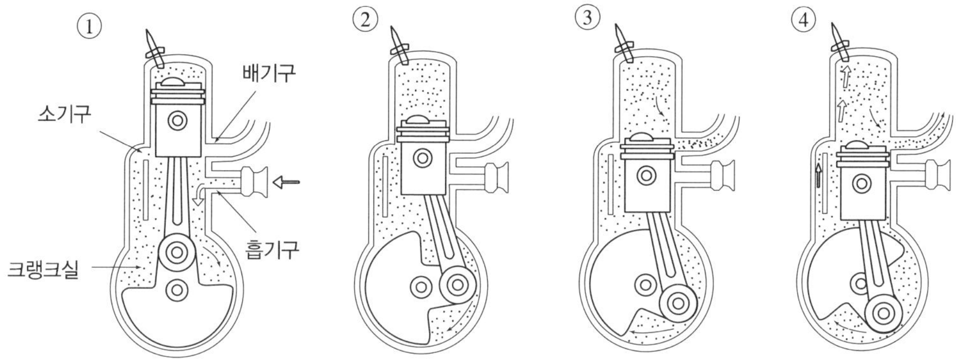

(a) 흡입 및 압축(첫 번째 행정)

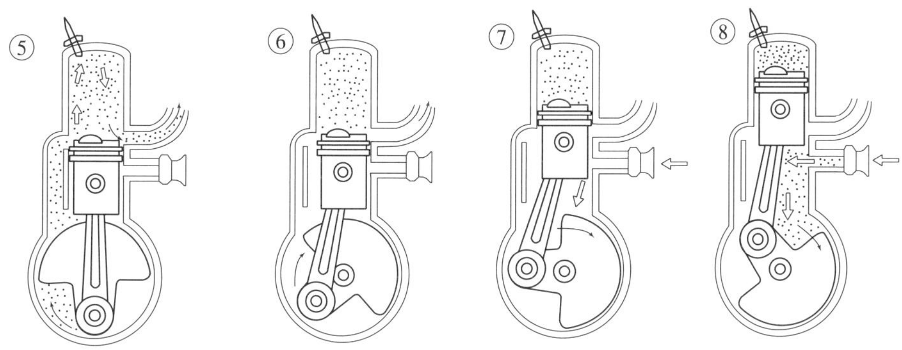

(b) 연소 및 배기(두 번째 행정)

▌그림 10-6▌ 2행정 사이클 가솔린 기관의 작동

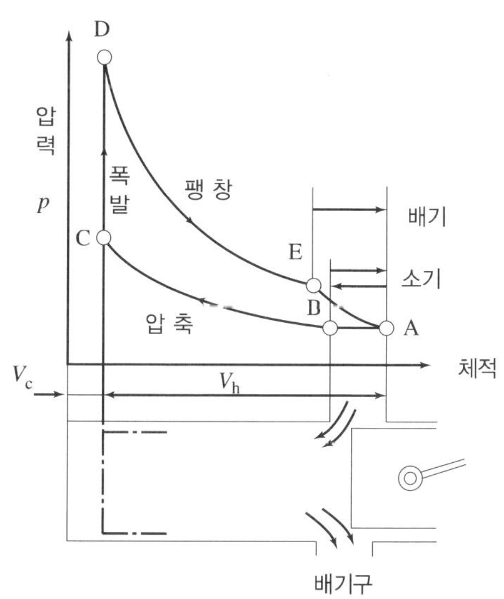

▌그림 10-7▌ 2행정 가솔린 기관의 PV 선도

(나) 가솔린 기관의 구조

가솔린 기관(gasoline engine)은 가솔린을 연료로 하는 기관으로서 자동차, 항공기, 운반기, 펌프 등의 원동기로 널리 사용되고 있다. 출력이 작은 것은 2행정 사이클이 사용되지만 일반적으로 4행정 사이클이 많이 사용된다. 또 출력이 작은 것은 실린더가 1개이지만 출력이 커짐에 따라 실린더 지름을 크게 하거나 그 수를 늘려 총 배기량을 크게 하고 있다.

① **실린더 블록**(cylinder block)

재질은 내 마멸성이 우수한 주철이나 알루미늄 합금 주물로 만든다. 실린더 블록은 그 위쪽에 실린더 헤드가 부착되어 피스톤과 함께 연소실을 구성하고, 아래쪽은 크랭크 실을 형성, 오일 팬으로 덮여 있다. 이 밖에 냉각수의 통로나 부속 장치가 부착되는 구멍들이 마련되어 있다. 한편, 피스톤이 왕복 운동하는 실린더는 실린더 블록과 일체로 주조한 것과 피스톤이 접촉하는 원동 부분만 따로 만들어 실린더 블록에 끼우는 실린더 라이너가 있다.

4사이클 기관은 크랭크축이 2회전 하여 1회의 폭발이 일어나므로 로크 변동이나 진동이 커진다. 동일 출력인 기관의 경우, 실린더의 수를 증가시키면 기관의 진동이 적고 회전이 원활하며, 고속화가 가능하고 진동이 적어 소음이 적다.

실린더의 배열에는 그림 10-8과 같이 여러 가지 형이 있다.

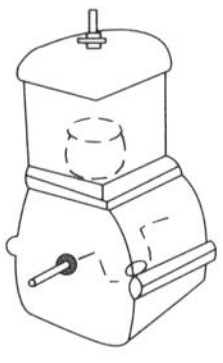

(a) 단기통 실린더 (직립형)

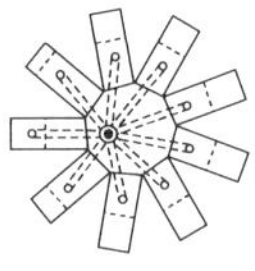

(b) 방사형

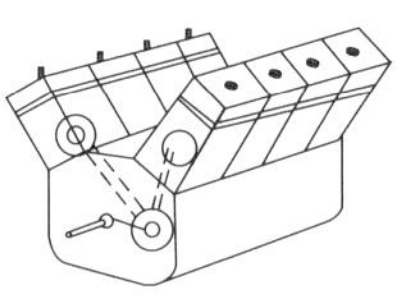

(c) V형

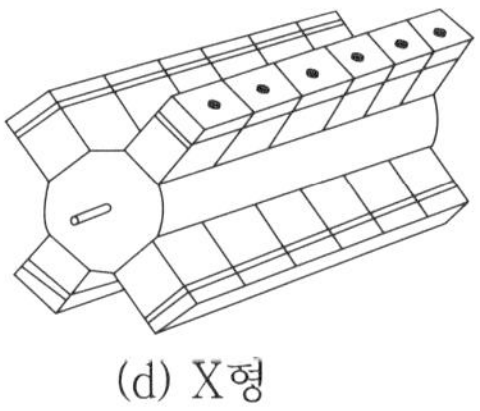

(d) X형

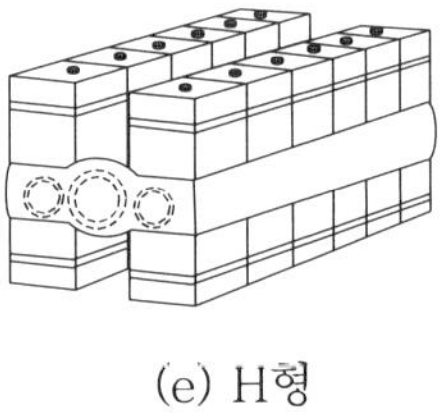

(e) H형

▮그림 10-8▮ 실린더의 배열

② **실린더 헤드(cylinder head)**

실린더 블록의 윗면에 고정된 덮개 부분으로 흡기 및 배기 밸브 시트 및 점화 플러그 구멍 등이 있으며, 실린더와 접촉면에 오목부가 있어 연소실의 상부를 형성한다. 가스나 냉각수의 누출을 막기 위하여 실린더 블록과의 사이는 헤드 개스킷을 끼운다. 실린더 헤드의 재질은 주철이나 알루미늄 합금 주물로 되어 있고, 연소실 주위에는 냉각수의 통로가 되는 물 재킷이 마련되어 있다.

③ **밸브 기구**

크랭크축의 회전은 타이밍 기어를 거쳐 캠축에 전해지고, 캠의 작용으로 푸시로드가 상하 운동을 하여 밸브를 개폐시킨다.

④ **기화기**

공기는 기화기를 통과할 때 연료와 혼합하여 혼합기가 되고, 흡기 매니폴드를 통하여 흡기 밸브로부터 실린더 안으로 흡입된다.

그림 10-9는 기화기의 구조를 나타낸 것이다. 스로틀 밸브를 개폐함에 따라 혼합기의 유량을 증감시키고 기관의 출력을 제어한다.

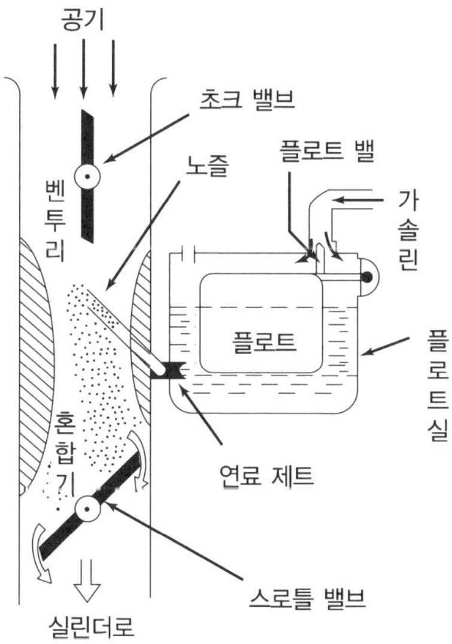

그림 10-9 기화기의 구조

⑤ 냉각 방식

냉각 방식에는 수냉식과 공랭식이 있다. 수냉식은 그림 10-10과 같이 크랭크축으로부터 벨트 전동에 의하여 냉각수 펌프를 돌리고, 냉각수를 실린더의 둘레와 그림 10-11과 같이 실린더 헤드에 있는 물 재킷 속을 따라 순환시킨다. 가열된 물은 방열기를 통과할 때 냉각된다. 방열기는 상부와 하부 탱크, 그리고 방열면을 형성하는 코어(core)로 되어 있으며, 데워진 물은 상부 탱크로부터 하부 탱크로 흐르면서 냉각수가 가진 열을 2～6장의 날개를 가진 냉각팬에 의하여 공기 중으로 방산시킨다. 공랭식은 그림 10-12와 같이 실린더 헤드나 실린더 바깥쪽에 여러 개의 냉각핀을 만들어서 그 사이를 흐르는 공기에 의하여 냉각된다.

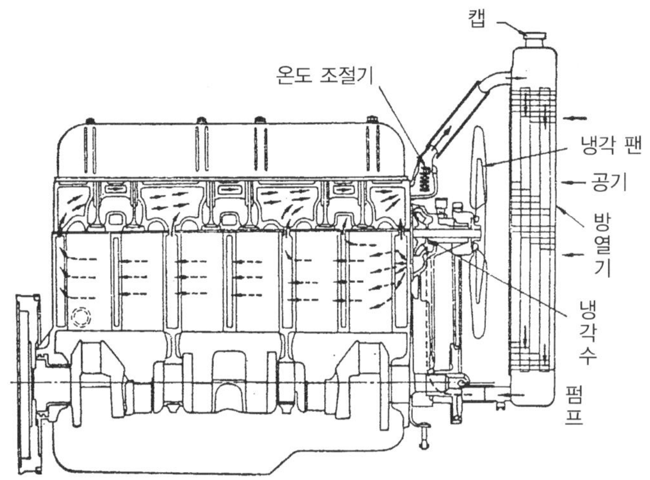

▌그림 10-10▐ 자동차용 가솔린 기관의 냉각 계통

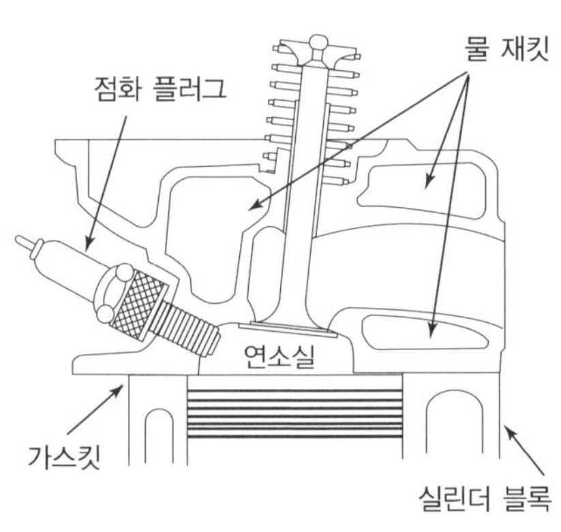

▌그림 10-11▐ 수냉식 실린더 헤드의 물 재킷

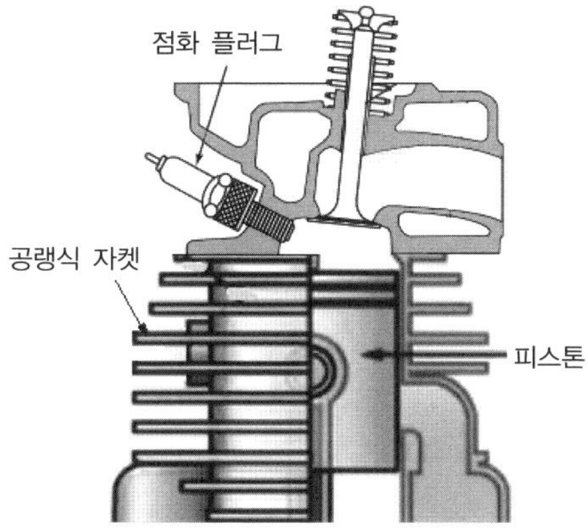

▮그림 10-12▮ 공랭식 가솔린 기관의 실린더 헤드

⑥ 윤활 장치

윤활 장치는 오일 팬, 오일 스트레이너, 펌프, 유압 조정기 및 오일 필터 등으로 구성되어 있다. 또한, 각 베어링이나 피스톤과 실린더 사이 등 미끄럼 운동을 하는 부분에 윤활유를 공급하여 마찰 손실을 경감시키고 융착을 방지한다.

⑦ 연료 펌프

연료를 연료 탱크로부터 기화기로 보내기 위한 펌프로서, 자동차용 기관에서는 캠에 의하여 구동되는 다이어프램 펌프(diaphragm pump)가 많이 사용된다.

(다) 점화 장치와 점화 순서

① 점화 장치

점화 장치(ignition system)는 연료와 공기의 혼합기에 전기적인 불꽃을 튀게 하여 점화시키는 장치를 말한다. 이와 같은 점화 방식에는 지금까지 가장 많이 사용되어 왔던 접점식, 보다 신뢰성이 높은 트랜지스터 방식과 콘덴서 방전식 등이 있다.

② 점화 순서

다기통 기관에서 같은 간격으로 점화시키고 원활한 운전을 하기 위해서는 일정한 점화 순서를 필요로 한다.

2. 디젤 기관

디젤기관(diesel engine)은 실린더 내에서 공기를 압축하여 고온상태로 되었을 때, 여기에 연료를 고압의 안개 모양의 상태로 분사시켜 자연 착화하도록 하여 동력을 발생시키는 기관이다. 디젤 엔진과 가솔린 엔진은 원칙적으로 유사하지만 연료 분사, 점화 및 연소를 처리하는 방식이 서로 다르다는 점에 유의하는 것이 중요하다. 디젤 기관에도 4행정 사이클 기관과 2행정 사이클 기관이 있는데, 사용하는 높은 압축비로 인해 효율성과 높은 토크 출력으로 잘 알려져 있다. 트럭, 버스, 선박 및 산업 기계와 같은 대형 응용 분야에 사용되며, 높은 하중을 처리하고 우수한 연료 효율성을 제공한다.

(가) 디젤 기관의 작동 원리

디젤 기관은 기본적으로는 가솔린 기관과 거의 같지만, 압축 착화 기관으로 연료 공급과 점화 방법이 다르다. 디젤 기관에서는 실린더 안에 충만된 공기를 압축비 12～21 정도로 압축하면 공기의 압력은 30～55 kg/cm^2, 온도는 500～700℃ 정도로 된다. 그 속에 연료를 분사하면 착화되어 연소한다. 따라서 가솔린 기관을 불꽃 점화 기관이라 하고, 디젤 기관은 압축 점화 기관이라 한다.

(나) 디젤 기관의 구조

① **연료 계통**

연료 탱크 안의 연료를 분사 펌프로 실린더 안에 분사하기까지의 장치를 연료 계통이라 한다. 디젤 기관은 연료 분사 펌프로 연료를 압축하여 연료 분사 밸브를 통해

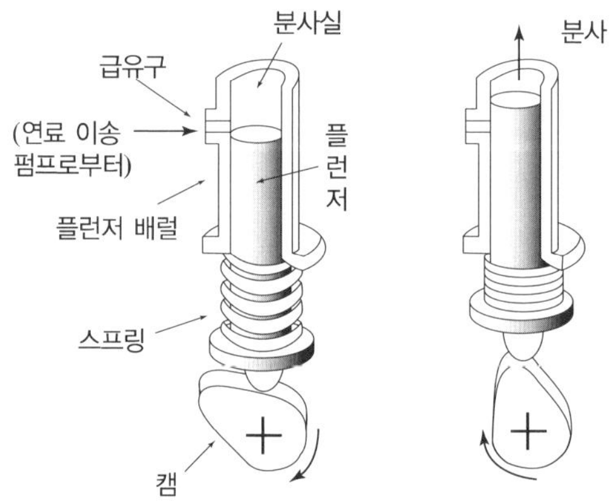

▮그림 10-13▮ 연료 분사 펌프의 원리

실린더 안에 분사한다. 따라서 회전 속도나 출력의 제어는 연료의 분사량을 증감시키면 된다. 또 분사 시기는 가솔린 기관의 점화시기에 해당하며, 분사 시기가 맞지 않으면 충분한 출력을 낼 수가 없다. 연료 분사 펌프는 연료를 고압으로 압축하여 기관의 회전 속도나 부하 변동에 상응하여 폭발 순서에 따라 각 실린더의 분사 노즐로 압송하는 펌프이다. 그림 10-13은 연료 분사 펌프의 원리를 나타낸 것이다.
분사 펌프에는 분사량이나 분사시기를 자동적으로 조정하기 위한 조속기와 분사 시기 조정기가 부착되어 있다.

② **연소실**(combustion chamber)

디젤 엔진에서 연소실 설계는 분사된 연료의 효율적이고 제어된 연소를 보장하는 데 중요한 역할을 하며, 연료와 공기의 균일한 혼합과 빠르고 완전한 연소를 달성하도록 해야 한다. 엔진의 용도, 출력 및 배출 요구 사항에 따라 최적화되어야 한다. 압축된 공기와 분사된 연료가 균일하게 혼합되고, 또한 단시간에 연소시키기 위한 디젤 엔진 연소실 형식은 다음과 같다.

ⓐ 직접분사 연소실(direct injection combustion chamber)

대부분의 최신 디젤 엔진은 연료가 연소실에 직접 분사되는 직접 분사 방식을 사용한다. 이 연소실은 피스톤 내 보울 설계(bowl-in-piston design)인 경우가 많다. 피스톤 상단에는 공기가 압축될 때 난기류의 움직임을 촉진하여 공기와 연료의 혼합을 돕는 그릇 모양의 오목한 부분이 보울이다. 연료와 공기가 완전히 혼합되도록 하여 연소 효율을 높이는 균질한 혼합물을 생성한다.

ⓑ 예연소실(precombustion combustion chamber)

일부 구형 디젤 엔진, 특히 소형 또는 저전력 응용 분야에서는 소용돌이 챔버 또는 예연소실이 사용된다. 주 연소실에 연결된 별도의 연소실을 특징으로 한다. 연료가 소용돌이실에 주입되어 점화되고 뜨거운 가스 소용돌이가 생성된다. 그런 다음 이러한 가스는 주 연소실로 들어가 유입되는 공기 및 연료와의 혼합을 촉진한다. 예연소실은 보다 제어된 연소 과정을 달성하여 소음과 배출을 줄이는 데 도움이 될 수 있다. 그러나 직접 분사 기술의 발전으로 인해 현대 디젤 엔진에서는 덜 일반적이다.

ⓒ 난류 기반 연소실(turbulence-based combustion chamber)

공기와 연료의 혼합을 돕기 위해 난류를 사용한다. 연소실 설계에는 들어오는 공기-연료 혼합물을 소용돌이 운동으로 유도하는 피스톤의 곡선 표면인 스퀴시 밴드(squish band)와 같은 기능이 포함될 수 있다. 소용돌이 운동은 난류를 만들어 연료와 공기의 혼합을 향상시키고 더 빠르고 완전한 연소를 촉진한다.

ⓓ 커먼레일 분사 연소실(common rail injection combustion chamber)
많은 현대 디젤 엔진은 커먼레일 연료 분사 시스템을 활용한다. 커먼레일이 개별 인젝터에 고압 연료를 공급하며, 효율적인 혼합 및 연소를 위해 분사 패턴과 연료 분사 타이밍을 최적화하는 데 중점을 둔다.

디젤 엔진에 사용되는 특정 연소실 설계는 엔진의 의도된 목적, 배기가스 규제, 출력, 연료 효율 및 배기가스 간의 균형 등의 요인에 의해 영향을 받는다. 전산유체역학 시뮬레이션을 포함한 기술의 발전으로 인해 엔진 설계자는 성능 향상 및 배기가스 감소를 위해 연소실 형상을 미세 조정할 수 있게 되었다.

③ **과급**(super charge)

대기압에서 흡입되는 것보다 더 많은 공기를 엔진의 연소실로 강제로 공급하는 과정이다. 내연 기관에서는 흡입하는 공기량이 많으면 그만큼 연료도 많이 연소시킬 수 있으므로 발생하는 출력도 커진다.
디젤 엔진은 가솔린 엔진에 비해 압축비가 높기 때문에 가솔린 엔진과 동일한 노킹(조기 연소) 위험 없이 공기 흡입량을 늘리는 이점을 누릴 수 있다. 과급은 디젤 엔진의 효율성을 향상시켜 연소 안정성을 저하시키지 않으면서 더 많은 연료를 연소하고 더 많은 출력을 생성할 수 있도록 해준다. 과급을 하지 않을 때에 비하면 20～30%의 출력이 증가된다.
가솔린 기관에서는 노킹(knocking) 관리가 매우 중요하다. 노킹은 높은 압력과 온도로 인해 공기-연료 혼합물이 조기에 점화되어 엔진 손상의 원인이 될 수 있다. 가솔린 엔진을 과급하면 특히 엔진의 압축비가 이미 높은 경우 노킹 가능성이 높아진다. 현대 가솔린 엔진은 노킹을 관리하면서 안전하게 출력을 높이기 위해 터보차징, 직접 연료 분사, 가변 밸브 타이밍과 같은 기술을 조합하여 사용하는 경우가 많다.
상업용 항공기에 사용되는 것과 같이 고공비행 항공기에 사용되는 항공기 엔진에는 과급이 매우 중요하다. 높은 고도에서는 공기의 밀도가 낮아져 엔진이 자연스럽게 더 적은 양의 공기를 흡입하게 된다. 공기 흡입량이 감소하면 출력이 감소하게 되므로 과급 또는 터보차저는 낮은 공기 밀도를 보상하여 높은 고도에서도 엔진 출력을 유지시켜 준다.

10.1.4 보일러

보일러(boiler)는 밀폐된 금속 용기 속에 물을 넣고 가열하여 필요한 온도와 압력의 증기를 발생시키는 장치이다. 초기 형태의 보일러는 1세기에 이미 알렉산드리아의 헤론이 만들었지만 일개 장난감에 불과했고, 17세기가 되어서야 증기력을 실용적인 일에 사용하게 되었으며, 안전밸브를 가진 최초의 보일러는 1679년 프랑스의 드니 파팽이 설계하였다.

보일러 선택에 있어서 요구되는 작동 압력과 온도는 중요한 기준이 된다. 만약, 그 증기가 난방의 목적에 사용된다면 요구되는 온도는 작동 압력을 결정하게 되고, 증기가 동력 발전을 위해 사용된다면 그 압력은 증기기관이나 터빈의 요구 조건에 적합해야 한다. 즉, 일반 산업용이나 난방용인 경우에는 발생 증기의 온도나 압력이 그다지 높지 않으며, 화력 발전소와 같은 동력 발생용으로 사용되는 경우 고온, 고압이 필요하다.

1. 보일러의 구성

보일러는 연료를 연소시키는 노와 불과 발생된 포화 증기의 용기인 보일러 본체로 이루어진다. 이밖에 과열기, 절단기, 공기 예열기, 통풍 장치, 급수 장치와 그 부속 장치 및 부속품 등이 있다.

(가) 노 (furnace)

노(furnace)는 연소 장치 및 노벽으로 만들어지는 연소실로 구성된다. 연소 장치는 사용되는 연료의 종류에 따라 고체 연료인 경우는 화격자, 미분탄과 액체 및 기체 연료에 대하여는 버너(burner)를 사용한다.

(나) 보일러 몸체

보일러 몸체는 노에서 발생된 열을 받아 그 속의 불을 가열, 증발시키는 부분이다. 이것은 동체(shell)로 되어 있는 것, 수관들과 드럼으로 되어 있는 것이 있다. 동체나 드럼은 강판으로 만든 원통이며, 물이 있는 곳을 수실(water space), 증기가 있는 곳을 증기실(steam space) 또는 증기부라 한다. 또, 외부에서 전해 준 열을 물과 증기에 전하는 부분을 전열면(heating surface)이라 한다.

그림 10-14는 보일러의 구조를 나타낸 것이다.

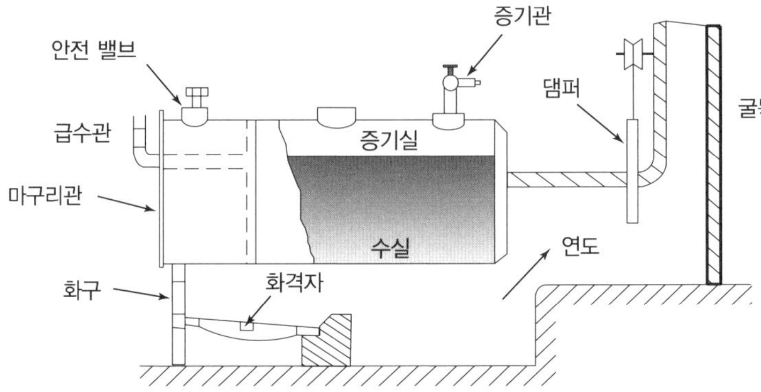

▮그림 10-14▮ 보일러의 구조

(다) 과열기

과열기(super heater)는 보일러 본체에서 발생한 습포화 증기를 보일러 본체 내에서와 같은 압력 하에서 가열하여 고온의 과열 증기로 만드는 장치이다. 증기 원동기의 작업 유체로서 과열 증기를 사용하면 이론 열효율이 높아지고, 팽창 과정에서의 열 낙차가 증대되어 증기 소비량이 감소되는 등 큰 이점이 있다. 과열기는 여러 개의 강관 코일로 구성되어 있어 접촉 또는 복사로 열을 받아 증기를 가열한다.

(라) 재열기

재열기(reheater)는 원동기 내에서 일정한 팽창으로 포화 상태에 가까운 작업 유체를 추출하고, 다시 가열하여 고온의 과열 증기로 원동기에 보내 다음의 팽창에 유리하도록 하는 장치이다.

(마) 절탄기 및 공기 예열기

보일러 본체나 과열기를 가열한 연소 가스로부터 보일러 본체에 전달되고 난 나머지 예열을 회수하여 급수(feed water)를 예열하는 절탄기(fuel economizer)와 노로 보내는 연소용 공기를 가열하는 공기 예열기(air preheater) 등이 있다.

(바) 부속 장치 및 부속품

보일러의 부속 장치에는 연도, 통풍 장치, 급수 장치 등이 있다. 그 밖의 장치로는 기수 분리기, 집진장치, 재처리 장치 등이 있고, 보일러의 안전 운전을 위한 각 종 안전밸브, 압력계, 온도계, 유량계 등 안전장치가 설치되어 있다. 그리고 보일러에는 여러 가지 제어 장치가 부착되어 운전이 자동화된다.

2. 보일러의 종류

보일러는 구조에 따라 연관보일러, 수관보일러, 특수보일러로 분류할 수 있다. 보일러 본체의 구조를 중심으로 분류하면 원통형 보일러와 수관식 보일러로 나누어진다.

(가) 원통 보일러(cylindrical boiler)

원통형 보일러에는 물과 증기가 들어 있는 실린더가 있다. 뜨거운 가스는 원통형 실린더 내부에 위치한 튜브를 통해 흐른다. 지름이 큰 실린더를 본체로 하여 그 내부에 튜브라고 하는 원통형의 연도를 설치한 노통 보일러, 전열면을 크게 하기 위하여 연관을 설치한 연관보일러, 튜브과 연관을 조합한 노통 연관 보일러와 실린더를 수직으로 세운 입형 보일러 등이 있다.

① **입형 보일러**(vertical boiler)

본체가 수직 형으로, 연소실은 하부에 내분식으로 되어 있다. 증기 압력은 10 kg/cm^2 이하의 저압으로 소형이며 취급이 용이하며 설치가 간편하다. 그러나 효율은 60% 정도로 낮으며, 연소실이 작아 완전 연소가 불가능한 단점이 있다.

② **노통 보일러**(flue tube boiler)

보일러 드럼 안에 지름이 큰 파형 노통과 연관군을 조합하여 만든 형식으로 연소 가스는 노통에서 연관군을 앞뒤로 여러 번 통과한 후 굴뚝으로 배출된다. 패키지 형으로 조립식이며 보일러 설치시 매우 간단하다. 횡형으로 된 원통 내부에 노통이 1개 장착되어 있는 코르니시(Cornish)보일러와, 노통이 2개 장착되어 있는 랭카셔(Lancashire)보일러가 있다. 최고 사용 압력은 약 20 kg/cm^2 이하의 비교적 저압의 증기를 만드는 작은 용량의 보일러로 사용되고 있다. 구조가 간단하며 제작이나 취급이 쉽지만 열효율이 50% 정도로 낮다.

③ **연관 보일러**(horizontal smoke tube boiler)

연소 과정에서 생성된 뜨거운 가스가 물탱크에 담긴 튜브를 통해 흐른다. 열은 뜨거운 가스에서 물로 전달되어 증기나 온수를 생성한다. 일반적으로 설계가 단순하며 저압 및 소규모 응용 분야에 적합하다.

내부에 노통 대신 바둑판 모양의 많은 수평식 연관이나 수직식 연관을 설치하여 전열면적을 증가시켜 증기 발생시간의 단축 및 증기 생성량의 증가를 위한 보일러이다. 노통 보일러에 비해 전열면적이 크고 열효율이 좋다.

④ **노통 연관 보일러**(flue smoke tube boiler)

보일러 드럼 안에 지름이 큰 파형 노통과 연관군을 조합하여 만든 형식으로 연소 가스는 노통에서 연관군을 앞뒤로 여러 번 통과한 후 굴뚝으로 배출된다. 열전달 효율을 향상시키고 연소 과정에서 최대한 많은 열 에너지를 추출하기 위해 설계되었으며, 패키지 형으로 조립식이며 보일러 설치 시 매우 간단하고 열효율이 85~90%로 높다.

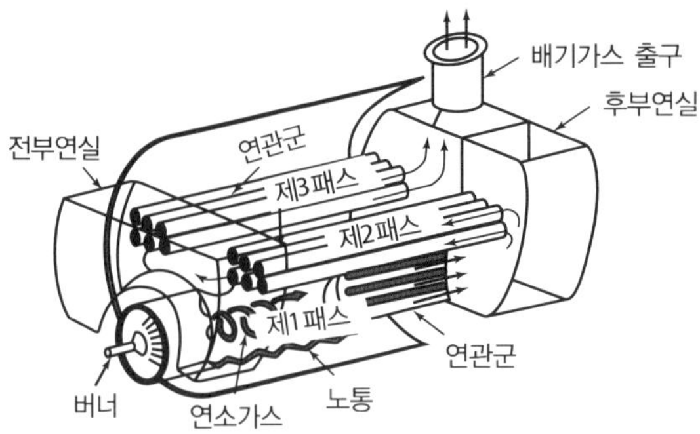

(a) 노통 연관식 보일러의 내부 구조

(b) 노통 연관식 보일러의 외형

그림 10-15 노통 연관보일러

(나) 수관 보일러(water tube boiler)

수관 보일러는 수관의 바깥 주위에서 순환하는 고온의 가스에 의해 수관 안의 물을 가열하는 방식의 보일러이다. 수관의 지름이 작으므로 고온과 고압에 대한 저항성이 크고 관의 수를 늘려 전열면을 크게 할 수 있다. 관은 증기 드럼의 바깥에 있다. 연관 보일러의 것보다 작은 증기 드럼은 전열면이 없으므로 고온·고압에서 잘 견딜 수 있다.

20세기 초 증기 터보 발전기가 개발되면서, 연관 보일러보다 더 높은 압력과 온도에서 많은 증기를 생산하기 위해 개발된 이 수관 보일러는 매우 다양한 설계와 크기로 사용되는데, 보통 화력발전이나 선박의 증기 터빈용 또는 공장용, 대규모의 난방시설 등에 사용될 수 있어 현대에는 수관 보일러가 보일러의 주류를 이룬다.

순환 방법에 따라 수관 보일러는 다음과 같이 나눌 수 있다.

① **자연 순환 보일러** : 밀도 차이에 의해 물의 순환 흐름이 자연적으로 발생한다.
② **강제 순환 보일러** : 순환 펌프를 통해 물의 순환 흐름을 강제적으로 유발한다.
③ **관류 보일러** : 증기 드럼 없이 얇은 관만으로 구성된 보일러이다.

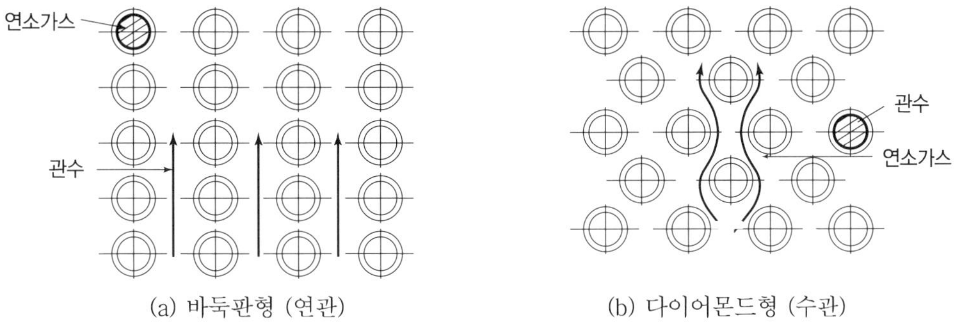

▌그림 10-16▌ 연관 및 수관 보일러 관군의 배열 형태

10.1.5 터빈

터빈(turbine)은 유체를 부채 모양의 고정 날개(blade)와 회전 날개에 통과시키며, 그 중 회전 날개를 회전시켜 유체에 저장된 에너지를 기계 에너지로 변환시키는 장치이다. 터빈은 증기 터빈, 가스 터빈, 수력 터빈, 풍력 터빈 등으로 나눌 수 있다.

(가) 증기 터빈 (steam turbine)

증기 터빈은 고압의 증기를 공급받아 회전 날개를 돌려 회전력인 기계적 에너지를 만들어 내는 회전 동력 기관이다. 터빈은 고정 날개와 회전 날개로 구성되어 있으며 이들 한 조를 단(stage)이라 한다. 증기터빈은 이 단을 여러 개 배치하여 구성한다. 보일러에서 들어오는 고압 증기는 노즐을 통하여 분출시켜 여러 단을 거치면서 고속 증기를 만들고, 이것을 회전 날개에 충돌시켜 날개차(rotor)를 회전하게 하여 증기의 운동 에너지를 기계적인 일로 변환시키는 열 원동기이다.

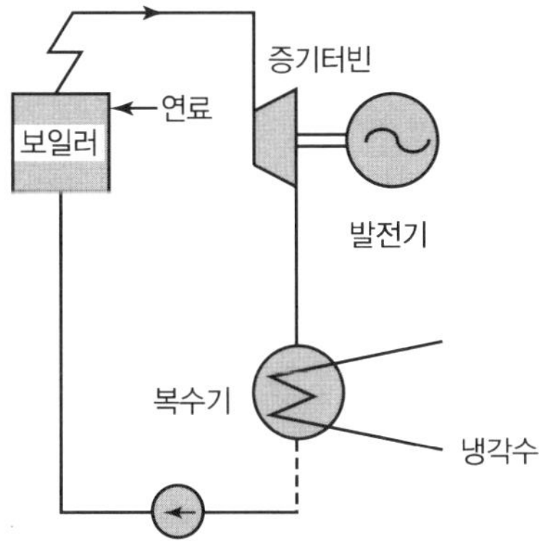

▌그림 10-17▌ 증기 터빈의 원리

(나) 가스 터빈(gas turbine)

가스 터빈은 연소가스의 흐름으로부터 기계적 에너지를 만들어 내는 회전 동력 기관이다. 가스 터빈은 압축기와 터빈 그리고 연소실로 구성되어 있는데, 압축기에서 압축된 공기가 연료와 혼합되어 연소함으로써 고온 고압의 기체가 팽창하고, 이 힘을 이용하여 터빈을 구동한다. 에너지는 샤프트를 통해 토크(torque)로 전달되거나 추력이나 압축 공기 형태로 얻는다. 이렇게 얻은 에너지로 항공기, 기차, 선박, 발전기 등을 돌리는데 사용된다.

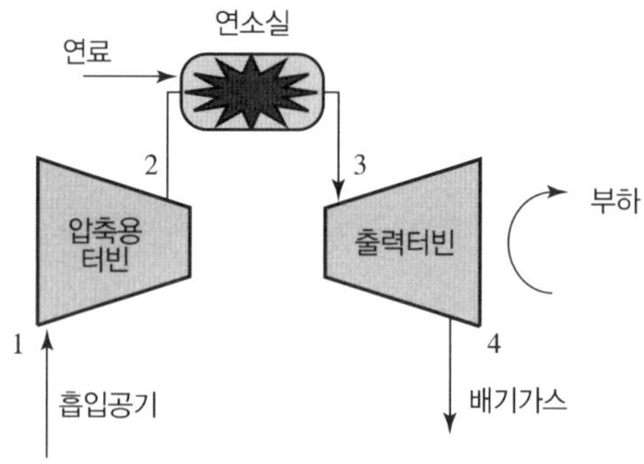

▮그림 10-18▮ 가스 터빈의 원리

10.1.6 핵발전

핵발전소는 핵연료의 연쇄반응을 통해 발생하는 열을 이용하여 전기를 생산하는 시스템이다. 그 원리는 다음과 같다.

① **압력 용기 내의 핵연료 연쇄반응** : 핵발전소에서는 핵연료인 우라늄-235 등이 연쇄 핵분열 반응을 일으켜 중성자와 에너지를 방출한다. 이 반응에서 발생하는 열이 압력 용기 내에 있는 물을 가열한다.

② **제1차 계통** : 연쇄반응에서 발생한 열은 연료 집합체와 열교환기 사이를 순환하는 제1차 열매체(물 또는 나트륨)에 전달된다. 제1차 계통의 열을 효율적으로 전달하고 보관하기 위해 열교환기가 사용된다.

③ **증기 발생기** : 제1차 계통에서 뜨거워진 열매체는 증기 발생기로 이동한다. 증기 발생기는 열교환기의 한 종류로, 제1차 계통의 열을 제2차 계통으로 전달하기 위해 사용된다. 제1차 계통의 열로 가열된 물은 증기로 변환된다.

④ **터빈과 발전기** : 증기는 고압 상태에서 터빈을 돌리고, 이 터빈의 회전 운동은 발전기를 구동시킨다. 터빈과 발전기는 연결되어 전기에너지로 변환되는 과정을 수행한다.

⑤ **제2차 계통과 응축기** : 터빈을 통과한 증기는 제2차 계통을 통해 전달되며, 이 과정에서 증기의 열이 일부 손실된다. 제2차 계통에서 증기는 응축기로 이동하여 고압에서 저압으로 변환된다.

⑥ **반복과 냉각** : 응축된 물은 다시 제1차 계통으로 돌아가 연쇄반응에서 발생하는 열을 흡수하고, 이 과정을 반복한다. 냉각 매체를 이용해 시스템을 온도로부터 안정화하고 원활한 운전을 지원한다.

이와 같은 원리로 핵발전소는 핵연료의 에너지를 전기로 변환하여 사용한다. 고에너지 및 저탄소 전력 생산을 목표로 한다.

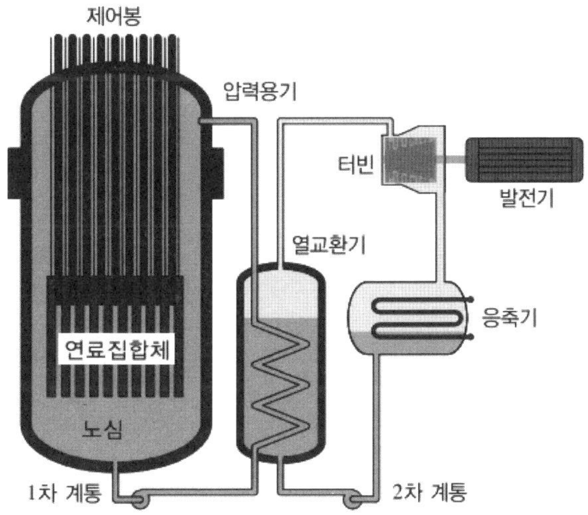

그림 10-19 가압수형 원자로

10.1.7 재생에너지 기술

재생에너지 기술은 온실가스 배출 감소, 화석 연료 의존도 감소, 에너지 안보 증진 등 다양한 이점을 제공한다. 각 기술에는 위치 적합성, 간헐성(태양광 및 풍력의 경우), 환경 영향과 같은 특정 고려 사항과 과제가 있다. 기술이 발전함에 따라 이러한 재생 가능 에너지원은 더욱 접근 가능하고 저렴해지며 더욱 깨끗하고 지속 가능한 에너지 미래로 전환하는 데 중요한 역할을 한다. 다음은 태양광, 풍력, 수력, 지열 등 네 가지 주요 재생에너지 기술 유형에 대한 설명이다.

(가) 태양광

태양 에너지는 태양 광선의 힘을 이용하여 전기와 열을 생성한다. 태양광 패널은 배열 형태로 연결되어 더 높은 전력 출력을 얻을 수 있으므로 주거용 옥상부터 대규모 태양광 발전소까지 다양한 응용 분야에 적합하다. 태양광 패널의 효율성과 효과는 수년에 걸쳐 크게 향상되어 태양 에너지는 태양의 풍부한 에너지로부터 깨끗한 전기를 생성하기 위한 안정적이고 비용 효율적인 솔루션이 되었다. 태양 에너지를 포착하는 두 가지 주요 방법이 있다.

① **태양광(PV) 시스템**

일반적으로 태양광(Photovoltaic; PV) 기술로 알려진 태양광 패널은 광기전 효과를 통해 햇빛을 직접 전기로 변환한다. 햇빛이 패널의 태양전지에 닿으면 전자가 여기되어 전류가 생성된다.

② **태양열 시스템**

태양열(Solar Thermal) 기술은 햇빛을 사용하여 유체를 가열한 다음 증기를 생성하여 터빈을 구동하고 전기를 생성한다. 태양열 시스템은 주거용 및 상업용 건물의 물 가열에도 사용된다.

태양광 패널 어레이는 기존 전원에 대한 접근이 제한된 원격 지역이나 그리드가 없는 위치에도 사용할 수 있다. 배터리와 같은 에너지 저장 솔루션과 결합되면 태양이 빛나지 않을 때 사용할 전기를 생성 및 저장하여 일관된 전원 공급을 보장할 수 있다. 또한 태양광 시스템을 풍력 터빈이나 배터리와 같은 다른 에너지원과 통합하여 하이브리드 시스템을 만들어 에너지 신뢰성을 향상시키고 다양한 기상 조건과 수요 변동에 따라 에너지 생산을 최적화할 수 있다.

(나) 풍력 에너지 (wind energy)

풍력 에너지는 움직이는 공기의 운동 에너지를 포착하여 전기를 생성한다. 풍력 발전 단지에 흔히 설치되는 풍력 터빈은 로터에 연결된 대형 블레이드로 구성된다. 바람이 불면 로터가 회전하여 발전기를 돌려 전기를 생산된다. 풍력 에너지는 깨끗하고 풍부하여 재생에너지 혼합에 중요한 역할을 한다.

(다) 수력 발전 (hydropower)

수력 발전이라고도 알려진 수력 발전은 흐르는 물의 에너지를 이용하여 전기를 생산한다. 댐을 건설하여 저수지를 만들고, 저장된 물의 중력 위치 에너지가 터빈을 통과하면서 운동 에너지로 변환된다. 터빈은 발전기를 구동하여 전기를 생산한다. 수력 발전은 매우 효율적이며 대규모 및 소규모 응용 분야를 모두 제공한다.

(라) 지열 에너지 (geothermal energy)

지열 에너지는 전기 생산과 직접 가열을 위해 지구의 내부 열을 이용한다. 이 에너지는 지구의 핵에서 발생하며 화산 활동, 온천, 간헐천을 통해 방출된다. 지열발전소는 지하 저수지의 증기나 뜨거운 물을 이용해 터빈을 돌려 전기를 생산한다. 지열 히트 펌프는 또한 지구의 일정한 온도를 활용하여 건물에 냉난방을 제공한다.

10.2 공기 조화 설비

10.2.1 공기 조화

공기 조화란 실내 공간에서 인간 또는 물품을 대상으로 공기의 온도, 습도, 기류, 환기, 청정도를 사용 목적에 따라 가장 알맞은 상태로 조정하는 것을 말한다. 난방설비는 실내공기의 가열에 의한 온도만을 제어의 주목적으로 하기 때문에 쾌적성을 얻기 힘들다. 이에 비해 공기 조화 설비는 공기의 가열 및 냉각의 온도제어와 공기의 가습 및 감습의 습도제어, 기류속도, 기류분포, 청정도 제어까지 가능하므로 쾌적한 실내 환경을 얻을 수 있다.

10.2.2 공기 조화 설비

공기 조화 설비는 공기 조화기 설비, 열원 설비, 열 수송 설비, 자동제어 설비로 구성된다.

(가) 공기 조화기

공기 조화기는 실내로 공급되는 공기를 온도, 습도 등 원하는 요구 조건에 적합하게 만드는 설비로서 공조기 내에 가열 코일, 냉각 코일, 가습기, 공기 여과기 등이 있다.

(나) 열원 장치

냉열원 장비에는 냉동기가 사용되며, 냉동기에서 냉각된 냉수를 냉각 코일에 공급하여 냉풍을 만든다. 부속 설비에는 냉각탑, 냉각수 펌프, 부속 배관 등이 있다. 온 열원 장비는 보일러가 사용되며 보일러에서 만들어진 온수와 증기를 공기 조화기(AHU ; Air Handling Unit) 내의 가열 코일로 공급하여 온풍을 만든다.

(다) 열 운반 장치

공조기와 열원 설비 사이에서 냉온수를 순환시키는 냉온수 펌프와 배관계통, 공조기와 공조 대상 실내 공간 사이에서 공기를 순환시키거나 외기를 도입하기 위한 송풍기와 닥트 계통 등이 있다.

(라) 자동제어 장치

실내공기의 상태를 원하는 조건에 맞도록 공기 조화기를 자동으로 운전하기 위한 제어 설비이며, 공기 조화 설비 전체의 운전, 감시 등의 중앙 관제 설비도 포함한다.

(마) 계측 감시 장치

실내의 온·습도를 비롯한 기계의 운전 등을 계측 감시하는 장치이다.

10.2.3 공기 조화의 방식

(가) 단일 닥트 방식(single duct system)

단일 닥트 방식은 공조의 기본이 되는 방식으로 겨울에는 온풍을, 여름에는 냉풍을 하나의 닥트를 통해 보내는 방식이다. 비교적 단순한 설계와 구축을 가능하게 하며, 많은 종류의 건물에 적용할 수 있다. 그러나 여러 구역에 대한 동시에 온도와 습도를 개별적으로 제어하는 능력이 제한되므로, 다양한 환경 조건을 가진 건물에는 추가적인 제어 시스템이 필요하다.

단일 닥트 방식은 두 가지 주요 시스템으로 나누어진다.

① **정풍량 방식**(Constant Air Volume, CAV System)

항상 일정한 풍량을 유지하며, 온도 조절을 위해 온풍과 냉풍의 비율을 조절한다. 정풍량 방식은 각 구역의 온도를 제어하기 위해 재열기나 기타 열 조절 장치를 사용하는 경우가 있다.

② **가변 풍량 방식**(Variable Air Volume, VAV System)
열부하에 따라 송풍량을 조절하여 온도와 습도를 조절한다. 열부하가 적을 때는 송풍량을 줄이고, 열부하가 높을 때는 송풍량을 늘린다. 이렇게 함으로써 에너지 효율성을 높이고 조절 능력을 향상시킨다.

(나) 이중 닥트 방식(double duct system)

이중 닥트 방식은 각 구역 또는 각 실에 대한 정밀한 냉난방 제어를 제공하는 장점이 있다. 각 구역에 대한 냉풍과 온풍 처리를 분리함으로써 요구되는 환경을 더욱 정확하게 조절할 수 있다. 그러나 시스템이 복잡해지고 설계 및 구축 비용이 높아질 수 있다.
이중 닥트 방식의 주요 특징은 다음과 같다.

① **냉풍과 온풍 닥트** : 별도의 냉풍과 온풍 닥트를 사용하여 냉난방을 처리한다. 각 닥트는 각각의 단계에서 필요한 냉난방 처리를 수행한다.

② **혼합 상자**(mixing box) : 각 구역 또는 각 실의 말단에 혼합 상자가 설치된다. 혼합 상자는 냉풍과 온풍을 혼합하여 해당 구역의 온도 및 냉난방 요구 사항을 충족시키기 위해 조절된다.

③ **혼합 비율 조절** : 혼합 상자를 통해 냉풍과 온풍의 혼합 비율을 조절함으로써 각 구역의 냉난방 요구에 맞게 공기를 조절한다. 부하에 따라 냉풍과 온풍의 비율을 조절하여 온도를 조절한다.

④ **제어 시스템** : 혼합 상자의 혼합 비율을 조절하는 데는 자동 제어 시스템이 사용된다. 각 구역의 온도 및 냉난방 요구를 기반으로 혼합 비율을 조정한다.

(다) 단일 닥트 재열 방식(single duct reheat system)

단일 닥트 재열 방식은 다양한 구역 또는 공간에 대한 환경 요구사항을 개별적으로 처리할 수 있는 장점이 있다. 그러나 재열 작업은 추가적인 에너지 소비를 유발하므로, 에너지 효율성을 유지하며 시스템을 설계하고 운영하는 것이 중요하다.
단일 닥트 재열 방식은 다음과 같은 원리로 작동한다.

① **냉각 단계** : 외부 공기가 공기 조화 시스템으로 들어오면, 이를 냉각하고 제습하여 상대적으로 낮은 온도와 습도로 변환된다.

② **난방 및 재열 단계** : 냉각된 공기는 단일 닥트 내로 흡입되며, 각 구역이나 공간에 배출되기 전에 필요한 온도로 다시 가열된다. 이 과정에서 재열기가 사용된다. 재열기는 공기에 열매체 (증기나 온수)를 사용하여 추가 열을 제공하여 공기를 요구되는 온도로 가열한다.

③ **분배 및 공급 단계** : 재열된 공기는 다양한 닥트를 통해 각 구역 또는 공간으로 공급된다. 이렇게 공급된 공기는 해당 구역의 온도 및 습도 요구사항을 충족시키기 위해 조절된다.

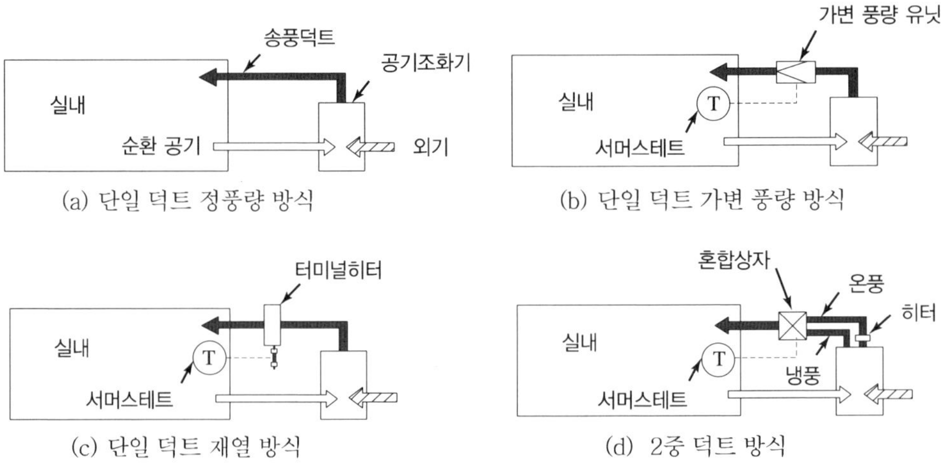

그림 10-20 공기 조화 방식

(라) 존 유닛 방식 (zone unit system)

존 유닛 방식은 단일 닥트 방식이나 이중 닥트 방식에서 발생하는 닥트 공간을 줄이는데 주로 사용된다. 각 구역의 냉난방 요구를 개별적으로 처리하면서도 중앙 기계실에서 모든 처리를 수행하지 않아도 되기 때문에 시스템이 더욱 유연하고 효율적으로 작동할 수 있다. 그러나 설치 및 유지보수 비용이 증가할 수 있으며, 적절한 제어 시스템이 필요하다.

존 유닛 방식의 주요 특징은 다음과 같다.

① **중앙 기계실에 설치되는 공기 조화기** : 중앙 기계실에 공기 조화기를 설치하는 대신, 각 구역 또는 존의 가까이에 분산된 공기 조화기를 설치한다. 이렇게 함으로써 닥트의 크기를 줄이고, 각 구역에 냉난방을 조절하는 더욱 정밀한 제어를 가능하게 한다.

② **멀티 존 유닛 방식**(multi-zone unit system) : 여러 개의 구역을 하나의 공기 조화기로 조절하는 방식이다. 중앙 기계실에 설치되는 단일 공기 조화기가 여러 존에 영향을 미치며, 각 존의 환경을 제어한다.

③ **각 층 유닛 방식** : 층별로 공기 조화기를 설치하여 각각의 층을 독립적으로 조절하는 방식이다. 각 층의 환경 조건을 더욱 정밀하게 제어할 수 있다.

(마) 팬코일 유닛 방식 (FCU ; fan coil unit system)

팬코일 유닛 방식은 각 실이나 구역을 독립적으로 제어하며, 각 공간의 냉난방 요구에 맞게 조절할 수 있는 장점이 있다. 또한 시스템의 설치와 운영이 비교적 간단하며, 공간의 크기와 사용자의 요구사항에 따라 다양한 형태로 구축할 수 있다. 여러 팬코일 유닛을 동시에 조절하는 제어 시스템의 필요성을 고려해야 한다.
팬코일 유닛 방식의 주요 특징은 다음과 같다.

① **팬코일 유닛** : 팬코일 유닛은 냉난방 공급을 위해 필요한 열을 처리하는 장치이다. 각 실이나 구역에 팬코일 유닛을 설치한다.

② **냉수와 온수 공급** : 냉동기나 보일러에서 생성된 냉수나 온수를 팬코일 유닛에 공급하여 팬코일 내의 열교환을 통해 실내공기를 조절한다. 냉수는 여름에 냉방을 위해, 온수는 겨울에 난방을 위해 사용된다.

③ **팬코일 배관 방식** : 팬코일 유닛의 냉수나 온수를 전달하기 위해 2관식, 3관식, 4관식 등 다양한 배관 방식이 사용된다. 각 방식은 냉난방 처리 및 제어에 영향을 미친다.

④ **팬코일 팬** : 팬코일 유닛 내에는 팬이 있어 공기의 순환을 도와 열교환을 증진시킨다.

(바) 유인 유닛 방식 (IDU ; induction unit system)

유인 유닛 방식은 중앙 공조 시스템의 1차 공기를 이용하여 실내 공간의 냉난방 처리를 수행하는 방식으로, 냉온수와 2차 공기의 유입을 통해 열교환을 향상시키고 냉난방 효율성을 높일 수 있다. 유닛별로 조절 가능한 제어 시스템을 통해 다양한 공간의 요구에 맞게 냉난방을 제어할 수 있다. 그러나 시스템 설계와 유닛 간의 배치에 따른 영향을 고려해야 하며, 유닛 내의 냉온수 공급 시스템의 관리와 유지보수가 중요하다.
유인 유닛 방식의 주요 특징은 다음과 같다.

① **유인 유닛 설치** : 실내 공간에 유인 유닛을 설치한다. 유인 유닛은 냉온수와 함께 2차 공기를 유인하며, 냉난방 처리를 수행한다.

② **1차 공기 송풍** : 중앙 공조 시스템의 1차 공기가 고속 닥트를 통해 유인 유닛으로 송풍된다. 이 1차 공기는 유인 유닛의 노즐을 통해 유입된다.

③ **2차 공기 유인** : 1차 공기가 유인 유닛의 노즐을 통과할 때, 유닛 내에서 냉온수와 함께 2차 공기가 유인된다. 이 2차 공기는 유닛 내에서 혼합되며, 이 과정에서 열교환 및 냉난방 처리가 이루어진다.

(사) 팩케이지 유닛 방식 (package unit system)

팩케이지 유닛 방식은 설치가 간편하고 비교적 저비용으로 냉난방을 제공할 수 있는 장점이 있어, 중소 규모의 건물에서 많이 사용된다. 특히 히트 펌프를 활용한 팩케이지 방식은 환경에 민감한 지역에서도 에너지 절약에 도움을 준다.
팩케이지 유닛 방식의 주요 특징은 다음과 같다.

① **냉동기 내장** : 냉동기와 열교환기 등이 하나의 패키지로 내장되어 있어, 필요한 냉난방 처리를 모두 단일 패키지로 수행한다.

② **다양한 설치 위치** : 실내 공간에 설치되며, 실제 설치 위치에 따라 창문형, 바닥설치형, 천장걸이형 등 다양한 형태로 나타난다.

③ **적용 범위** : 주택, 상점, 식당 등과 같은 중소 규모의 건물에서 주로 사용된다.

④ **히트펌프식 증가** : 최근에는 히트 펌프(heat pump) 기술을 활용하여 난방과 냉방을 겸용하는 팩케이지 방식이 증가하는 추세이다. 히트 펌프는 환경에 따라 냉난방을 자동으로 전환하여 에너지 효율성을 높이는 역할을 한다.

10.2.4 닥트 및 댐퍼

1. 닥트(duct)의 종류

① 장방형 닥트

낮은 풍속과 저압 시스템에서의 사용을 위해 설계되었으며, 효율적인 공조 시스템 운영을 위한 정압 유지와 저속 풍속을 지원한다. 닥트 내 풍속 15 m/s 이하, 덕트 내 정압 ±50 mmAq 이하의 저속 닥트에 사용되며, 단순한 형상 조립으로 설치가 간편하여 다양한 크기와 형태의 공간에 맞게 닥트를 설치할 수 있다. 그러나 닥트 형상이 직사각형으로 구성되어 있으므로 강도 면에서의 지지력이 상대적으로 약할 수 있다.

② 원형 닥트

덕트내 풍속이 보통 15~20 m/s의 고속덕트에 사용되며, 공기의 이송을 빠르게 하며, 공기 유동 효율을 증가시킨다. 원형 닥트이므로 관 마찰저항을 줄일 수 있으나 풍속이 높아 소음이 증가할 수 있다. 따라서 소음을 제어하기 위해 소음상자나 소음감소기와 같은 부속품이 필요하다. 강도 면에서는 우수하나 원형으로 설계되어 설치면적에 제약받을 수 있다.

③ 스파이럴 닥트

스파이럴 닥트(spiral duct)는 원형 닥트의 한 종류로, 나선형으로 제작된 철판으로 구성된 공조 시스템용 닥트이다. 현장조립이 아닌 강화된 나선형 철판을 사용하여 제작되는 기성 제품으로, 내압성이 높아 고속 닥트에 적합한 특성을 가지고 있다. 공기 흐름이 원활하게 이루어져 효율적인 공조 시스템 운영을 지원한다.

(a) 장방형 닥트

▮그림 10-21▮ 닥트의 종류 (계속)

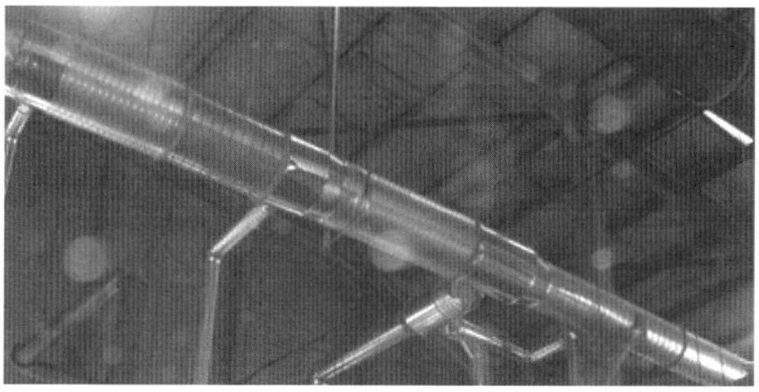

(b) 원통형 닥트

(c) 스파이럴 닥트

▮그림 10-21▮ 닥트의 종류

2. 댐퍼(damper)의 종류

(가) 사용 목적에 의한 분류

① **풍량 조절 댐퍼**(air volume control damper)

공기의 유량을 조절하여 각 구역에 적절한 냉난방 효과를 제공한다. 이를 통해 에너지 효율성을 높이고, 각 구역의 환경을 조절한다. 주닥트의 주요 분기점이나 송풍기의 출구측에 설치된다.

풍량 조절 댐퍼의 주요 특징은 다음과 같다.

ⓐ **수동식 댐퍼**(manual damper) : 핸들(handle) 또는 손으로 작동되는 수동식 댐퍼는 조작자의 수동 조작에 따라 공기 유량을 조절한다. 공기의 유량을 개별적으로 조절하거나 개폐하는 데 사용된다.

ⓑ **모터 댐퍼**(motor damper) : 감속 모터를 부착하여 작동하는 모터 댐퍼는 자동

으로 작동하며, 제어 시스템과 연동하여 원격으로 공기 유량을 조절할 수 있다.

▮그림 10-22▮ 풍량 조절 댐퍼

② **샷 오프 댐퍼**(shut-off damper)

주로 환기 시스템이나 배기 시스템에서 사용되며, 특히 비상 상황에서 유용하게 활용되며, 간단한 원리로 작동하기 때문에 신뢰성이 높은 장치이다. 배기 팬(fan)의 토출구에 부착된 댐퍼는 단순히 개방과 폐쇄의 기능만을 유지하는데 팬(fan)이 운전되면 열리고 정지하면 닫힌다. 시스템에서 이상 상황이나 응급 상황이 발생했을 때 공기 흐름을 차단하여 안전을 유지하거나 특정 작업을 수행할 수 있다.

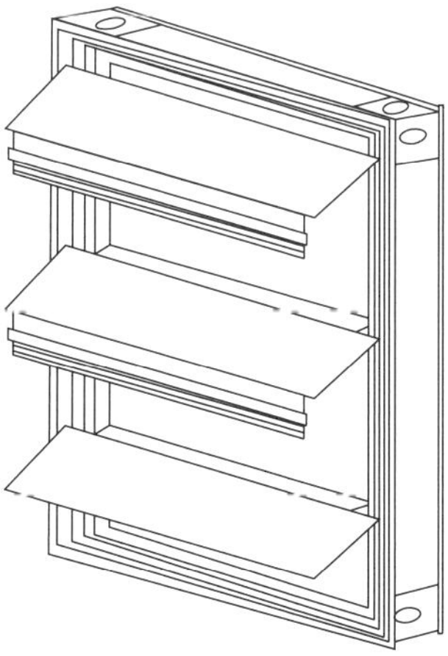

▮그림 10-23▮ 샷 오프 댐퍼

③ **방화 댐퍼**(fire damper)

화재로 인한 피해를 최소화하기 위해 중요한 역할을 한다. 화재 발생 시 화염의 확산을 차단하여 화재 피해를 제한하고, 건물 내의 안전을 유지한다. 따라서 화재 안전 시스템의 중요한 구성요소 중 하나로 사용된다. 화재가 발생하게 되면 방화벽을 통과하는 닥트 등을 통하여 유독가스 및 화염이 순식간에 이동하며, 한쪽 구역에서 발생한 화재의 영향이 다른 구역으로 영향을 미치게 된다. 온도 퓨즈 또는 전기 신호에 따라 스프링, 전기 및 중력의 힘에 의하여 작동된다. 닫히는 형태는 일반 댐퍼(volume control damper)와 같이 날개가 회전하는 형태 및 슬라이딩 셔터(curtain)처럼 닫히는 형태 등이 있다.

▮ 그림 10-24 ▮ 방화 댐퍼

④ **방연 댐퍼**(smoke damper)

화재 발생 시에는 화염에 의한 인명피해보다 유독가스나 연기에 질식되어 발생하는 인명피해가 더 크며, 가스의 이동속도는 화염보다 더 빠르므로 가스의 이동을 차단하고 이를 배연하는 시스템이 필요하다. 여기서는 화염에 충분히 견딜 수 있는 강도와 가스의 유동을 차단하기 위한 밀폐성이 보장되어야 한다. 그리고 자동 댐퍼의 경우 일정 시간 동안 제어를 할 수 있는 자동제어 계통의 화염에 대한 내성도 필요하다.

▮ 그림 10-25 ▮ 방연 댐퍼

(나) 자동제어 유무에 의한 분류

① **수동 댐퍼**(manual operating damper)

댐퍼의 날개를 수동 핸들을 이용하여 개폐하며, 일정 개도 상태에서 고정하기 위해서는 여러 가지 형상의 고정 장치를 이용한다.

② **자동 댐퍼**(automatic control damper)

실내의 온도나 중앙 감시반에서의 지시 또는 실내의 오염 감지 센서 등에 의하여 컨트롤러(controller)에 신호를 보내고, 컨트롤러에서는 다시 댐퍼에 부착되어 있는 댐퍼 액추에이터(actuator)로 신호를 보내어 댐퍼의 개도를 조절하는 댐퍼를 말한다. 액추에이터에는 공압식과 전기식이 있으며 공압식에서는 주로 피스톤이, 전기식에서는 주로 모터가 사용된다.

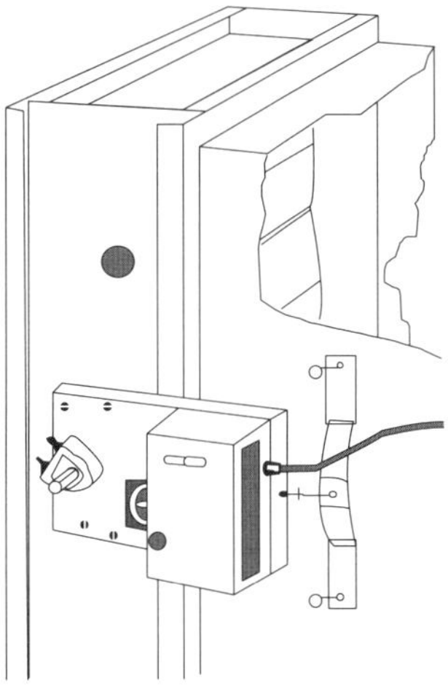

그림 10-26 전기식 액추에이터

10.2.5 송풍기

송풍기는 정압 1,000 mmAq(= 0.1 kg/cm^2) 미만을 팬(fan)이라 하고, 1,000 mmAq 이상을 블로어(blowcr)라 한다. 그러나 공조용에서는 300 mmAq 이하의 압력을 사용하므로 송풍기라 하면 팬(fan)이라 칭한다. 공기 조화용으로는 팬이 적용되며 대표적으로는 다음과 같다.

1. 다익 송풍기(multi blade fan & sirocco fan)

그림 10-27에 나타낸 바와 같이 다익 송풍기는 날개가 회전차의 회전방향으로 기울어져 있고 익현 길이가 짧으며, 깃의 폭이 넓은 깃이 다수 부착되어 있는 것이 특징이다. 처음으로 판매한 회사에서 시로코 팬(Sirocco Fan)이라 명명하여 이 이름으로도 알려져 있다. 시로코 팬은 풍압 150 mmAq 이하의 저압에서 다량의 공기 또는 가스를 취급하는데 가장 적합한 팬으로 공기의 유동상태가 매우 원활하고 불쾌한 소음, 진동이 없으며 운전이 극히 정숙한 팬이다. 이 팬의 특징은 같은 원주속도가 다른 팬과 비교하면 풍량이 가장 크고 다량의 기체를 취급할 수 있다. 또한 타 원심식 송풍기와 비교하여 동일 용량에 대한 크기가 가장 작으므로 설치면적이 작다. 보일러용 압입 통풍기, 광산용 주 팬(fan), 시멘트 쿨러(cooler) 냉각용, 각종 로, 가마의 송풍용, 이젝트(ejector) 송풍용, 덕트(duct)량이 적은 배풍용에 사용된다.

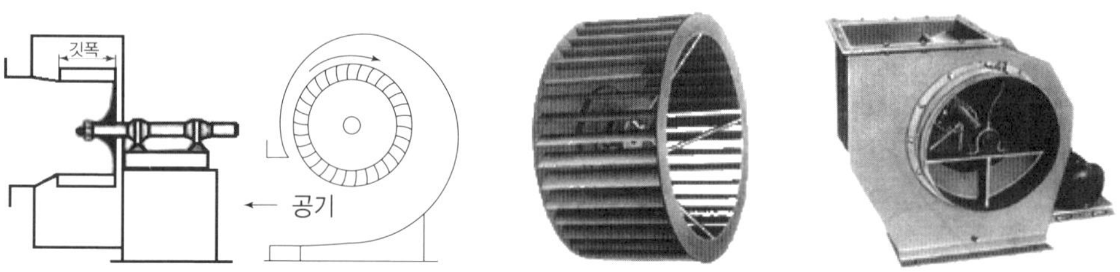

(a) 작동 원리 (b) 블레이드 (c) 외형

▌그림 10-27▐ 시로코 팬

2. 터보 팬

터보팬(turbo fan)은 풍압 100 mmAq 이상 250 mmAq 이하에서 다량의 공기 또는 가스를 취급하는데 가장 적합한 팬으로서 형태는 시로코 팬과 거의 비슷하나, 임펠라의 형상이 전혀 다르다. 날개가 회전차의 회전 방향에 대하여 뒤쪽으로 기울어져 있다. 날개 수는 다익 팬과 레이디얼 팬의 중간 정도이며, 그 구조는 원심 송풍기 중에 가장 크고 효율도 가장 높으며, 내구성도 좋아 적용범위가 넓으며 사용하기 쉽다. 임펠라는 유체역학적으로나 강도적으로 무리가 없으므로 고속운전이 가능하며, 팬의 효율이 좋으므로 시로코 팬의 분야와 다른 영역을 차지하며 많이 사용되고 있는 팬이다. 각종 집진장치, 배연탈류 장치, 중유보일러, 철강용 평로, 전로·전기로 등의 배기용, 시멘트쿨러 배기용, 요업용 등 450℃까지의 고온가스의 순환용, 유인용으로 사용되어진다.

그림 10-28은 터보 팬의 작동 원리를 나타낸 것이다.

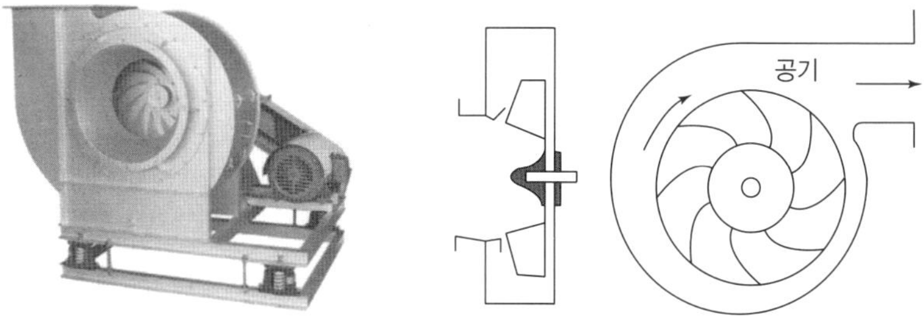

(a) 외형 (b) 블레이드

▮그림 10-28▮ 터보 팬

3. 에어 포일 팬

그림 10-29에 나타낸 바와 같이 에어 포일 팬(air foil fan)은 날개에 항공기의 익형을 응용한 것으로서 원심 팬 중에는 최근에 개발된 것이며, 터보 팬의 1장의 날개 대신 2장의 판을 합쳐서 익형으로 만든 것이다. 풍량이 설계점 이상으로 증가해도 축동력은 증가하지 않는다. 값이 비싸지만 효율도 좋고 소음도 작다. 고속회전이 가능하고 날개 지름도 작게 할 수 있으므로 전체로서 소형으로 만들 수 있어 보일러 유인 통풍기, 집진장치, 유인 배풍기, 공장 환기 공조용으로 사용되고 있다.

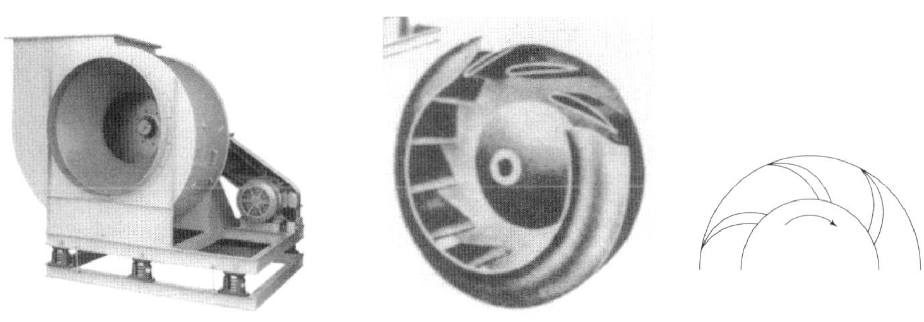

(a) 외형 (b) 블레이드

▮그림 10-29▮ 에어 포일 팬

4. 축류 송풍기

축류 송풍기(axial flow fan)는 효율이 높으며 대형인 경우 최고 80% 이상의 효율을 얻을 수 있고, 가변 날개로 하면 광범위하게 높은 효율을 가질 수 있으므로 대풍량의 풍량 제어의 경우 우수한 동력 비를 얻을 수 있다. 일반건축물, 공장, 선박 등의 온습도조절용, 닥트의 통풍, 배연, 냉각탑 등 광범위하게 이용되고 있다.

그림 10-30은 축류 송풍기를 나타낸 것이다.

(a) 외형 (b) 블레이드

▮그림 10-30▮ 축류 송풍기

10.2.6 냉동 장치

냉동이란 어떤 물체나 공간의 열을 인위적으로 빼앗아 주위의 온도보다 낮은 온도로 하고, 또 그 저온을 유지하는 것을 말한다. 온도를 효과적으로 조절하여 제품의 품질을 유지하거나 특정 환경을 제공하는 등 다양한 목적으로 활용되며, 급격한 기후 변화 시대에 냉동 장치의 기술적 발전이 중요한 역할을 하고 있다. 냉동 장치는 가정용 냉장고부터 대형 산업용 냉동 시스템까지 다양한 종류가 있다. 냉동실, 냉동고, 냉동 유니트, 냉동 셀 등 다양한 형태와 규모로 사용된다.

냉동의 방법에는 융해, 승화, 증발 등의 물리적 자연 현상에 의한 흡열작용을 이용하는 자연 냉동법과 기계적인 일이나 열 에너지를 소비하여 저온의 물체에서 열을 뽑아서 열을 주어도 지장이 없는 고온 구역으로 열을 방출하는 기계 냉동법이 있다. 여기서 기계 냉동법인 냉동 장치에 대해서 간단히 설명한다.

1. 냉동 사이클의 원리

압축기에 흡입된 저온 저압의 가스는 압축기용 모터의 회전에 의하여 고온고압의 가스 상태로 압축되어 토출관을 통해 응축기로 유입되고 외부로 열을 방출하여 액화되며, 액화된 가스는 모세관 또는 팽창밸브를 통과하면서 감압, 팽창하여 증발기로 유입되고 증발기에서 기화, 증발하면서 주위로부터 열을 흡수하여 냉동된다. 그림 10-31은 냉동 사이클의 원리를 나타낸 것이다.

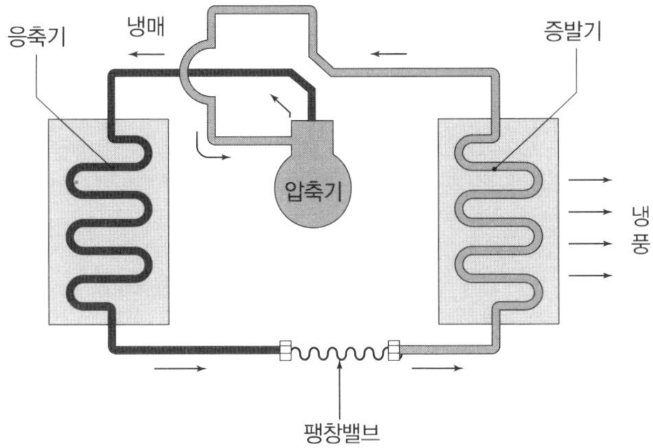

▮그림 10-31▮ 냉동 사이클의 원리

2. 냉동 장치의 구성

(가) 압축기(compressor)

압축기는 증발관으로부터 다시 돌아오는 냉매를 고압 및 고온의 기체 상태로 압축한다. 이로써 냉매의 압력과 온도가 증가하고, 냉매가 액체로 변화하여 다시 순환 사이클을 시작할 준비를 한다. 압축 프로세스는 냉매의 압축에너지를 추가하므로 열이 생성된다. 이때 압축기 내에 내장된 냉각 시스템을 통해 이 열을 효과적으로 제거해야 한다. 그렇지 않으면 압축기가 과열되어 작동에 문제가 발생할 수 있다.

압축기는 개방형(compressor)과 밀폐형(hermetic compressor)으로 나뉜다. 개방형 압축기는 압축기와 모터가 분리되어 있어 모터는 별도의 외부 공기를 사용한다. 밀폐형 압축기는 압축기와 모터가 하나의 밀폐된 케이스 내에 있어 외부 환경과 차단되어 작동한다. 다양한 종류의 압축기가 있으며, 가정용 냉장고부터 산업용 냉동 시스템까지 다양한 용도에 맞춰 설계된다. 일반적으로 로터리 압축기, 스크롤 압축기, 피스톤 압축기 등이 사용되고 있다.

(a) 밀폐형

(b) 반밀폐형

▮그림 10-32▮ 압축기

(나) 응축기 (condenser)

압축기에서 압축된 냉매 기체는 고온 및 고압 상태이다. 응축기에서는 냉각수나 공기가 냉매 기체 주위를 흐르면서 열을 흡수하여 냉매의 온도를 낮추고, 액체 상태로 변환시킨다. 이 과정을 통해 냉매 기체의 압력과 온도가 감소하면서 냉매가 액체로 변환된다. 응축기는 다양한 형태와 종류가 있다. 공기 냉각 응축기, 수 냉각 응축기, 강제 대류식 응축기 등이 사용된다. 각각의 종류는 다른 냉매 형태와 사용 환경에 적합하도록 설계되어 있다.

(다) 팽창밸브 (expansion valve)

응축기로부터 나오는 고압 및 고온의 액체 냉매를 증발기로 이동할 때 압력과 온도를 낮추어 기체로 변환시켜 증발기에서 열 흡수 및 냉각 작업을 하는 장치이다. 팽창 밸브는 분사노즐과 같은 역할을 하여 냉매가 밸브를 통과할 때 압력이 감소하면서 냉매의 상태가 기체로 바뀐다. 이 과정에서 냉매는 주위의 열을 흡수하여 증발 작업을 수행한다. 팽창 밸브의 용량은 오피리스 직경(압력 감속을 위한 구멍의 직경)과 밸브의 열린 정도에 의해 결정된다. 용량은 냉매 순환의 조절과 냉동 시스템의 성능에 영향을 미친다. 용량 밸브, 역압 밸브, 전자식 팽창밸브 등이 있으며 다양한 냉동 시스템의 요구사항에 맞춰 사용할 수 있다.

(라) 증발기 (evaporator)

냉동 순환 사이클에서 열교환 및 냉각 작업을 담당하며 냉매가 열을 흡수하고 기체 상태로 변환되는 곳으로, 냉동 시스템의 효율성과 냉각 효과를 결정한다. 적절한 증발기의 선택과 설치는 냉동 시스템의 성능을 최적화하는 데 큰 역할을 한다.
팽창밸브를 통과한 저온·저압의 액체냉매가 열을 교환하는 곳으로서 증발기는 2가지 형태가 있다. 코일형 증발기는 파이프나 코일 모양의 튜브를 이용하여 냉매와 열을 교환하고, 핀형 증발기는 튜브에 핀을 부착하여 표면적을 증가시키고 열교환이 증가하도

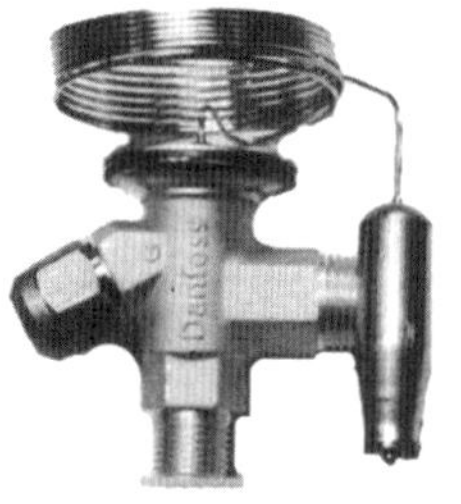

▮그림 10-33▮ 팽창밸브

▮그림 10-34▮ 증발기

록 설계되어 있다. 핀형 증발기는 주로 강제순환 팬을 가지고 있어 공기의 흐름을 강화해 열전달 효율을 높이고, 냉매의 증발 및 냉각 작업을 효과적으로 수행한다.

3. 히트 펌프

히트 펌프는 주로 난방시스템에서 활용된다. 압축기를 통해 열을 압축하고 방열시켜 실내로 이동시키면, 낮은 온도에서 높은 온도로 열을 옮겨 실내를 따뜻하게 만들 수 있다. 즉, 온도가 낮은 열원에서 열을 얻어 온도를 높게 하는 열펌프로서의 역할을 이용하는 것이다. 또한 열펌프의 방향을 바꾸어 냉방 작업에도 사용할 수 있다. 지속 가능한 에너지 사용과 에너지 절약을 위한 중요한 기술 중 하나이다.

그림 10-35에 나타낸 히트펌프에서는 어떤 열량을 저온측에서 고온측으로 이동하는데 필요한 단위 시간당 일량(압축기에 필요한 동력)은 냉매의 증발온도에 따라 틀리지만 냉매에 의해 이동한 열량의 1/2~1/3 정도의 비교적 적은 에너지 양이다. 지금 전열기를 사용하여 전기를 열로 변화시킨다고 하면 1 kW 용량의 전열기는 860 kcal/h의 열로 만들어진다. 그러나 이 값은 전기에너지를 열로 환산한 이론적인 값이고, 실제로 시스템에 적용 시에는 일반적으로 다소의 손실이 생기므로 효율은 90~95%의 값으로 된다. 또 석유를 연료로 하는 보일러에서 온수를 만들 때에는 등유의 발열량은 대체로 10,500 kcal/kg의 열량이 얻어진다. 그래서 보일러의 연소 손실이나 관체에서의 방열 손실에 의해 이용할 수 있는 것은 80% 정도로 된다. 그러나 히트펌프는 압축기용 전동기에 전력을 사용하고는 있지만 이 전력은 냉매를 압축하는 일에만 소비되고 냉매는 그 일에 상당하는 열량을 받게 된다. 그래서 응축기에서 냉매가 방출하는 냉매의 응축열은 증발기에서 빼앗은 열(냉동작용)과 압축기에서 냉매에 가해진 일량에 상당하는 열량의 합이다. 여기서, 냉동 사이클의 성적계수 $COPc$는 다음과 같다.

$$COPc = \frac{\text{증발기에서 빼앗은 열량}}{\text{압축기에 가해진 열량}} \tag{10-6}$$

이에 대해 응축기에서의 방열량을 이용한 히트펌프의 사이클의 성적계수 $COPh$는

$$\begin{aligned} COPh &= \frac{\text{응축기에서 버려진 열량}}{\text{압축기에 가해진 열량}} \\ &= \frac{\text{증발기에서 빼앗은 열량} + \text{압축기에 가해진 열량}}{\text{압축기에 가해진 열량}} \\ &= COPc + 1 \end{aligned} \tag{10-7}$$

$COPh$는 당연히 1 이상 2.5~4 정도의 값으로 된다. 즉, 압축기에 가해진 에너지의 2.5~4배 정도의 에너지 이용효율이 얻어진다.

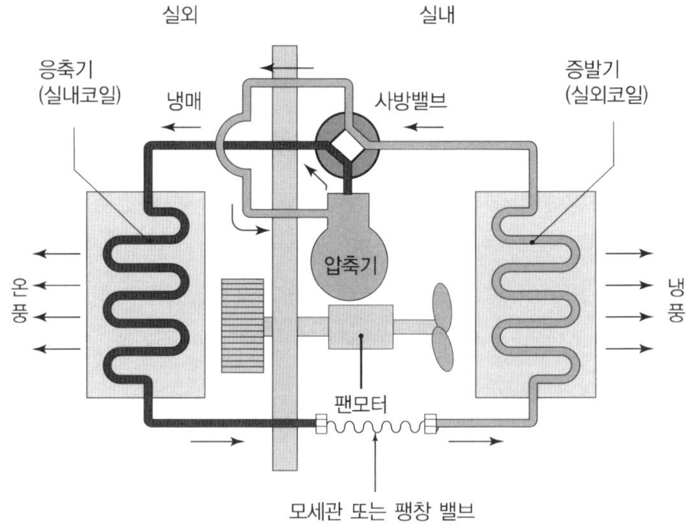

▮그림 10-35▮ 히트 펌프 사이클

연습문제

exercise

1. 4사이클 기관 2사이클 기관을 비교 설명하세요.
2. 내연기관이란?
3. T.D.C., B.D.C.란?
4. 디젤기관과 가솔린 기관의 차이점을 기술하세요.
5. 엔진의 냉각 방식을 설명하세요.
6. 내연기관에 있어서 과급(super charge)이란?
7. 보일러의 구성요소를 나열하고 간단히 설명하세요.
8. 노통 연관 보일러란?
9. 재생 에너지 기술에 대해서 설명하세요.
10. 가압수형 원자로의 작동원리를 설명하세요.
11. 냉동 사이클과 히트 펌프 사이클을 비교 설명하세요.
12. 존 유닛 방식의 공기 조화에 대해서 설명하세요.
13. 댐퍼를 사용 목적에 따라 분류하고, 작동원리를 설명하세요.
14. C.O.P.란?

기계 제도 11

Chapter

제도 및 기술 도면은 기계, 구조물 및 기타 다양한 제품이나 시스템에 대한 정보를 정확하게 전달하는 데 필수적인 도구이다. 이는 설계가 정확하게 실현되고 다양한 산업과 응용 분야에서 의사소통이 명확하고 일관되게 유지되도록 하는 데 중요한 역할을 한다. 제도 및 기술 도면의 중요성과 목적을 요약하면 다음과 같습니다.

① **제도의 목적** : 제도의 주요 목적은 기계나 구조물의 모양, 크기, 재질, 가공 방법 및 구조를 정확하게 표현하는 세부 도면을 작성하는 것이다. 이러한 그림은 사물에 대한 정보를 전달하는 시각적 언어 역할을 한다.

② **그림의 구성요소** : 그림은 선, 문자, 기호로 구성된다. 이러한 요소들은 함께 작용하여 정보를 명확하고 정확하게 표현한다. 표준화된 기호와 규칙을 사용하면 도면을 보편적으로 이해할 수 있다.

③ **표준 및 약속된 다이어그램** : 초안 작성은 일관성과 명확성을 보장하기 위해 특정 표준 및 관례를 따른다. 이러한 표준은 도면이 묘사되는 객체를 정확하게 표현하는지 확인하는 데 도움이 된다. 약속된 다이어그램은 특정 산업이나 상황에서 사용되는 합의된 시각적 언어를 나타낸다.

④ **국제 언어** : 잘 작성된 기술 도면은 언어 장벽이나 지리적 위치와 관계없이 누구에게나 같은 정보를 전달할 수 있으므로 제도는 국제 언어로 간주할 수 있다. 이러한 보편성은 정확한 의사소통이 중요한 분야에서 필수적인 도구가 된다.

11.1 도면

11.1.1 도면의 기능

기술 도면은 설계 개념을 전달하기 위한 도구일 뿐만 아니라 설계 및 엔지니어링 지식의 생성, 전달 및 보존을 촉진하는 귀중한 정보의 저장소이기도 하다. 이는 설계 및 제조 프로세스에서 일관성, 정확성 및 효율성을 유지하는 데 필수적이다.

① **정보의 생성** : 기술 도면은 설계자 생각을 유형의 형태로 변환하는 수단으로 사용된다. 이는 아이디어와 개념을 시각적으로 표현한 것으로, 설계자가 자기 생각을 체계적으로 정리하고 제품이나 구조에 대한 비전을 전달할 수 있도록 해준다. 도면을 작

성함으로써 설계자는 설계 과정에서 자신의 아이디어를 구체화하고 발전시킬 수 있다.

② **정보 전달** : 기술 도면은 제조업체, 엔지니어, 제작업체, 계약업체 등 다양한 이해 관계자에게 설계자의 의도를 전달하는 정확하고 표준화된 방법이다. 치수, 재료, 조립 지침 및 기타 주요 사양에 대한 자세한 정보를 제공한다. 모호하지 않은 명확한 의사소통은 최종제품이나 구조가 원하는 사양을 충족하는지 확인하는 데 필수적이다.

③ **정보 보존** : 기술 도면을 데이터베이스(D/B) 또는 디지털 저장소에 저장하는 것은 설계 정보 보존을 위해 필수적이다. 향후 프로젝트에 대한 귀중한 참고 자료가 될 수 있다. 설계자가 향후 유사한 설계를 작업해야 하는 경우 기존 도면을 참조하여 시간을 절약하고 설계 표준의 일관성을 유지할 수 있다. 정보 보존은 조직이나 산업 내에서 지식을 유지하는 데 도움이 된다.

11.1.2 설계와 제도

설계는 프로젝트를 계획하고 개념화하는 프로세스인 반면, 제도는 해당 설계를 기계나 구조물을 제조하거나 제작하는 담당자가 쉽게 이해할 수 있는 시각적 표현으로 변환하는 과정이다.

① **설계**(design) : 설계에는 기계 또는 구조의 초기 계획 및 개념화가 포함된다. 프로젝트의 요구사항과 사양을 주의 깊게 검토하고 명확한 생산 계획을 수립하는 과정이다. 설계 단계에서 엔지니어와 설계자는 최종제품의 모양, 기능 및 제조 방식을 결정한다. 여기에는 재료, 치수, 조립 및 기타 관련 요소에 대한 결정이 포함된다. 프로젝트의 청사진이나 로드맵을 만드는 것이다.

② **제도**(drawing) : 도면은 설계자의 계획과 사양을 다양한 부서나 제조업체에 전달하여 구상된 기계나 구조가 정확하게 제작되었는지 확인하는 수단이다. 여기에는 기계의 모양, 구조 및 세부 사항을 종이나 디지털 방식으로 표현하는 작업이 포함된다. 이러한 표현에는 기계 설계, 재료 사양, 처리 방법 및 제조 프로세스에 대한 정보를 전달하기 위해 선, 숫자(치수), 기호 및 문자를 사용하는 것이 포함된다. 그 결과 3차원 기계나 구조를 나타내는 2차원 도면이 탄생한다.

11.1.3 CAD와 제도

CAD(Computer Aided Drafting or Computer Aided Design)는 컴퓨터 기술을 활용하여 상세하고 정확한 도면과 디자인을 만드는 강력한 도구이다. 이는 다양한 산업에 필수적이며 결과 도면이 기능적이고 의도된 목적을 충족하는지 확인하기 위해 시스템 내의 특정 표준 및 규칙에 대한 지식이 필요하다. 물체, 구조 또는 시스템의 정확하고 상세한 도면, 다이어그램 및 3D 모델을 생성하기 위한 컴퓨터 소프트웨어의 사용이 포함됩니다.

CAD 소프트웨어를 사용하면 설계자와 제도자가 기존 수동 제도 방법에 비해 더 효율적이고 정확하게 작업할 수 있다. 도면과 디자인을 생성, 편집, 조작하기 위한 다양한 도구를 제공한다. 건축, 엔지니어링, 제조, 자동차 디자인 등 다양한 산업 전반에서 제품이나 구조의 디지털 표현을 생성하는 데 사용된다. CAD를 사용하면 일관성, 정확성, 필요에 따라 설계를 쉽게 수정하고 업데이트할 수 있는 능력이 보장된다.

시스템 내 표준 및 규칙을 이해해야 하며 올바른 이해가 없으면 CAD 사용자는 시각적으로 매력적이지만 제조 또는 시공에 필요한 정확성과 정보가 부족한 도면을 생성할 수 있다.

11.1.4 한국 산업 표준

1. 한국 산업 표준

한국 산업 표준(Korean Industrial Standards)은 한국에서 제품과 프로세스의 품질, 안전, 일관성을 보장하는 데 중요한 역할을 한다. 이는 다양한 산업의 표준화 및 규제에 기여하여 제조 및 기타 경제 부문의 효율성과 신뢰성을 향상시킨다. 이는 지역에서 글로벌에 이르기까지 모든 규모의 산업과 프로젝트에 없어서는 안 될 요소이다.

한국 산업 표준은 '산업표준화법'에 따라 제정된 산업표준이다. 기본(A)부터 정보(X)까지 21개 항목으로 분류되며 광범위한 산업 부문과 분야를 포괄하고 있다.

다음은 한국 산업 표준을 크게 세 가지 주요 범주로 나눈 것이다.

① **제품 표준** : 제품의 모양, 치수 및 품질 등의 요구사항을 규정한다. 제품이 특정 기준과 품질 표준을 충족하는지 확인한다.

② **방법 표준** : 테스트, 분석, 검사, 측정 방법 등을 규정한다. 또한 다양한 산업 프로세스에 대한 지침을 제공하는 작업 표준도 포함되어 있다.

③ **전달 표준** : 표준의 효과적인 구현과 이해에 필요한 용어, 기술, 측정 단위, 작업 순

서 및 기타 관련 정보 등을 규정한다.

▮표 11-1▮ 국가별 명칭 및 표준 기호

국가별 명칭	표준 기호(약자)
국제 표준화 기구	ISO
한국 산업 표준	KS
일본 공업 표준	JIS
미국 표준	ANSI
영국 표준	BS
독일 표준	DIN
중국 표준	GS
스위스 표준	VSM

▮표 11-2▮ KS의 부문별 분류

KS A	KS B	KS C	KS D	KS E	KS F	KS G	KS H	KS K	KS L	KS M
기본	기계	전기	금속	광산	토건	일용품	식료품	섬유	요업	화학

2. KS 제도 통칙

KS 제도 통칙은 산업의 각 분야에서 사용되는 도면을 작성할 때 기본적이며 공통적인 사항인 도면의 크기 및 양식, 도면에 사용하는 선, 문자, 기호, 도형의 표시 방법, 척도, 치수 기입 방법 등을 규정한 표준이다. 1961년 한국 공업 표준화법이 공포된 후, 1962년 토목 제도 통칙(KS F 1001)과 건축 제도 통칙(KS F 1501), 1966년 제도 통칙(KS A 0005), 1967년 기계 제도 통칙(KS B 0001)이 제정되었다.

▮표 11-3▮ KS규격에 의한 기계 부문의 분류

KS 제도 관련 번호	KS 제도 표준에서 규정하는 내용
KS A 0106	도면의 크기 및 양식
KS A 0107	제도에 사용하는 문자
KS A 0108	길이 치수 및 각도 치수의 허용 한계 기입 방법
KS A 0109	표시의 일반 원칙(선에 대한 기본 사항)
KS A 0110	척도
KS A 0111	제도에 사용하는 투상법
KS A 0112	제도에서 도형의 표시 방법
KS B, ISO 129-1	치수 기입 방법

▌표 11-4▌ KS규격에 의한 기계 부문의 분류

KS 규격기호	분류
KS B 0002	기어 제도
KS B 0003	나사 제도
KS B 0004	구름 베어링 제도
KS B 0005	스프링 제도
KS B 0006	배관 제도
KS B 0052	용접 기호
KS B 0243	기하공차 데이텀 및 데이텀 시스템
KS B 0608	기하공차의 도시 방법
KS B 7090	CAD 용어
KS B 7091	CAD 제도

11.1.5 도면의 종류

도면은 치수 및 라벨링에 대한 KS 표준을 준수하여 정확한 측정 및 스케일링을 사용하여 작성된다. 기호, 표기법, 선종류는 의사소통의 명확성과 일관성을 위해 KS 규정을 따른다. 도면은 건축 도면, 기계 도면, 전기 도면 등 사용 목적에 따라 분류된다. 준비 방법 및 도면 특성은 특정 산업 및 프로젝트 요구 사항에 따라 다를 수 있다. 요약하자면, 제도 도구와 표준은 한국 산업 표준(KS)과 확립된 제도 관행에 따라 물체의 모양, 크기 및 구조를 효과적으로 전달하는 정확하고 표준화된 도면을 작성하는 데 매우 중요하다.

(가) 사용목적에 의한 분류

계획도	프로젝트 실행 및 관리를 위한 로드맵 역할을 하며 프로젝트 목표를 효과적으로 달성하기 위한 명확하고 체계적인 뼈대(framework)를 제공한다. 이는 모든 이해관계자를 조정하고, 자원을 현명하게 할당하며, 프로젝트가 구조화된 방식으로 진행되도록 하는 데 도움이 된다.
제작도	설계자 의도를 작업자에게 전달하고 생산 프로세스에 관련된 단계와 구성요소를 나타내기 위해 제조 및 생산 프로세스에 사용되는 일종의 기술 도면이다. 설계와 실행 사이의 격차를 해소하여 제품이 설계자의 사양에 맞게 제작되고 품질 표준을 충족하도록 보장해야 한다.
주문도	주문자(고객)가 작성하며 구매하려는 제품을 시각적, 기술적 표현한다. 제조업체가 품목을 정확하게 생산하는 데 필요한 세부 사양, 치수, 재료, 공차 및 기타 중요한 정보가 포함된다.

승인도	제조업체 또는 공급업체가 생성하고 검토 및 승인을 위해 구매자 또는 주문자에게 제시된다. 주문자와 제조업체 간의 명확한 의사소통을 확립하여 최종제품이 지정된 요구사항 및 표준을 충족하는지 확인하는 것이다. 오해, 분쟁 및 원래 계약에서 벗어나는 것을 방지하는 데 도움이 된다.
견적도	주문자의 요구사항을 이해하고 정확한 가격 견적을 생성하기 위해 공급업체 또는 서비스 제공업체가 작성한다.
설명도	사용자가 제품의 다양한 측면을 이해할 수 있도록 돕기 위해 제공되는 텍스트 및 그래픽 정보를 의미한다. 이러한 설명에는 제품의 기능, 구조, 작동원리, 제품을 효과적으로 취급하거나 사용하는 방법 등 광범위한 세부 사항이 포함될 수 있다. 기술 정보와 최종 사용자 사이의 격차를 해소하여 제품이 효과적이고 안전하게 사용되도록 보장한다.

(나) 내용에 따른 분류

조립도	전체적인 조립을 나타내는 도면
부분 조립도	복잡한 물품을 부분으로 나누어 조립도를 나타내는 도면
부품도	물품을 구성하는 각 부품을 자세히 그림 도면
공정도	제조과정에서 공정마다 처리해야 하는 방법을 그림 도면
상세도	필요한 부분을 상세히 표시한 도면
접속도	전기기기의 내부, 상호간의 접속 상태를 나타낸 도면
배선도	전기기기를 설치하기 위한 도면
배관도	배관 작업을 하기 위한 도면
계통도	물, 기름, 전기 등의 접속과 작동을 나타내는 도면
기초도	기계를 설치하기 위하여 콘크리트, 철강작업 등을 하기 위한 도면
설치도	물품을 설치하기 위한 도면
배치도	물품의 배치를 나타내는 도면
장치도	플랜트 등 장치산업에 쓰이는 도면
전개도	판금 등 구조물의 펼친 그림
외형도	물품의 전체 외형을 나타낸 도면
구조선도	구조물의 선도로 나타내는 도면
스케치도	프리핸드로 작업한 도면
곡면선도	차체, 항공기, 선박 등의 곡면의 단면 곡선으로 나타낸 도면

(다) 작성 방법에 따른 분류

연필도	제도 용지에 연필로 그린 도면
먹물 제도	연필로 그린 도면을 바탕으로 제도용 잉크나 먹물을 사용하여 다시 그린 도면
착색도	물체의 구조나 재료 등의 상태를 쉽게 구별하기 위해 부품별로 여러 가지 색을 엷게 칠한 도면

(라) 성격에 따른 분류

원도 (original drawing)	제도 용지에 연필로 직접 그리거나 컴퓨터로 작성한 최초의 도면
트레이스도 (traced drawing)	원도 위에 트레이싱지를 놓고 먹물로 다시 그린 도면. 최근에는 컴퓨터를 이용하여 도면을 작성하기 때문에 트레이스도는 거의 작성하지 않는다.
복사도 (copy drawing)	원도나 트레이스로를 복사한 도면

11.2 도면의 형식

11.2.1 도면의 크기

도면의 크기에 대한 표준은 제도 통칙(KS A 0005)에서 규정하고 있으며, 제도 용지의 크기는 한국 산업 표준(KS A 0016)에 따라 A 계열의 것을 사용한다. 제도 용지의 세로와 가로의 비는 $1 : \sqrt{2}$ 이고, A0 용지의 넓이는 약 1 m^2이다. 큰 도면을 접을 때에는 A4 크기로 접는 것을 원칙으로 한다. 그림 11-1은 도면의 크기, 표 11-5는 도면 크기 및 윤곽의 치수를 나타낸 것이다.

▮표 11-5▮ 도면의 크기

A열 사이즈					연장 사이즈				
호칭 방법	치수 (a×b)	c(최소)	d(최소) 철하지 않을 때	d(최소) 철할 때	호칭 방법	치수 (a×b)	c(최소)	d(최소) 철하지 않을 때	d(최소) 철할 때
-	-	-	-	-	A0×2	1189×1682	20	20	25
A0	841×1189	20	25	25	A1×3	841×1783			
A1	594×841				A2×3	594×1261			
					A2×4	594×1682			
A2	420×594	10	10	25	A3×3	420×891	10	10	25
					A3×4	420×1189			
A3	297×420				A4×3	297×630			
					A4×4	297×841			
					A4×5	297×1051			
A4	210×297				-	-	-	-	-

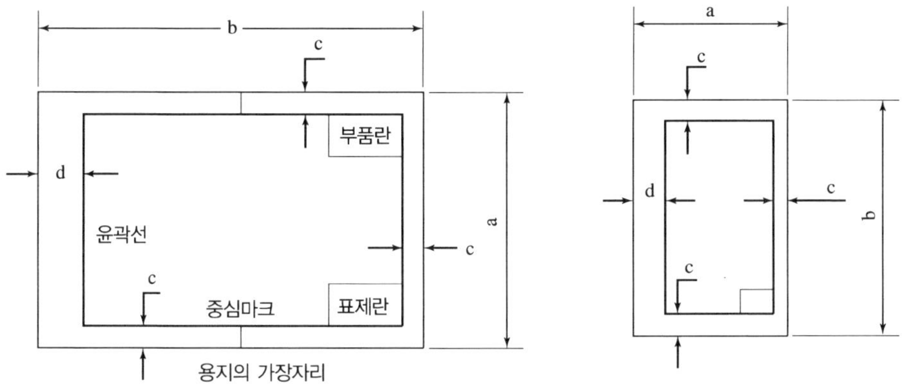

(a) A0~A4 용지의 가로 배열　　(b) A4 용지의 세로 배열

▮그림 11-1▮ 도면의 크기

11.2.2 도면의 형식

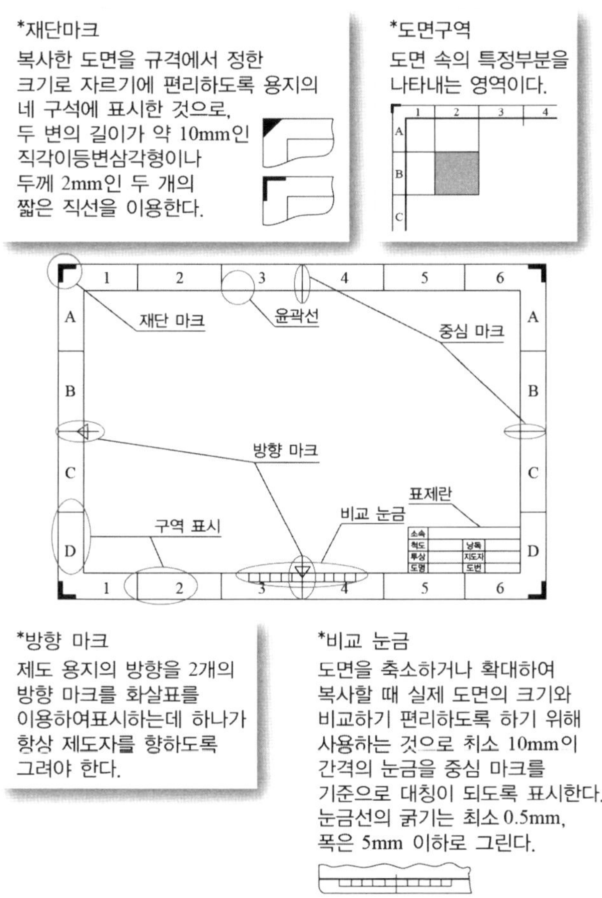

▮그림 11-2▮ 도면의 형식

도면에서 반드시 그려야 할 사항은 윤곽선, 표제란, 중심 마크이며, 도면의 구역, 도면의 비교 눈금, 재단 마크 등은 필요에 따라 그릴 수 있다.

(가) 윤곽선

재단된 용지의 가장자리와 그림을 그리는 영역이 구분되도록 한 것이다. 제도 용지의 가장자리에 생기는 손상 때문에 도면이 훼손되는 것을 방지하여, 최소 0.5 mm 이상 두께의 실선으로 그린다.

(나) 중심 마크

도면을 복사하거나 마이크로필름으로 촬영할 때 도면의 위치 결정의 편의성을 위해 그린다. 중심 마크는 도면의 윤곽선 중앙에 용지의 끝에서 윤곽선 안쪽으로 약 5 mm까지 긋고, 최소 0.5 mm 이상 두께의 실선으로 그린다.

(다) 표제란

도면을 관리할 때 필요한 사항과 도면 내용에 대한 사항을 기입하는 곳이다. 도면 번호, 도면 이름, 작성자 이름, 작성 일자, 척도, 투상법 등을 기입하는데, 형식과 크기는 업체나 기관에 따라 다르며, 도면의 오른쪽 아래에 그린다.

표제란

소 속			
척 도		날 짜	
투상법		제도자	
도 명		도면번호	

11.2.3 척도

1. 척도의 종류

물체의 실제 크기와 도면에서 표시한 물체 크기와의 비율을 척도(scale)라고 한다. 척도에는 현척, 축척, 배척 세 가지 종류가 있으며 척도 값은 표 11-6과 같다.

① **실척(현척)** : 실물과 같은 크기, 도면을 읽을 때 치수나 모양에 대한 오차가 적다.
② **축척** : 실물보다 작게 그릴 경우의 척도, 크기나 모양을 정확히 알 수 있는 축척 선택한다.
③ **배척** : 실물보다 크게 그릴 경우의 척도, 작고 복잡한 부품의 제도시 사용한다.

④ **주의 사항**

- 축척 또는 배척을 하였더라도 도면의 치수는 실제치수를 기입한다.
- 도면이 치수에 비례하지 않을 때에는 도면의 적당한 장소에 "비례척이 아님" 또는 "NS"로 표시하여 그 이유를 명기한다.

▮표 11-6▮ 축척, 현척 및 배척의 값

척도의 종류	란	값
축 척	1	1:2 1:5 1:10 1:20 1:50 1:100 1:200
	2	1: $\sqrt{2}$ 1:2.5 1:2 $\sqrt{2}$ 1:3 1:4 1:5 $\sqrt{2}$ 1:25 1:250
현 척	–	1:1
배 척	1	2:1 5:1 10:1 20:1 50:1
	2	$\sqrt{2}$:1 2.5 $\sqrt{2}$:1 100:1

(비고) 1란의 척도를 우선하여 사용한다.

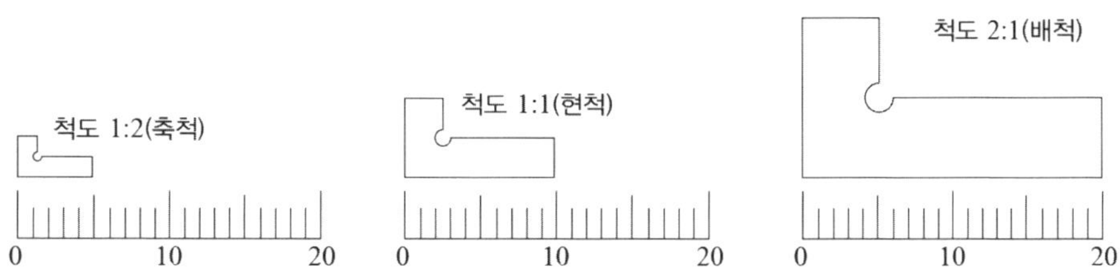

▮그림 11-3▮ 축척, 현척 및 배척의 비교

2. 척도의 표시 방법

척도는 그림과 같이 'A : B'의 형식으로 표시한다.

A는 도면에서의 크기, B는 물체의 실제 크기를 나타낸다.

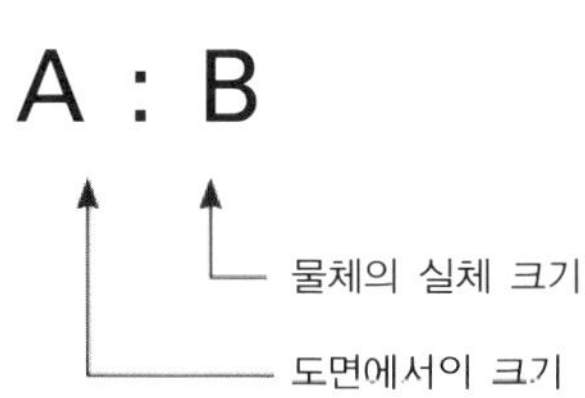

11.3 선과 글자

11.3.1 선의 종류

1. 모양에 의한 선의 종류

종류	모양	설명
실선	──────	연속된 선
파선	── ── ── ──	짧은 선이 일정한 간격으로 반복되는 선, 실선의 약1/2, 치수선보다 굵게 한다.
1점쇄선	── - ── - ──	가는 쇄선, 절단부 쇄선, 굵은 쇄선이 있다.
2점쇄선	── - - ──	짧은 선과 2개의 점이 서로 섞여 규칙적으로 반복

2. 용도에 의한 선의 종류

용도에 의한 명칭	선의 종류		용 도	예시
외형선	굵은 실선	──────	대상물이 보이는 부분의 모양을 표시하는 선	
치수선	가는 실선	──────	치수를 기입하기 위한 선	2.1
치수보조선	가는 실선	──────	치수를 기입하기 위하여 도형으로부터 끌어내는 데 쓰는 선	2.2
지시선	가는 실선	──────	기술, 기호 등을 표시하기 위하여 끌어내는 선	2.3
회전단면선	가는 실선	──────	도형 내에 그 부분의 끊은 곳을 90°회전하여 표시하는 선	2.4
중심선	가는 실선	──────	도형의 중심선을 간략하게 표시하는 선	2.5
수준면선	가는 실선	──────	수면, 유면 등의 위치를 표시하는 선	2.6
숨은선	가는 파선 또는 굵은 파선	── ── ── ──	대상물의 보이지 않는 부분의 모양을 표시하는 선	3.1

용도에 의한 명칭	선의 종류		용 도	예시
중심선	가는 1점 쇄선		(1) 도형의 중심을 표시하는 선	4.1
			(2) 중심이 이동한 궤적을 표시하는 선	4.2
기준선			위치결정의 근거가 된다는 것을 명시할 때 쓰는 선	4.3
피치선			되풀이 하는 도형의 피치를 취하는 기준을 표시하는 선	4.4
특수지정선	굵은 1점 쇄선		특수한 가공을 하는 부분 등 특별한 요구사항을 적용할 수 있는 범위를 표시	5.1
가상선	가는 2점 쇄선		(1) 인접부분을 참고로 표시하는 선	6.1
			(2) 공구, 지그 등의 위치를 참고로 나타내는 선	6.2
			(3) 가동부분을 이동 중의 특정한 위치 또는 이동한계의 위치로 표시	6.3
			(4) 가공전 또는 가공후의 모양을 표시하는 선	6.4
			(5) 되풀이하는 것을 나타내는 선	6.5
			(6) 도시된 단면의 앞부분을 표시하는 선	6.6
무게 중심선			단면의 무게중심을 연결한 선을 표시하는 선	6.7
파단선	불규칙한 파형의 가는 실선 또는 지그재그선		대상물의 일부를 파단한 경계 또는 일부를 떼어낸 경계를 표시	7.1
절단선	가는 1점 쇄선으로 끝 부분 및 방향이 변하는 부분을 굵게 한 것		단면도의 절단된 부분을 나타낸다.	8.1
해칭	가는 실선으로 규칙적으로 줄을 늘어놓은 것		도형의 한정된 특정부분을 다른 부분과 구별하기 위하여 사용 예를 들어 단면도의 절단된 부분	9.1
특수 용도선	가는 실선		(1) 외형선 및 숨은선의 연장을 표시하는 선	10.1
			(2) 평면이란 것을 나타내는 선	10.2
			(3) 위치를 명시하는 선	10.3
	아주 굵은 실선		얇은 부분의 단선도시를 명시하는 선	11.1

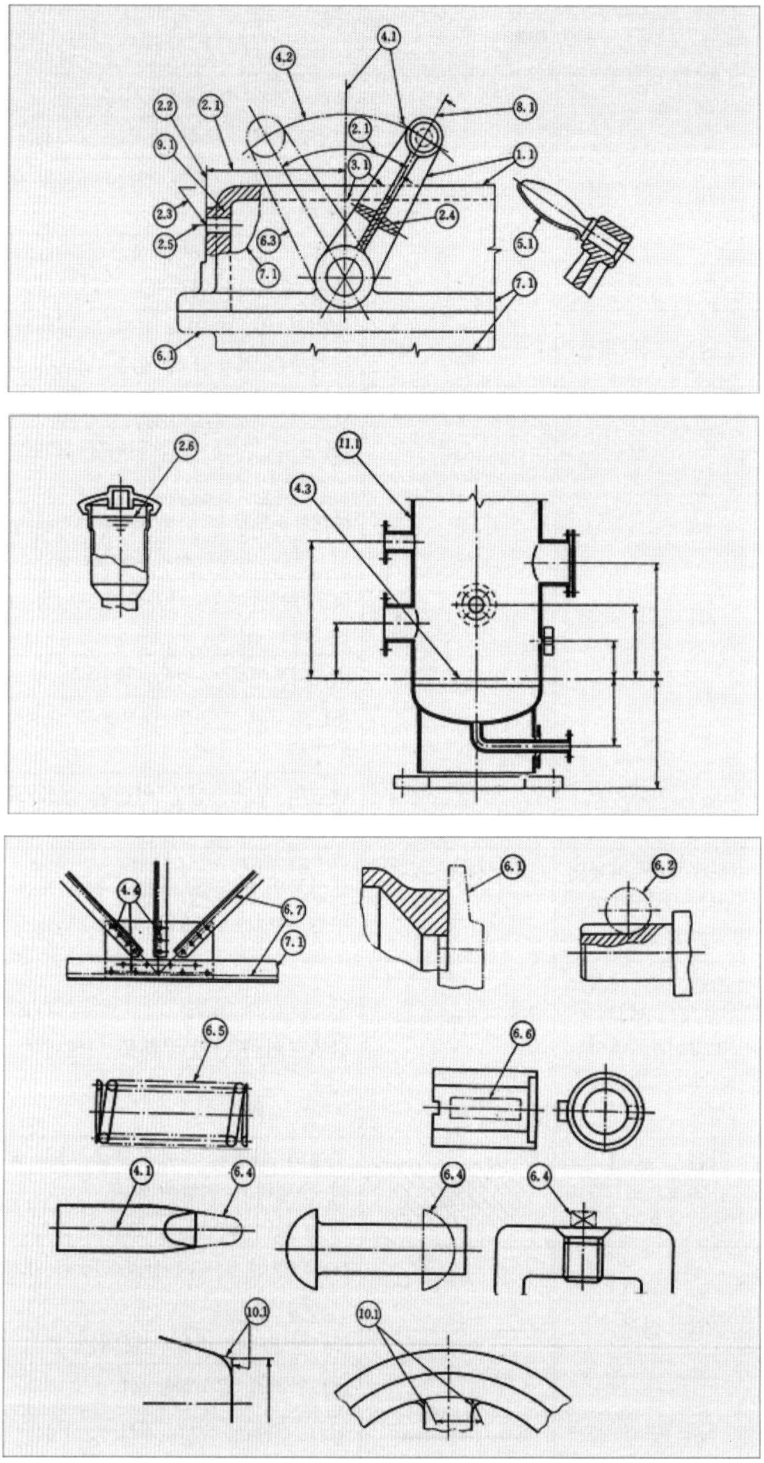

■ 그림 11-4 ■ 용도에 의한 선의 종류 표시

3. 선[1]의 길이와 등급

선의 종류	큰 도면	보통 도면	작은 도면
	굵기	굵기	굵기
외형선	0.8	0.6	0.4
파선	0.5	0.4	0.3
중심선	0.3	0.2	0.1
치수선, 치수보조선	0.3	0.2	0.1
절단선, 가상선	0.3	0.2	0.1

---

1) **선의 우선순위 및 선의 연결 방법**

1. 선의 우선순위
   도면에서 두 종류 이상의 선이 같은 장소에 겹치게 될 때 다음 순위에 따라 순서대로 그린다.
   ① 외형선 ② 숨은선 ③ 절단선 ④ 중심선 ⑤ 치수선

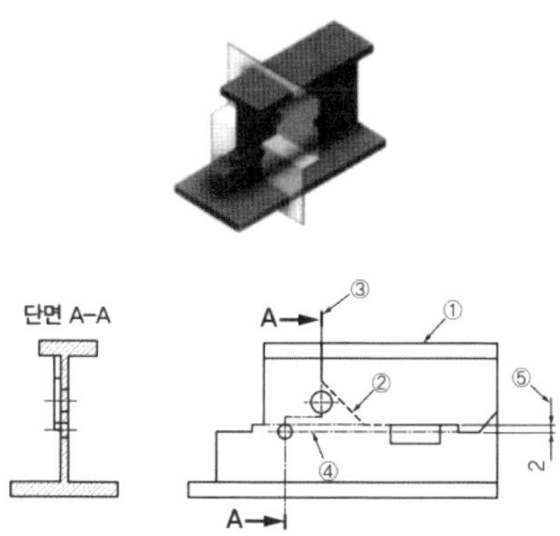

2. 선의 연결
   도면에서 선의 연결 시에 다음 사항을 주의하여 그려야 한다.
   ① 파선과 파선이 연결되는 부분은 서로 이어지도록 그린다.
   ② 파선이 외형선인 곳에서 끝날 때는 서로 이어지도록 그린다.
   ③ 파선이 외형선의 끝에서 만나면 서로 연결하지 않는다.
   ④ 두 파선이 인접할 때는 파선이 서로 어긋나도록 그린다.

상태 \ 구분	①	②	③	④
좋음	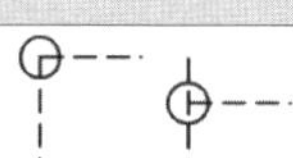	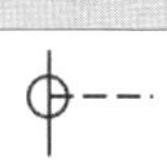		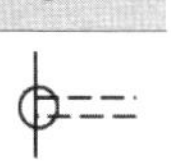
좋지 않음	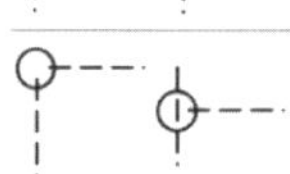	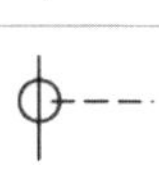	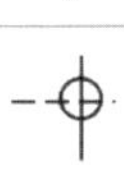	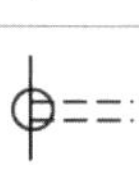

11.3.2 글자

CAD 시스템이 기술 도면 작성 프로세스를 크게 단순화했지만, 주석과 라벨의 명확성, 일관성 및 가독성에 주의를 기울이는 것이 여전히 중요하다. 적절하게 주석이 달린 도면은 설계, 엔지니어링 및 제조 팀 간의 의사소통을 촉진하여 궁극적으로 제품 또는 구조의 성공적인 구현으로 이어진다.

① 글자는 높이, 축선 방향, 선의 굵기를 고르게 하여 균형이 잡혀야 한다.
② 문장은 왼쪽으로부터 오른쪽으로 가로쓰기를 원칙으로 한다.
③ 글자체는 고딕체로 하고 수직 또는 15° 오른쪽으로 경사지게 쓰는 것을 원칙으로 한다.
④ 한글, 영자, 숫자의 높이는 2.24 mm, 3.15 mm, 4.5 mm, 6.3 mm, 9 mm, 12.5 mm, 18 mm의 7종류로 규정되어 있다.

(가) 한글, 숫자, 영자

① 한글 : 한글의 서체는 고딕체 또는 활자체에 준하는 것이 좋다.
② 숫자와 영자 : 숫자는 주로 아라비아 숫자를, 영자는 주로 로마자의 대문자를 사용한다. 다만, 기호나 그밖에 특별히 필요한 경우에는 소문자를 사용해도 좋다.

(나) 한자

일반적으로 획수가 16 이상인 복잡한 한자는 가능하면 한글로 쓴다.

11.4 도형 표시법

도형의 표시법이란 공간에 있는 입체를 평면에 도시하거나 평면상에 그려진 도형을 보고 입체를 상상하여 그리는 법을 말한다. 제작도(물품 제작을 위하여 사용되는 도면)에는 반드시 다음의 2가지가 명시되어야 한다.

① 물품 각 부의 실제 모양
② 물품의 가로 × 세로 × 높이 3방향의 치수

평면인 종이 위에 위와 같은 조건을 만족시키는 제작도를 작성하기 위해 투상법이 필요하다. 물체의 형태를 일정한 법칙에 따라 평면상에 나타내는 방법을 투상법이라 한다. 투상법은 보는 방법과 그리는 방법에 그림 11-5와 같이 분류되는데, 가장 많이 사용되는 것은 정투상법이다.

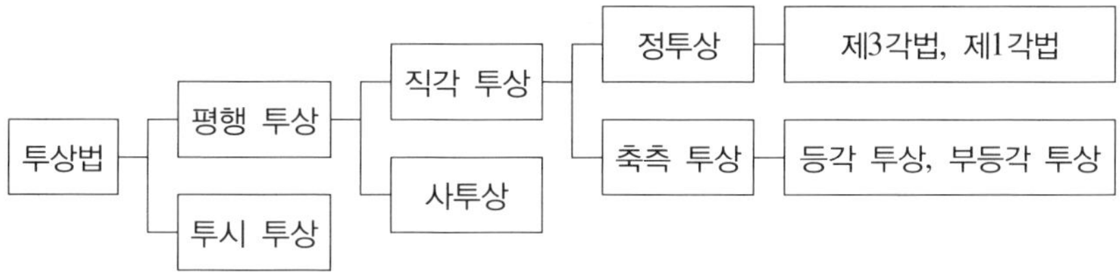

그림 11-5 투상법 분류

11.4.1 정투상법

1. 정투상법의 원리

입체 형상의 물체를 평면의 형태로 나타내는 방법으로, 그림 11-6과 같이 물체의 면에 평형이 되도록 유리의 면을 놓고, 유리의 면에서 직각으로 물체를 들여다보면 물체는 유리의 면을 투과하여 보이게 된다. 이때 눈으로 보는 시선인 투상선이 유리의 변인 투상면에 대하여 직각이면서 평행하다고 생각하고 투상하는 것이 정투상법이며 직교 투영의 원리와 같다. 직교 투영은 실제로 3차원 객체를 평평한 2차원 형태로 표현하는 방법이다. 엔지니어링, 건축, 기술 도면 및 설계, 제조, 문서화 목적으로 3차원 개체의 정확하고 표준화된 표현이 필요한 기타 분야에서 널리 사용된다.

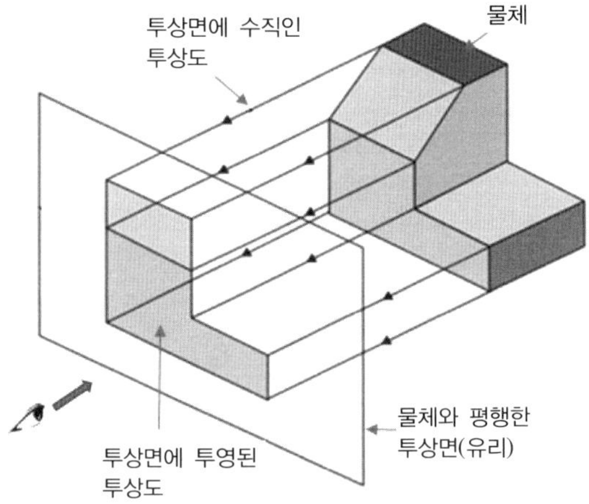

▌그림 11-6▌ 정투상법

2. 정투상법의 기본 6면도

입체적인 물체의 형태를 평면의 도면 위에 완전하게 표현하려면, 여러 방향에서 투상하여 나타내야 한다. 정투상법에 의하여 그려지는 투상도는 그림 11-7과 같이 보는 방향에 따라 6종류로 분류되는데, 이것을 기본 6면도라 한다.

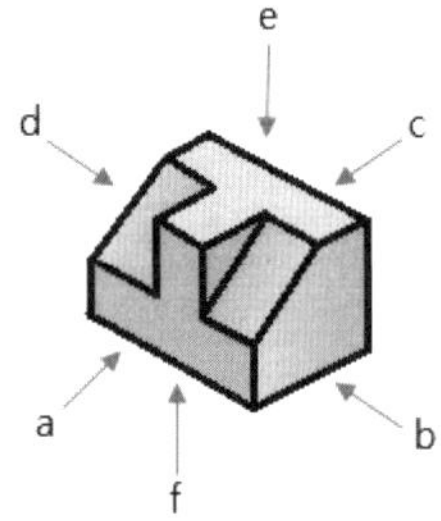

시선 방향	투상도의 명칭	설 명
a	정면도(F) (front view)	정면에서 보고 그린 그림
b	우측면도(SR) (right side view)	정면도를 기준으로 오른쪽에서 보고 그린 그림
c	배면도(R) (rear view)	뒤에서 보고 그린 그림
d	좌측면도(SL) (left side view)	정면도를 기준으로 왼쪽에서 보고 그린 그림
e	평면도(T) (top view)	위에서 아래로 내려다보고 그린 그림
f	저면도(B) (bottom view)	아래에서 위를 보고 그린 그림

▌그림 11-7▌ 정투상법의 기본 6면도

11.4.2 제3각법과 제1각법의 비교

직교 투영은 3차원 물체를 2차원 표현으로 만드는 방법이다. 일반적으로 전면, 상단 및 측면 뷰(view)와 같은 여러 뷰를 사용하여 개체의 모양과 치수를 정확하게 묘사한다. 직교하는 두 평면이 그림 11-8과 같이 교차할 때, 4개의 공간이 형성된다. 4개의 공간 중에서 수직면의 오른쪽과 수평면의 위쪽에 있는 공간을 제1면각이라고 한다. 제1면각을 기준으로 반시계 방향의 각 공간을 제2면각, 제3면각, 제4면각이라고 한다.

그림 11-8에서 제1면각을 구성하는 서로 직각인 평면을 투상면으로 하고, 이 투상면 위에 물체를 놓고 투상하는 방법을 제1각법이라 하며, 제3각면의 공간에 물체를 놓고 투상하는 방법을 제3각법이라 한다. 한국 산업 표준은 기계 제도에 사용하는 정투상법은 제3각법을 원칙으로 하고 있으나, 필요한 경우에는 제1각법을 사용할 수 있는 것으로 규정하고 있다. 이러한 규칙은 기술 도면의 일관성과 명확성을 보장하고 엔지니어, 제조업체 및 기타 전문가가 도면을 정확하게 해석하고 작업하는 데 도움이 된다.

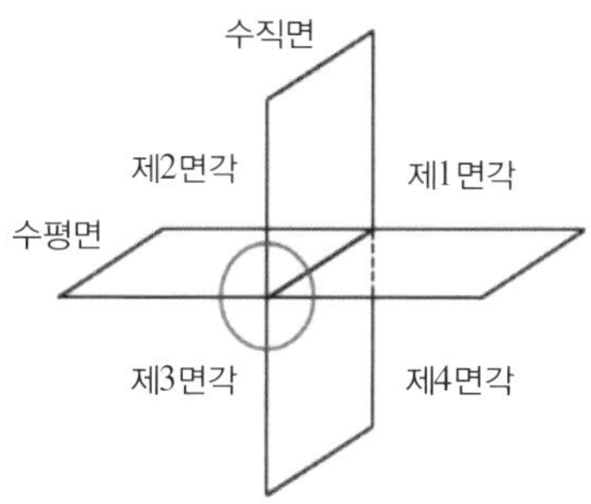

▮그림 11-8▮ 교차면

1. 제3각법

물체를 제3면각 내에 두고 투상하는 방식, 투상면의 뒤쪽에 물품을 두는 경우 도면의 배열은 정면도를 중심으로 하여 위쪽에 평면도, 오른쪽에 우측면도를 배열한다.

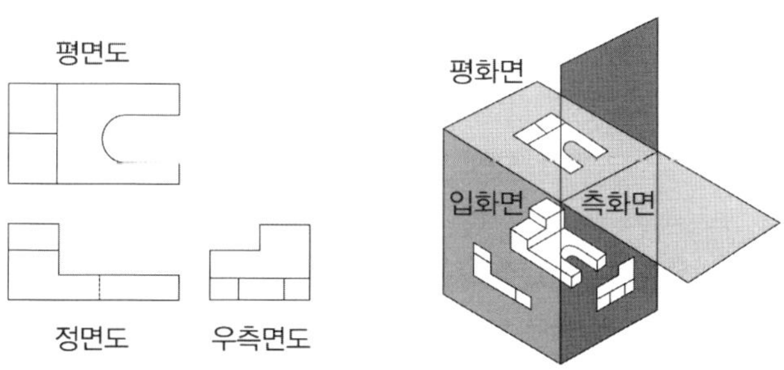

▮그림 11-9▮ 제 3 각법

2. 제1각법

물체를 제1면각 내에 두고 투상하는 방식, 투상면의 앞쪽에 물품을 두는 경우 도면의 배열은 정면도를 중심으로 하여 아래쪽에 평면도, 왼쪽에 우측면도를 배열한다. 제1각법으로 그려지는 물체는 정면도를 기준으로 상하 좌우에서 바라본 모습과 반대로 그려지게 되며, 전개도나 선박 제도 및 토목 제도에서 사용하는 경우가 있다.

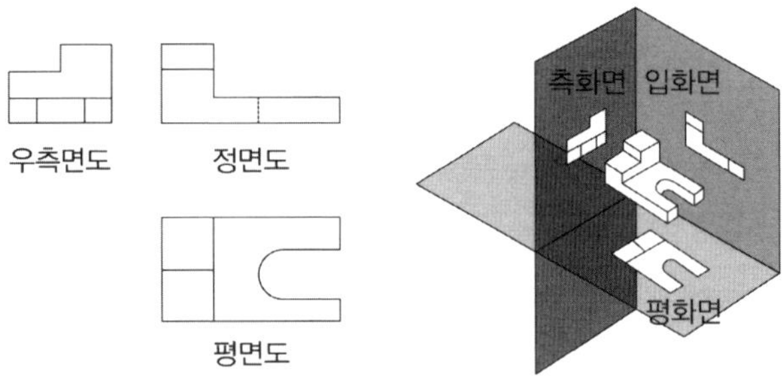

▮그림 11-10▮ 제1 각법

3. 제1각법과 제3각법의 비교

제3각법과 제1각법을 비교하여 보면 투상도의 배치가 약간 다르다. 정면도를 기준으로 볼 때 정면도와 배면도의 위치는 동일하지만, 좌측면도와 우측면도, 평면도와 저면도의 위치가 서로 바뀌어 있다. 제1각법과 비교한 제3각법의 장점은 도면의 배열이 실제로 사물을 보는 것과 같은 위치에 있으므로 그림을 보기가 쉽다. 특히 긴 물체나 경사면을 갖는 물체는 제3각법으로 표현하는 것이 편리하다. KS A 0111에 따르면 제3각법 또는 제1각법으로 그릴 때, 표제란이나 가까운 위치에 '제3각법' 또는 '제1각법'이라 기입하여 투상도를 명확히 표시해야 한다. 이 경우, 글자 대신에 그림 11-12와 같은 기호를 사용해도 된다.

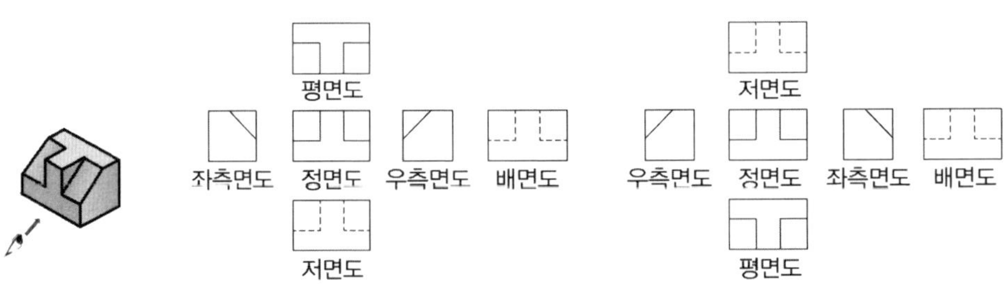

(a) 물체 (b) 제3각법 (c) 제2각법

▮그림 11-11▮ 투상도 배치

(a) 제3각법 (b) 제2각법

▮그림 11-12▮ 투상도 기호

11.4.3 단면의 표시 방법과 종류

단면도는 기술 및 엔지니어링 도면에서 물체의 외부 형상뿐만 아니라 내부 특징 및 구조를 나타내는 데 필수적이다. 이러한 그림은 일반 외부 보기에서는 보이지 않을 수 있는 물체 내부를 명확하고 자세하게 묘사하는 데 사용된다. 물체를 절단한 것으로 가상하고 절단면을 투상한 후 외형선으로 나타내는 방법을 단면 도법이라고 하며, 단면 도법으로 그린 도면을 '단면도(sectional view)'라 한다.

1. 단면 부분의 표시 방법

① 단면은 원칙적으로 그림 11-13과 같이 기본 중심선에서 절단한 면으로 나타낸다. 기본 중심선이 아닌 곳에서 절단한 면을 나타낼 때 절단된 위치를 표시해야 한다.

② 투상도에서 가상의 절단면 설치 위치와 한계의 표시는 가는 1점 쇄선으로 하고, 끝 부분과 방향이 바뀌는 모서리 부분은 굵은 선으로 표시한다.

③ 단면도를 더 명확히 표시하기 위하여 절단선의 양 끝부분에는 화살표를 투상 방향을 향하도록 붙이고, 단면 부위의 문자 기호는 한글 또는 알파벳 대문자 중 한 가지로 기입한다.

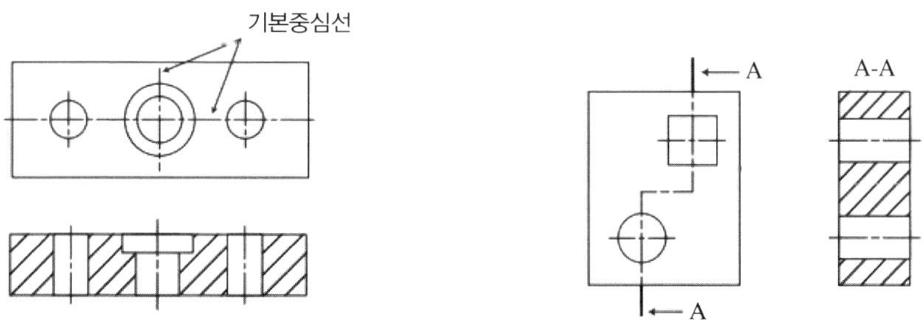

(a) 기본 중심선 절단면 (b) 기본 중심선이 아닌 절단면

▮그림 11-13▮ 절단면 표시

④ 절단면의 뒤에 나타나는 숨은선, 중심선 등은 되도록 기입하지 않는다.

⑤ 단면을 그릴 때 단면 부분과 그 앞쪽에서 보이는 부분은 외형선으로 그린다.

⑥ 단면 부분을 표시할 때는 해칭(hatching) 또는 스머징(smudging)을 한다.

⑦ 해칭은 중심선에 대하여 45°의 가는 실선으로 긋고, 간격은 2∼3 mm가 적당하지만, 단면 부위의 크기에 따라 임의의 등 간격으로 한다.

⑧ 스머징은 단면의 윤곽에 연필 또는 먹물로 흐리게 칠한다.

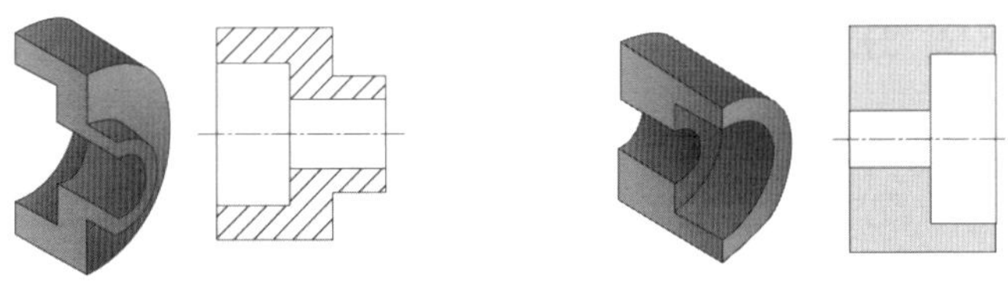

(a) 해칭 (b) 스머징

▮그림 11-14▮ 해칭과 스머징

2. 단면의 종류

(가) 온 단면도

물체의 기본 중심선을 기준으로 전체를 2개로 절단하여 그린 투상도이다. 전 단면도라고도 한다.

(나) 한쪽 단면도

상하 또는 좌우가 대칭인 물체의 1/4을 절단 제거하여 1/2은 외형을, 1/2은 단면으로 내부가 나타나도록 그린 단면도이다. 반 단면도라고도 한다.

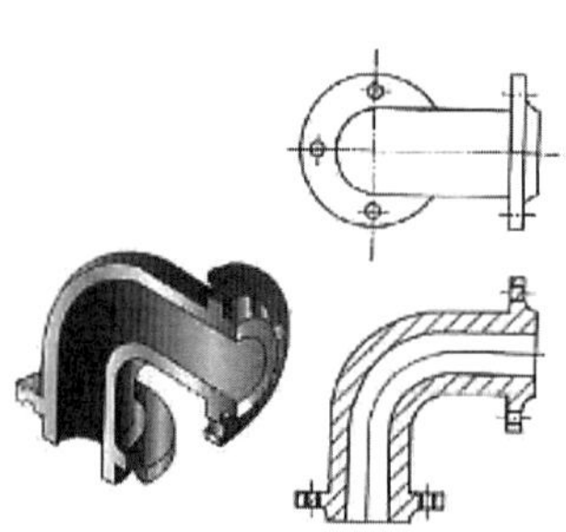

▮그림 11-15▮ 온 단면도

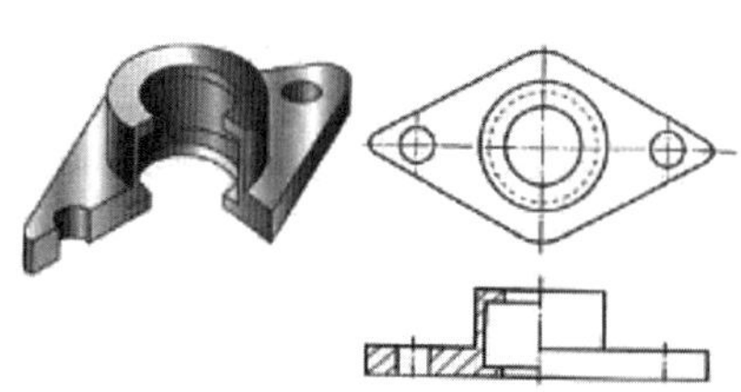

▮그림 11-16▮ 한쪽 단면도

(다) 부분 단면도

물체에서 필요로 하는 일부분만을 절단하여 나타낸 도면이다. 절단 부분은 가는 실선의 파단선으로 표시한다.

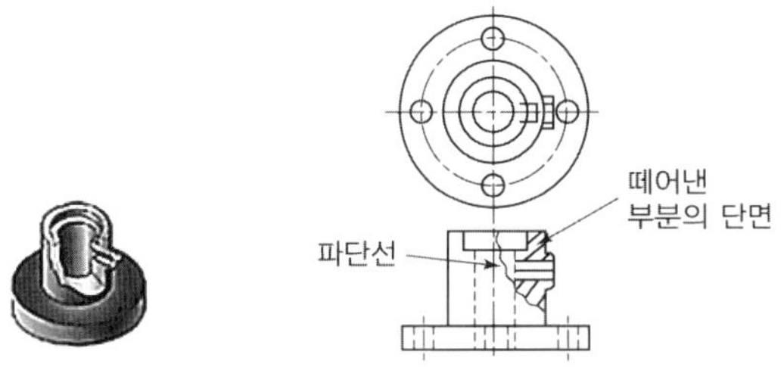

▮그림 11-17▮ 부분 단면도

(라) 계단 단면도

한 물체에서 2개 이상의 평면 또는 곡면을 계단 형태로 절단하여 나타낸 단면도이다. 단면을 보는 방향에 화살표를 붙여 절단 위치를 나타낸다.

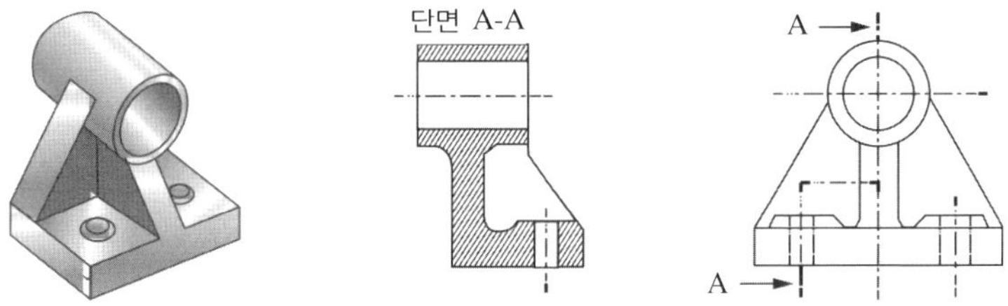

▮그림 11-18▮ 계단 단면도

(마) 회전 도시 단면도

핸들(handle), 바퀴의 암(arm), 리브(rib) 및 훅(hook) 등과 같이 일반 투상법으로 표시하기 어려운 물체를 축에 수직인 면으로 절단하고, 절단면을 90° 회전하여 나타낸 단면도이다.

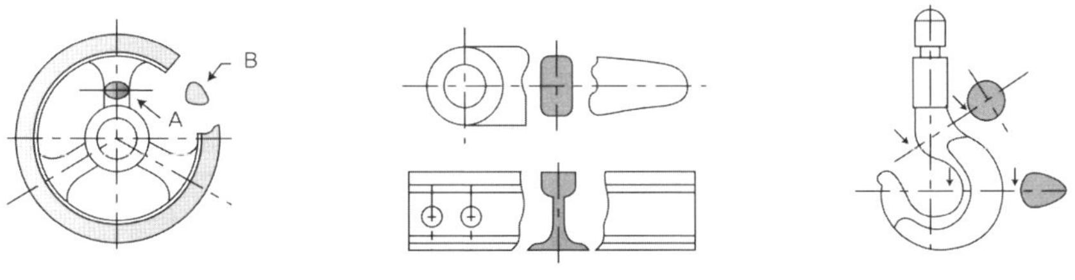

(a) 자동차 핸들 (b) 암과 리브 (c) 훅

▮그림 11-19▮ 회전 도시 단면도

(바) 조합에 의한 단면도

절단면을 2개 이상 설치하여 단면도를 같은 평면으로 그리는 단면도이다. 절단선의 한계와 화살표 및 문자 기호를 반드시 표시하여 절단면의 위치와 보는 방향을 명확히 하여야 한다.

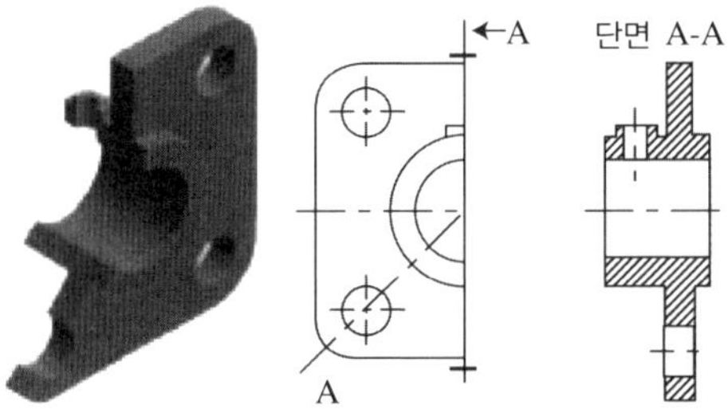

▮그림 11-20▮ 조합에 의한 단면도

(사) 두께가 얇은 물품의 단면도

얇은 판, 개스킷(gasket), 패킹, 형강과 같은 재료는 해칭이 곤란하므로 실제 치수에 관계없이 굵은 실선으로 나타낼 수 있다. 단면이 인접할 때에는 표시하는 선 사이에 약간의 간격을 둔다.

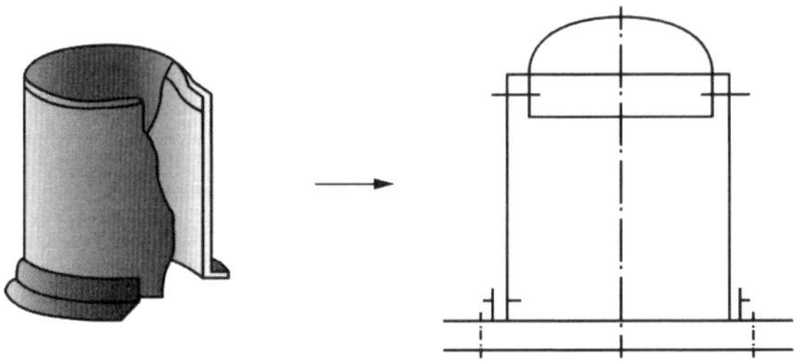

▮그림 11-21▮ 두께가 얇은 물품의 단면도

(아) 길이 방향으로 절단하지 않는 부품

단면도의 의미가 없거나 단면도를 그리면 오히려 이해하기 어려운 축, 핀, 볼트, 너트, 와셔, 작은 나사, 리벳, 베어링, 원통 롤러, 바퀴의 암, 기어의 이 등은 길이 방향으로는 절단하지 않는다.

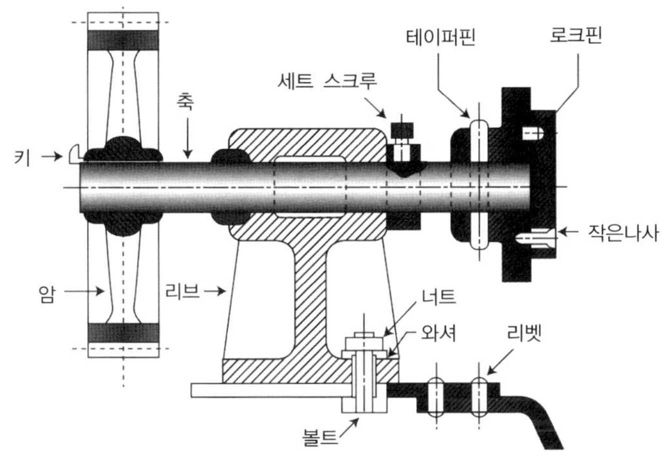

▌그림 11-22▌ 길이 방향으로 절단하지 않는 부품

11.4.4 치수 기입법

도면은 설계자, 엔지니어, 제조업체 간의 커뮤니케이션 수단이다. 명확하고 정확한 치수는 설계자의 의도를 모호함 없이 전달하여 물체나 부품이 의도한 대로 정확히 제조될 수 있도록 한다. 여기에는 크기뿐 아니라 형상의 위치, 각도 및 공차도 포함된다.

1. 치수 단위

① 길이 : 모두 mm이며 단위를 붙이지 않는다. 특별히 다른 단위인 경우는 명시한다.
② 각도 : 일반적으로 도(°)로 표시하고 필요한 경우 분('), 초(")를 함께 사용한다.

2. 치수 기입의 요소

치수 기입의 요소에는 치수선, 치수 보조선, 지시선, 화살표, 치수 숫자, 치수 보조 기호 등이 있다.

(가) 치수선과 치수 보조선

치수선은 물체의 치수를 표시하기 위하여 쓰이며, 가는 실선으로 그어 외형선과 구별하고, 양 끝에는 화살표를 붙인다. 외형선에서 10~12 mm 정도 떼어 긋고, 도면의 크기에 따라 8~10 mm의 같은 간격으로 긋는다. 치수 보조선은 가는 실선으로 치수선에 직각으로 긋고, 치수선보다 2~3 mm 연장하여 긋는다. 이 때 치수 보조선과 도형 사이를

0.1～1 mm 정도 떼어도 좋다.

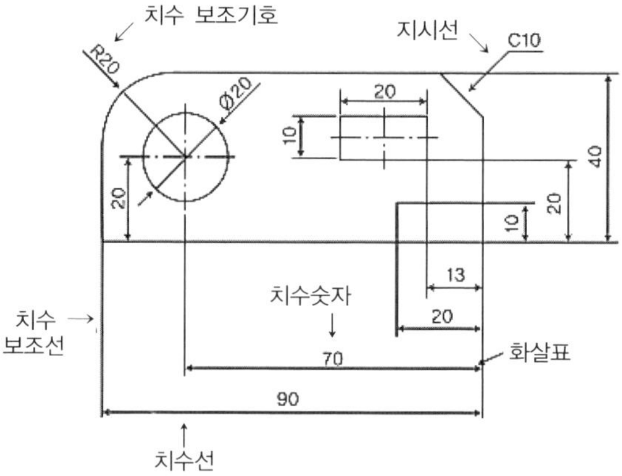

▮그림 11-23▮ 치수 기입 요소

(나) 지시선

지시선은 구멍의 치수, 가공법 또는 품번 등을 기입할 때 쓰이며, 수평선에 대하여 60° 의 직선을 긋고, 지시하는 쪽 끝에 화살표를 붙인다.

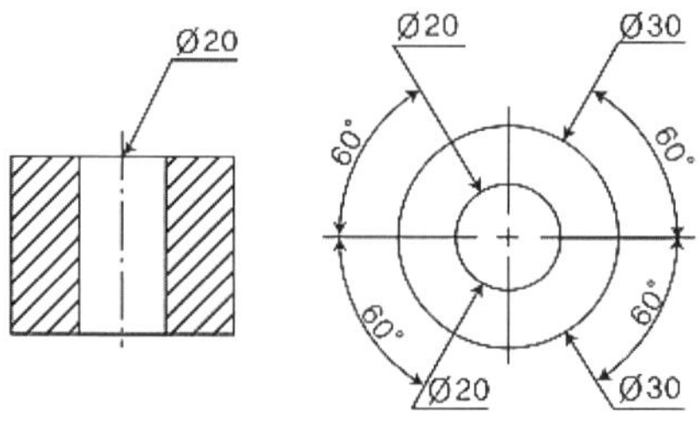

▮그림 11-24▮ 지시선 긋기

(다) 화살표

화살표는 길이와 너비의 비율이 3 : 1 정도가 되게 하며, 길이는 보통 2.5～3 mm 정도가 되게 한다.

(a) 일반 도면의 치수선에 사용
(화살표 각도는 15°~30°)

(b) 치수선의 간격이 좁아 화살표를
그리기가 좋지 않을 때 사용

(c) 토목 및 건축 제도에서 주로 사용
(사선 각도는 45°)

▮ 그림 11-25 ▮ 화살표의 종류 및 규격

(라) 치수 숫자

치수 숫자는 치수선 중앙의 위쪽에 치수선과 평행하게 기입하며, 도면에서 다른 선에 겹치거나 교차 및 분리되지 않게 기입한다.

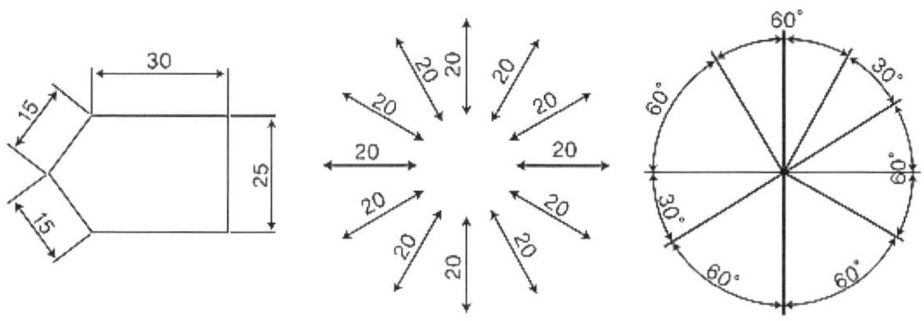

▮ 그림 11-26 ▮ 치수 숫자

▮ 표 11-7 ▮ 치수 보조 기호 사용법

명칭	기호	읽기	사용법
지름	ϕ	파이	지름 치수 앞에 붙인다.
반지름	R	아르	반지름 치수 앞에 붙인다.
구의 지름	Sϕ	에스파이	구의 지름 치수 앞에 붙인다.
구의 반지름	SR	에스아르	구이 반지름 치수 앞에 붙인다.
정사각형의 변	□	사각	정사각형 한 변의 치수 앞에 붙인다.
판의 두께	t=	티	판 두께의 치수 앞에 붙인다.
원호의 길이	⌒	원호	원호의 길이 치수 앞에 붙인다.
45° 모따기	C	시	45° 모따기 치수 앞에 붙인다.
이론적으로 정확한 치수	▭	테두리	이론적으로 정확한 치수의 치수 수치를 둘러싼다.
참고 치수	( )	괄호	참고 치수(치수 보조 기호 포함)를 둘러싼다.
평면	⊠	평면표시	평면 표시에 사용한다.

3. 치수 보조 기호

치수 보조 기호는 도면에서 치수를 나타내는 수치에 기호를 추가하여 치수의 의미를 정확하게 나타내기 위하여 사용한다(표 11-7).

4. 치수 보조 기호를 사용한 치수 기입

(가) 지름

지름의 치수를 기입할 때는 그림 11-27과 같이 치수 숫자 앞에 지름 기호 ϕ를 붙인다. 지름을 나타내는 것이 명확하지 않을 때는 기호를 생략해도 된다.

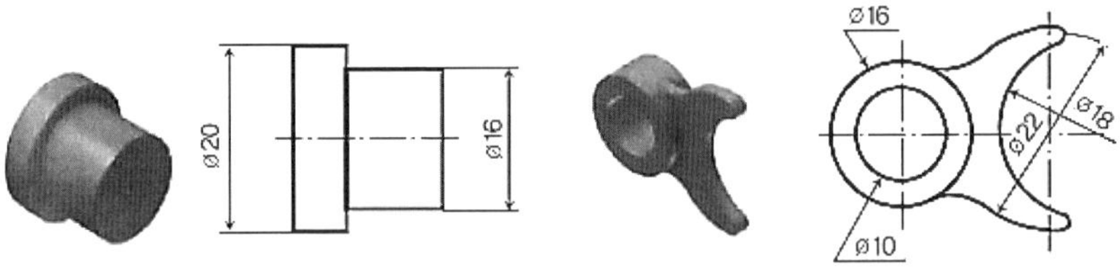

■ 그림 11-27 ■ 지름 치수 기입

(나) 반지름

반지름의 치수는 그림 11-28과 같이 반지름 기호 R를 치수 숫자 앞에 표시한다. 단, 반지름을 표시하는 치수선을 원호의 중심까지 긋는 경우는 R를 생략할 수 있다.

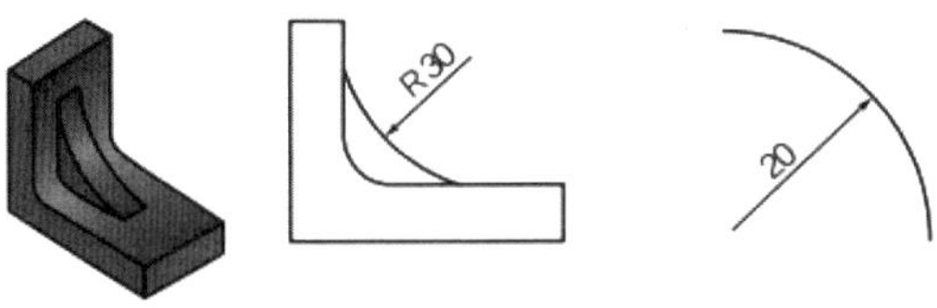

(a) R을 기입한 경우 (b) R을 생략한 경우

■ 그림 11-28 ■ 반지름 치수 기입

(다) 구의 지름 및 반지름

구의 지름 또는 반지름의 치수는 그림 11-29와 같이 그 치수 숫자 앞에 구의 지름 기호 Su 또는 구의 반지름 기호 SR을 붙인다.

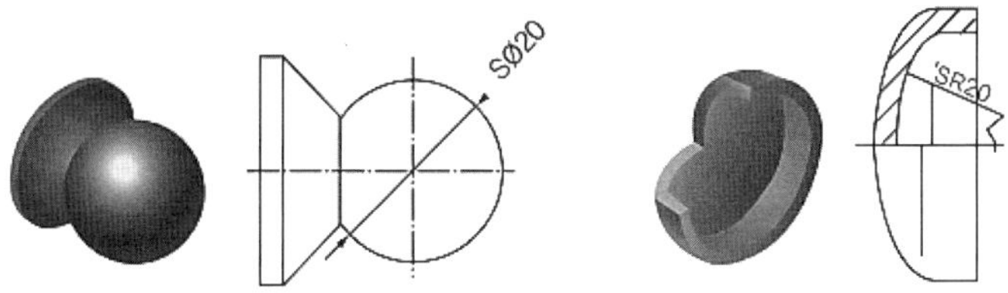

(a) 구의 지름　　　(b) 구의 반지름

▮그림 11-29▮ 구의 지름 및 반지름 치수 기입

(라) 모따기

모따기의 치수는 그림 11-30과 같이 기입한다.

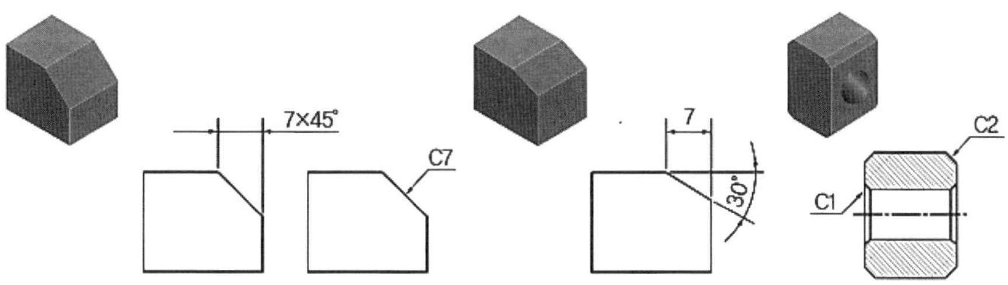

▮그림 11-30▮ 모따기 치수 기입

(마) 두께

판의 두께를 표시할 때에는 그림 11-31과 같이 두께 기호 t=를 치수 앞에 치수와 같은 크기로 도면 부근 또는 보기 쉬운 위치에 표시한다.

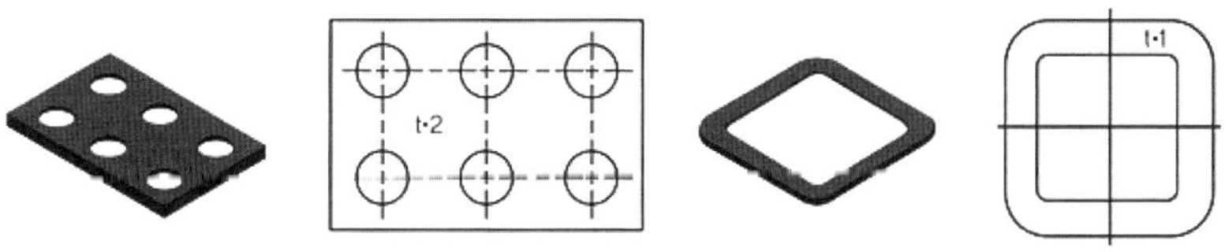

▮그림 11-31▮ 두께 치수 기입

(바) 호와 현

원호의 길이는 그림 11-32(a)와 같이 치수 보조선을 긋고, 그 원호와 동심의 원호로 치수선을 그어 치수를 표시한 다음 숫자 앞이나 위에 원호 기호 ⌒을 붙인다. 현의 길이는 그림 11-32(b)와 같이 현에 수직으로 치수 보조선을 긋고, 현에 평행한 치수선을 그어 그 위에 치수를 표시한다.

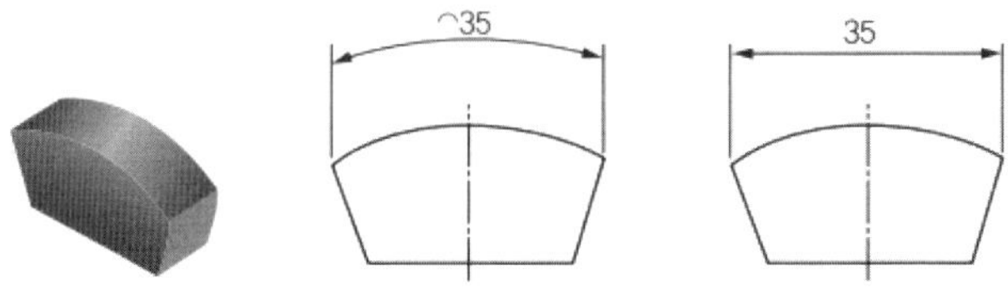

(a) 호의 치수 (b) 현의 치수

▮그림 11-32▮ 호와 현 치수 기입

(사) 정사각형 및 평면의 표시

단면 모양이 정사각형임을 나타낼 때에는 그림 11-33과 같이 정사각형 기호 ⊠을 변의 길이 숫자 앞에 붙인다. 평면은 둥근 면과 구별하기 위하여 도면에 가는 실선으로 평면 표시 기호 × 표시를 한다.

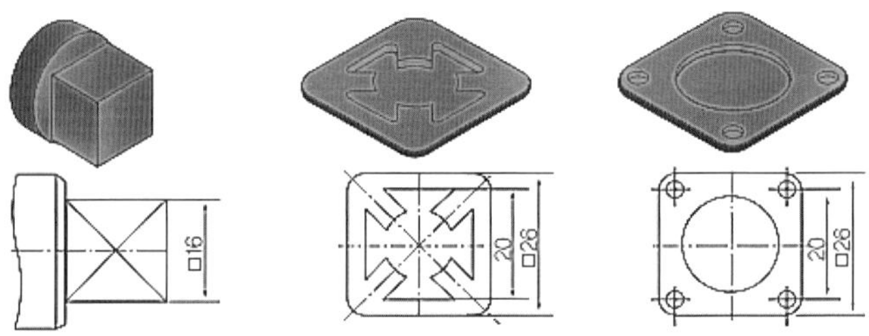

▮그림 11-33▮ 사각형 및 평면 표시

5. 치수 기입 시 유의 사항

① 중복 기입을 피한다.

② 정면도부터 시작한다.

③ 특정 기능과 관련된 치수를 함께 그룹화한다.

④ 가공공정을 고려하여 단계별 치수를 제공한다.

⑤ 대상물의 크기, 방향 및 위치를 명확하게 표시한다.

⑥ 필요한 경우 참조 치수를 표시하기 위해 괄호 또는 기타 표기법을 사용한다.

⑦ 계산할 필요가 없도록 기입한다. 도면을 읽는 사람이라면 누구나 계산을 하지 않고도 크기와 모양을 이해할 수 있도록 명확하고 완전한 치수를 제공한다.

연습문제 exercise

1. 아래 입체도 10개를 제3각법으로 투상도를 완성하세요.
(단, 모눈의 한 칸을 10 mm로 해서 치수를 기입하세요)

평면도

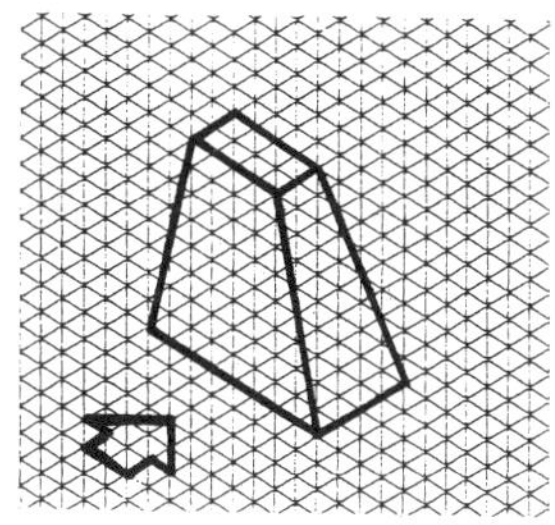

① 입체도

정면도

우측면도

평면도

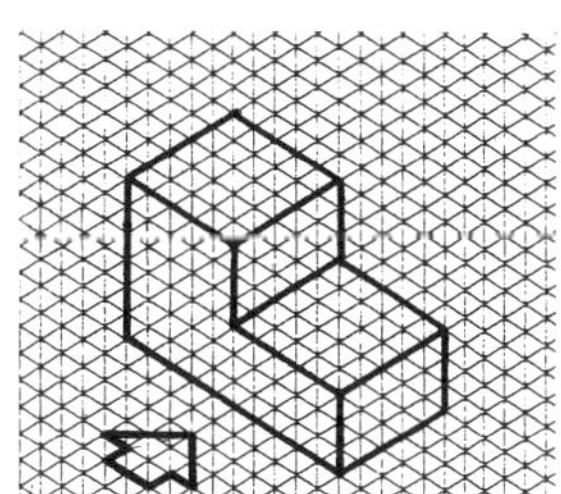

② 입체도

정면도

우측면도

평면도

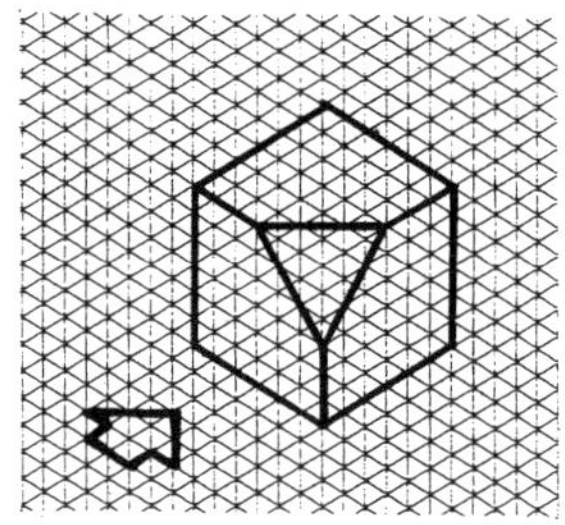

③ 입체도

정면도

우측면도

평면도

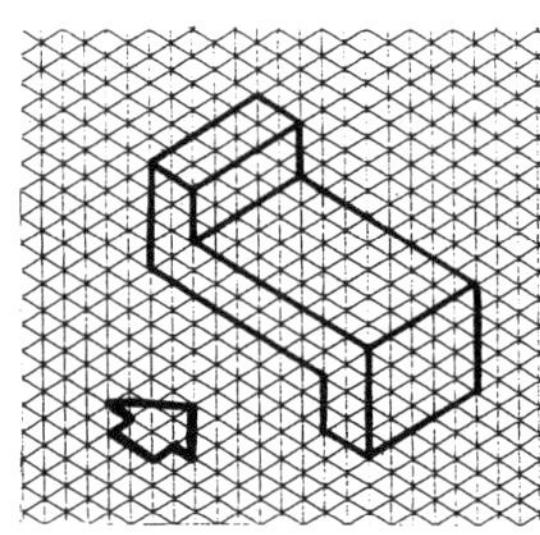

④ 입체도

정면도

우측면도

평면도

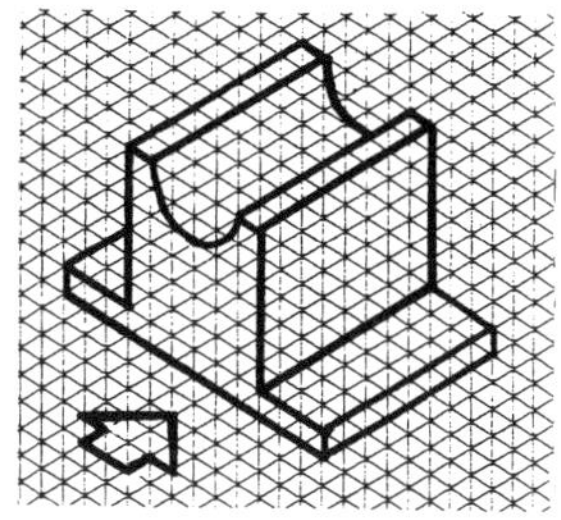

⑤ 입체도

정면도

우측면도

평면도

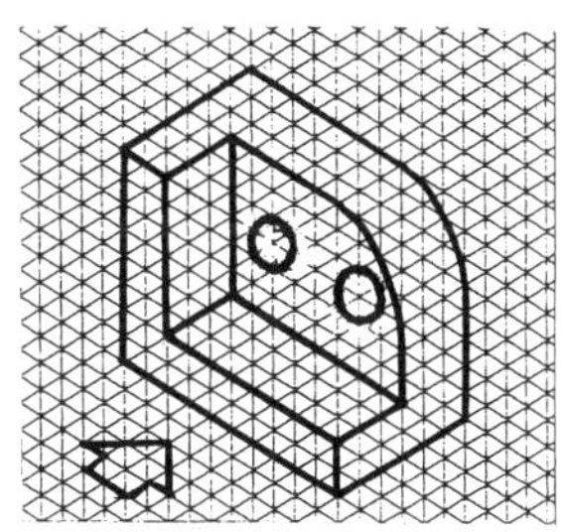

⑥ 입체도

정면도

우측면도

평면도

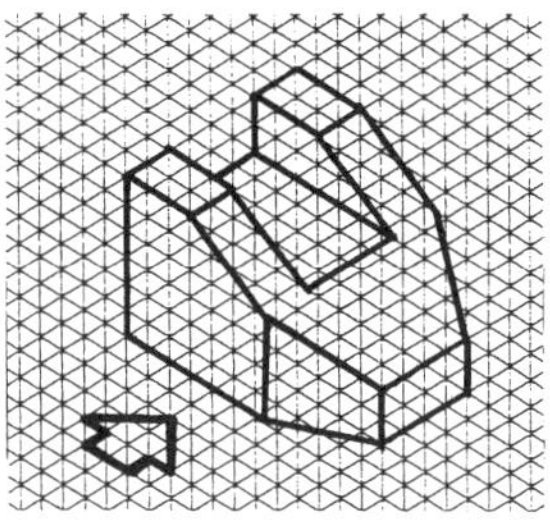

⑦ 입체도

정면도

우측면도

평면도

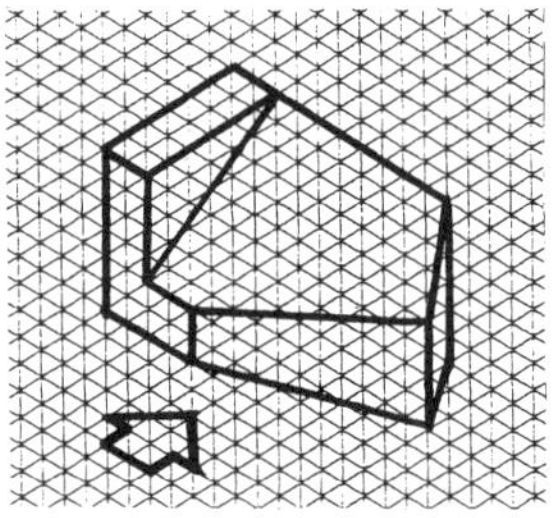

⑧ 입체도

정면도

우측면도

평면도

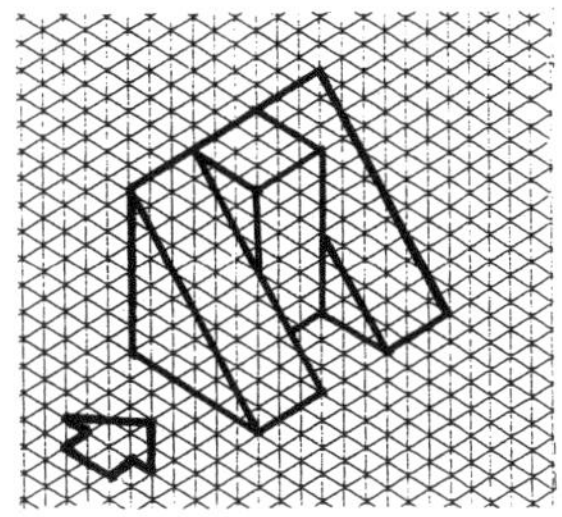

⑨ 입체도

정면도

우측면도

평면도

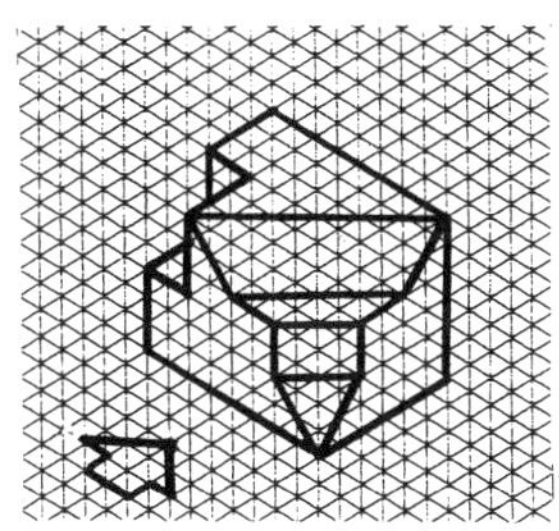

⑩ 입체도

정면도

우측면도

참고문헌

인간의 역사, 미하일 일린, 2008.
기관 실무 기초, 인천광역시교육청, 2017.
기계공학개론, 한병기외 5명, 동화기술, 2017.
기계공작법, 이우수외 4명, 도서출판 포인트, 2002.
표준 배관공학, 김동우 외 3명, 도서출판 세진사, 2003.
기계공학개론, 김동우 외 3명, 원창출판사, 1999.
기계공작법, 최인수 외 3명, 복두출판사, 1998.
용접공학, 김영식, 형설출판사, 1997.
표준 기계공작법, 서남섭 외 5인, 동명사, 1996.
기계일반, 교육부, 1993.
재료역학, 윤병수 외 3명, 선학출판사, 2001.
재료역학, 윤 상건 외 2명, 오토테크, 1999.
최신 재료시험법, 염영하, 동명사, 1998.
기계 재료, 서창민, 원창출판사, 1995.
시퀀스제어의 기초에서 응용까지, 최교호, 내하출판사, 2006
소방전기설비기초, 강성화 외 7명, 신광문화사, 2005.
소방전기회로, 김영태, 형설출판사, 2007.
유체역학, 박찬원 외 5명, 신광문화사, 1996.
유체역학, 김성택 외 1명, 동화기술, 1993.
소방유체역학, 이수경 외 5명, 신광문화사, 2007.
유체기기, 교육인적자원부, 2003.
금속의 부식과 방식 공학, 윤병하 외 1명, 형설출판사, 1992.
금속부식공학, 이학열, 연경문화사, 1995.
최신실용방식공학, 전대희, 동화기술, 1995.
연소학, 오규형 외 5명, 동화기술, 2007.
내연기관, 김대기, 형설출판사, 1997.
내연기관공학, 장병주, 학문사, 1997.
열펌프공기조화시스템, 홍희기 외 1명, 성안당, 2002.
개정 냉동공학, 류종수 외 3명, 원창출판사, 2006.
기계제도, 김세환 외 5명, 기전연구사, 1996.
AutoCAD2000 & MDT, 지무성 외 3명, 2000.
소방시설의 구조 및 원리, 김유식, 동화기술, 2005.
2방식 응축을 이용한 건조장치 개발, 황재호, 한국어업기술학회, 2006.
Casting Design Handbook, ASM.
Welding and Brazing, ASM.
Machining, ASM.
ChatGPT4

찾아보기

ㅅ

ㅈ

ㅌ

ㅍ

ㅎ

숫자 영문

기계공학개론 정가 28,000원

발 행 2024년 3월 10일 초판 1쇄
저 자 황재호
발행인 정우용
발행처 도서출판 동화기술
경기도 파주시 광인사길 201(문발동, 파주출판도시)
Tel (031)955-4211~6 donghwapub@nate.com
Fax (031)955-4217 www.donghwapub.co.kr
(등록) 1977년 12월 19일/9-16호

Printed in Korea
ISBN 978-89-425-9569-3